流程工业智造系列教材

智慧化工理论与实践

主　编　于现军
副主编　高瑞峰

数字资源

北　京
冶 金 工 业 出 版 社
2025

内 容 提 要

本书系统阐述智慧化工的基础理论、关键技术与工程实践。内容涵盖化工理论基础、智慧工厂架构、测控仪表技术、过程控制优化、集散控制系统（DCS）、安全系统设计、先进控制（APC）与实时优化（RTO）、工业互联网及数字孪生等核心内容，并深入探讨智能制造在反应釜、精馏塔、干燥设备等典型化工场景中的应用。各章设置习题与思考题，辅以企业级应用案例，为读者提供智慧化工的全景认知。

本书可作为高等院校过程控制、化工仪表、自动化及相关专业本科生与研究生教材，也可作为生产型企业工程师、技术管理人员和服务型公司工程师的实践指南。

图书在版编目（CIP）数据

智慧化工理论与实践 / 于现军主编. -- 北京 : 冶金工业出版社, 2025. 6. -- (流程工业智造系列教材).
ISBN 978-7-5240-0271-0

Ⅰ. TQ-39

中国国家版本馆 CIP 数据核字第 2025Q26R64 号

智慧化工理论与实践

出版发行	冶金工业出版社	**电　　话**	(010)64027926
地　　址	北京市东城区嵩祝院北巷 39 号	**邮　　编**	100009
网　　址	www. mip1953. com	**电子信箱**	service@ mip1953. com

责任编辑　张佳丽　姜恺宁　李泓璇　美术编辑　彭子赫　版式设计　郑小利
责任校对　石　静　责任印制　范天娇

唐山玺诚印务有限公司印刷

2025 年 6 月第 1 版，2025 年 6 月第 1 次印刷

787mm×1092mm　1/16；20. 5 印张；496 千字；310 页

定价 68. 00 元

投稿电话　(010)64027932　投稿信箱　tougao@cnmip. com. cn

营销中心电话　(010)64044283

冶金工业出版社天猫旗舰店　yjgycbs. tmall. com

（本书如有印装质量问题，本社营销中心负责退换）

编 委 会

序　一

在全球制造业加速转型升级的背景下，传统工程教育已难以满足现代产业对复合型、应用型技术人才的需求。本书着眼于培养具有现代工程意识、掌握智能制造技术，并具备一线实战能力的高素质工程师和技术人员。

本书以“理论化、工程化、现代化技术融合”为指导思想，紧扣化工行业过程控制、自动化与智能制造的发展脉络，系统梳理了相关的重要知识与应用实践。内容设置上，既注重理论体系的系统性，又突出工程应用的针对性，力求使读者能够在掌握基本原理的基础上，快速胜任实际工作中的各类复杂工程任务。

首先，书中介绍了化工概念及典型化工细分行业，并介绍了细分行业的典型装置；介绍了智慧工厂的概念、国内外现状，提出了智慧工厂设计架构和未来发展趋势；介绍了基础仪表系统，包括常用传感器、执行器及相关测量与控制技术，为读者夯实工程实践能力打下坚实基础。这部分内容对于培养学生的工程思维、现场操作技能及问题诊断与分析能力具有重要意义。其次，针对现代分布式控制系统（DCS 系统），本书系统阐述了其一般性结构与功能特点，内容兼顾控制人员、操作人员与工艺工程师的实际需求，帮助读者全面理解现代工厂自动化控制体系。然后，本书精选了多种典型控制与优化软件系统，结合实际工程案例进行分析，涵盖化工反应、精馏过程、干燥操作及公辅系统等多个领域。最后，本书用实际案例的方式展现了工业互联网与数字孪生强大的功能与发展前景。这些内容不仅为工程研发人员和服务型公司技术人员提供了可借鉴的参考，也为高年级本科生与研究生的科研和工程实践指明了方向。全书结构严谨，内容涵盖智能制造在化工行业的应用，包括反应釜、精馏塔、干燥设备等关键工艺单元的智能产品与技术，以及公辅系统（如热电系统、环保设施等）的智能控制方案。通过对典型应用案例的深入剖析，读者能够直观理解智能化改造的工程过程与实际效果。

本书既可作为过程控制、化工仪表、自动化及相关专业本科生和研究生的重要参考教材，也可作为生产型企业工程师、技术管理人员和服务型公司工程师的实践指南。相信通过本书的学习，读者将能够系统掌握现代化工行业过程控制与智能制造的关键技术，提升工程实践与创新能力，顺应未来产业发展的需求。

华东理工大学讲席教授、博士
国家流程制造智能调控技术创新中心副主任
冯恩波
2025 年 4 月 28 日

冯恩波，华东理工大学博士，清华大学博士后，清华大学及华东理工大学客座教授，博士生导师，国家流程制造智能调控技术创新中心副主任，中国石油和化学工业联合会智能制造专委会副主任，智慧化工产业联盟（SCIA）专家委员会副主任，中国自动化学会过程控制及工业大数据专委会常委，国家工信部和应急管理部专家组成员，中国化工集团/中国中化流程工业大数据首席科学家。长期从事智能感知技术、大数据分析技术、先进控制与优化控制等研究工作。

序　二

在全球化深入发展与科技日新月异的当下，化工行业作为国民经济的重要支柱产业，其发展水平不仅直接影响着国家的经济实力，更与国家安全、社会民生息息相关。化工产业涵盖广泛，从基础的能源供应到精细的材料制造，从日常的消费品生产到高端的国防军工配套，每一个环节都在国家发展的宏大版图中占据着关键位置。然而，化工生产过程伴随着高温、高压、有毒、有害、易燃、易爆等诸多危险特性，安全生产始终是悬在行业头顶的“达摩克利斯之剑”。一旦安全事故发生，不仅会造成巨大的人员伤亡和财产损失，还可能对生态环境造成难以估量的破坏，影响社会的稳定与和谐。因此，提升化工行业的安全与自动化水平，是保障国家经济平稳运行、人民安居乐业的必然要求。

北京和隆优化科技股份有限公司深耕流程行业智能化领域二十余年，研发并推广应用了大量涉及流程智造的技术与产品，尤其在化工行业，他们基于对化工单元操作的深刻领悟和对几千条生产线的智能优化改造经验而编写的这本《智慧化工理论与实践》，承载着推动化工行业进步的重要使命。本书涉及的内容全面且深入。开篇对化工理论基础进行了系统阐述，让读者明晰化工行业的基本分类、核心概念以及典型行业的运作原理，为后续知识的学习筑牢根基。在智能工厂与自动化控制方面，详细介绍了智能工厂的架构、建设思路与关键技术，涵盖了从软件系统的组态操作到硬件仪表的安装维护等诸多细节，这对于推动化工生产的智能化转型意义重大。在数字孪生、工业互联网与大数据应用等前沿领域，也进行了细致讲解，这些新兴技术将为化工行业带来全新的发展机遇，助力企业实现高效、精准、绿色的生产模式。

本书的价值不仅在于其丰富的知识体系，更在于其对复合型人才和高技能人才培养的积极作用。在国家大力倡导高质量发展、加快产业升级转型的背景下，化工行业急需大量既懂专业知识又能掌握先进技术的复合型人才。此教材可作为高等院校相关专业教学的重要参考，为培养专业人才提供了系统、科学的知识蓝本。同时，对于生产企业的工程师、技术管理人员以及相关从业人员而言，本书也是一本实用的技能提升指南，能够帮助他们紧跟行业发展趋势，提升业务能力，为企业的安全生产与创新发展贡献力量。

我们深知，化工行业的发展关乎国家的未来。希望这本教材能够成为化工领域知识传播与技术创新的桥梁，助力广大读者在化工行业这片广阔天地中不断探索、创新，为推动我国化工行业践行新质生产力理念，迈向世界领先水平，为实现国家经济高质量发展贡献智慧和力量。

中国国际工程咨询有限公司专家学术委员会副主任、

原总工程师、正高级工程师

2025 年 5 月 9 日

杨上明，理学博士，正高级工程师，注册咨询工程师，享受国务院政府特殊津贴，中国国际工程咨询有限公司专家学术委员会副主任、原总工程师，智慧化工产业联盟（SCIA）专家委员会主任。长期从事国家产业政策及行业发展规划、工业园区与产业集群研究。主持 6000 余项国家重点工程咨询评估、500 余项化工产业发展规划及 300 多项重大课题。

前　言

当前，我国经济发展面临复杂的内外部环境，全球科技创新进入密集活跃期，新一代信息、生物、能源、材料等领域颠覆性技术不断涌现，呈现融合交叉、多点突破态势。2023年9月，习近平总书记在黑龙江考察期间提出了“新质生产力”这一概念。总书记指出，整合科技创新资源，引领发展战略性新兴产业和未来产业，加快形成新质生产力。这旨在强调以科技创新推动产业创新，以产业升级构筑新竞争优势、赢得高质量发展的主动权。

新质生产力以数字化、网络化、智能化的新技术为支撑，以科技创新为核心驱动力，以数字经济与实体经济深度融合为主要特征，要求生产力要素要全面跃升。而决定新质生产力及高质量发展的是人才，尤其是高技能复合人才。“人工智能+”在今年首次被写入政府工作报告，在人工智能技术大爆发的今天，中国一定会引领这个时代！如何培养出符合时代要求的各类复合人才就变得至关重要。

现代教育体系建设的新基建“五金”，即金专、金课、金师、金地和金教材，旨在提高职业教育质量，培养出更多支撑产业发展的高素质、高技能和拔尖创新人才，系统性解决目前高等教育和职业教育存在的人才供需矛盾：一方面，高校培养的毕业生已越来越不能满足现代企业所需而面临难以就业；另一方面，现代企业所需的高技能、复合人才缺口高达4000万。和隆优化针对当代化工行业所呈现出的密闭性、连续性强、复杂性强、大型化及自动化程度高、安全风险多、安全管理趋严、环保要求越来越高、产品种类越来越多、新产品新工艺迭代越来越快、对劳动者专业知识和技能要求越来越高等新特点，自2017年就启动了旨在培养理论与实践融合、智能化与多专业融合的“智慧化工”（金专）专业群复合人才培训体系的建设工作，先后完成了一批高标准智慧教室、“6D实验室”、1000余条化工智慧产线、工业互联网及云端虚拟工厂等（金地）的建设工作，开设了面向化工行业复合人才培养、本质安全的智慧产线建设与运营等课程（金课），30余位制造业双融合的工程师和老师们（金师）共同完成的《智慧化工理论与实践》及后续流程工业智造系列教材的诞生

(金教材)都将对我国化工产业数转智改工作的开展和实现高质量发展起到重要作用。

本书共10章，第1章简述典型化工原理基础知识；第2章讲述智慧工厂建设思路及架构；第3章介绍常用自动化仪表测量原理、选型安装及实际案例；第4章讲述经典控制理论和常用的控制方法；第5章详细讲解集散控制系统的发展、结构、功能及案例；第6章讲解仪表安全系统的设计以及和隆优化公司方案；第7章讲述先进控制APC、优化控制RTO以及大系统协调理论及实战效果；第8章讲述工业互联网与大数据；第9章介绍数字孪生关键技术及应用；第10章讲述化工行业智能制造实际应用案例。

全书按照理论在前实践在后的顺序进行组织编写，帮助读者能够由浅入深逐渐建立学习兴趣，并提供大量的案例进行分享，起到他山之石的作用。

本书由于现军总体规划设计，由高瑞峰进行统稿。具体分工如下：李丽婷编写第1章；李明党编写第2章、第7章；高瑞峰编写第3章、第10章第4~5节；李金编写第4章；高雷编写第5章；于现军、姜海明、李鹏（北京）编写第6章、第8章、第10章第1~3节；李鹏（西安）编写第9章。编委会其他成员提供了素材并参与修订。

本书编写过程中，得到了出版社、编者单位、专家、学者、企业界朋友的大力支持，在此一并表示感谢。

北京和隆优化科技股份有限公司董事长、技术总监、教授级高工

2025年5月19日

于现军，北京和隆优化科技股份有限公司董事长、CTO，教授级高工，硕士生导师，智慧化工产业联盟（SCIA）理事长、专家委副主任，北京海淀中小企业协会会长，北京市、南京市领军人才，智库专家。深耕流程工业智能优化30年，长期从事大系统协调优化等研究工作，聚焦智慧工厂建设，拥有10万余小时实践工作经验。获得多项国家级、省部级科技进步奖，发表论文50余篇、授权专利20余项，参编专著5部。

目　　录

1 化工理论基础

导语：本章主要讲解化工的基本概念、理论基础及简单流程，重点介绍6种典型的化工行业及其工艺。工艺是基础，控制是手段，工艺与控制相结合才能很好地解决实际问题。

一般地讲，化工是化学工程或化学工业的简称。在学科上，常将化学工程简称为化工。但当化工作为专业的名称时，有时其含义介于化学工程和化学工业之间，如生物化工、环境化工等专业。广义来讲，化学工业是利用化学反应改变物质结构、成分、形态等，并生产化学产品的工业。随着人类生产部门的分工越来越细，化学工业的范畴也变得越来越小。例如，把矿石冶炼成金属（如铜、铁、锌、铝等）或非金属（如硅等）为冶金工业；用化学反应把动物的皮中的蛋白质固定为制革工业；改变植物纤维的“形态”，称为造纸工业；酿酒、制药等通常不称为化学工业。

化学工艺即化工技术或化学生产技术，是指将原料物质主要经过化学反应转变为产品的方法和过程，包括实现这一转变的全部措施。化学工艺以产品为目标，目的是为化学工业提供技术上最先进，经济上最合理的方法、原理、设备和流程。其可被概括为3个步骤，即原料处理、化学反应和产品精制。

1.1 化工的分类

化工（化学工业）是一个庞大且复杂的产业体系，根据不同的分类标准可划分为多种类型。以下是常见的化工分类方式及具体内容。

（1）按化学工业使用的原料划分。

1）煤化工：以煤、焦油、焦炭、乙炔和煤的液化气为原料；

2）石油化工：以石油炼制包括裂解和重整的产物为原料；

3）天然气化工：以天然气（CH_4）为主要原料；

4）海洋化工：以海水和海洋资源为原料，包括海水中提取溴、海水淡化和海洋矿物等；

5）矿产化工：以硫、磷、黄铁矿、硼、石棉、钾矿、芒硝等化工矿产为原料；

6）生物化工：以微生物和微生物方法为生产工艺以及自然界存在的生物体为原料；

7）林产化工：以木材为主要原料，包括木炭、木焦油等为原料；

8）天然药品和天然产物化工：天然药品的原料来源广泛，包括动物、植物、昆虫、海洋生物和微生物等，这些原料中的组成成分或其代谢产物具有一定的药理活性，可用于药品的开发，包括生物制药等；

9）核化工（放射化工）：以放射性物质为原料或提取放射性物质为主要原料；

10）电化工：电化学是研究化学能和电能之间相互转换的学科，因此电化工的原料主要包括能够参与电化学反应的物质。在电化工中，常用的原料包括但不限于电解质、电极材料、溶剂以及其他辅助化学物质。

（2）按产品的用途和产品形态等划分。

1）国防化工（军事化工）：炸药、火箭推进剂、核武器材料、毒气和防毒剂等；

2）环境化工：治理环境工艺和系统工程，副产物、能量综合利用等；

3）食品化工：食品加工、添加剂、食用香精色素等；

4）日用化工：化妆品、香料、表面活性剂、洗涤剂、清洗剂等；

5）农用化工：化肥、农药、植物生长素、除草剂等；

6）能源化工：油田用化学品、煤炭采掘、浮选、太阳能、光能用材料等；

7）信息化工：电子微电子化学品等；

8）材料化工：复合材料、高分子材料、无机高分子材料合成、材料助剂等；

9）皮革化工：皮革加工各种助剂、表面涂饰剂等；

10）药物化工：化学药物合成等；

11）硅酸盐化工：水泥、玻璃、陶瓷等；

12）建筑化工：建材、耐火材料、装饰材料等。

（3）按化学结构划分。

1）无机化工：各种无机物、氨、无机肥料、碱、酸、无机颜料等；

2）有机化工：基本有机原料、有机溶剂、燃料、洗涤剂；

3）高分子材料化工：合成树脂和塑料、合成橡胶、涂料树脂、胶黏剂、化学纤维及其他；

4）精细化工：涂料、染料、医药、农药、表面活性剂、颜料助剂、催化剂、专用化学品等。

（4）按统计归口划分。

基本化工原料、有机化学品、日用化学品、化学肥料、农药、医药、合成材料，化学纤维、橡胶制品、塑料制品和专用化学品等大宗门类。

1.2 基本概念

（1）生产流程。

在化工工艺中，由原料加工为产品的各工序的顺序叫作化工生产流程。无论何种化工生产过程，一套完整的化工生产流程，一般在反应前有物料的预处理系统，反应后有产物的分离提纯系统，在系统中有一个以上的化学反应过程。其主要工序如图 1-1 所示。

图 1-1 化学反应过程主要工序

化工生产过程有连续的，也有间歇的。连续生产过程中，反应物被不断加入反应器中，同时连续卸出成品或半成品。间歇生产过程中，反应物被逐批加入反应器中，经过一定时间，完成了某一阶段反应后，逐批卸出成品或半成品，然后重新装入原料，重复进行操作。

（2）含量和浓度。

含量常指混合物中某组分的量占总量的百分数。除注明外，液体和固体中组分的含量一般指其质量分数，如 18-8 不锈钢常指合金钢中含铬 18%（质量分数）和含镍 8%（质量分数）左右。气体组分含量是指体积分数，即摩尔分数（理想状态），如空气中含氧 21%（体积分数）。

以 x、X 分别表示混合物中组分的质量分数和摩尔分数，其换算关系为：

$$x_A = \frac{x_A M_A}{x_A M_A + x_B M_B + \cdots} \tag{1-1}$$

$$X_A = \frac{x_A / M_A}{x_A / M_A + x_B / M_B + \cdots} \tag{1-2}$$

式中，M 为各组分（A，B，…）的摩尔分数。

浓度是指一定体积物料中某组分的量，用 kg/m^3、mol/m^3 或类似的单位表示。

（3）平衡转化率。

平衡转化率是指可逆反应中反应达到平衡时初始反应物参加化学变化的百分数，即：

$$\text{平衡转化率 } x_e = \frac{\text{到达平衡时转化的某反应组分量}}{\text{初始该反应组分量}} \times 100\% \tag{1-3}$$

平衡转化率常用于特定的或具有一定经济价值的反应组分，如二氧化硫催化氧化反应中常指二氧化硫。

平衡转化率可以用该条件下反应的平衡常数计算，即该条件下反应时物料的利用极限。平衡转化率的值与化学热力学函数有关，与反应速率无关。在适当范围内，可以变动反应条件或工艺参数（如温度、压强、进料配比、浓度、添加惰性组分成其他组分等）来改变平衡转化率。

对于不可逆反应，只要有充分时间，反应物会按化学式计量数全部转化，无所谓平衡转化率。

（4）转化率。

转化率是指实际条件下反应结束时初始反应组分参与反应的百分数，即：

$$\text{转化率 } x = \frac{\text{实际反应的某反应组分量}}{\text{初始反应组分量}} \times 100\% \tag{1-4}$$

转化率也是对特定的反应组分而言的。转化率通常小于平衡转化率，因为生产条件下，为获得更多的合格产品，反应总是只给有限的时间。为获得较高的转化率，要选用有利于反应的条件，如适宜的温度、高活性的催化剂等。

（5）产率。

产率的概念主要用于复合反应，并且往往是对产物而言的。在复合或复杂反应进行时可能有多种产物生成，目的产物仅为全部产物的一部分。设特定反应组分按化学式计量关系全部转化时所能生成的目的产物量为 1，实际得到的目的产物在其中所占的百分数即为产率。即：

$$产率 = \frac{实得的目标产物量}{特定反应组分全部转化时理论目的产物量} \times 100\% \quad (1\text{-}5)$$

由于有副反应发生，产率总比转化率低。

某些特殊情况下，如物系分离或副反应过多的复杂反应中，很难用反应的化学计量关系计算产量或理论产量，这时也用产率、得率或收率来表示产品的实收程度，产率是指目的产物占初始原料的质量分数。举例来说，石油原油炼制时，直馏汽油占原油的分数即为其产率或收率。石油油品催化裂化时，裂化汽油占裂化油品的分数即为其产率，因为裂化石油众多的平行和连串反应不能按化学反应式计算产量，并且石油油品和裂化汽油都不以化学纯度来衡量，而是以特定的指标（如馏程）为准的。

（6）选择率（选择性）。

选择率或选择性反映在有平行反应或连串反应的复合反应中，生成目的产物的主反应所起作用的程度。在化学和化工生产中，选择率定义为：

$$选择率 = \frac{实得的目标产物量}{转化的反应组分按化学计量所能生成的目标产物量} \times 100\% \quad (1\text{-}6)$$

按此定义，复合反应中的选择率总小于 1。

转化率、产率与选择率之间的关系为：

$$产率 = 转化率 \times 选择率 \quad (1\text{-}7)$$

（7）利用率。

利用率泛指在加工过程中原料的利用程度，定义为原料实际转化成合格产品的量占理论上原料可以生产该产品量的百分数。

利用率有时也用在转化率和产率不能明确表达的情况下，如氨碱法制纯碱时，残留于母液中的离子很难判断是以原始反应组分还是以最终生成物的形式存在，而只能以析出的产物与初始反应组分按化学式计量关系求得利用率。

（8）过量率。

多数情况下，反应并不采用化学计量比，而是使某些廉价或易得的反应组分过量，以利于特定的反应组分获得更高的转化率，如二氧化硫催化氧化时使氧过量，水煤气变换时使蒸汽过量等。过量率是以特定反应组分完全转化的化学计算关系为依据来计算的，定义为：

$$过量率 = \frac{该组分总量 - 与特定反应组分完全反应所需的量}{与特定反应组分完全反应所需的量} \times 100\% \quad (1\text{-}8)$$

1.3 典型化工行业

1.3.1 合成氨工业

氨气（Ammonia），分子式 NH_3，是 1754 年由普里斯特利（Priestly）加热氯化铵和石灰石时发现的。1784 年，伯托利（C. L. Berthollet）确定氨是由氮和氢组成的。其后，人们便开始进行化学合成氨的研究。经过 100 多年的漫长岁月，终于在 1913 年实现了由氮和氢直接合成氨的工业化。哈伯（Frite Haber）与博施（Carl Bosch）一起开发了日产 30 t

的工业化装置，在德国奥堡投入生产，该装置采用高温高压和铁系催化剂工艺，这就是著名的哈伯-博施法。因为保密和第一次世界大战（1914—1918 年）的关系，除了德国的巴斯夫公司外，该技术并未被很好利用。战争期间，美军根据美国情报机构得到的资料，在美国亚拉巴马州建立了一套哈伯工艺装置，但由于合成氨催化剂资料不完整，装置无法开工。第一次世界大战结束后，德国因战败而被迫公开合成氨技术。之后在此基础上陆续开发了不同压力的合成氨方法：低压法（10 MPa）、中压法（20~30 MPa）和高压法（85~100 MPa）。到了 20 世纪 40 年代末 50 年代初，出现了以天然气和石脑油替代煤为原料的生产工艺，促进了新的造气和净化技术的发展。20 世纪 60 年代后，大型离心压缩机的发展使合成氨生产规模空前提高，出现了日产合成氨 1000 t 以上的装置。

1.3.1.1 各种原料制氨的典型流程

合成氨生产，首先必须制取含氢和氮的原料气。氮气来源于空气，可以在低温下将空气液化分离而得；也可在制氢过程中加入空气，直接利用其中的氮。氢气的主要来源是水和碳氢化合物中的氢元素，以及含氢的工业气体。合成氨生产常用的原料包括焦炭、煤、焦炉气、天然气、石脑油和重油。

除电解法外，不管用何种原料制得的粗原料气中都含有硫化物、一氧化碳、二氧化碳，这些物质都是氨合成催化剂的毒物，在进行合成之前，需将其彻底清除。因此，合成氨的生产过程包括以下 3 个主要步骤。

（1）原料气的制取：制备含有氢气、氮气的粗原料气。

（2）原料气的净化：指除去原料气中氢气、氮气以外的杂质，一般由原料气的脱硫、一氧化碳的变换、二氧化碳的脱除、原料气的精制等组成。

（3）原料气压缩与合成：将符合要求的氢氮混合气压缩到一定的压力，在铁催化剂与高温条件下合成氨。

合成氨生产过程如图 1-2 所示。

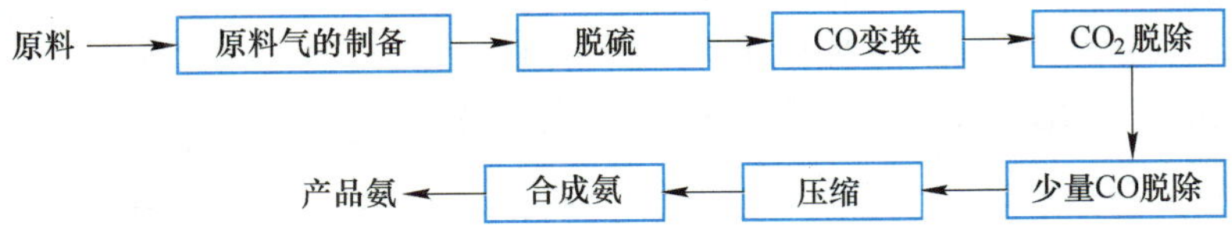

图 1-2 合成氨生产过程

A 以煤为原料的合成氨流程

我国以煤为原料的中型合成氨厂多数采用 20 世纪 60 年代开发的三催化剂净化流程，采用脱硫、低温变换和甲烷化 3 种催化剂来净化气体。以煤为原料的小型合成氨厂则采用碳化工艺流程，用浓氨水脱除二氧化碳，生成的碳酸氢铵经结晶分离后即为产品。两种工艺流程分别如图 1-3 中型厂合成氨流程、图 1-4 生产碳酸氢铵流程所示。

总反应式为：

$$0.885C + 1.5H_2 + 0.5N_2 + 0.885O_2 = NH_3 + 0.885CO_2 \tag{1-9}$$

以煤为原料的制气是气-固反应过程，以水蒸气和空气作为气化剂，将煤气化得到半水煤气。而只用水蒸气作气化剂得到的混合气叫水煤气。要求半水煤气中 $n(CO+H_2):n(N_2)=3.1\sim3.2$（$n$ 为摩尔分数）。半水煤气大致组成为：$\varphi(H_2)=37\%\sim39\%$，$\varphi(CO)=28\%\sim$

30%，$\varphi(N_2)=20\%\sim23\%$，$\varphi(CO_2)=6\%\sim12\%$，$\varphi(CH_4)=0.3\%\sim0.5\%$，$\varphi(O_2)=0.2\%$。

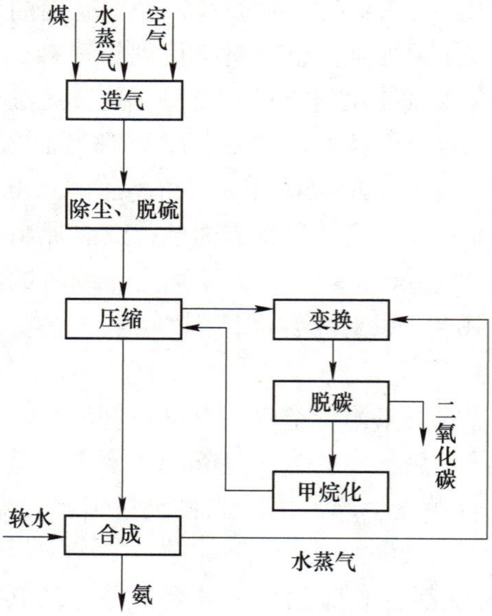

图 1-3　中型厂合成氨流程

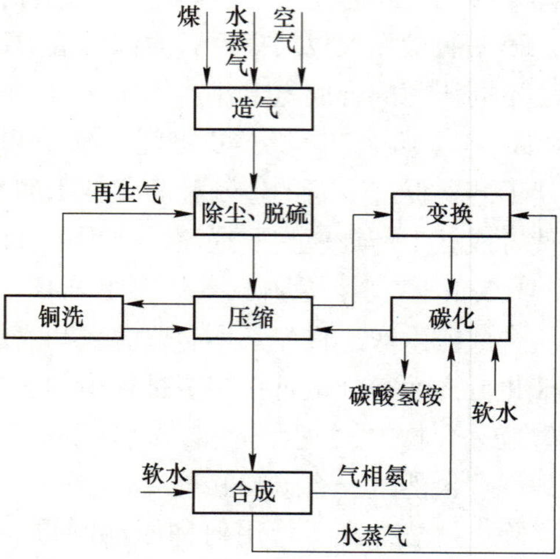

图 1-4　生产碳酸氢铵流程

B　以天然气为原料的合成氨流程

天然气、炼厂气等气体原料制氨的工艺流程如图 1-5 所示，其稍加改进也可以用于以石脑油为原料的合成氨流程。流程中使用了 7~8 种催化剂，需要有高净化度的气体净化技术配合。例如，使用钴钼加氢催化剂和氧化锌脱硫剂，可以把天然气中的硫脱除到 0.1 μL/L 以下，不仅保护了转化催化剂，而且也为使用耐硫性能较差的低变催化剂创造了条件。再通过高净化度的脱碳方法，可使气体中一氧化碳和二氧化碳的体积分数总和小于 0.7%。这样就能采用甲烷化法将气体中残余的一氧化碳和二氧化碳体积分数之和降到 5 μL/L 以下。

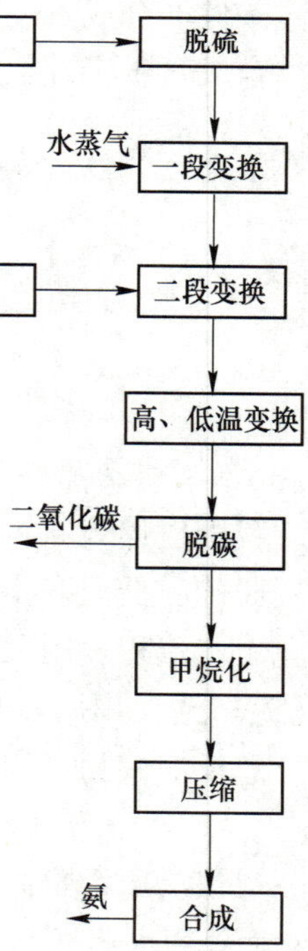

图 1-5　以天然气为原料的合成氨流程

总反应式为：

$$CH_4 + H_2O(g) + N_2 + 0.5O_2 \xlongequal{} 2NH_3 + CO_2 \tag{1-10}$$

以天然气为原料的制气反应，即天然气与水蒸气在催化剂作用下发生转化反应，生成的产物主要是 H_2、CO、CO_2 和 CH_4。在反应进行之前，应首先采用钴钼加氢催化和氧化锌脱硫，脱硫前原料气中需加入一定量的氢气，使最终硫含量降至 0.5 cm^3/m^3 以下。

一段转化的压力为 3 MPa，入口温度为 500 ℃左右，出口温度为 800 ℃左右，用镍催化剂。一段转化尾气的组成大致为：$\varphi(H_2)=69.5\%$，$\varphi(CH_4)=9.95\%$，$\varphi(CO)=9.95\%$，$\varphi(CO_2)=10.0\%$，$\varphi(N_2)=0.6\%$。

二段转化的目的是引入 N_2，同时在更高的温度（1000 ℃）下使 CH_4 基本上完全反应，加入空气量需按反应后气体中 $(CO+H_2):N_2=3.1\sim3.2$ 计算，空气中的氧在反应器内与 CH_4 和 H_2 反应，完全耗尽。二段转化也用镍催化剂、在 3 MPa 压力下进行，出口尾气组成大致为：$\varphi(H_2)=57\%$，$\varphi(CH_4)=0.3\%$，$\varphi(CO)=12.8\%$，$\varphi(CO_2)=7.6\%$，$\varphi(N_2)=22.3\%$。

C 以重油为原料的合成氨流程

以重油为原料制氨时，采用部分氧化法制气。从气化炉出来的原料气先清除炭黑，经一氧化碳耐硫变换，低温甲醇洗和液氮洗，再压缩，合成得到氨。该流程中需设置空气分离装置，提供氧气将油气化，氮气用于液氮洗涤脱除残余的一氧化碳。其工艺流程如图 1-6 所示。

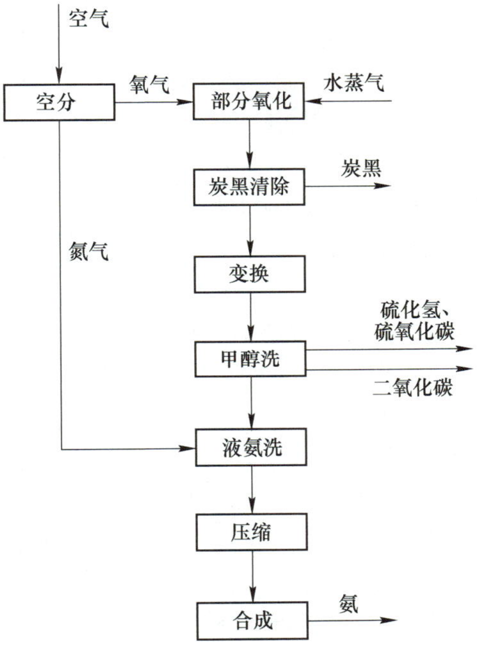

图 1-6 以重油为原料的合成氨流程

1.3.1.2 合成氨重点监控工艺参数及自动化控制设置要求

A 重点监控的工艺参数和控制要求

（1）温度。合成氨反应是一个放热反应，反应放出的热量如果不能及时地排出，会造成反应器内物料温度升高，引起压力升高，甚至着火爆炸等严重后果。合成氨反应速度随温度的升高而显著加快，但是如果温度过高，会使催化剂过早失活，因此需要使合成氨反应在最佳反应温度下进行，以获得较大的生产能力和较高的氨合成率，所以需要监控合成塔的温度。

（2）压力。合成氨反应是在一定压力下进行，一般压力为 15~30 MPa，如果压力失控，会造成泄漏或爆炸的危险，所以需要监控合成塔的压力。

（3）液位（或重量）。储罐应根据储罐内物料性质和储存条件，设置储罐的储存上下限，防止由于温度、压力等的变化造成泄漏。

（4）反应投料速度与物料配比。合成氨反应是一个放热反应，合成氨反应投料速度决定反应放热速度，如果投料速度过快，反应热不能及时移出，就有可能造成超温超压，发生泄漏或爆炸事故，所以需要监控原料的投料速度。合成氨反应在一定的配比下进行，一方面考虑产品质量，另一方面为了操作的安全，所以需要监控物料的配比。

（5）其他。合成氨系统中还需要监控压缩机的温度、压力和入口分离器液位。

B 合成氨工艺自动化控制设置要求

合成氨工艺的生产装置设置的自动控制系统应达到《重点监管危险化工工艺目录》中有关安全控制的基本要求，重点监控工艺参数应传送至控制室集中显示，并按照宜采用的控制方式设置相应的联锁。自动控制系统应具备远程调节、信息存储、连续记录、超限报警、联锁切断、紧急停车等功能。记录的电子数据的保存时间不少于 30 天。

（1）基本控制要求。

合成氨工艺安全控制基本要求中涉及的反应温度、压力报警及联锁的自动控制方式至少满足下列要求：

1）压缩机监控温度、压力和入口分离器液位，通过压缩机自带系统进行控制。

2）合成塔通过改变进料流量调节反应压力或（和）温度，合成塔应设温度、压力远传、报警，压力或（和）温度高高报警联锁，塔压差远传、报警；合成塔入口管线应设温度远传、报警和调节，组分在线检测仪表。

3）废热锅炉设置温度、压力和液位远传、报警，液位低低报警联锁，废热锅炉压力通过调节阀控制，废热锅炉液位通过入口调节阀控制，氨分离器设置液位远传、报警，氨分离器液位通过出口调节阀控制。

（2）其他方面应满足：

1）反应过程中需要通过调节冷却系统控制或者辅助控制反应温度的，应当设置自动控制回路，实现反应温度升高时自动提高冷却剂流量；调节精度要求较高的冷却剂应当设置流量控制回路。

2）合成氨化工工艺安全控制要求的涉及反应物料配比、液位、进出物料流量等报警及联锁的安全控制方式，应同时满足《重点监管危险化工工艺目录》中的要求，并根据设计方案或 HAZOP（危险与可操作性分析）分析报告设置相应联锁系统。

3）在组分测量仪表条件满足时，宜加装原料、反应尾气在线分析仪表，并将其分析结果远传至操作室。

4）设计时，应结合具体的工艺机理，合理地设置控制方案，避免出现因控制回路间密切相关、互相影响导致工艺参数无法控制的情况，控制措施中相互关联不允许发生耦合控制。

5）在可能出现泄漏可燃气体及有毒气体的区域，设置可燃气体及有毒气体报警仪、火灾报警器，并将信号引至控制室。

（3）根据反应安全风险评估结果，制定相应的控制措施。

所有涉及硝化、氯化、氟化、重氮化、过氧化工艺的化工生产装置按照《国家安全监管总局关于加强精细化工反应安全风险评估工作的指导意见》（安监总管三〔2017〕1号）要求必须完成反应安全风险评估，并综合反应安全风险评估结果，考虑不同的工艺危险程度，设置相应的控制措施，合成氨工艺宜参照执行。

1.3.2 氯碱化工

工业上用电解饱和 NaCl 溶液的方法来制取 NaOH、Cl_2 和 H_2，并以它们为原料生产一系列化工产品的工业，称为氯碱工业。

氯碱工业作为基本化工原料工业，在国民经济中起着重要的作用。其主要产品为烧碱、液氯、盐酸、聚氯乙烯树脂等，广泛应用于轻工、纺织、冶金、造纸、食品、建材、化工、塑料等行业，是这些行业不可缺少的原材料。

氯碱产业链包括上游的原材料供应，如焦炭、原盐、电石、聚乙烯单体和电力等；中游的氯碱工业产品生产，如烧碱、聚氯乙烯、氢气和氯气等；以及下游的应用领域，如轻工业、纺织业、石油化学等。产业链的完整性和各环节之间的协同效应对氯碱行业的稳定发展至关重要。

同时，随着科技的不断发展，氯碱行业的技术水平也在不断提升。中国氯碱工业在生产工艺、设备能力、环保技术等方面取得了长足进步。例如，离子膜法已成为中国烧碱生产的主要工艺，比例接近95%。同时，企业还通过研发、技改等手段推动技术进步，提高生产效率和产品质量。智能化和自动化生产技术的应用也为氯碱行业的发展注入了新的动力。

1.3.2.1 氯碱化工过程概述

氯碱化工过程主要分为以下几个步骤：

(1) 盐水制备：从海水或盐矿中提取氯化钠，通过溶解和过滤等步骤制备出高纯度的盐水。

(2) 电解过程：在电解槽内对盐水进行电解，产生氯气、氢气及氢氧化钠。该过程分为阴极反应（氢气生成）和阳极反应（氯气生成）。

(3) 气体分离与处理：生成的氯气和氢气需分离，并进行安全处理，避免产生有害副产物。

(4) 氢氧化钠的浓缩与纯化：将氢氧化钠溶液进行浓缩和纯化，以提高产品质量。

氯碱工业流程简图如图1-7所示。

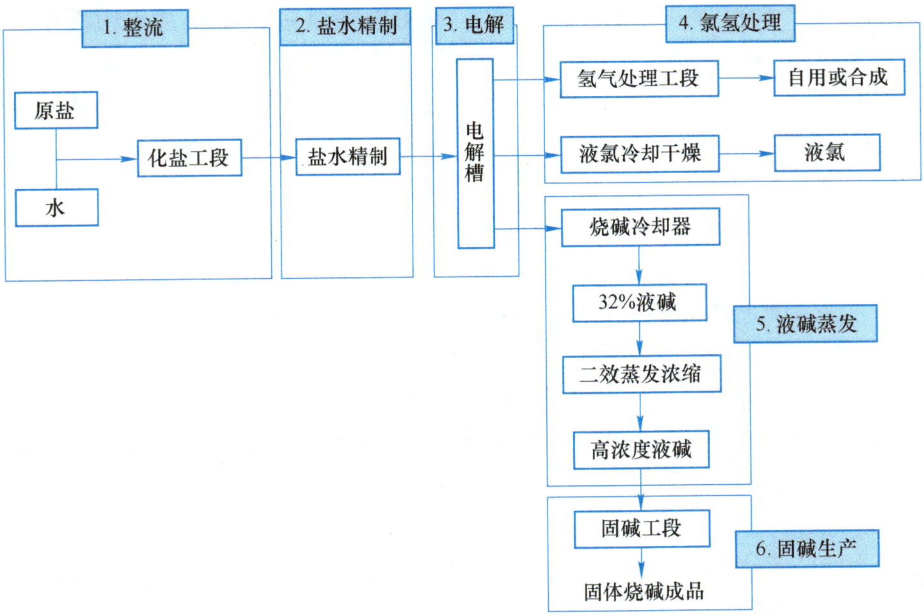

图1-7 氯碱工业流程简图

A 电解过程原理

电解（electrolysis）是电流通过电解质溶液或熔融电解质时，在两个电极上所引起的化学变化。通电时，电解质中的阳离子移向阴极，吸收电子，发生还原作用，生成新物质；电解质中的阴离子移向阳极，放出电子，发生氧化作用，也生成新物质。电解过程中能量变化的特征是电能转化为电解产物蕴藏的化学能。

电解工业在国民经济中起着重要作用，许多有色金属（如钠、钾、镁和铝等）和稀有金属（如锆、铪等）的冶炼，某些金属（如铜、锌和铅等）的精炼，某些基本化学工业产品（如氢、氧、氯、氟、烧碱、氯酸钾、过氧化氢、己二腈、四乙基铅等）的制造，以及电镀、电抛光、阳极氧化等工艺都是通过电解来实现的。

B 食盐水电解制氢气、氯气和烧碱

用食盐水电解制氢气、氯气和烧碱有 3 种方法：隔膜法、汞阴极法和离子交换膜法。随着环保要求的不断提高、油价上涨、能源紧缺等现状，隔膜法、汞阴极法已基本被淘汰，达到世界先进水平的离子膜法装置越来越多。发展离子膜碱已经成为氯碱企业调整产品结构、节能降耗、保护环境、增强市场竞争力的主要措施。

1.3.2.2 离子交换膜法工艺过程

离子交换膜法电解是一项崭新的电化学技术。该方法于 20 世纪 50—60 年代被开发研究，1966 年美国杜邦公司开发了化学稳定性较好的 Nafion 离子交换膜，接着日本旭硝子公司制成了 Flemion 全氟羧酸膜，实现了离子交换膜法电解的工业化生产，为离子膜法电解食盐水工业化奠定了基础。

A 工艺原理

本法采用的阴极和阳极材料与隔膜法相同，只是用离子交换膜代替（或改性）隔膜法的石棉隔膜。离子交换膜具有很好的选择性，只有一价阳离子（Na^+，H_3O^+）能通过薄膜进入阴极室，再次放电产生 H_2和 OH^-，而 OH^-不能通过薄膜进入阳极室（膜两边 OH^-的浓度差可达 10 mol/L），阳极室仅将 Cl^-还原为 Cl_2，Cl^-和未分解的大部分 NaCl 不能通过薄膜进入阴极室，因此，精制食盐水进入阳极室经电解后，淡盐水仍由阳极室流出。

电解饱和食盐水的原理：

阴极： $2H^+ + 2e^- \longrightarrow H_2\uparrow$ （还原反应）

阳极： $2Cl^- - 2e^- \longrightarrow Cl_2\uparrow$ （氧化反应）

总反应： $2NaCl + 2H_2O \longrightarrow H_2\uparrow + Cl_2\uparrow + 2NaOH$

B 离子交换膜

该膜是四氟乙烯同具有离子交换基团的全氟乙烯基醚单体的共聚物。制成膜后，再用聚四氟乙烯织物增强。膜的溶胀度、机械强度、化学稳定性基本上符合工业生产要求，使用寿命在两年以上。离子交换膜法电解槽的原理如图 1-8 所示。

C 工艺流程

离子交换膜法流程如图 1-9 所示，分一次盐水精制、二次盐水精制、电解、HCl 合成、氯氢处理、碱液蒸发等工序。

（1）一次盐水精制是在原盐中加入一定量的氢氧化钠、碳酸钠、氯化钡等精制剂后，采用沉降经过滤的办法制得合格的一次盐水供电解使用。但澄清出来的一次精制盐水还有一些悬浮物，它们会阻碍二次盐水精制中螯合塔的正常操作（一般要求盐水中悬浮物小于 1 mg/L），因此还需进入盐水过滤器，常用的过滤器有涂有助滤剂 α-纤维素的碳素管、聚丙烯管过滤器和叶片式过滤器。

（2）二次盐水精制在两台或三台串联的螯合树脂塔中进行，常用的螯合树脂有氨基磷酸型螯合树脂和亚氨基二乙酸型螯合树脂。pH 值为 8.5~9.5 的过滤盐水通过螯合树脂塔

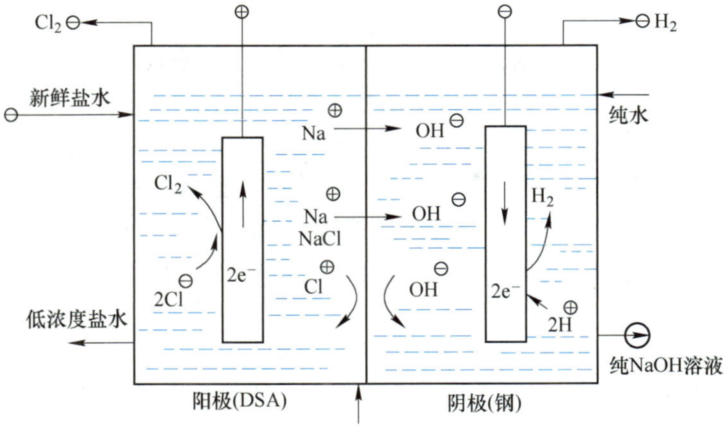

图 1-8 离子交换膜法电解槽的原理

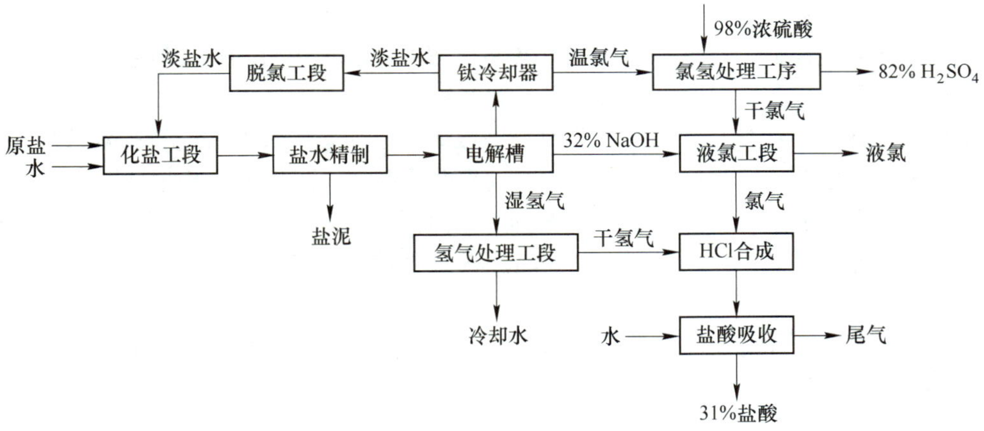

图 1-9 离子交换膜法流程简图

吸附盐水中的杂质金属阳离子，制取合格的二次精制盐水。通过螯合树脂塔树脂再生恢复性能使树脂循环使用，保证二次精制盐水质量合格。

(3) 电解是将合格的二次精制盐水送到电解槽中进行电解，阳极生产出符合要求的氯气，阴极生产出合格的液碱和氢气，湿氯气和氢气送氯处理和氢处理，阳极淡盐水送淡盐水脱氯，阴极产生的32%碱液送蒸发。淡盐水脱氯是将电解产生的含氯淡盐水进行真空和化学脱氯，将脱氯后的脱氯盐水送往化盐岗位做化盐配水。

(4) 氯氢处理是将电解产生的高温含水的氯气、氢气通过多段冷却、除雾，减少水分含量，氯气进一步用干燥剂硫酸吸水干燥，并用压缩机输送气体到使用单位。

(5) 氯化氢合成工序中经过氯氢处理干燥、压缩后的氢气、氯气在合成炉里燃烧化合，生产的氯化氢气体冷却后输送氯乙烯车间或用纯水吸收制成高纯盐酸。

(6) 烧碱蒸发是借蒸汽加热的作用来提高碱液的温度，使碱液中所含的溶剂（水）部分汽化，以提高溶液中溶质碱的浓度的物理过程。电解产生的32%烧碱通过双效逆流降膜蒸发系统，采用蒸汽加热蒸发，得到更高浓度的烧碱。

1.3.2.3 工艺流程的复杂性与自动化控制

氯碱化工工艺流程相对复杂，涉及多个反应阶段和物质的物理变化，如溶解、分离、反应、蒸发等。这要求工艺流程配备自动化和智能化控制系统。

(1) 多参数控制：由于反应过程对温度、电流、电压、浓度、流速等多个参数都非常敏感，因此需要对这些参数进行精确控制，以确保生产过程的稳定性和产品质量。

(2) 过程优化：氯碱化工通常采用先进的过程控制技术，如模型预测控制（MPC）、自适应控制、神经网络控制等对生产过程进行优化，提升产品产量、降低能耗和减少废料排放。

1.3.2.4 运行控制的特点

在氯碱化工过程中，运行控制是确保生产稳定、安全和高效的关键环节，主要包括以下几个方面：

(1) 电解槽的实时监控：通过传感器实时监测电解槽内的电流、电压、温度等参数，确保设备在安全和最佳工作范围内运行。电解槽的控制策略需动态调整，以适应生产负荷的变化。

(2) 盐水浓度控制：盐水的浓度直接影响电解效率。通过自动化控制系统，保持盐水在最佳浓度范围内，有助于提高氯气和氢气的产量。

(3) 气体分离与纯化控制：采用冷凝、吸收等技术对氯气和氢气进行高效分离，确保产品的纯度和安全性。控制气体流量和分离过程中的温度、压力等参数是关键。

(4) 安全监测系统：氯气和氢气的气体泄漏监测、压力异常检测等是安全管理的重点。应设置完善的报警和应急响应系统，确保在发生异常时能够及时处理。

1.3.2.5 运行控制中的难点

氯碱化工过程包含复杂的化学反应和物理反应，涉及多个环节和参数的控制。以下是氯碱化工在工艺控制上面临的主要难点。

(1) 反应过程的复杂性。

多步反应：氯碱化工通常涉及氯气、氢气和氢氧化钠等多种物质的反应，反应路径复杂，难以精确控制。

动力学特性：反应速率、热力学和动力学特性可能因温度、压力等条件的变化而变化，难以实现实时控制。如电流效率的维持，在电解过程中，维持高电流效率是关键，这要求对电解槽的电压、电流密度进行精确控制。

(2) 温度与压力控制。

高温高压环境：氯碱化工过程通常在高温高压条件下进行，对温度和压力的控制要求极高，任何微小的波动都可能导致反应效率降低或产生安全隐患。如电解温度控制，电解过程中温度需要严格控制，过高或过低都会影响电解效率，同时影响产品品质。

热管理：反应过程中产生的热量需要有效管理，防止过热或冷却不足，这对控制系统的响应速度和精度提出了挑战。

(3) 物料和产品的不均匀性。

原料质量波动：原材料的纯度和成分可能波动，影响反应效率和产品质量，要求在生产过程中实时监测和调整。如电解质的浓度控制，必须精确控制盐水中的氯化钠浓度，浓度太低会降低电流效率，浓度太高则可能导致电解槽结垢。

产品质量控制：成品的品质一致性要求高，特别是在不同批次之间，控制难度增加。如氢气和氯气的纯度控制，需要确保氢气和氯气的纯度，避免混合气体的爆炸风险，同时保证产品质量；又如氢氧化钠的浓度和品质，需要控制好氢氧化钠的浓度和品质，防止杂质混入，影响最终产品的应用性能。

(4) 控制系统的复杂性。

多变量耦合：氯碱化工过程涉及多个变量的耦合，控制系统需要处理多个输入和输出之间的复杂关系，传统控制方法难以应对。

实时数据处理：需要大量实时数据进行监测和分析，这对数据采集、处理和反馈系统的要求很高。

(5) 安全隐患。

有毒气体的处理：氯气、氢气等有毒气体的控制和监测至关重要，任何泄漏都可能导致严重的安全事故。

应急响应：在突发情况下，快速、有效的应急响应系统至关重要，但其实施和维护往往复杂。

(6) 环保要求。

废物处理：氯碱化工过程中产生的废物和副产品的处理需要符合环保法规，控制系统需要集成废物监测和处理功能。

排放控制：需要实时监测和控制废气和废水排放，确保符合环保标准，增加了控制的复杂性。

(7) 经济性与效益。

成本控制：在保证产品质量和安全的前提下，如何降低生产成本、提高效率是一个持续的挑战。

工艺优化：需要持续进行工艺优化，提升整体生产效率和资源利用率，这要求控制系统具备自学习和自优化的能力。

(8) 技术更新与人员培训。

技术快速发展：自动化和智能化技术的快速发展要求企业不断更新设备和技术，增加了工艺控制的难度。

人员素质：操作人员和技术人员需要具备较高的技能水平，以应对复杂的控制系统和突发情况。

氯碱化工在工艺控制上面临的难点主要源于其复杂的反应过程、高要求的安全和环保标准、多变量耦合的控制需求以及经济效益的追求。为了解决这些难点，企业需要持续投入资源进行技术研发、人员培训和系统优化，以提升整体的工艺控制水平。

1.3.3 煤化工

煤化工主要是指以煤为原料经过化学加工，使煤转化为气体、液体和固体燃料及化学品的过程，包括煤的高温干馏、煤的低温干馏、煤的气化、煤的液化、煤制化学品及其他煤加工制品。煤化工行业的类型及其产品见表 1-1。

表 1-1 煤化工行业的类型及其产品

类型	气 化	炼 焦			直接/间接液化	低温干馏	其他加工
		焦炉煤气	煤焦油	焦炭			
产品	煤气→合成气→氨、甲醇、液体燃料、化学品、醋酐等	煤气、粗苯	萘、蒽、吡啶、沥青、碳素品	冶金焦、电石→乙炔	液化油→液体燃料、化学品	煤气、低温煤焦油、半焦	褐煤蜡、活性炭等

煤的加工过程主要包括炼焦、低温干馏、气化、液化和合成化学品等。炼焦是应用最早的工艺，并且至今仍然是煤化工行业的重要组成部分；煤的气化在煤化工行业中占有重要地位，其产生的洁净燃料有利于提高人民生活水平和环境保护；煤气化生产的合成气是合成液体燃料等多种产品的原料；煤直接液化，可以生产人造石油和化学产品。在石油短缺时，煤的液化产品可替代目前的天然石油。

1.3.3.1 炼焦

煤在隔绝空气的条件下，加热到950~1050 ℃，经过干燥、热解、熔融、黏结、固化、收缩等阶段，最终制得焦炭，这一过程称为高温炼焦或高温干馏，简称炼焦。

A 煤的成焦过程机理

煤是由高分子有机物组成的复杂混合物。它的基本结构单元是缩合度不同的芳香核，其核周边带有侧链，结构单元之间以交联键连接。炼焦过程可分为干燥预热阶段、胶质体形成阶段、半焦形成阶段和焦炭形成阶段。

B 炼焦化学工业产品

炼焦炉主要由炭化室、燃烧室、蓄热室和斜道区等组成。每个炭化室内，装入煤时间不同，炼焦产品的组成和产率是不同的，但是一座焦炉中有多个炭化室，它们在同一时间处于不同的结焦时期，所以产品的组成和产率是接近均衡的。炼焦产品的组成和产率是随着炼焦煤的质量和炼焦温度的不同而波动的。在工业生产中，炼焦产品的组成和产率见表 1-2，其中化合水是煤中有机质分解生成的产物。

表 1-2 炼焦产品的组成和产率

产品	焦炭	净煤气	焦油	化合水	粗苯	氨	其他
产率/%	75~78	15~19	2.5~4.5	2~4	0.8~1.4	0.25~0.35	0.9~1.1

1.3.3.2 煤的气化

A 煤的气化原理

在一定的温度和压力下，在特定的设备内，煤中的碳与气化剂（如蒸汽、空气、氧气等）中的氧、水蒸气、二氧化碳、氢等之间进行多相反应生成碳的氧化物、氢、甲烷等可燃性气体的过程，称为煤的气化。

煤炭气化过程可分为均相的气-气相反应和非均相的气-固相反应两种。煤的气化过程中使用不同的气化剂可制取不同种类的煤气，但主要反应是相同的。煤气的组成主要取决于均相和非均相反应的综合过程，煤气化过程可以用下式表示：

$$\text{煤} \xrightarrow{\text{高温、高压、气化剂}} C + CH_4 + CO + CO_2 + H_2 + H_2O \tag{1-11}$$

气化剂中有氮气存在，因此煤气化过程还可能生成 NH_3、HCN 和 NO。另外，因煤中有杂质硫存在，煤气化过程还会有 SO_2、H_2S、COS 等硫化物生成。生成的硫及硫的化合物可能造成设备腐蚀和环境污染。

采用不同的气化剂可制得不同的煤气，如空气煤气、水煤气、混合煤气、半水煤气，它们的组成见表 1-3。

表 1-3 工业煤气组成

种类	气体组成/%						
	H_2	CO	CO_2	N_2	CH_4	O_2	H_2S
空气煤气	0.9	33.4	0.6	64.6	0.5		
水煤气	50.0	37.3	6.5	5.5	0.3	0.2	0.2
混合煤气	11.0	27.5	6.0	55	0.3	0.2	
半水煤气	37.0	33.3	6.6	22.4	0.3	0.2	0.2

B 煤炭气化过程的类型及主要工艺流程

煤炭气化是在气化炉内进行的，气化炉通常是由炉体、加料装置和排灰装置等构成。煤炭气化工艺可按压力、气化剂、气化过程、供热方式等分类，常用的是按气化炉内煤料与气化剂的接触方式分，主要有以下几种。

(1) 固定床气化。固定床气化炉的示意图如图 1-10 所示。煤由气化炉顶部加入，气化剂由气化炉下部加入，煤料与气化剂逆流接触进行反应，反应后煤气由气化炉的上部出去，反应产生的灰由气化炉底部出去。在整个煤气化的过程中，由于煤料的下降速度比气化剂的上升速度慢很多，因此称为固定床气化。

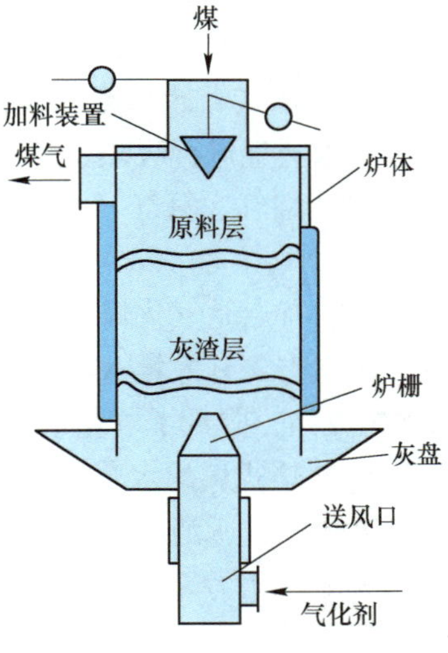

图 1-10 固定床气化炉的示意图

(2) 流化床气化。与固定床气化需要使用块煤不同，流化床气化是使用粒度为 0~10 mm 的小颗粒为气化原料，在气化炉内使其悬浮分散在垂直上升的气流中，煤粒在沸腾状态进行气化反应。由于流化床气化工艺采用小粒度煤，使得煤种限制小，气化强度大，煤料层内的温度均一，易于控制，因此可提高生产效率，降低生产成本。流化床气化工艺的生产能力是固定床气化的 4 倍。

(3) 气流床气化或喷流床气化。气流床气化是用气化剂将粒度为 100 μm 以下的煤粉带入气化炉内，同时，也将煤粉制成水煤浆后用泵打入气化炉内，在较高温度下，两股煤料与气化剂发生燃烧反应和气化反应，因此是一种并流气化。气流床气化强度大，对煤种的适应性广，生产效率高，碳转化率达 99%以上。

(4) 熔池气化。熔池气化是在温度较高且高度稳定的熔池内，将煤粉和气化剂以切线方向高速喷入熔池内，把一部分动能传给熔渣，使池内熔融物做螺旋状的旋转运动并气化，目前此气化工艺已很少使用。

(5) 煤炭地下气化。煤炭地下气化是使煤炭在原地自然状态下转化为可燃气体。通过在地下煤层中直接构筑“气化炉”，有控制地使煤炭与通过的气化剂在地下“气化炉”中进行气化反应。煤炭地下气化的显著优势就是可利用现有巷道、通风设施、排水设施等对遗留地下的煤炭、煤柱或其他待制煤进行回收。

煤炭气化的主要流程如图 1-11 所示，包括原料准备、煤气的生产、净化及脱硫、煤气变换、煤气精制以及甲烷合成等 6 个主要单元。

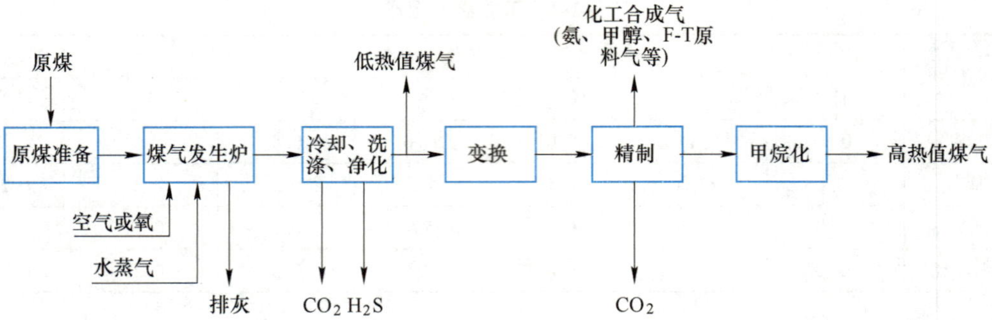

图 1-11 煤炭气化主要工艺流程

C 煤炭气化过程的气化类型

通常煤炭气化过程的气化类型可归纳为如下 5 种，即自热式煤的水蒸气气化、外热式煤的水蒸气气化、煤的加氢气化、煤的水蒸气气化和加氢气化相结合制天然气、煤的水蒸气气化和甲烷化相结合制天然气。

（1）自热式煤的水蒸气气化。自热式煤的水蒸气气化法的基本特征是外界不提供热量，煤与水蒸气进行吸热反应所消耗的热量由煤与氧进行的放热反应所提供。该过程中煤与气化剂（空气、氧气、水蒸气）在温度 800~1800 ℃、压力 0.1~4 MPa 条件下反应生成煤气。

其基本特点是气化煤气的成分主要为 H_2、CO，并含有少量 CO_2 和微量 CH_4；使用空气时，煤气中含有大量 N_2。该过程如用工业氧价格较贵，气化煤气成本较高，且煤气中 CO_2 含量较高，降低了气化效率。

（2）外热式煤的水蒸气气化。外热式煤的水蒸气气化法的基本特征是煤与水蒸气反应，此吸热反应所消耗的热量由外部提供。该过程通常是煤与气化剂（水蒸气）在温度 800~900 ℃、压力 0.1~0.4 MPa 条件下反应生成煤气。

其基本特点是气化煤气的成分主要为 H_2、CO、CO_2、CH_4，煤气中 CO_2 含量较低，气化效率较高。但也存在气化炉的热传递差、经济性较差等缺点。

（3）煤的加氢气化。煤的加氢气化的基本特征是煤在温度 800~1000 ℃、压力 1~10 MPa的条件下与氢气反应生成煤气（甲烷、氢气等）。

其基本特点是气化煤气的成分主要为甲烷等。因此，产生的煤气具有天然气的特征，煤气中 CO_2 含量较低。增加压力，有利于甲烷生成，提高反应热效率。

（4）煤的水蒸气气化和加氢气化相结合制天然气。煤的水蒸气气化和加氢气化相结合制天然气法的基本特征是在温度 800~1000 ℃、压力 1~10 MPa 条件下煤加氢气化，然后残余的焦炭再与水蒸气在温度 800~1800 ℃、压力 0.1~4 MPa 条件下反应。

煤的水蒸气气化和加氢气化相结合制天然气法的基本特点是将两者进行了有机结合，

是一个集成创新。

（5）煤的水蒸气气化和甲烷化相结合制天然气。煤的水蒸气气化和甲烷化相结合制天然气类型首先是由煤的水蒸气气化反应产生以 CO 和 H_2为主的合成气，然后合成气在催化剂的作用下再进行甲烷化反应生成甲烷。将煤的水蒸气气化和甲烷化两者进行了有机结合。

D 煤炭气化方法与气化炉

（1）固定床加压气化与鲁奇（Lurgi）炉。固定床加压气化工艺主要是加压固定床鲁奇气化工艺，通常在 1.0~2.0 MPa 或更高的压力下进行，以具有黏结性或低黏结性的块煤或焦炭为原料，以氧气/水蒸气为气化剂连续操作。鲁奇炉煤气的组成为 20% CO、35%~40% H_2、8%~10% CH_4。

加压固定床鲁奇气化工艺如图 1-12 所示。此工艺适合采用劣质煤、高灰熔点煤、块/碎煤、褐煤及低变质程度烟煤等，扩大了制气煤炭资源，降低了制气成本，生产的煤气热值较高（脱 CO_2后），且加压后利于远距离输送，因此它适合于城市民用煤气生产。

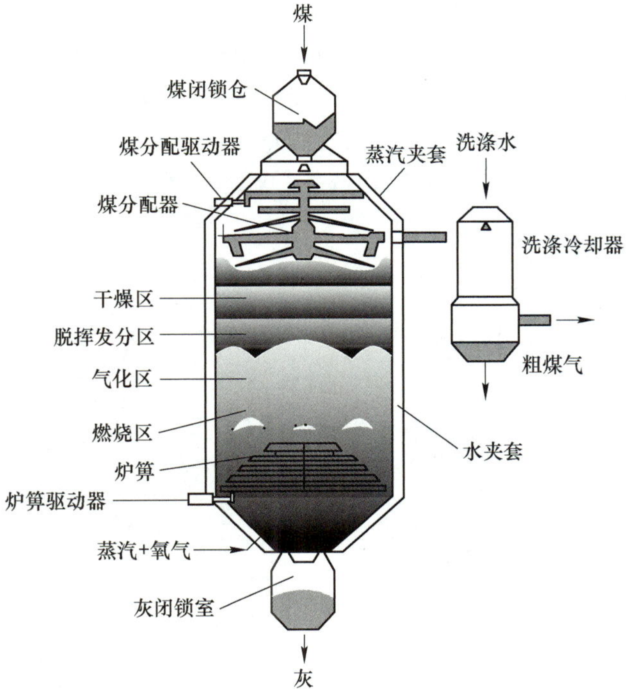

图 1-12 鲁奇炉气化工艺

但鲁奇气化炉存在着很大缺陷，单台规模偏小，蒸汽消耗量大，使用焦结性强的煤时，容易造成床体阻塞，使气流不畅，煤气质量不稳定。由于煤在此气化炉内缓慢下移至变成灰渣需停留 0.5~1 h，因而单炉的气化容量无法设计得很大。为改善上述问题，强化煤的气化过程，国际上又开发了两种鲁奇炉新技术：1）鲁尔-100 气化炉，提高操作压力至 10 MPa，提高气化强度，同时扩大了煤种范围；2）液态排渣鲁奇炉，其燃烧区的温度较高，克服了固态排渣鲁奇炉气化时，必须考虑煤的灰熔点和反应性等问题，减少了蒸汽耗量，提高了煤的氧化速率和碳的转化率，缩短了煤在炉内的停留时间，提高了生产能力。

(2) 水煤浆加压气化与德士古（Texaco）炉。德士古气化技术属于第二代煤气化技术，它是由美国德士古公司开发，以水煤浆为气化原料，以氧气为气化剂的加压气流床工艺，操作压力为4.0~8.0 MPa，连续操作，气化工艺如图1-13所示。

德士古水煤浆加压气化法是发展较快的煤气化方法，其特点是对煤的适应范围较宽，可利用粉煤，适合灰熔点适中、最好是精煤和半焦成浆性好的煤，单台气化炉生产能力较大，气化操作温度高，碳转化率可达96%~98%，煤气质量好，有效气成分（$CO+H_2$）高达80%左右，甲烷含量低，比较环保，不产生焦油、萘、酚等污染物，但氧耗量较高、效率偏低。炉灰渣可用作水泥的原料和建筑材料，“三废”排放少，处理简单，环境特性好。生产控制水平高，易于实现过程自动化及计算机控制，在国内外有大量的工业化生产经验。

(3) 干粉煤加压气化与壳牌气化炉。壳牌加压气流床气化工艺技术是以干煤粉为原料，以氧气/水蒸气为气化剂，连续操作。壳牌气化炉的结构如图1-14所示，是气固上行并流，干粉煤进料加压，火焰中心温度为2000 ℃，出炉温度1350~1600 ℃，煤气组成为60% CO，30% H_2。出口循环冷煤气冷却至900~1100 ℃，再用废热锅炉冷却至300 ℃回收热量，冷煤气效率最高达90%，热煤气效率超过95%。操作压力为3.0~4.0 MPa，碳转化率为98%以上，处理能力为2000吨/(天·台)（煤基）。壳牌加压气流床气化工艺对煤种无限制，煤气中有效成分（$CO+H_2$）含量高，对环境影响小，单炉生产能力也比较大。

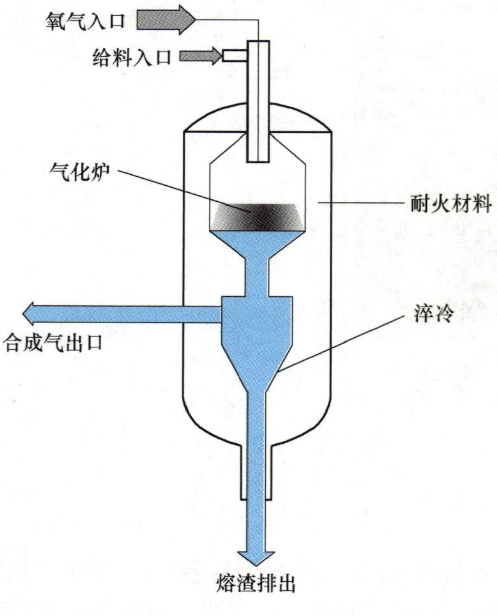

图1-13 德士古炉气化工艺

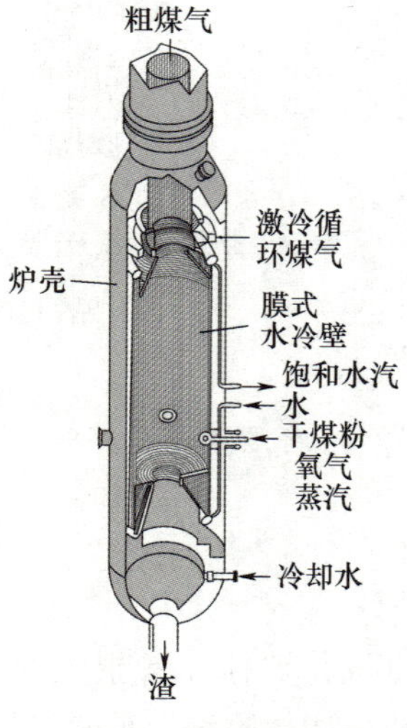

图1-14 壳牌气化炉示意图

壳牌气化工艺采用纯氧、蒸汽气化、干粉进料，液态排渣，采用特殊的水冷壁气化炉，使用寿命长，可副产高压蒸汽。采用干粉气化，氧耗量较低。

壳牌气化技术的缺点是：需要采用氮气密封及吹送，因而气化产生的合成气中惰性组分含量约为5%。

(4) GSP 干粉煤加压气化工艺与 GSP 炉。GSP 气化工艺始于民主德国的一家煤气联合企业，该企业从 1977 年开始开发干法加料的加压粉煤气流床气化技术，1983 年建成一套大型试验装置，取名为 GSP（德文 Gaskombiant Schwarze Pumpe）气化工艺。该气化炉结构如图 1-15 所示，进料方式为气固下行并流，干粉煤进料，煤粉和气化剂由顶部加入气化炉，气化炉内四周装有水冷壁管，涂层厚度约 20 mm，使气化炉表面温度低于液渣的流动温度，形成渣膜和保护耐火层，这就是“以渣抗渣”的结构。气化炉加料量为 15~30 t/h，通常运行压力为 3.2 MPa 以上，运行温度为 1300~1500 ℃，碳转化率 99.5%，冷煤气效率达80%~82%。

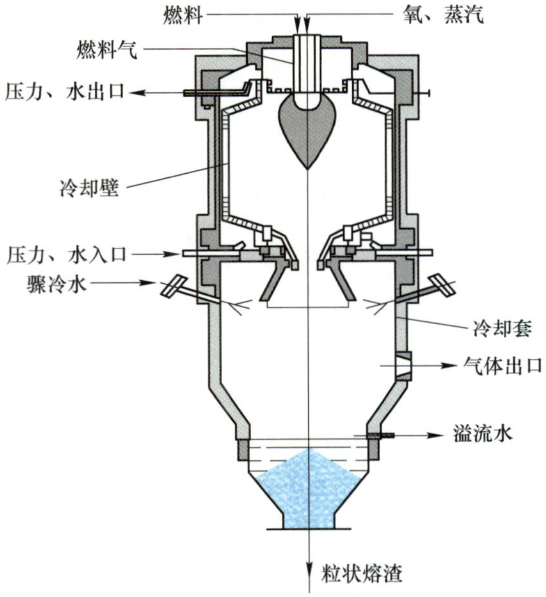

图 1-15　GSP 干粉煤加压气化炉构造

GSP 气化工艺的主要特点是对原料煤种适应能力大，褐煤至无烟煤全部煤种，以及石油焦、油渣、生物质均可。干粉煤供料，顶部单嘴喷，承压外壳内有水冷壁，激冷流程，有水冷壁回收少量蒸汽，喷嘴寿命长。

1.3.3.3 煤的直接液化

煤的液化是将煤中有机物转化为液态产物，包括煤的直接液化和煤的间接液化。煤的直接液化是指通过加氢使煤中复杂的有机高分子结构直接转化为较低分子的液体。

A 煤的直接液化反应机理

煤的直接液化过程是煤的大分子结构在一定温度和氢压下裂解成小分子液体产物的反应过程，其包含着煤的热解和加氢裂解两个最基本的过程。在温度大于 400 ℃、压力高于 10 MPa 的条件下，首先是煤中的大分子结构将受热分解，基本结构单元之间的桥键断裂，生成游离的自由基团，若遇到外界分子氢，自由基将发生加氢反应，形成稳定的低分子物，从而避免因重新聚合生成聚合物或大分子。若在催化剂的作用下，芳环也发生加氢反应，生成脂环或氢化芳环；桥键和芳环侧链上的部分 S 和 O 原子会以 H_2S 和 H_2O 的形式脱出。

在煤的直接液化反应过程中，可生成3类液态物质，即相对分子质量为500～2000的前沥青烯、相对分子质量为500～700的沥青烯和相对分子质量为250～400的油。图1-16为T. Suzuki等提出的煤直接液化反应过程示意图。人们所说的煤液化油或煤制油即为直接液化工程中产生的外观和性质与原油类似的油类物质，可用于制备燃料油、汽油、煤油、柴油等不同级别的成品油。

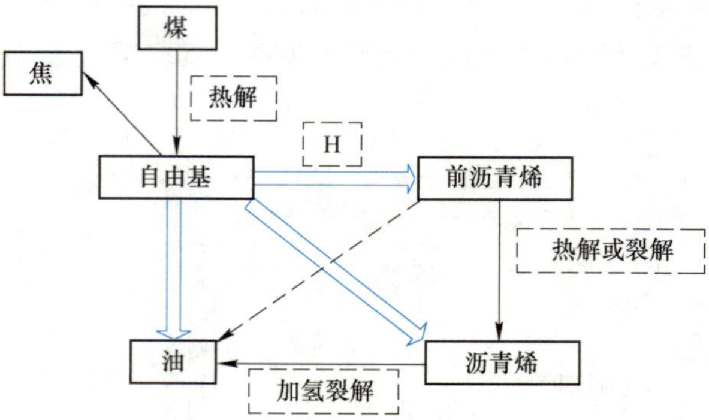

图1-16 煤直接液化反应过程示意图

在煤的直接液化反应过程中，若有催化剂存在，会改变其液化过程诸多反应的选择性，从而改变最终的产物。如何控制好大分子的前沥青烯和沥青烯向油类物质的转化过程，对提高液化油的产率是至关重要的。

B 煤的直接液化工艺

煤的直接液化工艺分为单段液化和两段液化。单段液化工艺是通过单一操作条件的加氢液化反应器来完成煤的液化过程，液化反应相当复杂，存在着裂解和缩聚等各种竞争反应，当提供的氢气不能满足单段液化反应过程的最佳需要时，将引起其中自由基碎片的交联和缩聚等逆反应过程，从而影响最终煤液化油的产率。

两段液化工艺是通过两个不同反应条件的加氢液化反应器来完成煤的液化过程，如图1-17所示。将预处理好的煤粉、溶剂（通常循环使用）和催化剂（可加可不加）按一定比例配成煤浆后，经过高压泵与已升温加压的氢气混合，再经加热设备预热到400 ℃左右，然后进入具有一定压力的液化反应器中在相对温和的条件下进行重质液化，主要目的是将煤液化获得较高产率的重质油馏分。所得反应生成物进入分离器，分离出沸点大于525 ℃的重质油、中油、轻油和固态物。中油进入第二个液化反应器，在高活性催化剂的作用下，进一步液化。最终的液化产物将经过一系列的分离器、冷凝器和蒸馏装置进行分离和提纯精制，得到各种各样的气体、液体和固体产物。其中的气体产物进行再次分离，所得的氢气可以经循环压缩机和换热器后与原料氢气混合循环使用，而其余酸性废气将经过污染控制设备后排出；焦、未液化的煤和灰等固体产物进入气化装置制氢，在气化装置中残渣被氧化为CO、H_2O、CO_2以及一些废气和颗粒物，在除去废气和颗粒物之后，CO和H_2O将通过CO转换反应器生成CO_2和所需的H_2；液体产物中的重质油往往作为循环溶剂，中质油或轻质油经过加工后，获得不同级别的成品油。两段液化工艺可以显著地减少煤液化反应中的逆反应，而且在煤的适应性、液化产物的选择性和产品质量上具有明显的优势。

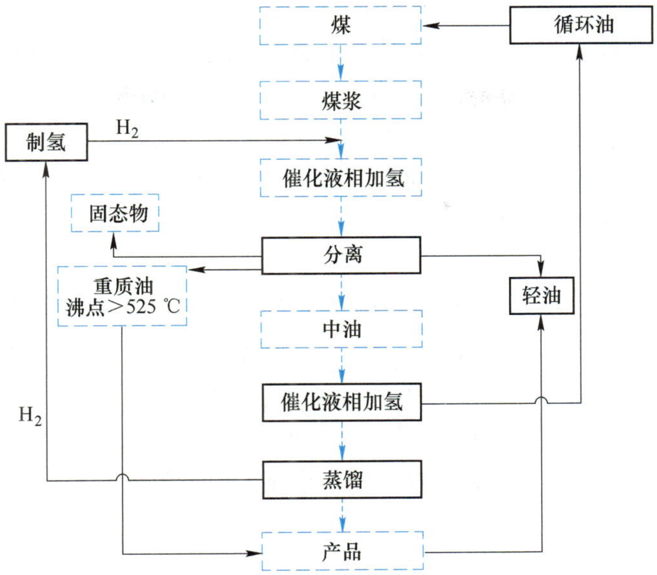

图 1-17 煤的两段液化工艺流程

煤的直接液化工艺一直在不断发展更新，如循环溶剂加氢、寻找高活性催化剂、改善反应床、开发更加可靠的液固分离手段以及对各过程进行优化等。

1.3.3.4 煤的间接液化

煤的间接液化是以煤气化生成的合成气为原料，在催化剂的作用下，将合成气合成为液体油。

A 煤的间接液化技术

煤的间接液化技术的核心是费托（Fischer-Tropsch）合成，又称为 F-T 合成法。费托合成是 F. Fischer 和 H. Tropsch 于 1923 年发现的，是一氧化碳和氢在铁催化剂的作用下反应生成烃类液体产品的过程，如图 1-18 所示。

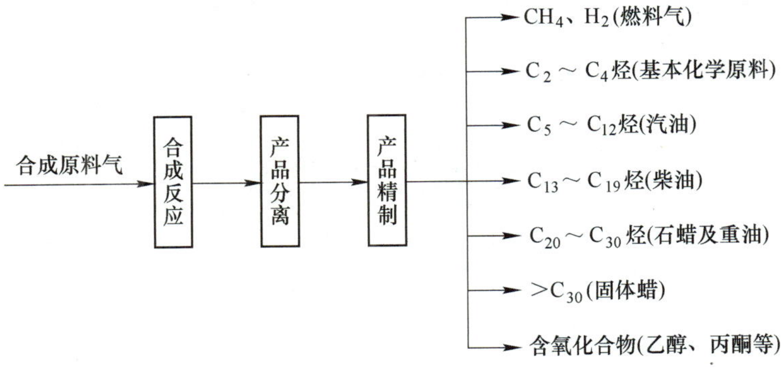

图 1-18 F-T 合成产品选择

最早采用煤间接液化技术生产液体燃料的是德国和南非。第二次世界大战期间，德国基于军事目的，建成了 9 个 F-T 合成油厂，但是随着廉价石油和天然气的供应，20 世纪中期，F-T 合成油厂已全部停产。但南非比较例外，由于该国不产石油，而且进口较难，所以南非政府充分利用其丰富的煤炭资源，大力开发了 F-T 合成油技术，以便解决液体燃料的供应问题。近年来，由于国际原油价格的持续走高，煤液化制液体燃料具有了显著的优势，而且世界上的石油资源远不及煤炭资源丰富，因此煤液化制液体燃料得到了广泛的关注，进行了大量的研究，并取得了显著的进展。有的石油公司开发的以天然气生产的合成气为原料，以 F-T 合成为核心的制油工艺，是不能称为煤的间接液化技术的。

此外，还有一类煤制油技术工艺是以甲醇生产为中间过程，利用甲醇合成汽油、二甲醚等液体燃料，又称为甲醇转化油工艺。

B F-T 合成反应

F-T 合成反应十分复杂，可以通过控制反应条件和 H_2/CO 比，在高选择性催化剂作用下，调整反应产物的分布。其基本反应是一氧化碳加氢生成脂肪烃，如下式所示：

$$nCO + 2nH_2 \longrightarrow C_nH_{2n} + nH_2O \tag{1-12}$$

$$nCO + (2n+1)H_2 \longrightarrow C_nH_{2n+2} + nH_2O \tag{1-13}$$

与此同时，也发生水煤气变换反应，即在催化剂的作用下，反应生成的水蒸气与未反应的一氧化碳会发生 CO 转换反应，如下：

$$H_2O + CO \longrightarrow CO_2 + H_2 \tag{1-14}$$

F-T 合成法的实际工艺中，烷烃和烯烃的生成反应按照如下反应式进行：

$$CO + 2H_2 \longrightarrow -(CH_2)- + H_2O \tag{1-15}$$

$$2CO + H_2 \longrightarrow -(CH_2)- + CO_2 \tag{1-16}$$

$$3CO + H_2O \longrightarrow -(CH_2)- + 2CO_2 \tag{1-17}$$

$$CO_2 + 3H_2 \longrightarrow -(CH_2)- + 2H_2O \tag{1-18}$$

由以上反应可以清楚地看到，由于 H_2/CO 的不同，F-T 合成可以发生不同的反应，得到不同的产物，但主要产物是烷烃和烯烃，一般为 C_3 及其以上烃类，甲烷等低烃是高温时出现的产物。另外，F-T 合成还可以控制醇、醛、酮、酸、酯等含氧副产物的生成。

C 煤的间接液化工艺

煤的间接液化工艺即 F-T 合成法工艺如流程如图 1-19 所示，其中间包括煤的气化、合成气净化、F-T 合成、产物分离和产品精制、排污控制 5 个部分。

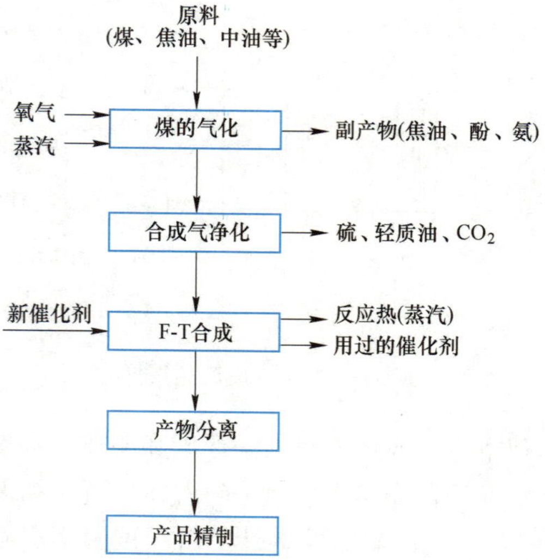

图 1-19 F-T 合成法工艺流程

F-T 合成工艺的关键在于合成反应器内的反应过程，其主要问题是选择性差，合成的产品太复杂。因此中国科学院山西煤炭化学研究所提出了将传统的 F-T 合成与沸石分子筛相结合的固定床两段合成工艺，简称为 MFT（modified-FT）法，其工艺流程如图 1-20 所示。在 MFT 合成法中，煤基合成气先经过一段 F-T 合成反应器，得到 $C_1 \sim C_4$ 的烃类混合物，除去硬蜡后，再进入二段分子筛改制反应器进行反应改质，使合成反应物发生裂解、脱氢、环化、低分子烯烃聚合等反应，最终得到主要是 $C_5 \sim C_{11}$ 的汽油馏分。

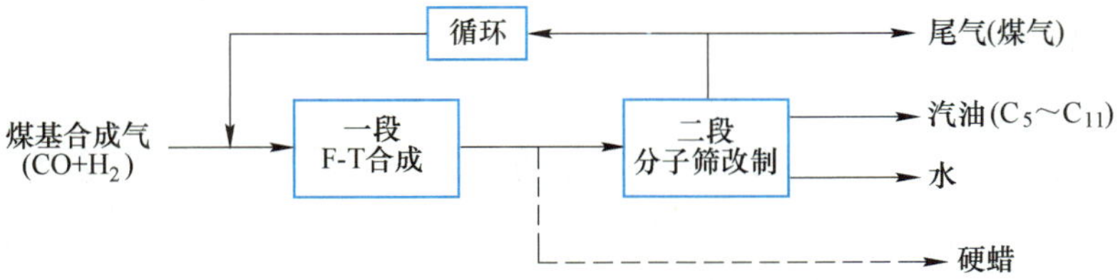

图 1-20 MFT 合成法工艺流程

D F-T 合成过程的工艺参数

以生产液体燃料为目的产物的 F-T 合成，提高合成产物的选择性是至关重要的。产物的分配除受催化剂影响外，还由热力学和动力学因素所决定。在催化剂的操作范围内，选择合适的反应条件，对调节选择性起着重要的作用。

（1）原料气组成。原料气中有效成分（$CO+H_2$）含量高低影响合成反应速度的快慢。一般是 $CO+H_2$ 含量高，反应速度快，转化率增加，但是反应放出热量多，易造成床层超温。另外制取高纯度的 $CO+H_2$ 合成原料气体成本高，所以一般要求其含量为 80%~85%。

原料气中 H_2/CO 比值的高低影响反应进行的方向。H_2/CO 比值高，有利于饱和烃、轻产物及甲烷的生成；比值低，有利于链烯烃、重产物及含氧物的生成。

提高合成气中 H_2/CO 比值和反应压力，可以提高 H_2 与 CO 利用比。排除反应中的水汽，也能增加 H_2 与 CO 利用比和产物产率，因为水汽的存在增加一氧化碳的变换反应（$CO+H_2O \rightarrow H_2+CO_2$），使一氧化碳的有效利用降低，同时也降低了合成反应速率。

（2）反应温度。F-T 合成反应温度主要取决于合成时所选的催化剂。对于每一系列 F-T合成催化剂，只要当它处于合适的温度范围时，催化反应是最有利的。活性高的催化剂，合成的温度范围较低。如钴催化剂的最佳温度为 170~210 ℃（取决于催化剂的寿命和活性）；铁催化剂的最佳温度 220~340 ℃。在合适的温度范围内，提高反应温度，有利于轻组分产物的生成。因为反应温度高，中间产物的脱附增强，限制了链的生长反应。而降低反应温度，有利于重组分产物的生成。

在动力学方程中，反应速率和时空产率都随温度的升高而增加。但是反应温度升高，副反应的速率也相应猛增。如温度高于 300 ℃时，甲烷的生成量越来越多，一氧化碳裂解成二氧化碳的反应也随之增加。因此生产过程中必须严格控制反应温度。

（3）反应压力。反应压力不仅影响催化剂的活性和寿命，而且也影响产物的组成和产率。对铁催化剂采用常压，其活性低、寿命短，一般要求在 0.7~3.0 MPa 压力下合成比较好。钴系合成可以在常压下进行，但是 0.51~1.5 MPa 压力下合成效果更佳，同时可以延长催化剂的寿命，而且生产使用过程中不需要再生。另外，压力增加，产物重馏分和含氧化物增多，产物的平均分子量也随之增加。用钴催化剂进行 F-T 合成时，烯烃随压力增加而减少；用铁催化剂时，产物中烯烃含量受压力影响较小。压力增加，反应速率加快，尤其是氢气分压的提高，更有利于反应速率的加快，铁催化剂的影响比钴催化剂更小。

（4）空速。对不同催化剂和不同的合成方法，都有最适宜的空速范围。如钴催化剂进行 F-T 合成时适宜的空速为 800～1200 h^{-1}，沉淀铁催化剂进行 F-T 合成时空速为 500～700 h^{-1}，熔铁催化剂气流床合成空速为 500～1200 h^{-1}。在适宜的空速下合成，油收率最高。但是空速增加，一般转化率低，产物变轻，并且有利于烯烃的生成。

1.3.3.5　新型煤化工技术简介

A　煤制烯烃

乙烯、丙烯作为主要的化工原料，其产量的高低往往被视为一个国家石化工业发达程度的标志。传统生产乙烯、丙烯的工艺是通过石脑油（石油轻馏分）裂解制取乙烯和催化裂化副产物丙烯，其缺点是过分依赖石油。国民经济的持续健康发展要求我国企业必须依托本国资源优势发展化工基础原料。煤制烯烃技术是继煤替代石油生产甲醇后，进而再向乙烯、丙烯、聚烯烃等产业链下游方向发展。采用煤制烯烃替代石油制烯烃，可以减少我国对石油资源的过度依赖，而且对推动贫油地区的工业发展及均衡合理利用我国资源都具有重要的意义。

以煤为原料经甲醇制取低碳烯烃的基本生产步骤包括：原料煤与来自空分单元的纯氧在煤气化炉中发生反应生产粗合成气，粗合成气经 CO 变换后进入气体净化单元，回收硫黄捕获 CO_2 气体。脱除粗合成气中的 H_2S 和 CO_2 等气体后的合成气，进入甲醇合成单元生产甲醇。煤制烯烃生产技术基本流程如图 1-21 所示。

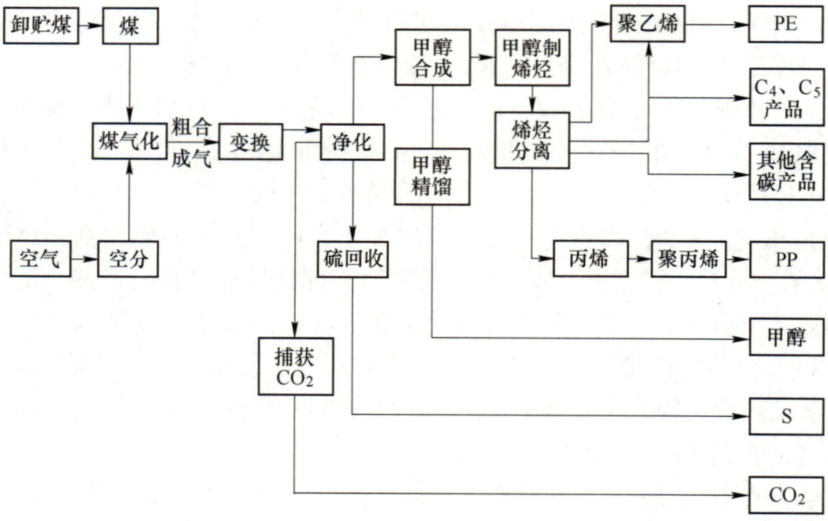

图 1-21　煤制烯烃生产技术基本流程

在甲醇制烯烃（MTO）装置中发生如下转化反应：

$$2CH_3OH = C_2H_4 + 2H_2O \quad (\Delta H = 11.72\ kJ/mol,\ 427\ ℃) \tag{1-19}$$

$$3CH_3OH = C_3H_6 + 3H_2O \quad (\Delta H = 30.98\ kJ/mol,\ 427\ ℃) \tag{1-20}$$

生产出的富含低碳烯烃的混合气体，进入烯烃分离单元，分离出主产品乙烯、丙烯和

副产品 C_4和 C_5混合物等。乙烯、丙烯进一步聚合生成聚乙烯、聚丙烯。

B 煤制乙二醇

乙二醇（ethylene glycol，EG），又名甘醇、亚乙基二醇，分子式 $HOCH_2CH_2OH$，是一种非常重要的化工基础原料，其主要用途是制造聚酯树脂和防冻剂等。随着聚酯产业和汽车工业的飞速发展，带动了乙二醇需求量大幅攀升。随着我国经济的飞速发展，乙二醇需求量逐年提高，我国乙二醇生产新技术的开发应用具有很好的市场前景。

煤制乙二醇的总反应为：

$$2C + 2H_2 + H_2O + 0.5O_2 \longrightarrow (CH_2OH)_2 \tag{1-21}$$

技术路线总反应为煤炭+空气+水→乙二醇。基本工艺流程是以 CO 和氢为原料，通过羰基化、加氢两个步骤生成乙二醇。第一步由 CO 进行气相反应生成草酸酯，第二步草酸酯加氢生成乙二醇，如图 1-22 所示。

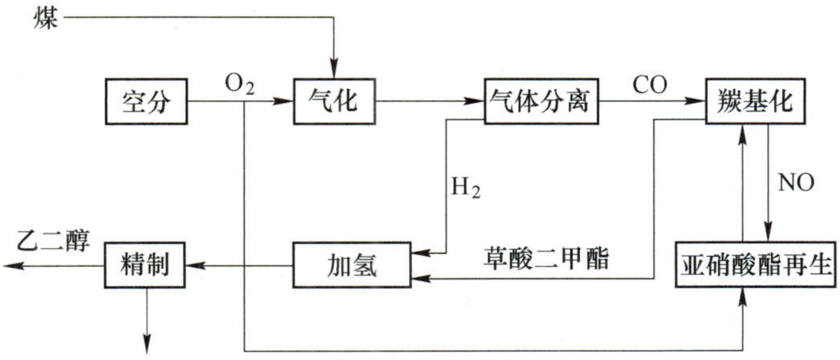

图 1-22 煤制乙二醇基本工艺流程

C 煤制天然气

我国能源资源禀赋是“富煤、贫油、少气”，煤炭占一次能源消费比重的 70%左右，是世界上为数不多的几个以煤炭为主要能源的国家。随着我国工业化、城镇化进程的加快以及节能减排政策的实施，天然气等清洁能源的消费比例将会越来越大。相关数据表明，我国天然气的供应量不能满足工业和民用的需求，供不应求的局面将会长期存在。我国天然气储量和产量均不能满足经济发展的要求，解决未来的天然气需求，除加强我国陆地、近海天然气勘探开发以及从国外购买管道天然气及液化天然气外，发展煤制天然气是缓解我国天然气供求矛盾的一条有效途径。通过煤炭的清洁转化生产工业和民用天然气，补充我国常规天然气产量的不足，对于缓解我国天然气资源短缺，保障国家能源安全，减少温室气体排放，保护地球生态环境都具有重要的现实意义。

煤制天然气主要过程是煤气化生产合成气，合成气再在甲烷化催化剂作用下反应生成甲烷，主要反应式为：

$$CO + 3H_2 \longrightarrow CH_4 + H_2O \tag{1-22}$$

$$CO_2 + 4H_2 \longrightarrow CH_4 + 2H_2O \tag{1-23}$$

煤制天然气主要分 6 个工序：煤气化制取合成气（$CO+H_2$），空分制取 O_2，变换调整 H_2/CO，低温甲醇洗（净化）脱除 H_2S、CO_2，硫回收，甲烷化合成 CH_4。煤制天然气详细的生产流程如图 1-23 所示。

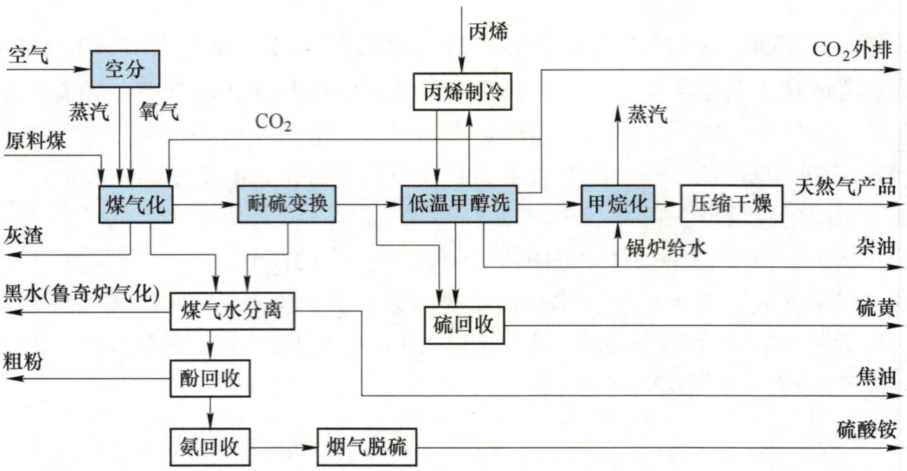

图 1-23 煤制天然气生产流程

1.3.4 石油化工

石油化学工业简称石油化工，是以石油和天然气为原料的化学工业。石油化工有两大分支：一是石油经过炼制生产各种燃料油、润滑油、石蜡、沥青、焦炭等石油产品，属于石油炼制工业体系；二是把石油分割成各种原料馏分，进行热裂解，得到基本有机原料，用于合成生产各种石油化学品，属于石油化工体系。

通常所说的石油炼制是指将原油经过分离或反应生成燃料（如汽油、航空煤油、柴油、液化燃料气、重质燃料油）、润滑油、沥青及其他产品（如石蜡、石油焦）的过程。石油炼制工艺的目的可概括为：提高原油加工深度，得到更多数量的轻质油产品；增加品种，提高产品质量。石油炼制工艺及其产品如图 1-24 所示。

石油炼制和石油化工是相互联系、相互依存的，不仅推动了石油化工技术的发展，也提高了石油经济效益。石油化工是 20 世纪 20 年代随石油炼制工业的发展而形成的，60 年代得到快速发展。目前，石油化工已在国民经济中占有极重要的地位。

石油化工包括基本有机化工生产过程、有机化工生产过程、高分子化工生产过程和精细化工生产过程，如图 1-25 所示。基本有机化工生产过程是以石油和天然气为起始原料，经过炼制加工制得三烯（乙烯、丙烯、丁烯）、三苯（苯、甲苯、二甲苯）、乙炔和萘等基本有机原料。有机化工生产过程是在“三烯、三苯、乙炔、萘”的基础上，通过各种合成步骤制得醇、醛、酮、酸、酯、醚、腈类等有机原料。高分子化工生产过程是在有机原料的基础上，经过各种聚合、缩合步骤制得合成纤维、合成树脂、合成橡胶（即三大合成材料）等最终产品。精细化工的原料大部分来自石油化工，石油化工是精细化工的基础。

1.3.4.1 催化裂化

催化裂化是石油炼制工业中最重要的一种二次加工工艺，在炼油工业生产中占有重要的地位。

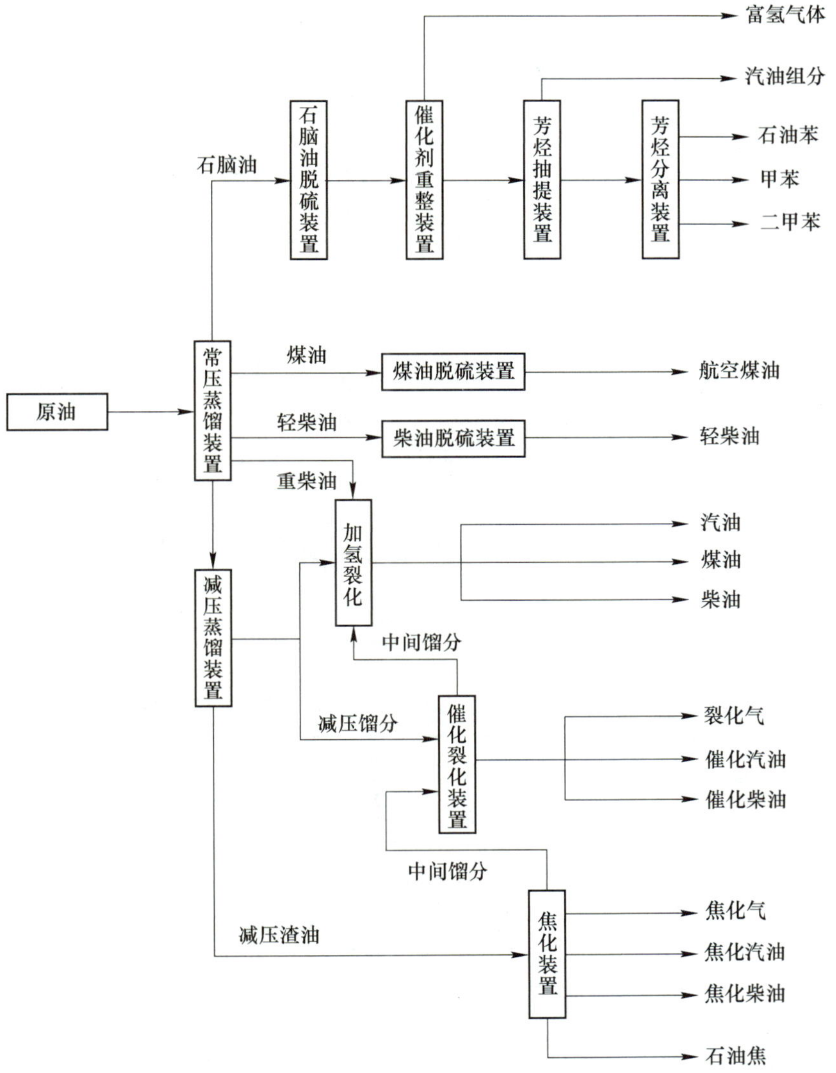

图 1-24 石油炼制工艺及其产品

A 催化裂化的目的和特点

a 催化裂化的目的

催化裂化（catalytic cracking）是以减压馏分油、焦化柴油和蜡油等重质馏分油或渣油为原料，在常压、温度为 450～510 ℃的条件下，在催化剂的作用下，发生一系列化学反应，转化生成气体、汽油、柴油等轻质产品和焦炭的过程。

原油经过一次加工即常减压蒸馏只能从中得到 10%～40%的汽油、煤油、柴油等轻质油品，其余是只能作为润滑油原料的重馏分和残渣油。但是，社会对轻质油品的需求量却占石油产品的 90%左右，而且直馏汽油的辛烷值只有 40～60，远远低于一般汽车要求汽油辛烷值大于 90 的要求。因此，原油只通过常减压蒸馏一次加工，是无法满足市场对轻质油品数量和质量的要求的，需对原油进行更深入的二次加工。最先采用的是热裂化技术，

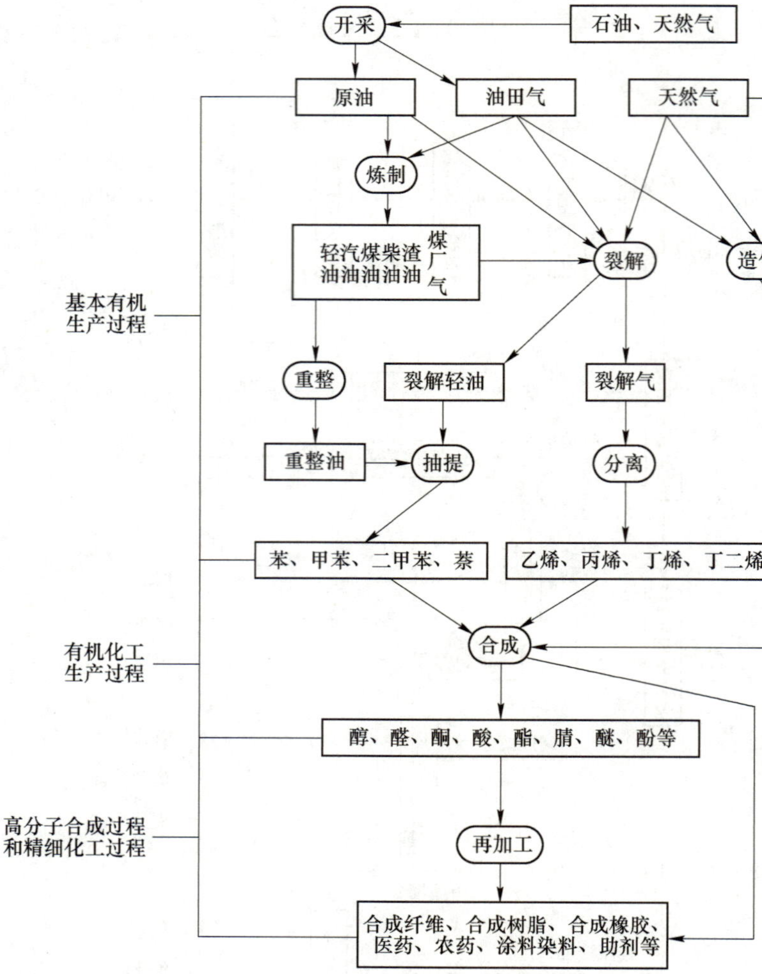

图 1-25　石油化学工业概貌

即将瓦斯油、重油受热经 C—C 键断裂，烃类大分子转化为汽油，后来引入了催化剂，把单纯的热裂化过程转为催化裂化过程，可获得更多的高辛烷值汽油。催化裂化是重油轻质化和改质的重要手段，现已成为当今石油炼制的核心工艺之一。

b　催化裂化的特点

催化裂化的特点如下：

（1）轻质油收率高，可达 70%～80%；

（2）催化裂化汽油的辛烷值高，马达法辛烷值可达 78，汽油的安定性也较好；

（3）催化裂化柴油十六烷值较低，需与直馏柴油调和使用或加氢精制来提高十六烷值，以满足规格要求；

（4）催化裂化气体中，C_3和 C_4气体占 80%，其中 C_3气体中丙烯占 70%，C_4气体中各种丁烯占 55%，是优良的石油化工原料和生产高辛烷值组分的原料。

催化裂化产品的分布为：气体 10%～20%、汽油 30%～50%、柴油不超过 40%、焦炭 5%～7%。可见，催化裂化主要是生产汽油。由于我国的公共交通运输事业和农业都需要大量柴油，因此，我国的催化裂化的特点是大量生产汽油的同时，提高柴油的产率。

B 催化裂化的化学原理

催化裂化过程中发生的主要反应如下。

（1）烷烃裂化为较小分子的烯烃和烷烃，例如：

$$C_{16}H_{34} \longrightarrow C_8H_{16} + C_8H_{18} \quad (1\text{-}24)$$

（2）烯烃裂化为较小分子的烯烃，例如：

$$CH_3—CH{=}CH—CH_2—CH_2—CH_2—CH_2—CH_3 \xrightarrow{\beta\text{断裂}} CH_3—CH{=}CH—CH_3 + CH_2{=}CH—CH_2—CH_3 \quad (1\text{-}25)$$

（3）异构化反应，例如：

$$CH_2{=}CH—CH_2—CH_2—CH_2—CH_3 \longrightarrow CH_3—CH_2—CH{=}CH—CH_2—CH_3 \quad (1\text{-}26)$$

（4）氢转移反应，例如：

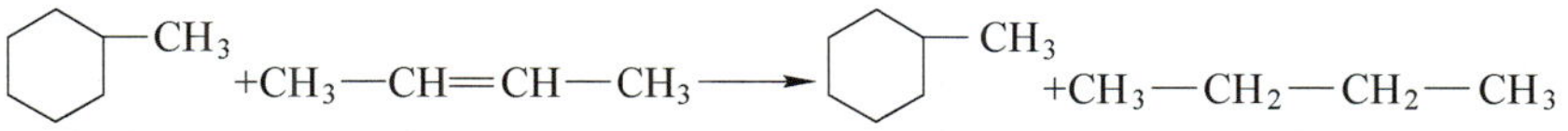

（1-27）

（5）芳构化反应，例如：

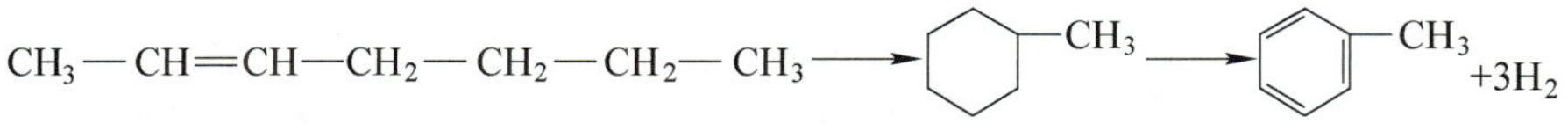

（1-28）

（6）环烷烃裂化为烯烃，例如：

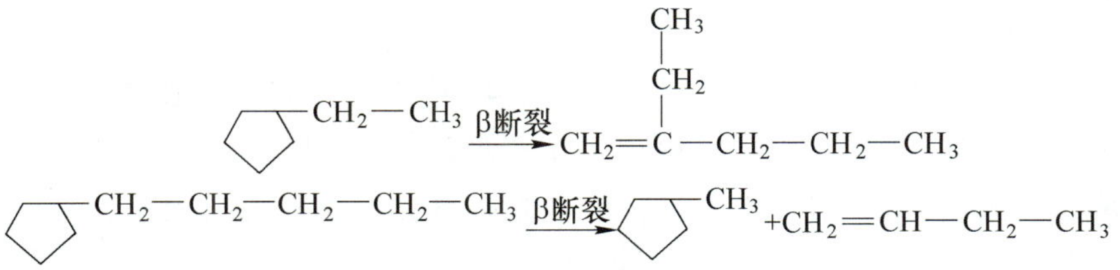

（1-29）

（7）烷基芳烃脱烷基反应，例如：

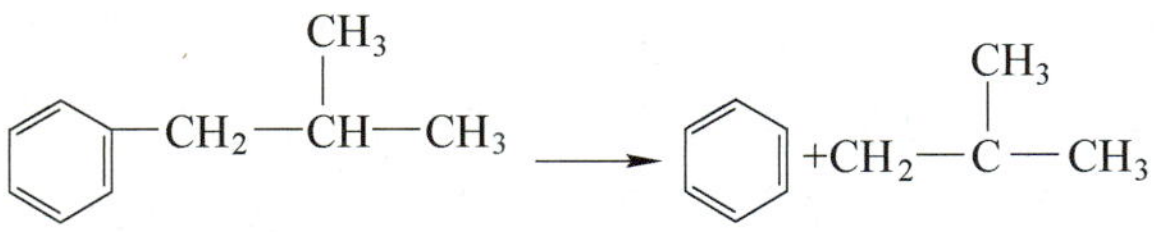

（1-30）

（8）缩合反应：单环芳烃可缩合成稠环芳烃，最后缩合成焦炭，并放出氢气，使烯烃饱和。

由以上反应可知，催化裂化工艺成为重质油轻质化重要手段的根本依据是裂化反应的进行，使大分子分解为小分子的烃类；催化裂化汽油安定性好的原因是氢转移反应，使催化汽油饱和度提高；催化裂化汽油辛烷值高的原因是异构化和芳构化反应。

石油馏分的催化裂化是一个复杂反应过程。反应可同时向几个方向进行，中间产物又可继续反应，这种反应属于平行-顺序反应，其特点是反应深度对产品产率分配有重大影响，如图 1-26 所示。

石油馏分的催化裂化反应是气-固非均相催化反应。因此烃类进行催化裂化反应的先决条件是在催化剂表面上的吸附。碳原子相同的各种烃类的吸附能力从大到小依次为稠环

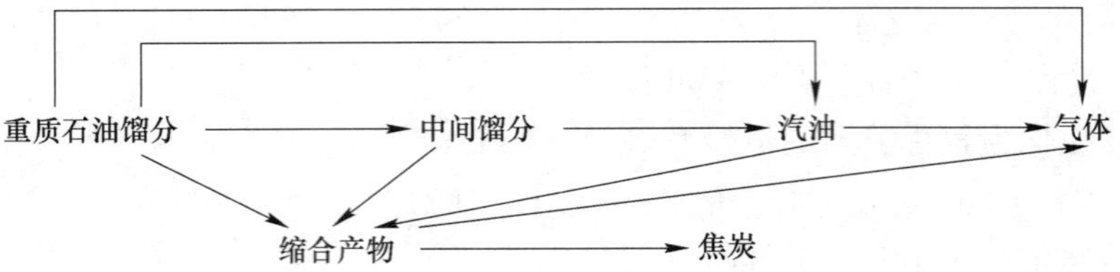

图 1-26 石油馏分的催化裂化反应示意图

芳烃、稠环和多环环烷烃、烯烃、烷基芳烃、单环环烷烃、烷烃。同样，各种烃类的化学反应速度从大到小依次为烯烃、大分子单烷侧链的单环芳烃、异构烷烃和环烷烃、小分子单烷侧链的单环芳烃、正构烷烃、稠环芳烃。可见，石油馏分中芳烃的吸附能力强，但反应速度慢；烷烃的吸附能力弱，但反应速度快，而环烷烃既有一定的吸附能力又有适宜的反应速度。因此，富含环烷烃的石油馏分是催化裂化的理想原料。但实际生产中，这类原料并不多见。

C 催化裂化工艺

催化裂化按装置的不同可分为固定床催化裂化、流化床催化裂化、移动床催化裂化、提升管催化裂化。催化裂化技术的发展密切依赖于催化剂的发展。微球催化剂的出现，发展了流化床催化裂化；沸石分子筛催化剂的出现，发展了提升管催化裂化。催化裂化工艺由反应-再生系统、分馏系统、吸收-稳定系统三部分组成。下面以高低并列式提升管催化裂化为例来介绍催化裂化工艺。

a 反应-再生系统

催化裂化的反应-再生及分馏系统的工艺流程如图 1-27 所示。新原料油（减压馏分油）与回炼油混合后，进入加热炉预热到 370 ℃左右，由原料油喷嘴以雾化状态喷入提升管反应器下部，回炼油浆不经加热直接由原料油喷嘴以雾化状态喷入提升管反应器下部。进入提升管反应器下部的新原料油、回炼油和油浆与来自再生器的高温催化剂（650～700 ℃）接触并立即气化，油气、雾化水蒸气和预提升水蒸气一起携带着催化剂以 7～8 m/s的高线速通过提升管，经快速分离器分离后，大部分催化剂被分出落入沉降器下部，油气携带少量催化剂经两级旋风分离器分出夹带的催化剂后进入分馏系统。

积有焦炭和油气的待生催化剂由沉降器下部进入其下面的汽提段，底部吹入过热水蒸气进行汽提，脱除吸附在催化剂表面上的少量油气后，经待生斜管、待生单动滑阀以切线方式进入再生器，与来自再生器底部由主风机提供的空气接触形成流化床层，进行再生反应，同时放出大量燃烧热，以维持再生器足够高的床层温度，再生器顶部的压力维持在 0.15～0.25 MPa（表压），床层线速为 1.0～1.2 m/s，烧焦后含碳量降至 0.2%以下的再生的催化剂经溢流管、再生斜管及再生单动滑阀返回提升管反应器循环使用。烧焦产生的再生烟气，经再生器稀相段进入旋风分离器，经两级旋风分离器分出携带的大部分催化剂，烟气经集气室（或集气管）和双动滑阀排入烟囱（或去能量回收系统）。

b 分馏系统

分馏系统的作用是将反应-再生系统的产物进行分离，得到部分产品和半成品，如图 1-27 所示。来自反应-再生系统的反应油气进入分馏塔底部，经装有约 10 块人字形挡板的

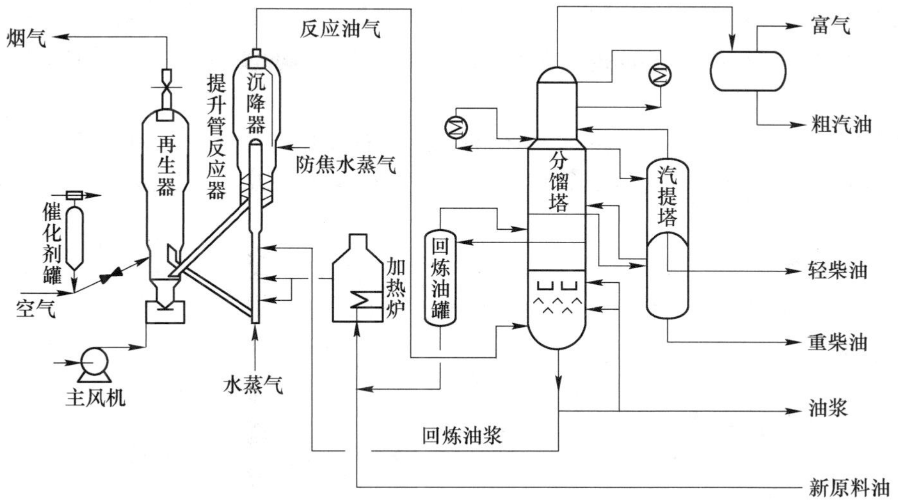

图 1-27 催化裂化的反应-再生及分馏系统工艺流程

脱过热段，与循环油浆逆向接触换热后进入分馏段，塔顶得富气和粗汽油，侧线自上而下依次得到轻柴油、重柴油、回炼油，塔底得油浆。回炼油和部分油浆返回提升管反应器，富气和粗汽油去吸收稳定系统。

c 吸收-稳定系统

吸收-稳定系统的作用就是利用吸收和精馏的方法将富气和粗汽油分离成干气（$\leqslant C_2$）、液化气（C_3、C_4）和蒸气压合格的稳定汽油，其工艺流程如图 1-28 所示。来自分馏系统的富气经压缩、冷凝后，进入分离罐，分离出凝缩油，然后进入吸收塔底部，稳定汽油和粗汽油作为吸收剂从吸收塔顶部进入，塔顶得夹带少量汽油的贫气。贫气被送入再吸收塔，用轻柴油作为贫吸收油吸收其中的汽油组分，塔顶得干气，塔底得富吸收油。吸

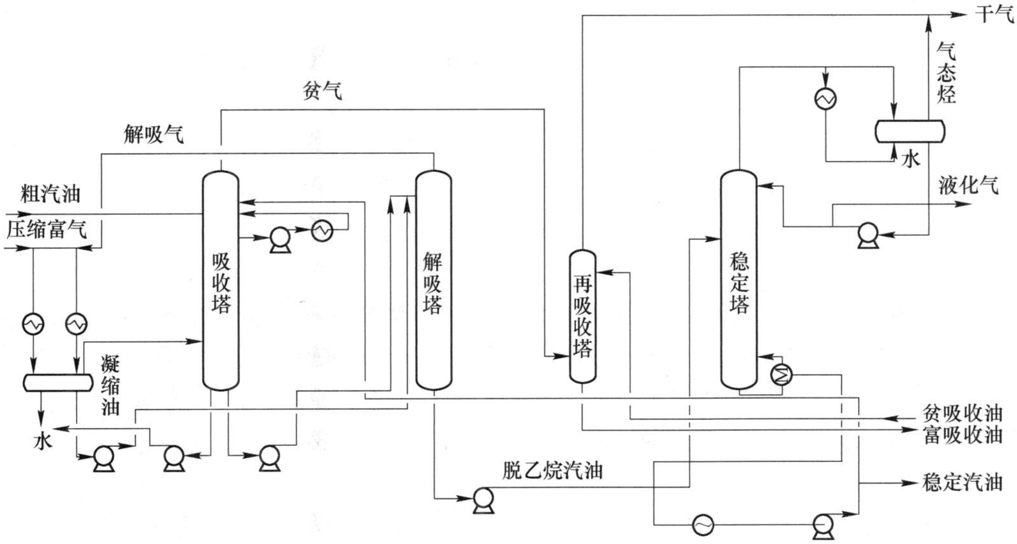

图 1-28 吸收-稳定系统工艺流程

收塔塔底得吸收了 C_3、C_4 及少量 C_2 的富吸收油，与凝缩油一起进入解吸塔，解吸塔塔顶得解吸气返回分离罐循环使用，解吸塔塔底得脱乙烷汽油。脱乙烷汽油进入稳定塔中部进行精馏，塔顶流出物，经冷凝后得干气和液化气，塔底得到蒸气压合格的稳定汽油产品。

1.3.4.2 催化重整

催化重整（catalytic reformation）是石油炼制和石油化工工业中一种重要的二次加工工艺，其目的是生产高辛烷值汽油或化工原料——芳香烃，同时副产大量氢气可作为加氢工艺的氢气来源。

A 催化重整的化学原理

石油馏分的催化重整过程中发生的主要反应如下。

（1）芳构化反应，例如：

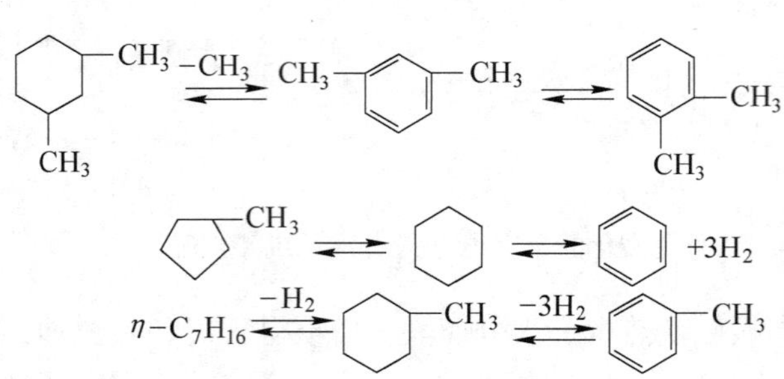

（1-31）

（2）异构化反应，例如：

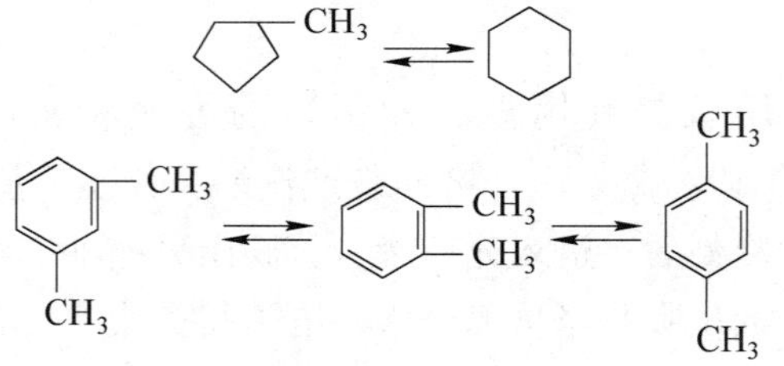

（1-32）

（3）加氢裂化反应，例如：

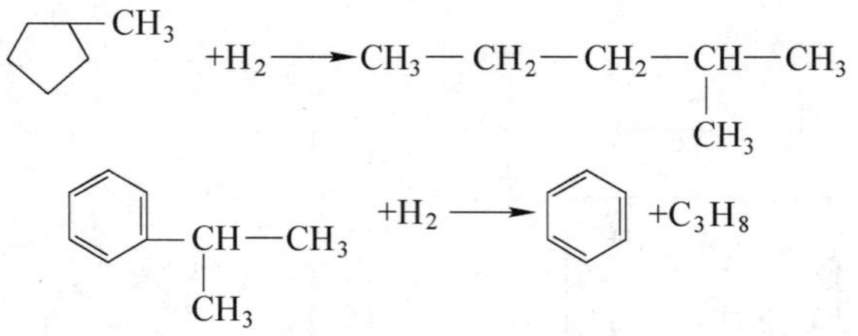

（1-33）

B 催化重整工艺

采用铂催化剂的催化重整过程称铂重整，采用铂铼催化剂的称为铂铼重整，采用多金属催化剂的称为多金属重整。催化重整工艺分为固定床半再生式、循环再生式、移动床连续再生式 3 种类型。催化重整工艺流程包括原料油预处理、重整反应、产品后加氢和稳定处理 4 个部分。以生产芳烃为目的的重整装置还应包括芳烃抽提和芳烃分离部分。

a 原料油预处理部分工艺

原料油预处理工艺流程如图 1-29 所示，包括原料的预分馏、预脱砷和预加氢几个部分。

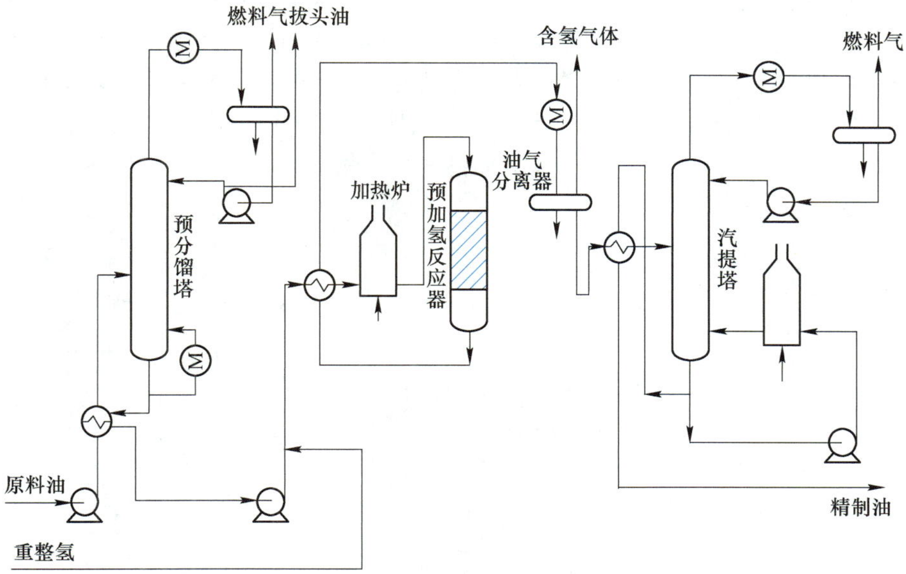

图 1-29 原料油预处理工艺流程

（1）预分馏。预分馏是根据目的产品，对原料进行精馏提取适宜的馏分。如生产芳烃时，去除小于 60 ℃的馏分；生产高辛烷值汽油时，去除小于 80 ℃的馏分。原料油经换热器加入后，被送入预分馏塔的中部进行精馏分离，塔顶流出物冷却后分离得燃料气和拔头油，原料油中的部分水分同时被脱除，塔底得适宜沸程的原料，待预加氢。

（2）预脱砷。预脱砷的方法包括吸附预脱砷、加氢预脱砷、化学氧化脱砷等。预脱砷常设在原料油罐区，主要设备为两台切换使用的脱砷罐，罐内装有脱砷剂。若原料油的含砷量小于 100ng/g，则可不经预脱砷，只需经过预加氢就可达到要求。

（3）预加氢。预加氢的目的是脱除原料油中的杂质。其原理是在催化剂和氢的作用下，使原料油中的烯烃饱和；砷、铅等重金属化合物分解，并被钼酸镍催化剂吸附除去；硫、氮和氧等杂质分解，分别生成 H_2S、NH_3 和 H_2O 被除去。来自预分馏塔底的原料油被泵送入加热炉，加热后进入预加氢反应器顶部，已加氢的原料油从反应器底部流出经换热后，进入冷却器冷却后，再进入油气分离器分离，得含氢气体、水和脱除绝大部分杂质的原料油。

（4）脱水及脱硫。经预加氢处理的原料油中尚溶解有 H_2S、NH_3 和 H_2O 等，为了保护重整催化剂，必须除去这些杂质。脱除的方法有汽提法和蒸馏脱水法。来自预加氢反应器的原料油经换热器被加热后进入汽提塔，塔顶流出物冷却后进入分离器，分离出燃料气和水，塔底得精制油。

b 重整反应部分工艺

催化重整反应部分的工艺流程如图 1-30 所示。经预处理后的精制油作为重整进料，由泵抽出与来自循环氢压缩机的循环氢混合，经换热器预热后，再经加热炉加热后进入第一个重整反应器。由于重整反应是吸热反应以及反应器又近似于绝热操作，物料经过反应以后温度降低，为了维持反应所需的温度条件（通常是 500 ℃左右），重整反应部分一般设置 3~4 个反应器串联操作（通常是 3 个），每个反应器之前都设有加热炉，给反应系统补充热量，从而避免温降过大。最后一个重整反应器出来的反应物，部分与原料换热，部分作为稳定塔底再沸器的热源后，再经冷却器冷却后进入油气分离器，分离出含有大量氢气（体积分数为85%~95%）的气体，大部分氢气经循环氢压缩机后作循环氢使用，其余去预加氢部分。油气分离器分离出的重整生成油换热后送入稳定塔，塔顶得低于 C_6 的轻组分，经冷却器冷却后进入分离罐，分出燃料气和液化气，塔底得重整汽油。

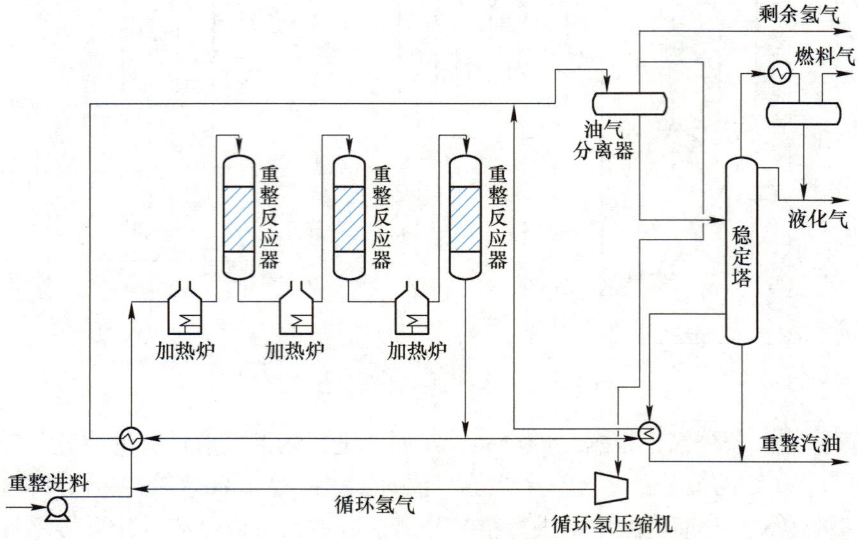

图 1-30　催化重整反应部分的工艺流程

上述流程采用一般混氢操作，即全部循环氢与原料油一次混合进入反应系统，有的装置采用两段混氢操作，即将循环氢分为两部分，一部分直接与重整进料混合，另一部分从第二反应器出口加入进第三反应器，这种操作可减小反应系统压降，有利于重整反应，并可降低动力消耗。

以生产高辛烷值汽油为目的时，重整汽油从稳定塔底抽出经冷却后送出装置。以生产芳烃为目的时，工艺流程有所不同，即在稳定塔之前增加一个后加氢反应器，其目的是使烯烃饱和，保证芳烃产品的纯度。

1.3.4.3　加氢精制和加氢裂化

A　加氢精制

加氢精制主要用于油品精制，其目的是除掉油品中的硫、氮、氧杂原子及金属杂质，改善油品的使用性能。

加氢精制过程中烯烃与氢反应生成烷烃，还会发生加氢脱硫反应、加氢脱氮反应、加氢脱氧反应和加氢脱金属反应。在加氢精制过程中，金属有机化合物发生氢解反应，脱掉的金属会沉积在催化剂表面上引起催化剂失活，所以加氢精制催化剂要周期性进行更换。在各类烃中，环烷烃和烷烃很少发生反应。在加氢精制中，加氢脱硫比加氢脱氮反应容易进行，在几种杂原子化合物中含氮化合物的加氢反应最难进行。由以上的加氢精制反应决定了加氢精制产品的安定性好、无腐蚀性且液体收率高。

加氢精制的工艺流程因原料的不同而有所差异，但基本原理是相同的，如图 1-31 所示。加氢精制的工艺流程主要由反应系统，生成油换热、冷却、分离系统和循环氢系统三部分组成。

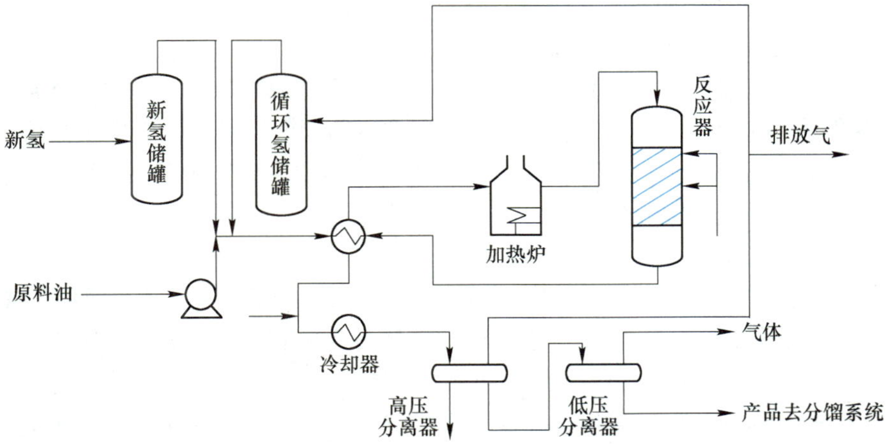

图 1-31 加氢精制的工艺流程

(1) 反应系统。由于加氢精制是放热反应，因此，反应器内的催化剂一般是分层填装，以利于注冷氢来控制反应温度。加氢反应器可以是一个，也可以是两个，前者叫一段加氢法，后者叫两段加氢法。两段加氢法适用于某些直馏煤油的精制，以生成高密度喷气燃料，第一段是加氢精制，第二段是芳烃加氢饱和。原料油与新氢、循环氢混合，并与反应器底部流出物换热后，以气液混相状态进入加热炉，加热至反应温度从反应器顶部进入，反应器进料可以是气相（精制汽油时），也可以是气液混相（精制柴油时），原料油与氢气通过每段催化剂床层进行加氢反应，反应产物由反应器底部流出，进入生成油换热、冷却、分离系统。

(2) 生成油换热、冷却、分离系统。来自反应器底部的反应产物，与原料换热后，向产物中注入高压洗涤水，以溶解反应生成的氨和部分硫化氢，然后经冷却器冷却后进入高压分离器，分离出的气体作为循环氢。高压分离器分离出的液体中溶解有少量的气态烃和硫化氢，进入低压分离器进一步分离，分离出气态烃等组分，产品去分馏系统分离成合格的产品。

(3) 循环氢系统。从高压分离器分出的循环氢经储罐及循环氢压缩机后，小部分（约 30%）直接进入反应器作冷氢，其余大部分送去与原料油混合，在装置中循环使用。为了保证循环氢的纯度（体积分数不小于 65%），避免硫化氢在系统中积累，常用硫化氢回收系统，净化后的氢气循环使用。

B 加氢裂化

加氢裂化是重质原料在催化剂和氢气存在下进行的催化加工，实质上是加氢和催化裂化这两种反应的有机结合。加氢裂化可以用于重质馏分油轻质化、从重瓦斯油生产优质中间馏分油（喷气燃料、轻柴油），包括直接生产清洁燃料（即新配方汽油和清洁柴油）等产品、制取高质量的润滑油基础油。

石油烃类在高温、高压及加氢裂化催化剂存在下，通过一系列化学反应，使重质油品转化为轻质油品，其主要反应包括：裂化、加氢、异构化、环化及脱硫、脱氮和脱金属等。

a 加氢裂化的特点

(1) 原料适应性强：加氢裂化可处理的原料包括直馏柴油、焦化蜡油、催化循环油、脱沥青油、常压重油和减压渣油等。

(2) 生产灵活：加氢裂化可以根据需要改变催化剂和调整操作条件，按不同的生产方案操作，得到所需的产品，如汽油、低冰点、高烟点的喷气燃料、低凝点柴油等。

(3) 产品质量好、收率高：加氢裂化产品中的不饱和烃少、非烃杂质含量少，所以其安定性好，无腐蚀性。且含环烷烃多，可作为重整原料。

b 加氢裂化工艺

加氢裂化工艺根据反应物裂化深度的不同，分为缓和加氢裂化和苛刻加氢裂化；根据反应压力的不同，分为中压加氢裂化和高压加氢裂化。其中高压加氢裂化工艺是加氢裂化的主导技术工艺，包括两段法和单段法。两段加氢裂化工艺流程如图 1-32 所示。

单段法把加氢精制和加氢裂化合并在一个反应器内进行，对催化剂的要求高，生产的灵活性比两段法差。

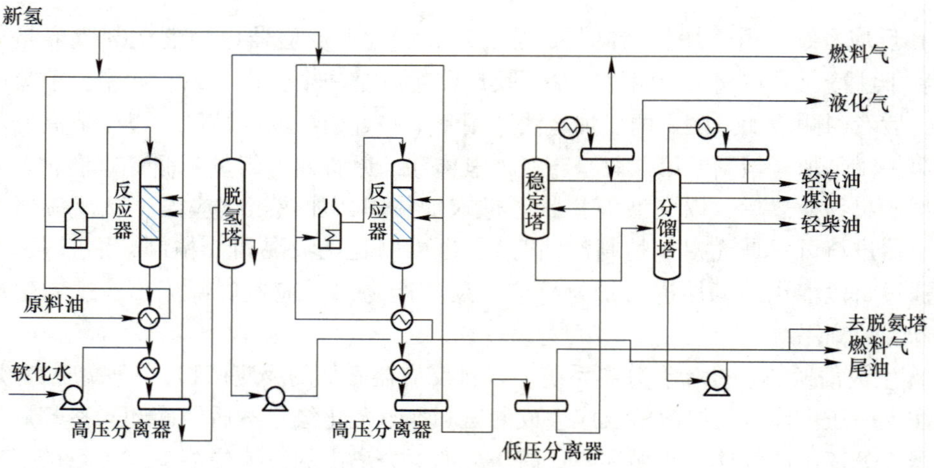

图 1-32 两段加氢裂化工艺流程

1.3.4.4 石油烃类热裂解

石油烃类热裂解以生产乙烯为主，同时联产丙烯和碳四馏分。

A 热裂解的原料

石油烃类热裂解生产乙烯所用的原料从最轻的乙烷一直到最重的减压柴油（有的要加氢饱和），包括天然气凝析油（NGL）、液化石油气（LPG）、石脑油（NAP）、常压柴油（AGO）、加氢的重柴油（VGO）等。采用不同原料进行热裂解，所得的乙烯收率各不相同，一般规律是原料越轻，乙烯收率越高，见表 1-4 和表 1-5。

表 1-4 不同裂解原料的相对分子质量及氢含量

裂解原料	乙 烷	丙 烷	石脑油	粗柴油	原 油
相对分子质量	30	44	97	200	310
原料氢含量/%	20.0	18.2	15.5	13.6	13.2

表 1-5 裂解原料与裂解产物收率 (%)

裂解产物收率	裂解原料				
	乙 烷	丙 烷	石脑油	粗柴油	原 油
乙 烯	77.0	43.0	31.4	21.0	22.0
废气(CH_4、H_2、CO)	14.8	30.0	20.4	12.6	13.6
C_3馏分	2.9	16.0	12.4	12.5	14.8
C_4馏分	2.6	3.0	5.7	10.2	6.2
C_5^+馏分	2.7	8.0	30.1	43.7	43.4
除乙烯以外的副产物	23.0	57.0	68.6	79.0	78.0

B 热裂解的反应原理

石油烃类热裂解是石油中较大分子的烃类在高温下发生断链反应和脱氢反应生成较小分子的乙烯和丙烯的过程。石油烃类热裂解的过程中，除了发生断链和脱氢反应外，还会发生异构化、脱氢环化、芳构化、脱烷基化、聚合、缩合和焦化等反应。

(1) 热裂解过程的一次反应指石油烃类经过高温裂解生成乙烯、丙烯的反应。

1) 烷烃裂解的一次反应:

断链反应：烷烃 C—C 键断裂，生成相对分子质量较小的烷烃和烯；

脱氢反应：烷烃 C—H 键断裂，生成碳原子数与原料烷烃相同的烯烃和氢气。

2) 烯烃裂解的一次反应：由烷烃裂解可得到烯烃，烯烃可进一步断链成为较小分子的烯烃。

3) 环烷烃裂解的一次反应：石油烃类中的环烷烃开环裂解，生成乙烯、丁烯、丁二烯和芳烃等。

4) 芳烃裂解的一次反应：芳烃的热稳定性很高，在一般的裂解过程中，芳香环不易发生断裂，但烷基芳香烃可以断侧链及脱甲基，生成苯、甲苯、二甲苯等。苯的一次反应是脱氢缩合为联苯，多环芳烃则脱氢缩合为稠环芳烃。

(2) 热裂解过程的二次反应指乙烯、丙烯继续反应生成炔烃、二烯烃、芳烃和焦炭的反应。如烯烃的进一步裂解，烯烃加氢生成烷烃，烯烃脱氢生成二烯烃和炔烃，烯烃的聚合、环化、缩合反应。

C 热裂解工艺

由于石油烃类热裂解的原料的不同，使得裂解条件和工艺条件有较大的差异，所以管式裂解炉裂解法有很多种类，应用较广的有鲁姆斯法、斯通-韦伯斯特法、三菱油化法，但是这些方法的基本工艺是相同的，由裂解反应、产物急冷和裂解气预处理及分离三部分组成。

鲁姆斯裂解工艺流程如图 1-33 所示。原料油经原料预热器预热到 120 ℃后，进入裂解炉的对流段并通入稀释蒸汽，原料油和稀释蒸汽经对流段预热到 580 ℃进入立式排列的辐射管，温度达到 800~850 ℃，发生裂解反应，停留时间为 0.3~0.7 s。反应所的裂解气，从裂解炉出来后迅速进入急冷锅炉（双套管式急冷热交换器）急冷，以终止二次反应，急冷锅炉温度控制在 370~500 ℃，副产 12 MPa 蒸汽。急冷后的裂解气进入急冷器，用急冷油进一步冷却后，进入汽油分馏塔进行分离，塔釜流出物部分经燃料油汽提塔汽提后，得到燃料油作为产品送出装置，而其余大部分作为急冷器中加入的急冷油循环使用。汽油分馏塔塔顶流出物进入水洗塔，塔顶得裂解气，送去压缩和分离系统。水洗塔塔底流出物进入油水分离器，油水分离器上层分离出的裂解汽油，部分送入汽油汽提塔汽提后作为产品送出装置，而大部分裂解汽油则作为汽油分馏塔回流。油水分离器下层含油污水，一部分冷却后作水洗塔回流，另一部分经工艺水汽提后作稀释蒸汽循环使用。

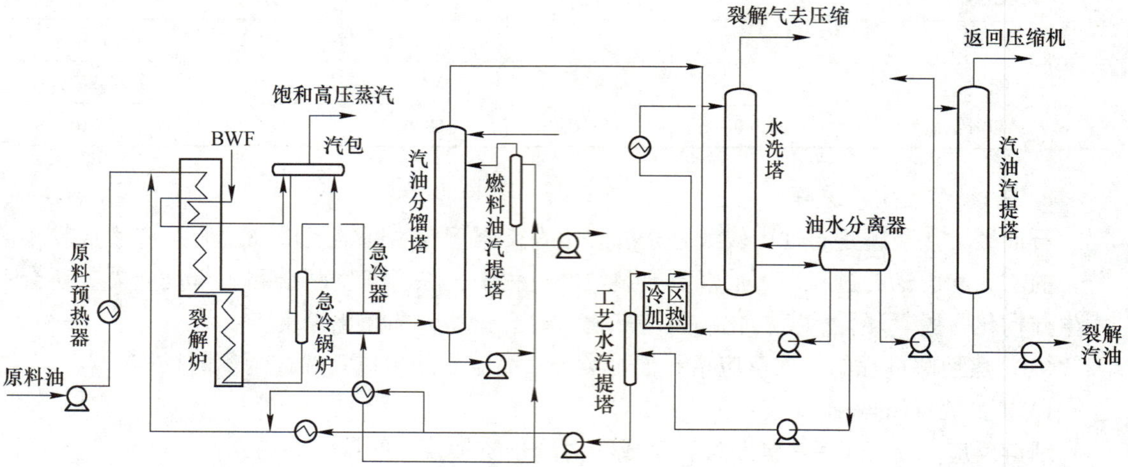

图 1-33　鲁姆斯裂解工艺流程

1.3.5　精细化工

精细化工是生产精细化学品工业的通称。其具有品种多，更新换代快；产量小，大多以间歇方式生产；具有功能性或最终使用性；许多为复配性产品，配方等技术决定产品性能；产品质量要求高；商品性强，多数以商品名销售；技术密集高，要求不断进行新产品的技术开发和应用技术的研究，重视技术服务；设备投资较小；附加价值率高等特点。

精细化工包括的范围各国不甚一致，大体可归纳为医药、农药、合成染料、有机颜料、涂料、香料与香精、化妆品与盥洗卫生品、肥皂与合成洗涤剂、表面活性剂、印刷油墨及其助剂、黏接剂、感光材料、磁性材料、催化剂、试剂、水处理剂与高分子絮凝剂、造纸助剂、皮革助剂、合成材料助剂、纺织印染剂及整理剂、食品添加剂、饲料添加剂、动物用药、油田化学品、石油添加剂及炼制助剂、水泥添加剂、矿物浮选剂、铸造用化学品、金属表面处理剂、合成润滑油与润滑油添加剂、汽车用化学品、芳香除臭剂、工业防菌防霉剂、电子化学品及材料、功能性高分子材料等 40 多个行业和门类。随着国民经济的发展，精细化学品的开发和应用领域将不断开拓，新的门类将不断增加。精细化学品这个名词沿用已久，原指产量小、纯度高、价格贵的化工产品，如医药、染料、涂料等。但是，这个含义还没有充分揭示精细化学品的本质。近年来，各国专家对精细化学品的定义有了一些新的见解，欧美一些国家把产量小、按不同化学结构进行生产和销售的化学物质，称为精细化学品（fine chemicals）；把产量小、经过加工配制、具有专门功能或最终使用性能的产品，称为专用化学品（specialty chemicals）。中国、日本等则把这两类产品统称为精细化学品。

1.3.5.1 典型的精细化工产品

A 涂料

涂料是指用特定的施工方法涂覆到物体表面后，经固化使物体表面形成美观且有一定强度的连续性保护膜，或者形成具有某种特殊功能涂膜的一种精细化工产品。涂料的历史非常悠久，在公元前2000多年，我国就已经从野生漆树收集天然漆，用来装饰器皿。但是涂料工业的迅速发展则是近百年来的事情，尤其是当前石油与高分子材料工业的发展为涂料工业开辟了广阔的原料来源。涂料已广泛应用于日常生活、国民经济和国防建设的各个部门。

涂料由成膜物质、颜料、溶剂、助剂等组成。成膜物质既有天然的（动植物油）也有人工合成的（酚醛树脂），是构成涂料的基本物质，包括各种油脂和树脂，可以单独成膜，也可以黏结颜料等物质成膜，所以又称为固着剂，也可称为漆料、基料或漆基。颜料赋予涂料所需的各种颜色，具有构成漆膜色彩、增加漆膜强度、隔绝紫外线破坏、提高涂料耐久性能的功能。溶剂也称为稀释剂，其作用是稀释涂料，使涂料成为均匀的分散体系，当溶剂挥发时，得到结构致密的涂膜，以有机溶剂为稀释剂的涂料称为溶剂型涂料，而以水为稀释剂的称为水性涂料。助剂在涂料中的用量一般不大，但可以很好地改善涂料的性能，助剂包括催干剂、润滑剂、分散剂、抗结皮剂、防霉剂、防沉剂、防污剂、杀菌剂、消光剂、增光剂、乳化剂、悬浮剂、流变剂、消泡剂等。

涂料呈现一种流动状态或粉末状态，可牢固地附着在物体表面上，具有保护作用、装饰作用、色彩标志和特殊作用。在各种用品、工业设备、器具等表面涂上涂料，形成一层保护膜，牢固地附在物体表面，可阻止氧气、水分、微生物等的侵蚀，从而延长物体的使用寿命；涂料可以明显地增加产品外表面的色彩度、光亮度、对比度等，使人感到美丽舒适；各种工厂的化学管道、化工设备、危险品容器和道路划线等常用不同色彩的涂料作为标志；导电涂料、防潮涂料、吸收雷达波涂料、医院用杀菌涂料等，都是在特殊情况下使用的专门性涂料。

不含颜料的透明涂料称为清漆；含有颜料的不透明涂料称为色漆；加有大量体质颜料的稠厚浆状涂料称为腻子。色漆组成如图1-34所示。

涂料的生产过程包括原料准备、分散、混合、测试、校正、调整、过滤、包装等。以乳胶漆生产为例，其生产操作步骤共分7步。(1) 将水放入高速搅拌机中，低速搅拌并依次加入杀生剂、成膜剂、增稠剂、颜料分散剂、消泡剂、润湿剂；(2) 搅拌混合均匀后，将颜料、填料用筛慢慢地筛入叶轮搅起的旋涡中；(3) 随着颜料、填料的不断加入，研磨料渐渐变厚，此时要调节叶轮与调漆桶底的距离，使旋涡呈浅盆状；(4) 加完颜料和填料后，提高叶轮转速至轮沿的线速度为1640 m/min；(5) 为防止温度上升过多，应停车冷却，并刮下桶边黏附的颜料和填料；(6) 随时测定刮片细度，当细度合格，即分散完毕；(7) 分散完成后，在低速下逐渐加入聚合物乳液、pH值调节剂、其他助剂，然后用水和/或增稠剂溶液调整黏度，过筛出料。

B 胶黏剂

胶黏剂也称黏合剂，简称胶，是一类通过黏附作用而使被黏接物体结合在一起的物质。黏表示像胶水或糨糊一样能使一个物体附着在另一个物体之上的性质，而粘表示用黏的物质将两个物体连接在一起。在高分子合成材料中，胶黏剂的产量仅次于塑料、橡胶、

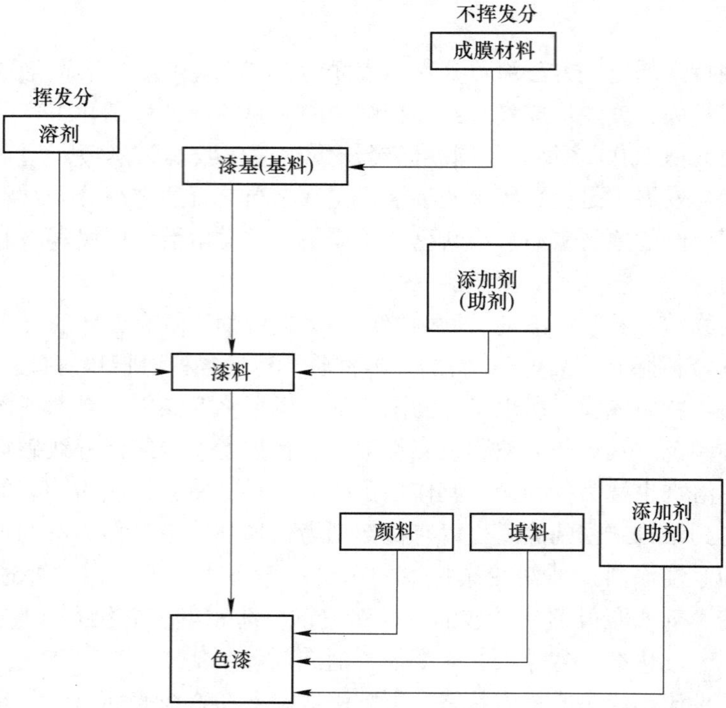

图 1-34　色漆组成示意图

纤维和涂料，是一类应用广泛的化工产品，同时它也是一类重要的精细化工产品。胶黏剂广泛应用于建筑、包装、轻纺、电子、汽车、机械设备、航空航天、医疗卫生等领域。

胶黏剂的组分并不是单一的，而是由起主要作用的黏料和许多其他辅助成分组成。黏料也称基料，是起黏接作用的主体成分，有合成树脂类、合成橡胶类和天然高分子类。辅助成分包括固化剂、促进剂、稀释剂、填料、偶联剂、分散剂、稳定剂、改性剂、增稠剂、增塑剂、防老剂、助燃剂、触变剂、络合剂、乳化剂等。其中，固化剂也称硬化剂、硫化剂，是直接参与化学反应的，使黏料固化；促进剂是促进化学反应的，以缩短固化时间；稀释剂是降低胶黏剂黏度的液体物质，使胶黏剂具有适宜的使用黏度；填料是为了改善胶黏剂的性能或降低成本而加入的一种非黏性固体物质；偶联剂是有助于提高被粘物与胶黏剂黏接能力的一类物质，可直接加入胶黏剂基体中，也可喷涂在被粘物表面。

胶黏剂按主体化学成分划分的分类如图 1-35 所示。

a　天然胶黏剂——骨胶

天然胶黏剂是指由天然有机物制成的胶黏剂。其具有原料易得、价格低廉、生产工艺简单、使用方便、一般为水溶性且大多为低毒或无毒等优点。

骨胶属于动物蛋白质胶或氨基酸类胶。其生产工艺流程如图 1-36 所示。骨胶的使用方法分为 4 步：（1）用水将固体胶粉或胶粒调制成胶液；（2）在被粘物表面涂胶；（3）在施压之前使胶膜晾至略微发黏；（4）均匀施压至达到初粘强度。这一过程大约需要 24 h。

骨胶广泛用于铅笔、砂布、砂纸等的黏接及胶合木器、装订书本、火柴等，还可用于

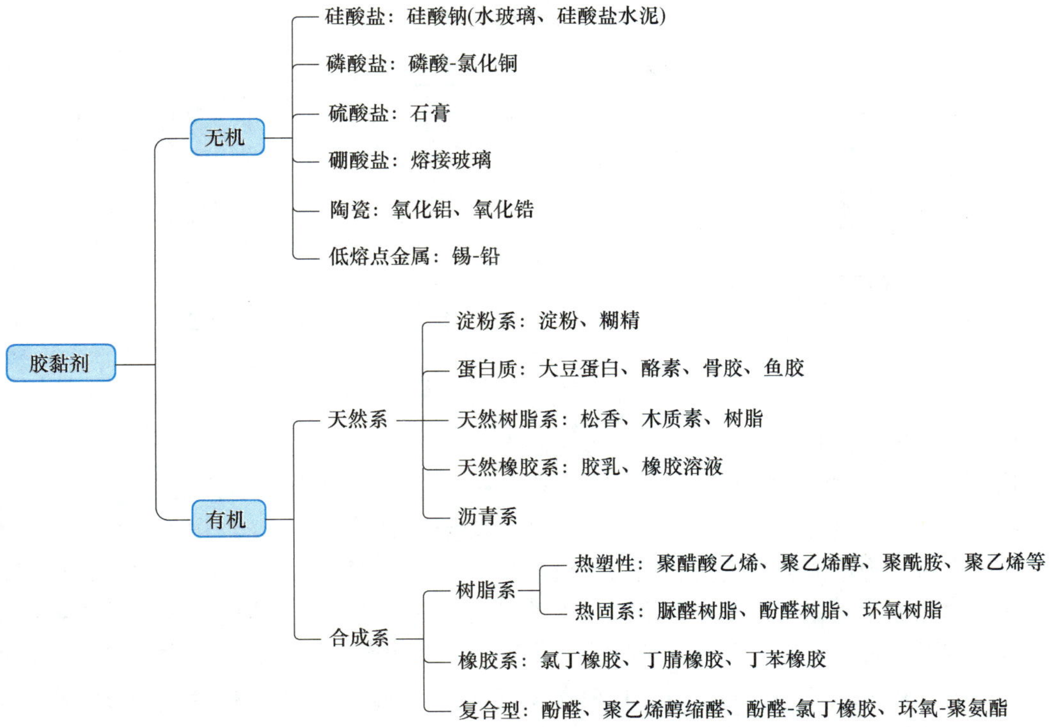

图 1-35 胶黏剂按主体化学成分划分示意图

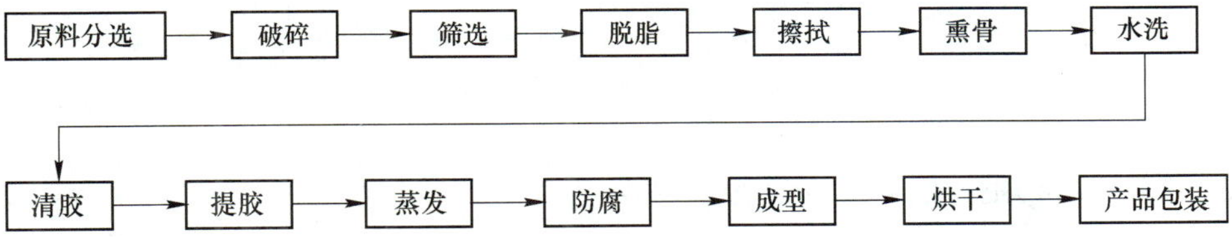

图 1-36 骨胶生产工艺流程

造纸、纺织工业的施胶剂。

b 酚醛树脂胶黏剂

酚醛树脂是酚类化合物与醛类化合物缩聚而得的树脂，分为热塑性酚醛树脂和热固性酚醛树脂。其生产工艺流程如图 1-37 所示。

纯酚醛树脂可直接作为胶黏剂，用于黏接木材等物质。改性的酚醛树脂或共混改性的酚醛树脂的应用更加广泛，如丁腈橡胶改性的酚醛树脂可用于铝合金、钢、铜、工程塑料、尼龙以及一些高分子薄膜的黏接。

C 香料及香精

香料是食品、烟酒、日用化学品、医药制品等行业中不可缺少的重要原料，其用途非常广泛，是精细化学品的重要组成部分。广义上，凡是能被嗅觉和味觉感觉出芳香气息或滋味的物质都属于香料。但香料通常特指用以配制香精的各种中间产品。香精是用数种乃至数十种香料按照一定配比调和成具有某种香气或香型和一定用途的香料混合物，又称调

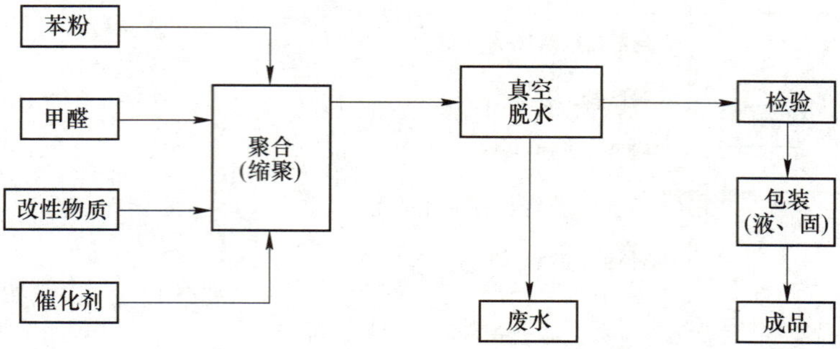

图 1-37　酚醛树脂生产工艺流程

和香料，这一调和过程称为调香。

香料可分为天然香料和人造香料。天然香料又分为从植物的果、花、叶、茎、皮、根、籽或树脂中分离出的植物性香料，和从动物腺囊等器官或其分泌物中采集的动物性香料。人造香料分为从天然香料中利用物理或化学方法分离提取出的某一芳香成分即单离香料；从石油或煤化工原料出发，利用多步化学合成反应制备某种芳香物质即合成香料；从单离香料或天然香料出发，通过化学反应制得其衍生物即半合成香料。其中，单离香料和合成香料都是化学结构单一的物质，且绝大多数单离香料都可通过有机合成的方法制造出来，故又称单体香料。香料的分类如图 1-38 所示。

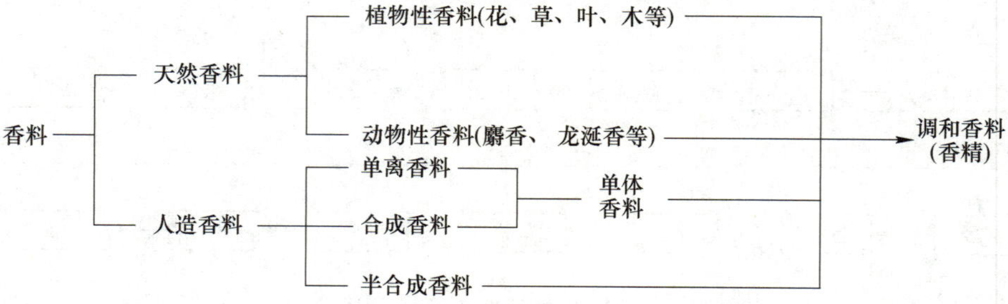

图 1-38　香料的分类

D　化妆品

一般来说，化妆品是对人体面部、皮肤、毛发和口腔起保护、美化和清洁作用的日常生活用品，通常是以涂覆、揉擦或喷洒等方式施于人体不同部位，有令人愉快的香气，有益于身体健康，使容貌整洁，增加魅力。

化妆品由基质原料和辅助原料组成。

(1) 基质原料是体现化妆品性质和功用的主体，用量较大。按理化性质划分，主要有：

油脂原料：含有油脂和蜡类，还有脂肪酸、脂肪醇和酯，如天然的各种植物油、动物油、矿物质油和（半）合成的硅油及其衍生物；

粉质原料：来自天然矿产粉末，如滑石粉、高岭土等；

胶质原料：为天然或（半）合成的水溶性高分子，对化妆品起着赋形、稳定或保湿等作用，如果胶、明胶、纤维素衍生物等；

溶剂原料：除水外，还有醇、酮、醚、酯等有机物，是化妆品生产过程中和非固体型化妆品的重要组成成分。

（2）辅助原料的用量少，但对化妆品的成型（稳定）及各种性质起着必不可少的作用。按功能作用划分，主要有：

表面活性剂（乳化剂）：保证霜、膏、蜜、乳液等形式的化妆品以稳定 的乳状液形式存在，具有乳化、分散、增溶、起泡、清洗、润滑和柔软等功能；

香料和色素：包括天然的和合成的，起到掩盖原料气味、颜色和吸引消费者注意的作用；

防腐剂和抗氧剂：保证化妆品在保质期内的质量稳定和安全性，尤其当其中含有动植物营养原料时；

其他特殊的功能性成分或原料：视化妆品特定的功能需要而定，如保湿剂、营养剂、防晒剂、收敛剂等。

化妆品的生产多利用物料间的物理混合和物态变化进行复配，化学反应较少。混合机械设备较为常用，而无需耐高温高压，对设备的材质及卫生条件要求很高，多采用不锈钢或陶瓷材料。

E 石油化学品

在石油开采、石油炼制以及石油产品的生产中，需要用到多种化学品作为添加剂，它们可以提高采收率、改进生产工艺，改善石油产品的质量，而这些化学品均符合精细化学品小批量、多品种、高附加值的定义，因此统称为石油化学品。

1.3.5.2 精细化工的发展

最近几年国内精细化工行业都在关注一个问题，即 21 世纪精细化工的发展趋势。自从 20 世纪 90 年代后期以来，我国决定加大在能源、信息、生物、材料等高新技术领域的投资力度，化工作为传统产业没有被列入国家优先发展的行列，而被有的人归于夕阳工业。但事实并非如此，特别是精细化工，由于它在国民经济中的特殊地位，以及它和能源、信息、生物化工以及材料学科之间的紧密联系，它在我国现代化建设中的作用将越来越重要，并且成为不可替代、不可或缺的关键一环。

A 纳米技术与精细化工的结合

纳米材料具有量子尺寸效应、小尺寸效应、表面效应和宏观量子隧道效应等特性，使纳米微粒的热、磁、光、敏感特性、表面稳定性，扩散和烧结性能，以及力学性能明显优于普通微粒，所以在精细化工领域纳米材料有着极其广泛的应用。具体表现在以下几个方面：

（1）纳米聚合物。纳米聚合物用于制造高强度重量比的泡沫材料、透明绝缘材料，激光掺杂的透明泡沫材料、高强纤维、高表面吸附剂、离子交换树脂、过滤器、凝胶和多孔电极等。

（2）纳米日用化工。纳米日用化工包括化妆品、纳米色素、纳米感光胶片等。

（3）黏合剂和密封胶。将纳米 SiO_2 作为添加剂加入黏合剂和密封胶中，黏合剂的黏结效果和密封胶的密封性都大大提高。其作用机理是在纳米 SiO_2 的表面包覆一层有机材料，使之具有亲水性，将它添加到密封胶中很快形成一种硅石结构，即纳米 SiO_2 形成网络结构，限制胶体流动，固体化速度加快，提高黏接效果，由于颗粒尺寸小，更增加了胶的密封。

(4) 涂料。在各类涂料中添加纳米 SiO_2 可使其抗老化性能、光洁度及强度成倍地提高，涂料的质量和档次自然升级。因纳米 SiO_2 是一种抗紫外线辐射材料（即抗老化），加之其极微小颗粒的比表面积大，能在涂料干燥时很快形成网络结构，同时增加涂料的强度和光洁度。

(5) 高效助燃剂。将纳米镍粉添加到火箭的固体燃料推进剂中可大幅度提高燃料的燃烧热、燃烧效率，改善燃烧的稳定性。纳米炸药将使炸药威力提高千百倍。

(6) 贮氢材料。FeTi 和 Mg_2Ni 是贮氢材料的重要候选合金，吸氢很慢，必须活化处理，即多次进行吸氢—脱氢过程。纳米晶 Mg_2Ni 在 200 ℃以下即可吸氢，无须活化处理。300 ℃第一次氢化循环后，含氢不小于 3.4%。在后续的循环过程中，吸氢比普通多晶材料快 4 倍。纳米晶 FeTi 的吸氢活化性能也明显优于普通多晶材料。

(7) 催化剂。在催化剂材料中，反应的活性位置可以是表面上的团簇原子，或是表面上吸附的另一种物质。这些位置与表面结构、晶格缺陷和晶体的边角密切相关。由于纳米晶材料可以提供大量催化活性位置，因此很适宜作催化材料。如超细硼粉、高铬酸铵粉可以作为炸药的有效催化剂；超细的铂粉、碳化钨粉是高效的氢化催化剂；超细银粉可以作为乙烯氧化的催化剂；铜及其合金纳米粉体用作催化剂，效率高、选择性强，可用于二氧化碳和氢合成甲醇等反应过程中的催化剂；纳米镍粉具有极强的催化效果，可用于有机物氢化反应、汽车尾气处理等。

B 现代生物化工与精细化工的结合

生物化工被认为是生物学和化学工程的交叉学科。虽然，我国的生物化工是从数千年前的酿酒、造酱、制醋缓慢发展而来，传统的生物化工也局限于食品工业如酿造、医药工业和生物农药，但是从 20 世纪 80 年代以来，随着微生物学、生物化学、遗传学、细胞学和分子生物学以及现代实验技术、电子技术、计算机技术的发展和应用，极大地发展了生物技术，在传统的生物技术基础上，形成了基因重组技术、细胞融合技术、细胞大量培养技术和生物反应技术等具有强大生命力的现代生物工程技术，并逐步应用于医药、食品、化工、冶金、能源、医学、农林牧副渔以及环境保护与监测等领域，为人类和社会提供商品与服务。近年来，生物化工在生物技术中的地位正在上升，生物技术正在从传统医药、农业向生物化工方面转移。

与传统的化学工业相比，生物化工有以下几个特点：主要以可再生资源作为主要原料；反应条件温和，多为常温、常压，能耗低，选择性好，效率高；环境污染较少；设备简单，投资较少；能生产目前不能生产或还不为人知的性能优异的化合物，并能开发生产新品种；原子利用率高，是理想的绿色化学技术。

现在生物化工技术已经广泛应用于医药、食品、基本有机化工原料、生物农药等方面。随着现代生物技术的发展，以遗传工程为基础、以微生物工程为核心，从分子和细胞水平上，定量地对生物体及其功能进行改造和利用，使维生素、激素、疫苗、生物农药、生物表面活性剂、丙烯酰胺和有机酸等精细化学品达到了新的水平。

1.3.6 生物化工

生物化工是生物学技术和化学工程技术相互融合的新兴学科，是以生物来源的物质为原料，通过生物活性物质为催化剂使其转化，或用其他生物技术进行制备、纯化，从而得到我们预期的产品。

1.3.6.1 生物技术的应用领域

现代生物技术产业起始于医药领域，主要是基因工程药物的研究和商品化。随着动植物转基因技术的不断发展，农业生物技术迅速发展，主要围绕进一步培育转基因植物新品种，改进农作物性能或新的生物农药以及以植物为基础生产的产品产量。同时，生物技术也转向工业化学品领域。

生物加工工程是一个多学科交叉的领域，其任务就是把生物技术转化为生产力，包括生物反应装备，生物反应过程的计测仪表——传感器及控制，生物产物的分离和纯化技术。

生物反应器是完成生物催化反应的核心设备。根据所用催化剂的类型不同，生物反应器可分为细胞生物反应器及酶反应器。其中，细胞生物反应器是用于增殖细胞，并利用细胞内酶系将培养基转化为生物产物的设备，包括微生物反应器、动物反应器和植物反应器。

1.3.6.2 典型生物化工产品的生产技术

生物化工产品泛指由生物法生产的产品及生物机体作为产品。农用的生物化工产品包括生物肥料、饲料添加剂、生物农药、植物生长调节剂、动物疫苗及有关的诊断试剂盒等。医药用的生物化工产品包括酶、脂、核酸、氨基酸、多肽及蛋白质、糖等。生化用试剂产品包括氨基酸及其衍生物、维生素、酶、激 素、核苷酸及其衍生物、糖、生物碱以及实验用生化试剂等。有机酸产品包括苹果酸、柠檬酸、乳酸、酒石酸、衣康酸等。

1.3.6.3 生物化工生产控制难点

生物化工生产控制难点主要包括以下几个方面。

（1）生物催化剂的控制：生物化工过程通常使用酶或微生物作为催化剂，这些生物催化剂的活性受多种因素影响，如温度、pH 值、氧气浓度、底物浓度等，控制这些因素在最佳范围是难点之一。

（2）微生物的培养与控制：微生物的培养过程中，菌种的选择、培养条件（如温度、搅拌速度、溶氧量、营养液的配比等）的控制对生产效率有重大影响。

（3）过程放大问题：实验室规模的成功试验在放大到工业生产规模时常常遇到问题，如传质、传热效率的改变，混合效果不佳等。

（4）产品质量控制：生物化工产品通常具有复杂的成分，保证产品质量的均一性和稳定性是一个挑战。

（5）设备的腐蚀与污染：生物化工过程中使用的原料和产品可能具有腐蚀性，同时，微生物的失控生长可能导致设备的生物污染。

（6）过程监测与优化：实时监测生物化工过程参数，并据此进行过程优化，需要高度集成和智能化的控制系统。

（7）能源和原料的高效利用：为了降低成本，提高竞争力，如何在生产过程中实现能源和原料的高效利用是一大难题。

（8）安全与环保：生物化工生产过程中可能会产生有害物质，如何确保生产过程的安全，以及如何处理和减少污染物排放，是必须面对的问题。

(9) 产品的分离纯化：生物化工产品的分离纯化往往比较复杂，选择合适的分离方法和技术，提高产品的纯度和收率是生产中的难点。

(10) 工艺路线的稳定性：生物化工过程的工艺路线需要保持高度的稳定性，任何微小的变化都可能导致整个生产过程的失败。

针对上述难点，需要采取综合措施，如采用先进的生物工程技术、优化工艺流程、提高自动控制水平、强化员工技术培训等，以确保生物化工生产过程的顺利进行。

1.3.6.4 提高自动化水平的措施

提高生物化工生产过程中的自动化水平是提升生产效率、保证产品质量、降低成本和增强竞争力的关键。以下是提高自动化水平的一些具体措施。

(1) 集成控制系统。

集散控制系统（DCS）：通过集散控制系统，可以实现生产过程的集中监控、分散控制。DCS 系统能够实时采集数据，对生产过程进行调节和控制。

监控和数据采集系统（SCADA）：SCADA 系统可以监控整个生产过程，采集关键数据，并通过图形界面展示，便于操作人员监控和分析。

(2) 先进控制策略。

模型预测控制（MPC）：基于数学模型，预测未来一段时间内的过程行为，并优化控制动作，以使过程尽可能接近设定目标。

比例-积分-微分控制（PID）：优化 PID 参数，提高控制回路的响应速度和稳定性。

(3) 自动化设备。

在线分析仪器：安装在线 pH 值计、溶氧仪、流量计、成分分析仪等，实时监测关键工艺参数。

自动化执行机构：使用电动阀门、变频器、气动调节阀等，实现工艺参数的精确控制。

(4) 智能优化。

人工智能与机器学习：利用 AI 算法对生产数据进行深入分析，发现潜在的问题，优化工艺参数。

大数据分析：收集生产过程中的大量数据，通过数据分析找出最佳操作条件。

(5) 信息化管理。

制造执行系统（MES）：MES 系统可以管理生产计划、调度、质量控制、设备维护等，实现生产过程的透明化。

企业资源规划（ERP）：整合企业资源，包括生产、采购、库存、销售、财务等，提高管理效率。

(6) 机器人与自动化生产线。

机器人应用：在重复性高、危险或对精度要求高的工序中使用机器人，如自动化灌装、包装、搬运等。

自动化生产线：建立高度自动化的生产线，减少人工干预，提高生产效率和稳定性。

(7) 安全自动化。

紧急停车系统（ESD）：在出现紧急情况时，能够迅速安全地停止生产过程，保护人员和设备安全。

安全仪表系统（SIS）：用于监控生产过程中的安全参数，确保在危险情况下能够自动采取措施。

（8）培训与维护。

操作人员培训：对操作人员进行自动化系统的培训，确保他们能够熟练使用和维护自动化设备。

定期维护：制订定期维护计划，确保自动化系统稳定运行。

通过上述措施，生物化工生产过程的自动化水平将得到显著提升，从而有效应对生产过程中的各种挑战。

习题与思考题

1. 简述电解饱和食盐水的原理。
2. 画出离子膜法生产烧碱的流程简图。
3. 简述氯碱化工领域应用较为普遍和有效的先进控制技术有哪些。
4. 用食盐水电解制氢气、氯气和烧碱有几种方法，哪几种，常用的是哪种？
5. 简述氯碱化工生产过程的主要步骤。
6. 简述煤气化的原理。
7. 简述气化炉的类型、特点及其生产能力的影响因素。
8. 提高气化效率的方法主要有哪些？
9. 煤的间接液化有哪些典型工艺？各有何特点？
10. 简述费托合成原理、工艺参数、催化剂品种及其性能和反应器类型及其特点。
11. 简述生物化工生产提高自动化水平的措施。
12. 简述合成氨生产基本控制要求。

2 智慧工厂的结构及技术

导语：本章介绍了智慧工厂的结构以及建设智慧工厂的思路和步骤，使读者对于智慧工厂有基本的了解，并认识到智慧工厂是历史发展的必然和趋势。

近年来，全球智慧工厂行业市场规模稳步扩大，且仍具有广阔的发展前景。据 Markets and Markets 发布的报告显示，2022 年全球智慧工厂市场规模约 862 亿美元，到 2027 年这一数据有望增至 1409 亿美元，年复合增长率达到 10.3%。报告认为，推动智慧工厂市场增长的关键因素包括新冠疫情危机中保持制造设施正常运转的财政政策、资源优化、生产运营成本降低、工业机器人的需求日益增长、工业环境中对物联网和人工智能等技术的需求不断增长，以及对能源效率的日益重视等。

智慧工厂是现代工业、制造业的大势所趋，是实现企业转型升级的必经之路。2025—2030 年中国智慧工厂市场预计将以 10.5% 的年复合增长率增长。到 2030 年，中国智慧工厂市场预计将达到 2770 亿美元的规模。这一增长轨迹既得益于政策体系的持续完善，也源于制造业对数字化转型的迫切需求，即在劳动力成本上升、市场竞争加剧的背景下，越来越多的企业通过部署智能化产线、工业互联网平台、数字孪生技术等智慧工厂核心组件，实现生产效率提升与运营成本优化，进一步印证了智慧工厂作为制造业未来发展主流形态的必然性。

“十三五”期间，工业和信息化部会同相关部门，通过试点示范应用、系统解决方案供应商培育、标准体系建设等多措并举，形成了央地紧密配合、多方协同推进国内智慧工厂建设的工作格局，使得我国智能制造取得了长足进步。2021 年 12 月，工业和信息化部等八部门联合印发《“十四五”智能制造发展规划》，明确提出了“到 2025 年，智能制造能力成熟度水平明显提升”的转型升级目标，并指出“建立长效评价机制，鼓励第三方机构开展智能制造能力成熟度评估，研究发布行业和区域智能制造发展指数”。《智能制造能力成熟度模型》（GB/T 39116—2020）是在工业和信息化部、国家市场监督管理总局的指导下于 2021 年 5 月正式发布实施的国家标准，目前已在全国大部分区域开展标准应用推广工作，并在 31 个行业大类、32 个省、自治区、直辖市中开展了智能制造能力成熟度自诊断工作，为制造企业提升智能制造能力、主管部门了解产业发展现状提供了重要参考。

图 2-1 是智能制造能力成熟度模型分级图。

截至 2024 年 10 月，全国超 11 万家企业通过智能制造评估评价公共服务平台开展了自诊断，覆盖 31 个行业大类、32 个省、自治区、直辖市。其中，江苏省参与企业数量最多，达 50785 家，占比 44.6%。在参与自诊断的 113792 家企业中，58% 的制造企业处于一级及以下水平，达到二级、三级的制造企业分别占比为 25%、11%，四级及以上制造企业占比达 6%。整体来看，全国制造业智能制造能力成熟度较 2019 年已有显著提升，一级

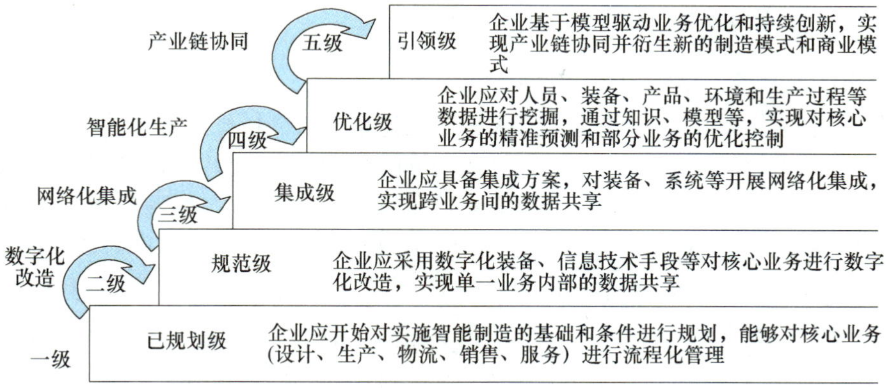

图 2-1　智能制造能力成熟度模型分级

及以下的低成熟度企业占比减少 27 个百分点，三级以上的高成熟度企业数量增加了 14 个百分点。

从行业来看，烟草制品业，计算机、通信和其他电子设备制造业，以及汽车制造业等行业的智能制造成熟度水平位居全国前列。

注：以上数据主要来源于前瞻产业研究院。

2.1　智慧工厂架构及技术

建设智慧工厂需要将自动化技术、智能制造理论、网络通信技术和最新信息化技术、信息物理系统、大数据技术、云计算技术、现代管理技术等深度融合，通过科学规划和全面集成企业设备单元、生产监控、制造执行、企业管理、设计研发等各类系统，最终构建由智能设计、智能经营、智能生产、智能决策组成的智慧工厂。智慧工厂架构如图 2-2 所示。

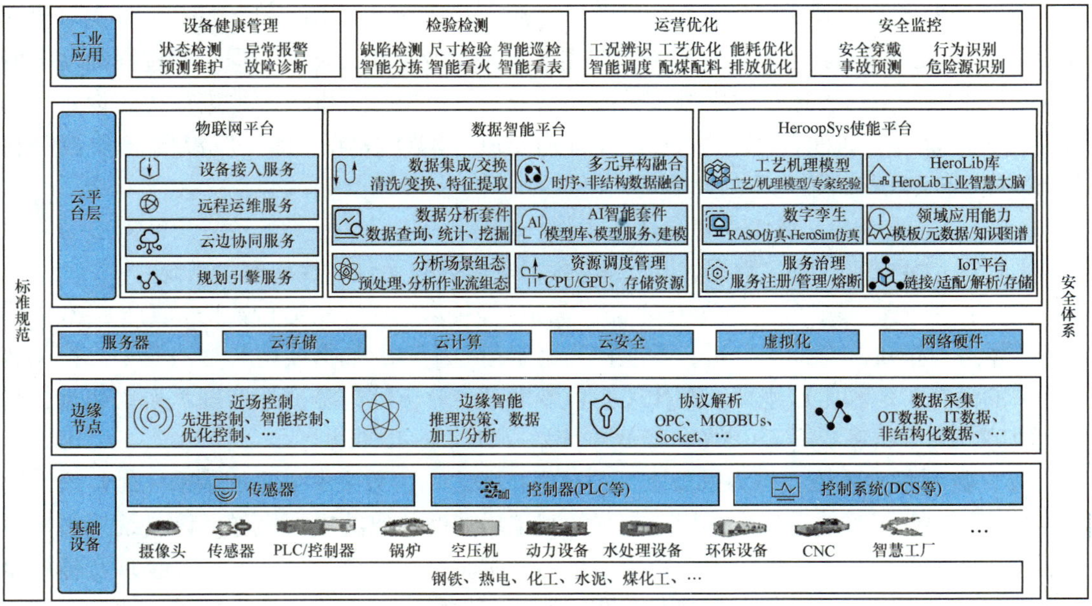

图 2-2　智慧工厂技术架构示意图

2.1.1 智慧工厂分层架构体系

2.1.1.1 物理层：智能装备与感知网络

物理层是智慧工厂的基础载体，包含智能设备集群与全域感知网络。

(1) 智能设备集群：涵盖智能生产装备（如工业机器人、智能数控机床）、物流设备（AGV 搬运车、智能仓储系统）及环境监测设备（防爆传感器、智能仪表）。这些智能设备通过内置传感器、控制器与通信模块，实现运行参数实时采集、自适应调节与远程监控。同时，这些智能设备间通过工业互联网、5G 等通信技术互联互通，形成高效协作的设备网络。例如，化工行业的智能反应釜，通过部署温度、压力、pH 值传感器阵列，结合内置微处理器实现反应条件的自主调节，较传统设备提升合格率 25%（数据来自某化工企业实践）。

(2) 全域感知网络：依托 MEMS 系统、光纤光栅传感技术等构建多层级、多维度的立体化监测体系。该体系能够实时采集设备运行状态、环境参数、产品质量等多源数据，形成覆盖生产全要素的感知网络。同时，该感知网络的高灵敏度与多维度监测特性，使其能够捕捉到传统检测手段难以发现的微弱信号变化。以钢铁冶炼场景为例，在高炉炉体关键部位呈矩阵式布设红外热成像仪、振动加速度传感器及声发射监测设备，配合工业物联网网关实现数据的边缘计算与分级传输。这种部署模式不仅能够动态捕捉炉温梯度变化、设备振动频谱特征，还可通过多源数据融合分析，提前识别炉衬侵蚀、设备异常磨损等潜在风险，为智能运维与故障预测提供精准数据基座，使设备预警准确率提升至 95% 以上。

2.1.1.2 控制层：自动化与协同优化

控制层以分布式控制系统（DCS）为核心，融合先进过程控制（APC）与优化控制（RTO）技术。

(1) DCS 系统：实现产线级设备的集中监控与闭环控制，如电力行业通过 DCS 调节发电机组的燃料供给与蒸汽流量，确保发电效率提升 15% 以上。

(2) APC 与 RTO 技术：先进过程控制（advanced process control，APC）与实时优化（real-time optimization，RTO）技术协同应用于复杂工业过程，能够根据生产过程的动态变化自动调整控制策略，通过建立过程模型并结合实时数据，对生产参数进行优化设定和动态调节。例如，某炼油厂催化裂化装置应用 APC+RTO 技术，将反应温度波动控制在 ±2 ℃以内并实现产品转化率提高 8%以上。

2.1.1.3 平台层：数据中枢与数字孪生

平台层是智慧工厂的“数据大脑”，包含工业大数据平台与数字孪生系统。

(1) 工业大数据平台：集成 Hadoop、Spark 等技术，对设备运行数据、工艺参数、供应链数据进行清洗、存储与分析，并能构建用于指导生产的数据模型与算法模型，挖掘数据背后的潜在价值和生产规律。某化工企业借助平台分析反应釜搅拌器轴承振动数据，将轴承故障预测准确率提升至 95%，降低非计划停机时长 40%以上。

(2) 数字孪生系统：作为智慧工厂的核心技术之一，数字孪生系统借助三维建模、物联网、大数据分析等前沿技术，构建起与物理工厂高度一致的虚拟镜像。该系统通过实时采集设备传感器数据、生产流程参数等信息，并实时更新虚拟模型，实现对物理实体的全生命周期数字化映射。例如，壳牌石油在炼油工艺优化中引入数字孪生技术，通过模拟不同工况下的生产流程，精准调整裂解温度、催化剂配比等关键参数，成功将汽油收率提升3%，能耗降低5%。此外，该系统还具备预测性维护功能，能够提前识别设备潜在故障，减少非计划停机时间，有效提升工厂运营效率与安全性。

2.1.1.4 应用层：智能决策与业务协同

应用层聚焦业务场景智能化，涵盖制造执行系统（MES）、企业资源计划（ERP）及AI决策平台。

（1）MES系统（制造执行系统）：作为智慧工厂的中枢神经系统，MES系统深度衔接生产计划与执行全流程。通过集成先进的算法引擎，系统可根据设备负荷、物料可用性等多维数据，实现精细化的订单排产；借助物联网传感器与条码/RFID技术，对物料流转进行全生命周期追踪；结合质量追溯模块，构建从原材料入库到成品出厂的质量管控闭环。以某化工企业为例，在部署MES系统后，通过智能排产算法优化反应釜调度与批次生产计划，订单交付周期从15天缩短至12天，降幅达20%；依托物料实时追踪功能，危险化学品库存积压风险显著降低，库存周转率从4次/年提升至6次/年，增幅高达50%，有效提升了企业的安全生产水平与供应链协同效率。

（2）AI决策平台：依托深度学习、强化学习等先进机器学习算法，对生产日志、质检报告、设备运行记录等非结构化数据进行深度挖掘与分析。通过建立数据驱动的决策模型，AI决策平台能够对生产过程中的潜在风险进行预警，并基于预设的优化目标自动生成调整方案。同时，该平台具备自我学习与迭代能力，随着数据积累不断优化模型参数，持续提升决策的精准性与时效性。以某企业反应釜生产为例，通过部署AI决策平台，系统实时采集反应釜的温度、压力、搅拌速度等关键参数，结合历史生产数据构建动态预测模型，并以该动态模型指导反应釜生产。在实际应用中，AI决策平台能够提前预判工艺异常，自动优化反应参数。以某农药企业为例，使用该技术后使产品不良率从原本的5%显著降低至2%，生产效率提升15%，同时大幅减少了人工巡检与参数调整的时间成本，实现了生产决策的智能化与精准化。

2.1.2 架构协同与技术融合

智慧工厂的核心优势在于各层级的数据贯通与业务协同。

（1）纵向集成：从智能设备层的传感器数据，到智能决策层的经营分析，形成“数据—信息—知识—决策”的价值转化链条。各层级间通过标准化的数据接口与协议，确保生产数据的实时流动与无缝对接，使得设备状态信息能够快速转化为优化指令，保障整个生产系统的高效运转。这种纵向集成打破了传统生产体系中数据孤岛的桎梏，通过标准化协议将底层设备运行状态、生产过程数据与高层管理决策需求紧密串联，形成数据驱动的闭环优化机制。例如，在钢铁生产中，物理层的高炉传感器实时采集炉温、压力等数据，经控制层PLC系统调整喷煤量与鼓风量，平台层的大数据分析预测出高炉内衬侵蚀周期，最终应用层的AI决策平台据此安排检修计划，实现高炉生产效率与运维水平有效提升。

（2）横向协同：通过工业互联网平台整合全厂生产装置生产信息、运维信息、调度信息等，打破传统信息孤岛，构建全流程数字化协同生态。例如，某化工集团构建了覆盖集团全域的物联网感知网络，实现32台熔炉、127台生产设备与8套管网系统的实时数据采集与云端汇聚。系统运用AI算法对生产参数进行动态优化，在原料配比环节引入智能预测模型，提前规划物料供应路径；在生产调度层面，通过数字孪生技术模拟多工序联动场景，实现资源配置的精准调度。改造后，原料转化率提升 12%，多工序协同生产响应时间从 72 h 压缩至 24 h，能源综合利用率提高 10%，生产效率与运营效益实现双突破。

2.2 智慧工厂建设思路

智慧工厂建设旨在通过深度整合自动化、智能化、网络化、信息化系统及管理技术，构建具有自感知、自决策、自执行能力的生产体系。(1) 在业务层面，聚焦能源供给、设备运行、生产管控、质量控制、安全应急五大核心领域：通过能源管理系统实时监测能耗数据，优化能源分配策略；运用设备健康管理平台对关键设备进行全生命周期监控，实现预测性维护；依托生产管控系统实现生产装置智能化运行及订单、排产、物流的全流程数字化协同；借助质量追溯系统构建从原材料到成品的质量管控闭环；搭建安全应急平台整合环境监测、人员定位、风险预警等功能，提升安全响应效率。(2) 在技术应用方面，综合运用自动化控制、先进控制、智能优化排产等关键手段：基于 PLC 与 DCS 系统实现生产过程自动化控制，基于先进控制系统及优化控制系统实现生产过程的智能化生产；通过智能优化排产系统，融合订单优先级、设备产能、物料供应等多维度数据，生成最优生产计划。

通过上述举措，全面提升企业生产管控的感知能力（实时获取生产数据）、预测能力（预判设备故障与质量隐患）、协同能力（跨部门数据共享与业务联动）、分析优化能力（基于大数据挖掘改进生产工艺）及 IT 支撑能力（构建云边端一体化信息架构），为企业实现高效、绿色、安全、最优的管理目标筑牢数字化根基，进而显著增强企业经营管理综合效益与市场竞争力。

对于流程工业企业这类复杂系统，可采用“化整为零”的策略，从生产控制和生产组织两个维度切入，将智慧工厂建设拆解为智能设备、智能检测、智能控制、协调优化、智能运营、智能决策 6 个层级，精准匹配先进装备、技术与系统，逐步推进智能化转型。各层级涵盖设备及系统、功能作用见表 2-1。

表 2-1　智慧工厂建设层级

层级	层级名称	涵盖设备及系统	功能作用
1	智能设备层（设备智能化）	巡检机器人、机械手臂、智能天车等	设备层级自我管理、自行运转
2	智能检测层（检测智能化）	智能传感器、智能仪表、信号软测量、图像分析、视频分析等	准确全面地反映各类生产、经营、安全等信息
3	智能控制层（过程自动化）	DCS、PLC、参数整定系统等	实现自动化生产
4	协调优化层（协调优化）	APC、二级控制系统、MES 等	多装置/多部门优化生产及协调生成
5	智能运营层（运营智能化）	OA、ERP、CRM 等	供产销及财务协同
6	智能决策层（决策智能化）	企业级大数据平台、专家知识库、AI 辅助决策平台等	利用企业级大数据及各种辅助决策系统辅助决策

2.2.1 智能设备层

智能设备层作为企业智能制造转型的根基，构建起覆盖生产全流程的智能硬件矩阵。核心设备不仅包含智能单体装置、智能化生产线、高精度智能传感器等传统工业装备，还应融入无人巡检机器人、自动仓储输送系统等新型智能载体。这些设备依托物联网技术实现互联互通，通过内置的微处理器和边缘计算模块，具备自主感知、决策与执行能力，可高效替代人工完成高腐蚀性、高危性或高精度作业场景，从根本上革新生产模式。

以化工行业为例，智能反应釜通过部署多维度传感器阵列，可实时监测温度、压力、液位、pH 值等关键参数，结合机器学习算法对反应进程进行动态建模。系统能自动调整搅拌速度、进料配比和加热功率，实现反应条件的精准控制。实际应用数据显示，相较于传统人工操作，智能反应釜使产品合格率提升 25%，单位能耗降低 18%，同时大幅减少操作人员接触危险化学品的频率。

在安全保障领域，防爆型无人巡检机器人配备红外热成像仪、气体检测仪、高清摄像头等感知设备，可在危险化学品储存区进行 24 小时不间断巡检。通过自主路径规划与多传感器数据融合分析，机器人能够快速识别罐体泄漏、温度异常、设备故障等隐患，并即时触发预警机制。据行业统计，该类设备的应用使化工企业安全事故风险降低 60% 以上，显著提升了安全生产水平。此外，自动仓储输送系统采用 AGV 智能搬运车与立体货架结合，通过 WMS 仓储管理系统实现物料的智能存取，仓储空间利用率提升 40%，物料流转效率提高 35%，有效解决了传统仓储管理中的效率瓶颈。

2.2.2 智能检测层

智能检测层作为工厂数字化感知的神经末梢，依托 MEMS 传感器、光纤光栅传感器、红外热成像仪等多模态感知设备，结合工业物联网（IIoT）协议实现设备互联互通。该层构建了全域数据采集矩阵，涵盖生产流程的温度、压力、振动、浓度等物理量监测，设备运行的电流、电压、能耗等电气参数采集，以及人员定位、物料流转等空间信息追踪。通过边缘计算节点对原始数据进行预处理，结合机器学习算法实现异常数据的智能识别与特征提取。

以精细化工生产场景为例，智能检测网络在反应釜集群部署了温压复合传感器与气体泄漏检测仪，构建了三维立体监测体系。当反应釜温度出现非线性上升趋势时，系统不仅触发声光报警，还会联动 DCS 控制系统自动调节冷却阀门，并通过数字孪生模型模拟潜在风险路径。同时，在车间关键区域部署的毫米波雷达与视觉识别系统，能够实时分析人员作业规范，对违规操作进行 AI 语音警示，实现“人机物”全要素的动态安全管控。此外，通过区块链技术实现检测数据的分布式存储，确保数据的不可篡改与可追溯性，为质量溯源和工艺优化提供可信数据底座。

2.2.3 智能控制层

智能控制层以分布式控制系统（DCS）、数据监测控制与采集系统（SCADA）、控制回路性能评估系统为核心，构建起多层次、全方位的自动化控制体系。通过 DCS 系统，可实现对单体装置及产线级装置的精准控制，确保各生产环节紧密协同；SCADA 系统则实时采集生产数据，对设备运行状态进行动态监测与预警；控制回路性能评估系统基于大数据分析，持续优化控制策略，提升系统运行效率。

以电力生产为例，DCS 系统通过实时监测发电机组的温度、压力、转速等关键参数，自动调节燃料供给、蒸汽流量等运行指标，确保发电过程稳定高效，降低人力成本与操作失误风险。同时，SCADA 系统可实时采集电网负荷数据，预测用电需求变化，提前调整发电计划。控制回路性能评估系统则定期对控制策略进行评估优化，进一步提升发电效率与稳定性。智能控制层不仅实现了生产过程的自动化，还通过数据分析与优化，为企业提供了持续改进的动力，是实现企业自动化生产的核心，也是迈向智能制造的关键一步。

2.2.4　协调优化层

协调优化层作为智慧工厂的核心枢纽，深度整合先进控制系统（APC）、优化控制系统（RTO）、制造执行系统（MES）、能源管理系统（EMS）、安全评价系统（SES）等数字化管理工具，构建起覆盖产线级、厂级多装置/多部门的协同生产管理体系。通过数据驱动的智能决策机制，该层实现了生产流程的动态优化与资源的精准调配。一方面，基于实时数据采集与分析，动态调整生产参数，规避设备故障与安全隐患，确保生产全过程的稳定性、安全性与经济性；另一方面，通过跨部门信息共享与业务协同，打破传统管理中的信息孤岛，显著提升生产效率与资源利用率。

以钢铁企业为例，制造执行系统（MES）通过与订单管理系统的无缝对接，能够精准识别客户需求，运用智能算法将订单拆解为可执行的生产任务，并结合设备状态、物料库存等数据，动态优化排产计划；先进控制系统（APC）、优化控制系统（RTO）按照排产计划组织产线按照最优化、最经济模式运转。在此模式下，生产资源得以高效配置，订单交付周期平均缩短 20%，因计划不合理导致的生产成本浪费降低 15%，产品质量提升 10%。能源管理系统（EMS）则实时监测各环节能耗数据，通过能效对标与优化模型，实现能源消耗的精细化管控；安全评价系统（SES）利用 AI 技术对生产现场进行风险预判，及时触发预警机制，保障安全生产。这些系统的协同运作，使企业在市场竞争中实现生产效率与经济效益的双重提升，充分彰显了协调优化层在智慧工厂高效运营中的核心价值。

2.2.5　智能运营层

智能运营层依托企业办公管理系统（OA）、客户关系管理系统（CRM）、企业资源计划系统（ERP）、财务协同系统等经营管理工具，构建起全流程数字化管理体系。OA 系统通过电子化流程审批、任务协同等功能，将企业日常行政、人事、办公事务进行线上化处理，有效减少纸质文件流转带来的效率损耗；CRM 系统则聚焦客户全生命周期管理，通过多渠道客户数据整合与智能分析，帮助企业精准把握客户需求，优化营销策略，提升客户满意度与忠诚度。

在核心业务协同层面，ERP 系统与财务协同系统发挥关键作用。ERP 系统以供应链管理为核心，通过集成采购、生产、销售、仓储等业务模块，实现企业物资流、资金流、信息流的高度统一与实时共享。例如，某制造企业引入 ERP 系统后，通过需求预测模型动态调整生产计划，将库存周转率从每年 4 次提升至 8 次，库存成本降低 15%。财务协同系统则与 ERP 深度集成，通过业财一体化机制，实现业务数据与财务数据的自动关联与实时对账，不仅大幅提升财务核算效率，更能通过成本分摊、预算管控等功能，为管理层提供准确的经营决策依据。

这些系统通过数据中台实现互联互通，彻底打破部门间信息孤岛。以销售订单处理为例，CRM 系统接收客户订单后，自动触发 ERP 系统的生产排程与采购计划，同时财务协同系统生成应收账款信息，形成从客户需求到交付回款的完整闭环。这种跨系统协同运作模式，使企业运营效率提升 30% 以上，管理流程优化幅度达 40%，真正实现精细化、规范化的现代企业管理目标。

2.2.6 智能决策层

智能决策层作为智慧工厂的“大脑中枢”，依托前 5 个层级积累的设备运行数据、生产工艺数据、供应链数据等多维度信息资产，构建包含行业标准、工艺规范、故障诊断规则的企业级专家知识库。同时，通过搭建大数据分析决策平台，整合 Hadoop、Spark 等分布式计算框架，结合 TensorFlow、PyTorch 等机器学习库，对结构化与非结构化数据进行深度挖掘。

该层级采用关联分析、时序预测等算法模型，从生产排程、质量管控、能耗优化等场景中提炼关键指标。例如，通过分析设备振动数据与故障记录的关联性，构建设备健康度预测模型，实现预防性维护；基于订单交付周期与物料库存的动态关系，建立智能补货算法，降低库存成本。此外，利用自然语言处理技术解析生产日志、质检报告等文本数据，进一步完善知识图谱。

在化工行业实践中，AI 辅助决策平台通过分析原料采购价格波动、生产装置运行参数、产品质量检测数据等信息，运用关联规则挖掘与神经网络模型预测生产风险和市场供需。某大型化工企业通过该平台优化生产排程，将能源消耗降低 15%，设备非计划停机时间减少 22%。同时，平台支持可视化决策看板，将复杂数据分析结果转化为动态图表，为管理层提供涵盖原料成本、装置负荷、产品销售的全景化决策视图，显著增强企业在高危、高波动市场环境下的风险应对能力。

智慧工厂建设的 6 个层级环环相扣、层层递进，共同构成一个有机整体。从设备智能化运行到数据驱动的科学决策，每个层级都发挥着不可或缺的作用，推动企业向智能制造转型升级，实现可持续发展。

2.3 流程工业智慧工厂建设步骤

流程工业是一个很大的范畴，不同行业差异很大，同一行业不同企业差异也很大，且企业处在发展变化的不同阶段，所以每个具体企业建设智慧工厂的基础条件、建设目标、建设内容，均应具体问题具体分析，制定适合企业自身实际发展需求的实施方案。图 2-3 所示智慧工厂建设步骤是对智慧工厂建设过程的高度提炼，具有普遍的参考价值。

第一步：夯实基础，实现生产自动化。

以企业生产工艺流程为核心，全面梳理各设备、工序、工段及车间的仪表与自动化系统。重点对存在大量人工操作、简单机械控制的环节，如化工生产中的物料输送、冶金行业的炉温调节等进行自动化改造。通过引入可编程逻辑控制器（PLC）、分布式控制系统

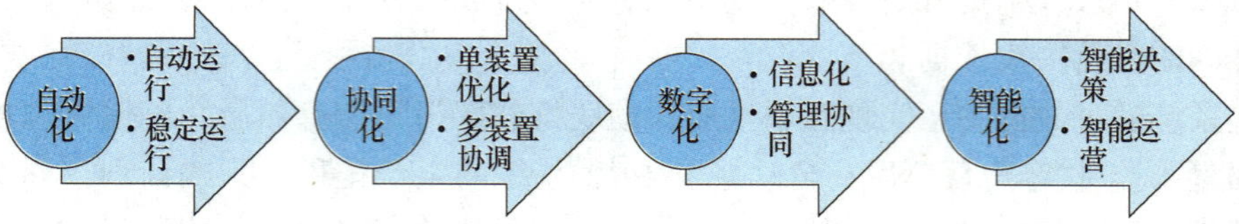

图 2-3 智慧工厂建设步骤示意图

（DCS）等技术，实现生产数据的实时采集与设备的自动调控，有效提升装置运行的安全性、稳定性和经济性。

例如，在炼油企业中，对原油蒸馏装置进行自动化改造后，操作人员可通过中控室远程监控设备运行状态，精准调节温度、压力等参数，减少人工干预带来的误差，装置运行平稳率提高 20%，能耗降低 15%。

第二步：深化协同，提升生产效益。

在实现基础自动化的基础上，运用先进控制技术与优化控制技术，推动生产协同升级。一方面，采用先进过程控制（APC）、优化控制技术（RTO）等技术，实现单体装置的优化运行。以化工反应装置为例，通过实时监测反应温度、压力、浓度等参数，自动调整进料量、搅拌速度等控制变量，可使反应效率提升 10%~15% 。

另一方面，借助大系统协调优化技术和智能排产技术，打破装置与部门间的壁垒，实现全厂装置的协同生产。以钢铁企业为例，通过构建煤气管网大系统协调优化系统，根据高炉预测煤气发生量、煤气管网压力、煤气柜储气情况、下游用气装置生产需求、不同用气装置生产经济效益情况等信息动态优化高炉热风炉换炉时机，优化高炉热风炉、加热炉、燃气锅炉实时等用气装置生产负荷，可使全厂高炉煤气利用效率提升 5%以上。

第三步：数据贯通，实现全厂协同管理。

构建全厂统一的数据平台是实现高效协同管理的关键。首先，运用物联网（IoT）、边缘计算等技术，实现生产设备、管理系统数据的全面采集，并借助数据仓库、工业大数据平台等技术，建立标准化的数据存储与分析平台，确保数据的完整性、准确性和实时性。然后，基于统一数据平台，部署制造执行系统（MES）、能源管理系统（EMS）等生产管理系统，实现生产计划、质量控制、能源消耗等环节的精细化管理。最后，通过系统集成技术，打通 MES、EMS、办公自动化系统（OA）、企业资源计划系统（ERP）、客户关系管理系统（CRM）等系统间的数据通道，消除信息孤岛，实现生产、运营数据的高效共享与深度融合，使企业决策更加科学、高效。

例如，某化工企业通过系统集成，实现了从原材料采购、生产加工到产品销售的全流程数据贯通。生产部门可实时获取销售订单信息，调整生产计划；采购部门根据生产进度和库存情况，及时安排原材料采购，库存周转率提高 30%，订单交付周期缩短 25%。

第四步：智能驱动，迈向智慧工厂。

依托企业生产工艺知识、运行经验和海量数据，构建智能化模型，推动工厂向智能化转型。首先，结合行业知识和企业实践，建立涵盖生产工艺、设备维护、质量控制等领域的企业级知识库和机理模型。例如，在制药企业中，构建药品生产工艺参数与产品质量关系的机理模型，为工艺优化提供理论支持。其次，运用工业大数据分析、机器学习等技术，对生产运营数据进行深度挖掘，构建预测性模型和优化决策模型。例如，通过分析设备运行数据，建立设备故障预测模型，提前预警设备故障，将非计划停机时间减少 30%；利用市场需求数据和生产数据，优化生产排产模型，提高资源利用效率和市场响应速度。最终，实现从数据到知识、从经验决策到智能决策的跨越，打造具备自感知、自决策、自优化能力的智能化工厂。

2.4 智慧工厂建设的关键技术

智慧工厂建设是一项复杂的系统工程，需突破多项核心技术，才能实现生产自动化、管理智能化和决策科学化。以下 7 项关键技术，直接影响智慧工厂的建设成效与运行效能。

2.4.1 工程设计数字化交付

传统工程交付模式下，各专业资料分散提交，数据缺乏关联性，易导致信息不一致，给业主后期维护与数据复用带来极大困难。而数字化交付通过整合各专业数据，建立数据间的逻辑关联，确保交付信息的完整性、一致性与准确性。

实现数字化交付需重点完成两大任务：(1) 智能 P&ID 绘制。绘制智能化的工艺流程图（P&ID），融入设备参数、控制逻辑等动态信息。(2) 3D 模型构建。建立三维可视化模型，并通过数据校验技术确保二维图纸与三维模型的实时同步，减少数据冗余。例如，在某化工项目中，数字化交付使设计变更时间缩短 40%，施工错误率降低 30%。

2.4.2 复杂异构系统的互联互通

智慧工厂作为高度集成化的生产体系，内部部署着基础自动化、计量管理、实时监控、安全培训等多个信息系统。然而，由于各系统在开发时期、技术架构、数据标准上存在显著差异，不同系统间数据无法自由流通，形成相互割裂的“信息孤岛”。这种数据壁垒不仅导致业务流程碎片化，还使得工厂难以实现全局优化与智能决策。要实现异构系统集成，需重点攻克以下技术难点。

(1) 统一数据标准。构建跨系统的数据交互协议是打破信息壁垒的核心。在实际操作中，需从数据编码、存储格式、传输协议 3 个维度建立统一规范。例如，采用国际通用的工业数据标准 OPC UA，可实现设备层、控制层、管理层数据的标准化封装与传输；通过制定统一的元数据字典，明确各系统数据字段的定义、类型及取值范围，确保不同系统间数据语义的一致性。

(2) 接口适配技术。针对各系统接口协议不兼容的问题，需开发具备高通用性和扩展性的适配接口。目前主流的微服务架构和 API 网关技术，能够将复杂系统拆解为独立服务模块，通过标准化 API 接口实现数据交互。以某钢铁企业为例，通过构建统一的 API 网关，将制造执行系统（MES）、企业资源计划系统（ERP）与设备监控系统进行深度集成。改造后，生产计划自动排产准确率提升 30%，计划执行效率提高 25%，库存周转率提高 20%，同时实现了生产全流程的实时监控与动态调度，有效降低了生产运营成本。

2.4.3 复杂过程动态特性优化控制策略设计

流程工业生产过程具有高度复杂性，其上下游装置工艺紧密关联，物料与能量耦合度高，一处扰动便可能引发连锁反应；同时，局部设备的最优控制点与全局生产目标常存在冲突。这种复杂性使得传统的单变量、静态控制策略难以满足生产需求，极易导致生产效率低下、能耗增加甚至安全事故发生。

解决这一问题的核心在于：（1）多变量协同控制。采用先进过程控制（APC）、优化控制技术（RTO）等技术，平衡各工序的局部优化目标；通过构建多变量预测模型，提前预判生产过程中的变量变化趋势，实现对复杂生产过程的动态优化控制，从而提高生产稳定性与产品质量。（2）动态补偿机制。实时监测生产波动，快速调整控制参数。以某精细化工企业为例，通过实施多变量协同控制与动态补偿机制，有效解决了精馏塔温度波动导致的产品纯度不稳定问题，产品合格率从85%提升至98%，充分验证了该控制策略在复杂工业生产中的显著成效。

2.4.4 重大耗能设备能效的分析与优化

在工业生产领域，加热炉、压缩机等高耗能设备长期面临能效管理困境。由于传统评估手段依赖人工经验，缺乏精准的能效评估模型，设备运行参数设定存在较大随意性，导致能源浪费严重。据行业数据显示，部分高耗能企业因能效管理粗放，能源利用率较理论值低15%~20%。为此，亟须从以下方向实现技术突破。

（1）机理-数据融合建模。该技术路径深度融合设备运行机理与实时监测数据，构建高精度能效评估模型。通过解析设备热力学、动力学原理，结合传感器采集的温度、压力、流量等多维数据，利用机器学习算法建立动态评估体系，实现对设备能效状态的精准刻画，有效解决传统经验模型的滞后性问题。

（2）动态优化控制。依托物联网技术实现设备能效的实时监测与智能分析，构建自适应控制闭环系统。当系统检测到能效指标偏离最优区间时，自动触发参数调整策略，实现设备运行状态的动态优化。以某热电厂锅炉系统改造为例，通过部署动态优化控制系统，结合人工智能算法对燃烧参数进行实时调控，成功将锅炉热效率提升2%，年节约标准煤超1.2万吨，同时减少二氧化碳排放3.1万吨，经济效益与环保效益显著。

2.4.5 关键生产设备故障诊断与操作优化

关键设备故障不仅会造成经济损失，还可能引发安全事故。智慧工厂可通过以下技术实现设备预防性维护。

（1）大数据分析。依托工业物联网平台，实时采集设备振动频率、温度、电流、压力等运行数据，结合人工巡检记录、历史维修档案，构建多维度数据集。利用数据清洗、特征工程等预处理技术，深度挖掘设备性能退化曲线与故障征兆之间的关联规律，形成设备健康状态评价指标体系。

（2）智能预警模型。运用深度学习、强化学习等先进机器学习算法，建立设备故障预测模型。模型通过持续训练优化，可精准识别设备早期异常信号，在故障发生前数天甚至数周发出预警。例如，某大型风力发电厂部署智能预警系统后，通过分析风机叶片的角度偏差、齿轮箱油温变化等参数，成功预测主轴承磨损故障，提前安排维修，使设备非计划停机时间减少 40%，运维成本降低 30%，显著提升了发电效率与经济效益。同时，该技术在汽车制造产线、化工反应釜等场景中也展现出强大的故障预测能力，有效保障了生产安全与连续性。

2.4.6 大数据分析：智慧工厂的数据中枢与决策引擎

大数据分析作为智慧工厂的数据中枢，通过海量数据的采集、存储、处理和分析，为生产决策提供科学依据。其技术架构包含数据采集层（传感器数据、日志数据、外部数据）、数据存储层（分布式文件系统、NoSQL 数据库、时序数据库）、数据处理层（批处理、流处理、图处理）、数据分析层（统计分析、机器学习、深度学习）、数据可视化层及安全技术层。大数据分析的核心优势在于能够从海量数据中挖掘出隐藏模式，预测设备故障，优化生产效率，提升产品质量。

在化工行业，工业大数据分析技术可以深度赋能生产全流程，显著提升运营效率与安全水平。

（1）预测性维护。某大型石化企业通过部署工业物联网传感器，实时采集裂解炉、压缩机等关键设备的温度、压力、振动等运行数据，并结合历史维修记录与工艺参数，利用机器学习算法构建设备故障预测模型。系统可提前 72 h 预测设备潜在故障，准确率超 90%。实施该方案后，设备非计划停机时间减少 30%，年维护成本降低 18%，有效保障了生产连续性。

（2）生产排程优化。某精细化工企业借助大数据分析技术，整合原材料供应、订单需求、设备产能、能耗数据等多源信息，构建动态生产排程模型。通过对生产计划的智能优化，实现物料需求预测准确率从 65% 提升至 92%，库存周转率提高 40%，因计划偏差导致的停工时间减少 75%，同时能源消耗降低 12%，显著提升生产效率与经济效益。

（3）供应链协同。某化工集团搭建大数据驱动的供应链管理平台，实时分析原材料价格波动、供应商产能、物流运输等数据，实现与 500 余家供应商的智能协同。通过预测原材料需求、优化采购计划，订单交付准时率从 82% 提升至 96%，采购成本降低 15%，生产计划达成率提高 28%，增强了供应链的韧性与响应速度。

（4）质量控制。在聚氯乙烯（PVC）生产中，某企业将大数据分析与 AI 视觉检测技术融合，构建涵盖 200 余种产品规格的质量标准模型库。通过对生产线实时图像数据的智能分析，实现对 PVC 颗粒外观、尺寸、色泽等关键指标的全检，单批次质检时间从30 min 缩短至 5 min，产品质量漏检率低于 1.5%，误判率控制在 15%以内，产品合格率提升至 99.2%，有效减少质量损失。

（5）工艺参数优化。一家化肥生产企业利用大数据分析挖掘多年生产数据，结合反应釜温度、压力、物料配比等参数，建立工艺优化模型。通过对生产工艺参数的动态调整，使合成氨反应效率提高 10%，产品能耗降低 8%，同时减少废水、废气排放 12%，实现绿色高效生产。

2.4.7 数字孪生：智慧工厂的虚拟映射与动态优化

数字孪生技术作为连接物理世界与数字世界的桥梁，正成为智慧工厂的核心技术之一。其核心技术包括建模与仿真技术、物联网数据采集技术、数据分析与人工智能算法，技术架构分为感知层、数据处理与建模层、数字孪生体层和应用层。数字孪生的价值在于能够实时反映物理系统的状态，通过数据分析和仿真模拟，预测未来行为并优化生产过程。

在制造行业，数字孪生已成功应用于工艺优化、设备健康管理、物料平衡和调度指挥等多个领域。壳牌石油公司利用数字孪生技术优化炼油厂工艺，通过实时模拟和数据分析，提高了汽油收率和辛烷值。巴斯夫公司则通过数字孪生模拟聚乙烯生产工艺，预测设备故障并优化操作参数，提高工厂整体效率。国内某高校的人工智能学院研究团队开发了数据中心冷却系统的数字孪生模型，通过实时数据驱动模型更新，实现了能耗降低23.6% 。

2.5 未来发展趋势

2.5.1 智慧化与自动化

化工行业的生产过程复杂且能耗较高，因此先进控制技术在该行业的应用具有极大的迫切性。未来，化工生产过程将越来越依赖智能化和自动化技术。通过物联网（IoT）技术，将传感器、执行器与数据分析平台连接，从而实现实时监控、预测维护和自适应控制。

先进控制技术在工业过程控制中发挥着重要作用，特别是在复杂、非线性和多变量的化工生产过程中。以下是一些在化工领域应用较为普遍和有效的先进控制技术。

（1）模型预测控制（MPC）。

原理：模型预测控制是以系统的数学模型为基础，通过预测未来一段时间内的系统行为，优化控制输入来达到最佳控制效果。例如，在氯碱生产中，MPC 可以用于电解槽的电流、电压和温度的精确控制，从而优化能耗和提高产量；在尾气处理单元中，MPC 可以优化气体流量和成分，确保排放符合环保要求。

（2）自适应控制。

原理：自适应控制系统能够根据实时数据调整控制参数，以应对系统动态特性和外部环境的变化。例如，生产过程优化方面，自适应控制可以实时调整反应温度、压力和流量，确保在不同生产条件下优化生产效率和产品质量；设备管理方面，通过实时监测设备状态，自适应控制可以对设备进行动态调整，延长设备寿命和减少故障率。

（3）神经网络控制。

原理：利用人工神经网络建立复杂系统的非线性模型，通过学习和训练数据，进行系统的预测和控制。例如，复杂工艺建模方面，神经网络可以用于建立电解过程的非线性模型，优化控制策略；故障检测方面，通过神经网络分析生产数据，提前识别潜在的故障和异常，进行预防性维护。

（4）模糊逻辑控制。

原理：基于模糊逻辑的控制系统可以处理不确定性和模糊性，通过模糊规则和推理机制实现控制。例如，工艺参数调节方面，在工艺参数难以精确测量或控制的情况下，模糊逻辑控制可以提供一种有效的解决方案；复杂系统协调方面，用于协调多个子系统之间的关系，确保整体系统的稳定性和优化运行。

（5）优化控制。

原理：通过求解优化问题，找到最佳的控制策略和操作条件，以实现特定的目标，如最小化成本、最大化产量或优化能效。例如，能效优化方面，在高能耗单元中，通过优化控制策略，显著降低能耗；资源分配方面，优化原材料和能源的分配，提高生产效率和经济效益。

（6）数据驱动控制。

原理：利用大数据分析和机器学习技术，从大量生产数据中提取有用信息，优化控制策略。例如，过程优化方面，通过分析历史数据，识别最佳操作条件和控制策略，持续优化生产过程；异常检测方面，通过实时数据分析，及时发现和处理异常情况，确保生产安全和稳定。

先进控制技术在化工生产中的应用，不仅能优化生产过程、提升产品质量，还能显著降低能耗和环境影响，提高企业的整体效益和竞争力。随着技术的不断发展和应用的深入，先进控制技术将在化工行业中发挥越来越重要的作用。

2.5.2 绿色化工技术

在可持续发展理念日益深入人心的当下，化工行业面临着向绿色、高效生产模式转型的迫切需求。绿色化工技术作为实现这一转型的核心驱动力，正成为化工行业未来发展的关键方向。绿色化工技术未来发展趋势主要涉及以下几个方面：

（1）新型材料的研发与应用。

新型材料在绿色化工领域发挥着至关重要的作用。例如，可降解材料的研发取得了显著进展。传统塑料在自然环境中难以降解，导致了严重的“白色污染”。而生物基可降解塑料，如聚乳酸（PLA）、聚羟基脂肪酸酯（PHA）等，它们以可再生的生物质资源为原料，在自然环境中可被微生物分解为二氧化碳和水，有效减少了塑料废弃物对环境的长期危害。一些高性能、轻量化的材料，如碳纤维复合材料，在化工设备制造中的应用，不仅可以降低设备自身重量，减少能源消耗，还能提高设备的耐用性和稳定性，延长其使用寿命，从全生命周期的角度降低了对资源的需求和对环境的影响。

（2）低能耗工艺的探索与创新。

化工生产过程往往伴随着大量的能源消耗，因此，研发低能耗工艺成为绿色化工技术发展的重点。在化学反应过程中，通过优化反应路径和条件，开发新型催化体系，可以显著降低反应的活化能，提高反应速率和选择性，从而减少能源的投入。例如，在石油化工领域，采用新型分子筛催化剂的催化裂化工艺，相比传统工艺，能够在较低的温度和压力下进行反应，大幅降低了能耗。利用过程强化技术，如微反应器、超重力反应器等新型设备，能够强化物质传递和反应过程，实现化工过程的小型化和高效化，进一步降低能耗。这些低能耗工艺的应用，不仅有助于企业降低生产成本，还能有效减少温室气体的排放，助力全球应对气候变化。

（3）清洁生产技术的发展与推广。

清洁生产技术旨在从源头上减少或消除污染物的产生。在化工生产中，采用绿色化学合成方法，选择环境友好的原料和试剂，避免或减少有毒有害物质的使用和排放。例如，以水为溶剂替代传统的有机溶剂进行化学反应，不仅可以减少有机溶剂挥发对大气环境的污染，还能降低火灾和爆炸等安全风险。在废弃物处理方面，循环经济模式下的清洁生产技术得到了广泛应用。通过建立完善的废弃物回收和再利用体系，将生产过程中的废弃物转化为有价值的资源，实现资源的高效循环利用。例如，通过化学或物理方法将废弃塑料转化为燃料或化工原料，既减少了废弃物的填埋和焚烧处理，又节约了原生资源，实现了经济效益和环境效益的双赢。同时，化工企业还积极采用先进的污染治理技术，如高效的废气净化、废水处理和固废处理技术，确保排放达标，进一步降低对环境的负面影响。

2.5.3 安全与应急管理

化工过程的安全管理将更加重视系统的冗余设计和应急响应能力。通过建立全面的安全管理体系和应急预案，提升对突发事件的应对能力。

化工生产过程作为一个复杂的工业系统，具有独特的工艺特点和挑战。通过深入理解其运行控制的关键要素和难点，结合现代化的自动化、智能化技术，企业能够有效地提升生产效率、降低能耗，同时确保安全与环保。未来，随着技术的不断进步，化工行业将迎来新的发展机遇和挑战。

习题与思考题

1. 一般从哪些维度对制造业企业进行智能制造水平评估？
2. 《智能制造能力成熟度模型》将制造企业智能制造能力分为几个层级？每个层级有哪些主要评价标准？

3 测控仪表与智慧工厂

导语： 本章主要讲解工业常用温度、压力、物位、流量、分析仪表的原理、安装注意事项等，重点通过介绍典型仪表在选型、使用、故障处理等方面的实际案例，起到举一反三、有所借鉴的作用。

3.1 测控仪表

化工生产设备众多、过程复杂，涉及众多物理和化学反应，对温度、压力、流量、液位等参数的监测至关重要，仪表在其中扮演着关键角色，能够实时、准确地获取化工生产过程中的关键参数信息，为操作人员和控制系统提供决策依据。

从控制角度来看，仪表与控制系统相结合，可实现对化工生产过程的自动化控制。当测量仪表检测到参数偏离设定值时，控制系统能够根据仪表反馈的信号，通过调节阀门等执行机构，及时调整生产过程，确保生产稳定运行。

在安全保障上，仪表可对化工生产中的异常情况进行监测和预警，如超压、超温等，以便及时采取措施，避免事故发生，保障人员和设备安全。

因此仪表是化工生产实现精确控制、稳定运行和安全生产不可或缺的基础组成部分，与化工生产紧密相连、相互依存。

测控仪表是测量仪表和控制仪表的合称，测量仪表是用以检出、测量、观察、计算各种物理量、物质成分、物性参数等的器具或设备，又分为一次仪表和二次仪表；控制仪表根据使用能源可分为电动、气动和液动三种。

依据测控仪表的工作原理选择合适的仪表，能够真实有效地反映被测对象的状态、实现精准控制是智慧工厂最基本的条件，本章简单介绍常用测控仪表的工作原理。表 3-1 和表 3-2 分别列出了常用测控仪表的分类以及常用的仪表特性。

表 3-1 常用仪表分类

按用途分	信号/功能	工作原理或结构
检测仪表	温度	电阻、电偶、辐射
	压力	液柱式、弹性式、电气式
	物位	浮力、静压、声波、光学、辐射
	流量	节流、旋转、靶式、涡式、电磁
	分析	pH 值、色谱、氧分析、红外

续表 3-1

按用途分	信号/功能	工作原理或结构
显示	类型	模拟和数字
	功能	指示和记录
调节仪表	自力式	不需要外力
	组合	组装式
	编程	可编程式
执行器	执行机构	薄膜、活塞、长行程、其他
	阀门	直通、套筒、蝶阀、偏心旋转、三通

表 3-2 测量仪表的常用特性

标称范围	量　程	标称值	工作范围	额定操作条件
极限条件	参考条件	仪器常数	响应特性	灵敏度
分辨力	死区	稳定性	漂移	响应时间
准确度	准确度等级	[示值] 误差	最大允许误差	基值误差
零值误差	固有误差	引用误差		

3.1.1 温度仪表

在化工生产过程中，各种物理或化学反应需要在一定的温度范围内进行，有的需要高，有的需要低，并且要求反应过程在一个较小的范围内变化，如果超出其要求的范围可能发生产品不合格，或者不是想要的产品型号，甚至有发生危险的可能，因此必须对温度进行精确测量和控制。

温度是表示物体冷热程度的物理量，微观上讲是物体分子热运动的剧烈程度，温度只能通过物体随温度变化的某些特性如几何尺寸、颜色、电导率、热电势和辐射强度的变化来间接测量，不能直接测量。按照与被测介质的接触方式对温度仪表分类，见表 3-3。

表 3-3 温度仪表的分类

接触式	膨胀式、压力式、热电阻、热电偶、辐射
非接触式	光学温度计、辐射温度计、比色温度计

3.1.1.1 热电阻

测温原理：从物理学中我们知道，导体（或半导体）的电阻值是随着温度的变化而变化的，它们之间有如下关系，即：$R=f(t)$。

热电阻可以直接接入控制系统或者通过变送器接入控制系统，在控制系统内或者变送器内通过惠斯通平衡电桥进行温度和电流转换，图 3-1 是惠斯通电桥示意图，电桥可以实现两线制、三线制接线方式，以消除导线电阻对测量精度的影响。

表 3-4 列出了常用热电阻材料（分度号）及对应的参数，表 3-5 是 Pt100 热电阻温度与阻值的对应关系。

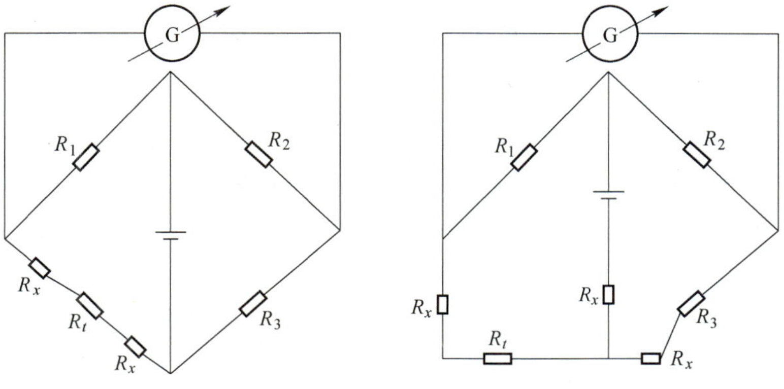

(a) (b)

图 3-1 惠斯通电桥

（a）两线制接法；（b）三线制接法

表 3-4 常用电阻材料及特性

代号	分度号	0 ℃时电阻值/Ω	0 ℃时电阻允许误差/%	电阻比（R_{100}/R_0）	测量范围/℃	基本误差允许值/℃
WZP	Pt10	10（0～850 ℃）	A 级±0.006 B 级±0.012	1.385±0.001	-200～+850	$\Delta t=\pm(0.15+2\times10^{-3}t)$
	Pt100	100（-200～850 ℃）	A 级±0.006 B 级±0.012			$\Delta t=\pm(0.3+5\times10^{-3}t)$
WZC	Cu50	50	±0.05	1.428±0.002	-50～+150	$\Delta t=\pm(0.3+6\times10^{-3}t)$
	Cu100	100	±0.1			
WZN	Ni100	100	±0.1	1.67±0.003	-60～0	$\Delta t=(0.2+2\times10^{-2}t)$
	Ni300	300	±0.3		0～+180	$\Delta t=\pm(0.2+1\times10^{-2}t)$
	Ni500	500	±0.5			

表 3-5 Pt100 热电阻分度表（部分）

温度/℃	0	1	2	3	4	5	6	7	8	9
	电阻值/Ω									
-100	60.26	59.85	59.44	59.04	58.63	58.23	57.82	57.41	57.01	56.60
-90	64.30	63.90	63.49	63.09	62.68	62.28	61.88	61.47	61.07	60.66
-80	68.33	67.92	67.52	67.12	66.72	66.31	65.91	65.51	65.11	64.70
-70	72.33	71.93	71.53	71.13	70.73	70.33	69.93	69.53	69.13	68.73
-60	76.33	75.93	75.53	75.13	74.73	74.33	73.93	73.53	73.13	72.73
-50	80.31	79.91	79.51	79.11	78.72	78.32	77.92	77.52	77.12	76.73
-40	84.27	83.87	83.48	83.08	82.69	82.29	81.89	81.50	81.10	80.70
-30	88.22	87.83	87.43	87.04	86.64	86.25	85.85	85.46	85.06	84.67
-20	92.16	91.77	91.37	90.98	90.59	90.19	89.80	89.40	89.01	88.62
-10	96.09	95.69	95.30	94.91	94.52	94.12	93.73	93.34	92.95	92.55

续表 3-5

温度/℃	0	1	2	3	4	5	6	7	8	9
	电阻值/Ω									
0	100.00	99.61	99.22	98.83	98.44	98.04	97.65	97.26	96.87	96.48
0	100.00	100.39	100.78	101.17	101.56	101.95	102.34	102.73	103.12	103.51
10	103.90	104.29	104.68	105.07	105.46	106.85	106.24	106.63	107.02	107.40
20	107.79	108.18	108.57	108.96	109.35	109.73	110.12	110.51	110.90	111.29
30	111.67	112.06	112.45	112.83	113.22	113.61	114.00	114.38	114.77	115.15
40	115.54	115.93	116.31	116.70	117.08	117.47	117.86	118.24	118.63	119.01
50	119.40	119.78	120.17	120.55	120.94	121.32	121.71	122.09	122.47	122.86
60	123.24	123.63	124.01	124.39	124.78	125.16	125.54	125.93	126.31	126.69
70	127.08	127.46	127.84	128.22	128.61	128.99	129.37	129.75	130.13	130.52
80	130.90	131.28	131.66	132.04	132.42	132.80	133.18	133.57	133.95	138.13
90	134.71	135.09	135.47	135.85	136.23	136.61	136.99	137.37	137.75	138.13
100	138.51	138.88	139.26	139.64	140.02	140.40	140.78	141.16	141.54	141.91

3.1.1.2 热电偶

测温原理：由两种不同的导体或半导体 A 和 B 组成的闭合回路，如果使两个接点处于不同的温度 t_0、t，则回路中就有电动势出现，称为热电势，这一现象称为热电效应。热电势是温度 t_0 和 t 的函数，恒定接点温度 t_0，则热电势是温度 t 的单值函数，只要测得热电势的大小，便可得到被测温度 t。热电偶原理如图 3-2 所示。

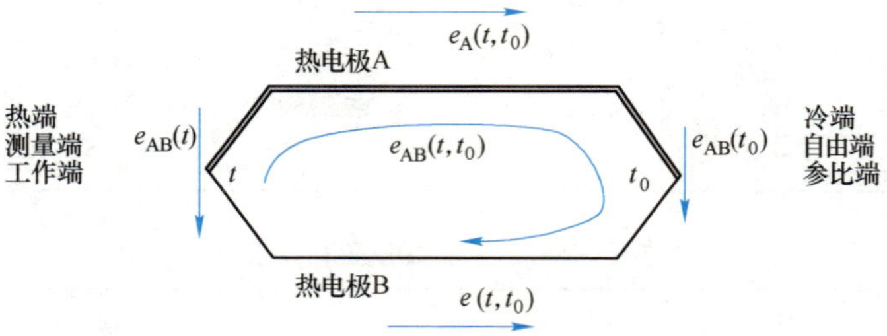

图 3-2 热电偶原理及电路图

热电偶可以通过补偿导线直接接入控制系统或者经过变送器接入控制系统。

表 3-6 列出了常见热电偶类型、分度及优缺点，表 3-7 列出了 S 型热电偶温度与电势对应关系。

表 3-6 常用热电偶特性及优缺点

分度号	材 料	温度范围/℃	使 用 特 点
S	铂铑 10-铂	-50~1768	金属易提纯，复制准确度和测温准确度较高，物化性能稳定，可在 1300 ℃以下的氧化或中性介质长期使用。价格昂贵，热电势小，热电特性非线性较大，不能在还原气氛及含有金属或非金属蒸汽的气氛中使用。300 ℃以上最准确的热电偶

续表 3-6

分度号	材 料	温度范围/℃	使 用 特 点
R	铂铑 13-铂	-50~1768	基本性能和使用条件与 S 分度号热电偶相同，只是热电势略大，欧美国家使用较多
B	铂铑 30-铂铑 6	0~1820	可在 1600 ℃以下的氧化、中性环境中长期使用，不能在还原气氛及含有金属或非金属蒸气的气氛中使用。热电势及热电势率较 S 分度号热电偶小，冷端温度低于 50 ℃时，不必进行冷端温度补偿
K	镍铬-镍硅	-270~1372	贱金属热电偶，直径 3.2 mm 的热电偶可在 1200 ℃的高温下长期使用。在 500 ℃以下的还原性、中性和氧化性气氛中可工作。500 ℃以上，只能在还原性、中性的气氛中工作。热电势率比 S 分度号热电偶大 4~5 倍，且温度电势关系接近线性
N	镍铬硅-镍硅	-270~1300	廉金属热电偶，线性度好，热电势大，灵敏度高，稳定性、均匀性、抗氧化性皆好，价低，综合性能皆优于 K 型热电偶，适合测量-200~1300 ℃。缺点是有些工作环境如含硫、还原性气体、真空状态不适宜使用
E	镍铬-铜镍合金	-270~1000	金属热电偶，直径 3.2 mm 的热电偶可在 750 ℃的高温下长期使用，也适合于低温（0 ℃以下）、潮湿环境测温。是热电势率最高的标准化热电偶
J	铁-铜镍合金（康铜）	-210~1200	适合于氧化、还原性气氛，亦可在真空、中性气氛中使用，不能在 538 ℃以上的含硫气氛中使用。稳定性好、灵敏度高、价格低廉。正极铁易锈蚀
T	铜-铜镍合金	-270~400	适合于氧化、还原、真空、中性气氛中使用，具有潮湿气氛抗腐蚀性，特别适合于 0 ℃以下的测温。稳定性好、低温灵敏度高、价格低廉，100~200 ℃测温准确度最高

表 3-7 S 型热电偶分度表

温度/℃	0	10	20	30	40	50	60	70	80	90
	热电势/mV									
0	0.000	0.055	0.113	0.173	0.235	0.299	0.365	0.432	0.502	0.573
100	0.645	0.719	0.795	0.872	0.950	1.029	1.109	1.190	1.273	1.356
200	1.440	1.525	1.611	1.698	1.785	1.873	1.962	2.051	2.141	2.232
300	2.323	2.414	2.506	2.599	2.692	2.786	2.880	2.974	3.069	3.164
400	3.260	3.356	3.452	3.549	3.645	3.743	3.840	3.938	4.036	4.135
500	4.234	4.333	4.432	4.532	4.632	4.732	4.832	4.933	5.034	5.136
600	5.237	5.339	5.442	5.544	5.648	5.751	5.855	5.960	6.065	6.169
700	6.274	6.380	6.486	6.592	6.699	6.805	6.913	7.020	7.128	7.236
800	7.345	7.454	7.563	7.672	7.782	7.892	8.003	8.114	8.255	8.336
900	8.448	8.560	8.673	8.786	8.899	9.012	9.126	9.240	9.355	9.470
1000	9.585	9.700	9.816	9.932	10.048	10.165	10.282	10.400	10.517	10.635
1100	10.754	10.872	10.991	11.110	11.229	11.348	11.467	11.587	11.707	11.827

续表 3-7

温度/℃	0	10	20	30	40	50	60	70	80	90
	热电势/mV									
1200	11.947	12.067	12.188	12.308	12.429	12.550	12.671	12.792	12.912	13.034
1300	13.155	13.397	13.397	13.519	13.640	13.761	13.883	14.000	14.125	14.247
1400	14.368	14.610	14.610	14.731	14.852	14.973	15.094	15.215	15.336	15.456
1500	15.576	15.697	15.817	15.937	16.057	16.176	16.296	16.415	15.534	16.653
1600	16.771	16.890	17.008	17.125	17.243	17.360	17.477	17.594	17.711	17.826
1700	17.942	18.056	18.170	18.282	18.394	18.504	18.612			

3.1.1.3 红外线测温

一切温度高于绝对零度的物体都在不停地向周围空间发出红外辐射能量。红外测温仪的测温原理是将物体发射的红外线具有的辐射能转变成电信号，红外线辐射能的大小与物体本身的温度相对应，根据转变成电信号的大小，可以确定物体的温度。

3.1.2 压力仪表

压力是化工生产过程的重要参数，在化学反应及化工生产中，压力既影响物料平衡又影响反应速度，压力的超高或超低还可能造成爆炸或设备的损坏，因此压力的检测和控制是保证化工生产过程经济性和安全性的重要部分。

3.1.2.1 压力仪表的分类

根据不同的测量原理，压力仪表有不同的分类，表 3-8 为不同压力表分类及原理。

表 3-8 不同测量原理的压力仪表分类

分类		原理
液柱式		该方法是根据流体静力学原理，把被测压力转换成液柱高度差进行测量。一般采用充有水或水银等液体的玻璃 U 形管或单管进行小压力、负压和差压的测量
弹性式		该方法是根据弹性元件受力变形的原理，将被测压力转换成弹性元件的位移或力进行测量。常用的弹性元件有弹簧管、弹性膜片和波纹管
电气式	压阻式	主要是根据半导体压敏材料在受压时，由于压敏电阻的压阻效应，电阻率发生变化，使电桥产生一个与压力成正比的电压信号，由此可以测得压力的变化
	电容式	电容式压力测量的原理是把被测压力信号变化转换成电容量的变化，目前广泛采用的是以测压弹性膜片作为可变电容器的动极板，它与固定极板之间形成一可变电容器
	压电式	压电式压力测量的原理是利用压电材料的压电效应，即压电材料受压时会在其表面产生电荷，其电荷量与所受压力成正比
活塞式		该方法是根据液压机液体传送压力的原理，将被测压力转换成活塞面积上所加平衡砝码的重力进行测量

3.1.2.2 常用电气式压力传感器变送器

测量原理：当测量元件受到测量介质的压力时会引起形变，从而改变电容、电阻、电压，如图 3-3 和图 3-4 所示。

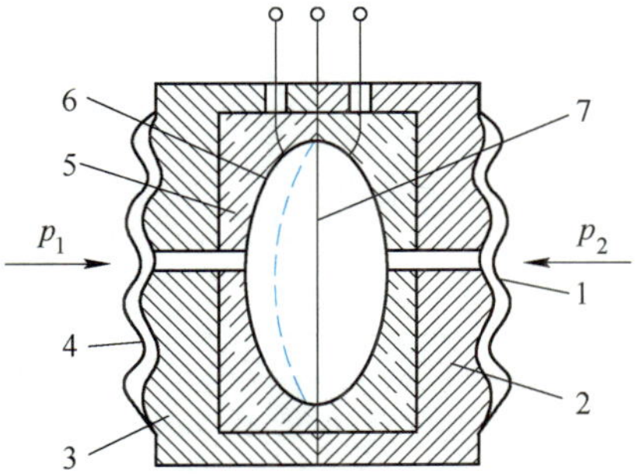

图 3-3 电容式差压传感器示意图

1，4—膜片；2，3—基座；5—玻璃层；6—金属膜（固定极板）；7—测量膜片（动极板）

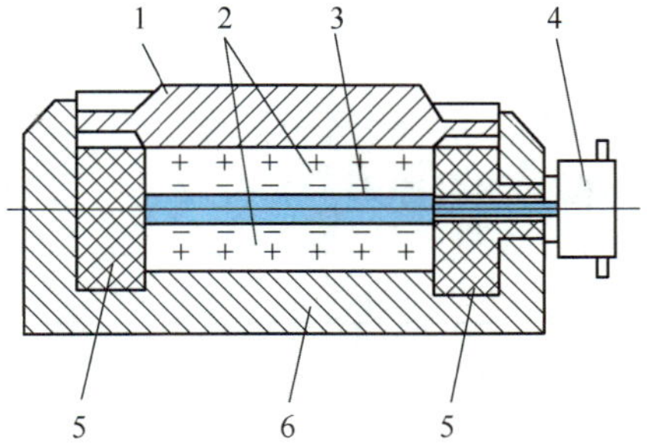

图 3-4 压电式单向压力传感器示意图

1—传力上盖；2—压电片；3—电极；4—电极引出插头；5—绝缘材料；6—底座

压力变送器：当压力直接作用在测量膜片的表面，膜片产生微小的形变，测量膜片上的高精度电路将这个微小的形变变换成为与压力成正比的高度线性的电压信号，然后采用专用芯片将这个电压信号转换为工业标准的 4~20 mA 电流信号或者 1~5 V 电压信号。变送器外观如图 3-5 所示。

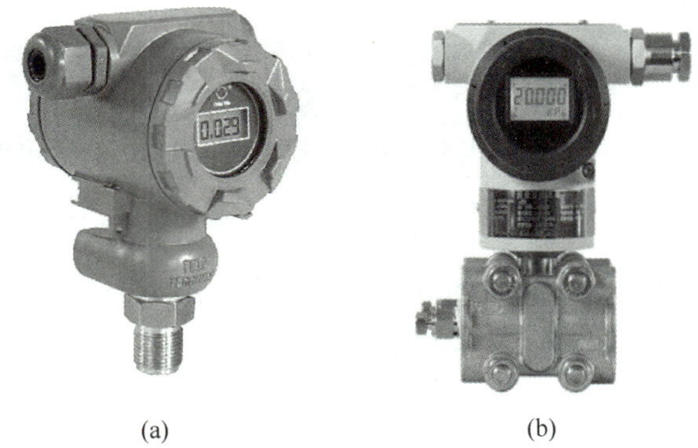

图 3-5 变送器

（a）压力变送器；（b）差压变送器

3.1.2.3 仪表量程及选型原则

目前我国压力和差压测量仪表按系列生产，其量程上限为 1.0 kPa、1.6 kPa、2.5 kPa、4.0 kPa、6.0 kPa 以及它们的 10^n 倍数（n 为整数），单位可以根据量程大小进行转换。

如果所测压力比较稳定，被测压力值应在仪表满量程的 1/3~3/4 范围内；如果所测压力波动较大或是脉动压力时，被测压力值应为仪表满量程的 2/3 左右，且不应低于满量程的 1/3；如果所测压力变化范围较大，超过了上述要求，则应使仪表量程上限满足最大工作压力条件。

3.1.3 物位仪表

化工生产过程中有很多塔、釜、槽等装置，装置内的物料多少会影响到生产过程的正常进行、生产效率、物料平衡等，因此通过物位测量并将物料控制在工艺要求的合理范围至关重要。

3.1.3.1 物位仪表的分类

根据测量原理，物位仪表有多种分类，表 3-9 列出了物位仪表的分类。

表 3-9 物位仪表分类

基于力学原理	静压式	静压式物位测量是根据流体静力学原理，液体内某一点的压力与其所在位置的深度有关，因此可以用静压力表示液位，如连通器式、压差式和压力式等
	浮力式	浮力式液位测量是根据浮在液面上的浮球或浮标随液位的高低而产生上下位移，或浸于液体中的浮筒随液位变化而引起浮力的变化的原理来测量的，前者一般称为恒浮力式测量，后者称为变浮力式测量
	重锤式	重锤式料位测量是利用测量重锤从仓顶到料面的距离来测量料位的
基于相对变化原理	声学式	利用超声波在一定状态介质中的传播具有一定速度的特性，当声源与物位（分界面）的距离变化时，回声的时间（从发射到接收超声波的时间间隔）也要改变
	微波式	微波式物位测量是利用回声测量距离的原理工作的
	激光式	同微波
基于物理介质强度原理	核辐射式	核辐射式物位测量是利用核辐射线穿透物体的能力以及物质对放射性射线的吸收特性进行测量的
	电气式	电气式物位测量是利用敏感元件直接把物位变化转换为电量参数的变化

3.1.3.2 常用液位仪表

（1）连通器式液位测量是最简单的液位测量技术，测量原理就是连通器的原理。

为了适应高压、腐蚀、远传等要求和便于读数，连通器结构有玻璃板式、云母片式、双色式、电接点式等，图 3-6 为电接点式液位计。

磁翻转双色液位计是以磁性浮子为感测元件，并通过磁性浮子与显示色柱中的磁性体的磁耦合作用，反映被测液位界面的测量仪表，图 3-7 为磁翻板液位计。

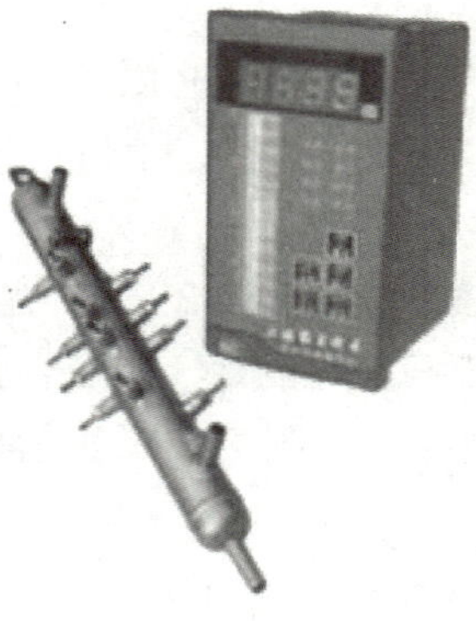

图 3-6 电接点式液位计

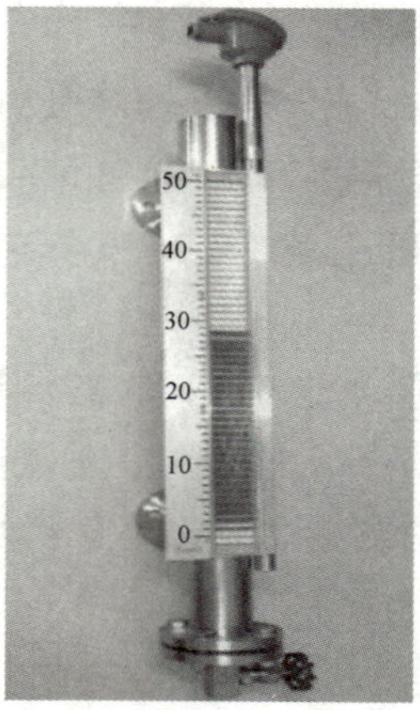

图 3-7 磁翻板液位计

(2) 压力式物位测量是基于液位高度变化时，由液柱产生的静压也随之变化的原理，如图 3-8 所示。根据流体静力学原理可知，液面和容器底部两点的压力差为：

$$p_1 = p + H\rho g \tag{3-1}$$

$$p_2 = p \tag{3-2}$$

$$\Delta p = p_1 - p_2 = H\rho g \tag{3-3}$$

式中，p_2为容器中上部的静压，也即液面上方气体的压力，当被测对象为敞口容器，则 p_2 为大气压力；p_1为容器中底部的静压，即底部的绝对压力；Δp 为液位形成的压力差。

(3) 被测对象为密闭容器时，容器下部的液体压力除与液位高度有关外，还与液面上部介质压力有关。

(4) 浮力式液位测量是依据阿基米德原理工作的，它包括恒浮力式液位测量和变浮力式液位测量两种。由于浮力式液位传感器结构简单，造价低，维持方便，因此在工业生产中应用广泛，如图 3-9 所示。

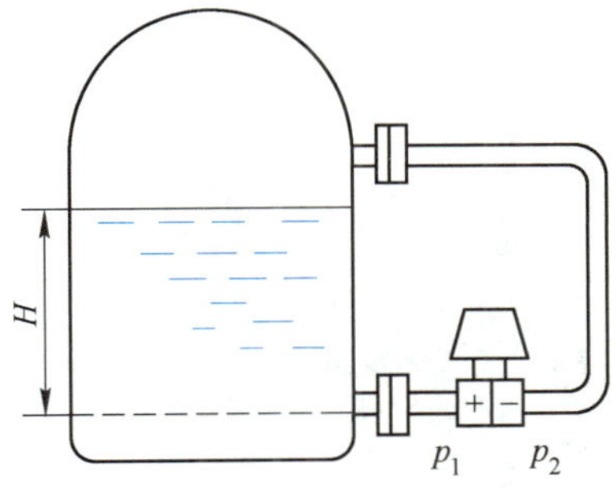

图 3-8 差压变送器测量原理

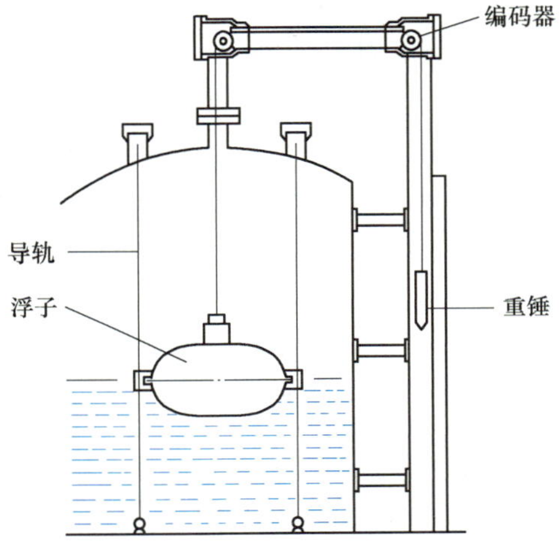

图 3-9 浮子液位计测量示意图

(5) 重锤式料位传感器是通过测量重锤的移动距离来测量料位的。传感器采用重锤探测式，它放置在料仓顶部，重锤由电机通过不锈钢带或钢丝绳牵引吊入在仓内，由传感器控制自动定时对料位进行探测，每次测量时重锤从仓顶起始位置开始下降，碰到料面立即返回到仓顶等待下一次测量，如图 3-10 所示。

(6) 超声波物位测量是利用超声波在气体、液体和固体介质中传播的回声测距原理进行测量的，超声波发射到分界面（即物料表面或液体表面）后产生反射，由接收换能器接收反射回波，利用反射到接收的时间间隔及声速，通过计算可得到物位高度，如图 3-11 所示。

$$h = L - ct/2 \tag{3-4}$$

式中，t 为从探头发出脉冲到接收到回波两个时刻之间的时间间隔；c 为声速。

(7) 电容式物位传感器是利用被测介质面的变化引起电容变化的一种变介质型电容传感器，通过测量物料所处的两电极间的电容（其中一个电容也可以是电容壁）来测量物位的。它可用于液位和料位的测量，如图 3-12 所示。

(8) 磁致伸缩液位传感器是利用磁致伸缩原理进行液位测量，它主要由外管、波导管、磁性浮子和测量头组成。波导管安装在不锈钢外管内，磁性浮子内有一组磁铁，可产

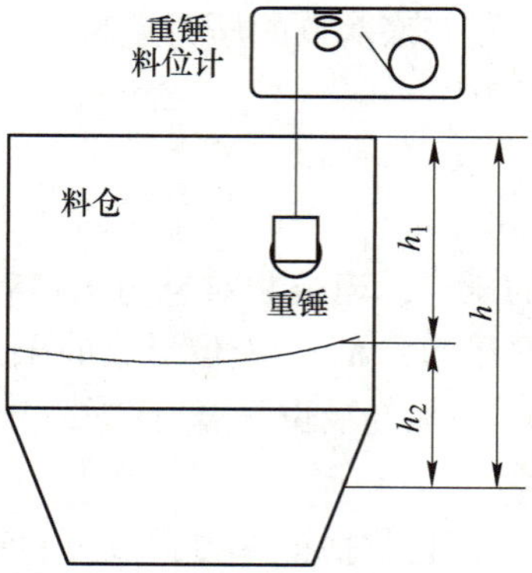

图 3-10　重锤式物位测量示意图

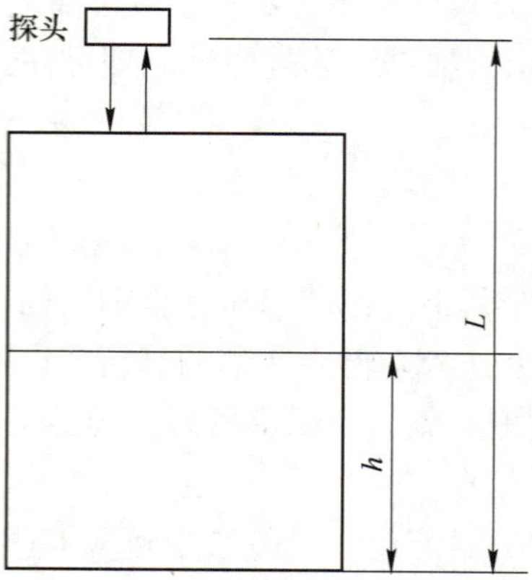

图 3-11　超声波物位测量示意图

生磁场，它套在不锈钢外管上可随液位变化沿波导管滑动，测量头内装电子部件，可发射脉冲，也可接收脉冲，如图 3-13 所示。

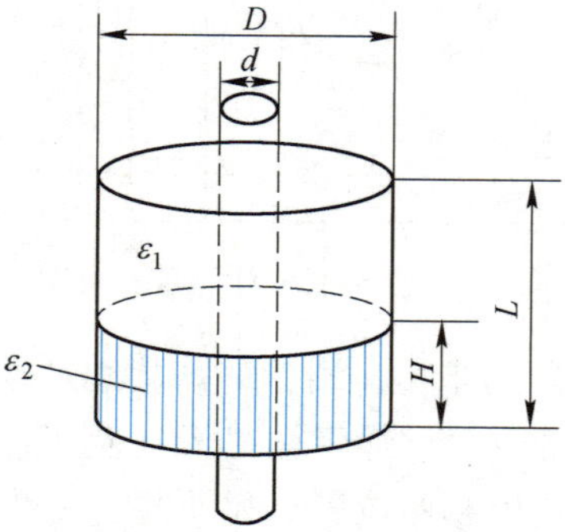

图 3-12　电容式物位测量示意图

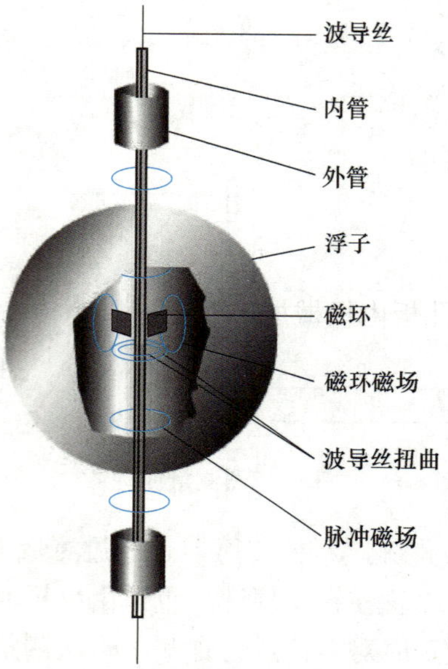

图 3-13　磁致伸缩测量示意图

（9）微波物位传感器（俗称雷达物位传感器）是利用回波测距原理工作的，发射喇叭状或杆式天线向被测料面发射微波，微波传播到不同相对介电常数的物料表面时会产生反射，并被接收天线所接收。发射波与接收波的时间差与地面到天线的距离成正比，测出这个时间差即可得知距离。

物位测量仪表种类繁多，其他还有音叉、激光等测量手段，本书不一一介绍。

3.1.4　流量仪表

化工生产过程测量仪表应用非常广泛，如两种或多种物料的配比、各种物料消耗的计量等，有的需要统计计算，有的需要进行控制。

3.1.4.1 流量测量分类

由于流量测量对象的多样性和复杂性，流量测量的方法很多，是工业生产过程常见参数中测量方法最多的。流量测量方法可以按不同原则划分，至今并未有统一的分类方法。按照不同的测量原理，流量测量方法主要分为差压式、速度式和容积式3类。表3-10列出了流量仪表按测量原理进行的分类及代表性仪表。

表3-10 流量仪表分类

分类	原理	代表性仪表
差压式	在充满流体的管道中固定放置一个流通面积小于管道截面积的阻力件，当流体流过该阻力件时，由于流体流束的收缩而使流速加快、静压力降低，其结果是在阻力件前后产生一定的压力差。它与流量（流速）的大小有关，流量越大，差压也越大	V锥流量计、孔板流量计、平衡流量计、巴类、楔式、弯管、喷嘴、靶式等
速度式	流过管道某一截面的连续流体，其体积流量与在此截面上测得的动压力（即总压与静压之差）的平方成正比。是利用测量流体的全压与静压之差来测量流速的	涡轮式、涡街式、电磁式、超声波式、旋进旋涡、旋翼等
容积式	利用仪表壳体和仪表内的运动部件构成一个具有一定容积的计量空间。当流体流过时产生压力差，从而推动运动部件运动（转动或移动），并将流体一次充满计量空间并从进口送至出口	椭圆式、腰轮式、刮板式和活塞式等

3.1.4.2 主要流量仪表

A 标准孔板

标准孔板由机械加工获得的一块具有与管道同心的圆形开孔（节流孔）、开孔边缘非常锐利的薄板，其圆筒形柱面与孔板上游侧端面垂直，如图3-14所示。

孔板特点是容易加工制造和安装，价格便宜，有一定的测量精度，但压损大，刻度为非线性，一般场合下可以用它测量普通介质的流量。

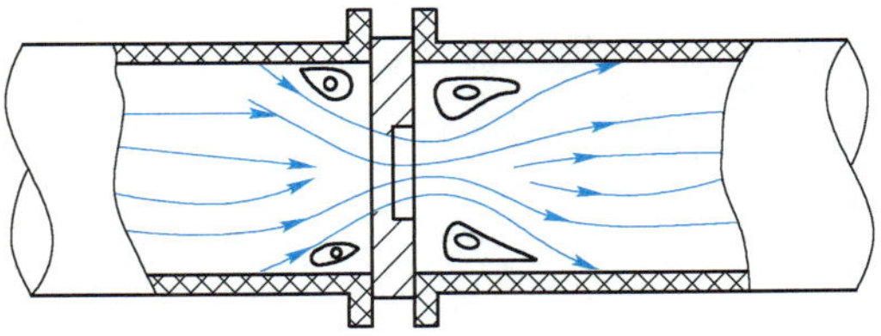
图3-14 标准孔

B 涡街流量计

在流体中设置非流线型阻流体，随着流体绕过旋涡发生体流动，产生附面层分离现象，形成有规则的旋涡列，左右两侧旋涡的旋转方向相反，这种旋涡称为卡门涡街，产生旋涡的非流线型阻流体称为旋涡发生体。在一定的流量范围内旋涡分离的频率与管道内的平均流速成正比，如图3-15所示。

特点是精度高、测量范围宽、没有活动部件、无机械磨损、维护方便、压力损失小、节能效果明显。

C 电磁流量计

根据法拉第电磁感应定律，当导体在磁场中作切割磁力线运动时，在导体的两端便会有感应电动势产生，其大小与磁场的磁感应强度、导体在磁场内的有效长度及导体的运动速度成正比，其方向由右手定则确定，如图3-16所示。

$$E = BDv \tag{3-5}$$

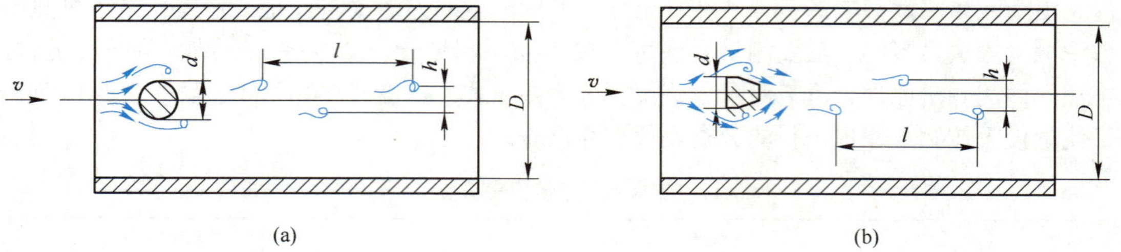

图 3-15　涡街示意图
（a）圆柱卡曼涡街；（b）三角柱卡曼涡街

$$Q_v = (\pi D^2/4)v \tag{3-6}$$

$$Q_v = [\pi D/(4B)]E = kE \tag{3-7}$$

式中，E 为感应电势；B 为磁感应强度；D 为测量管道直径，即导电流体垂直切割磁力线的长度，也是测量电极间的距离；v 为测量管内被测流体在横截面上的平均流速；Q_v 为流量。

D　质量流量计

测量方法是通过一定的测量装置，使它的输出直接反映出质量流量，无须体积流量与密度的乘积进行换算。

目前，质量流量的测量方法主要有以下三大类。

（1）直接法：测量元件的输出信号可直接反映被测流体的质量流量值，原则上与被测的流体的温度、压力等状态参数和黏度、密度等物性参数等无关。以科里奥利效应原理进行质量流量测量的科式流量计如图 3-17 所示。电磁振荡器以固定频率分别驱动两根流量传感管振动，当流体流经传感管时，使得传感管发生扭曲，通过电磁感应传感器测出扭转的角度，就可以测得流体的质量。

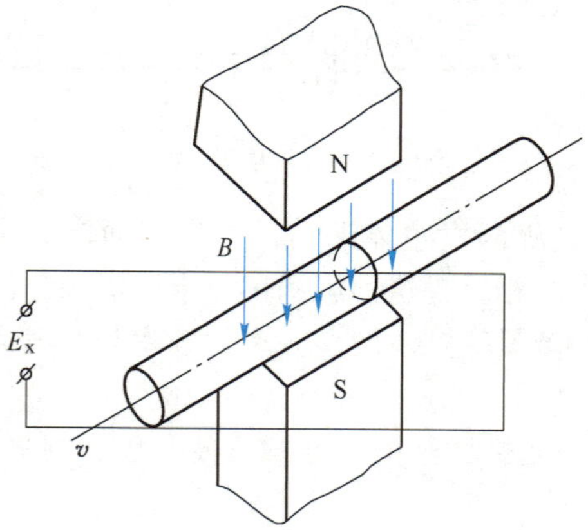

图 3-16　电磁流量测量原理

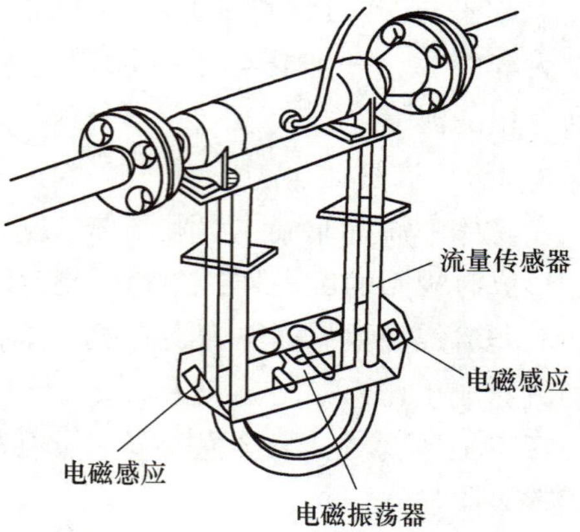

图 3-17　科里奥利质量流量计

（2）间接法：同时测量出被测流体的体积流量和流体密度，或同时用两个测量元件分别测出两个与体积流量和密度有关的信号，通过运算得到反映质量流量的信号。

（3）补偿法：同时测量出被测流体的体积流量和流体的温度、压力，应用有关公式求出流体的密度或将被测流体的体积流量自动换算成标准状态下的体积流量，最后运算得到被测流体的质量流量值。

3.1.5 分析仪表

成分分析是指分析和测量混合物中的各成分含量。成分分析仪表不仅可以监测生产过程中原料、半成品和成品的成分及含量以提高产品质量，随着工业和科学的发展，需要监测的内容越来越多，已由产品成分的监测发展到工业污染及大环境的监测，而“监测”的含义为监视、测定、监控等，其中测定是比较关键的。

3.1.5.1 分析仪表的分类

表3-11列出了主要的分析仪表分类以及典型仪表。

表3-11 典型分析仪表及分类

分 类	典 型 仪 表
热学式分析仪表	热导式和热化学式气体分析仪表
电化学式分析仪表	pH计，电导仪，盐量计，电磁浓度计，原电池式、极谱式和氧化锆
磁式分析仪表	热磁式和磁力机械式氧分析器
光学式分析仪表	红外线气体分析器、紫外线分析器和流程光电比色计等
色谱分析仪	流程气相色谱仪和流程液相色谱仪
其他	密度计、湿度计、水分仪和黏度计

3.1.5.2 主要分析仪表

（1）氧化锆氧量计：基本原理是以氧化锆作固体电解质，高温下的电解质两侧氧浓度不同时形成氧浓差电势，氧浓差电势与两侧氧浓度有关，如一侧氧浓度固定，即可通过测量输出电势来测量另一侧的氧含量，如图3-18所示。

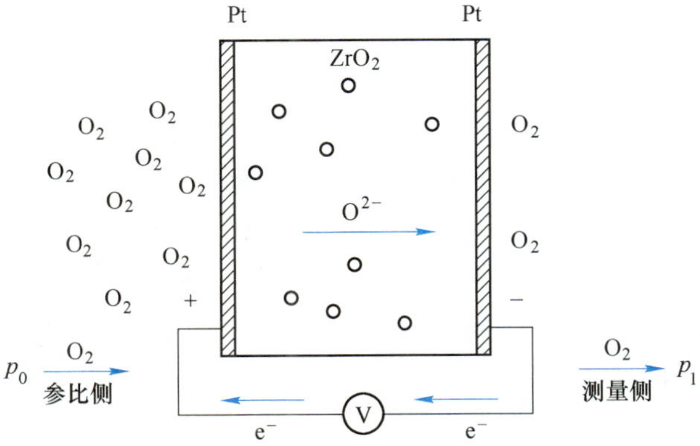

图3-18 氧化锆导电机理

在正极上氧分子得到电子成为氧离子，即：

$$O_2 + 4e^- \longrightarrow 2O^{2-} \qquad 分压\ p_0$$

在负极上氧离子失去电子成为氧分子，即：

$$2O^{2-} - 4e^- \longrightarrow O_2 \qquad 分压\ p_1$$

氧浓差电势： $$E = [RT/(nF)]\ln(p_0/p_1) \quad (3\text{-}8)$$
式中，R 为氧的气体常数，$R=8.314\ \mathrm{J/(mol \cdot K)}$；$F$ 为法拉第参数，$F=96.487\times10^3\ \mathrm{C/mol}$；$T$ 为绝对温度，K；n 为反应时，一个氧分子输送的电子。

（2）飞灰含碳分析仪表：利用微波电路中的谐振腔是一个电磁振荡系统，当腔内有外来介质时，谐振腔的某些参数（如谐振频率、品质因素等）会发生相应的变化，检测外来介质进入前后这些腔体参数的变化就可以间接测量出引入的外来介质的性质和含量，如图 3-19所示。

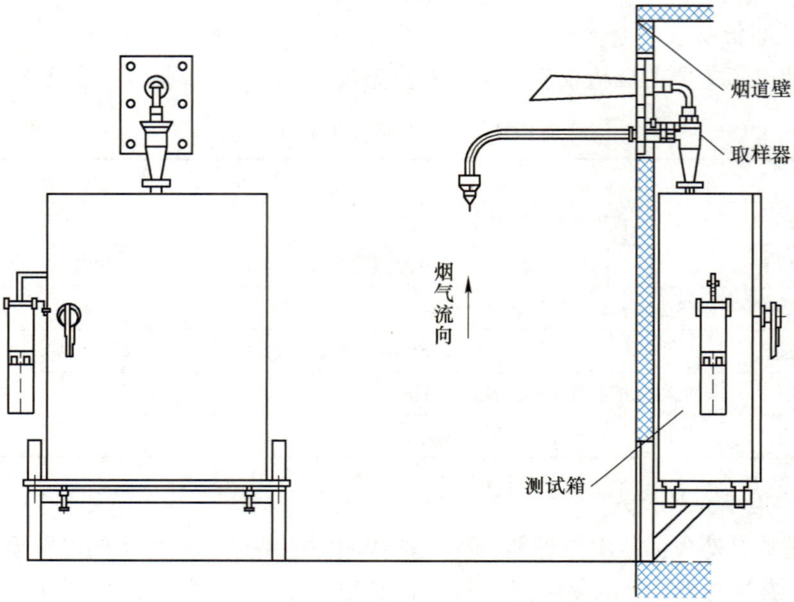

图 3-19　飞灰含碳测量示意图

（3）一氧化碳气体分析仪：检测方法有红外吸收探测法、气相色谱法、电化学气体传感器检测法。

红外吸收探测：一氧化碳对红外线具有选择性的吸收，在一定范围内，吸收值与一氧化碳浓度呈线性关系，根据吸收值确定烟气中的一氧化碳浓度。

气相色谱：一氧化碳在色谱柱与空气的其他成分完全分离后，进入转化炉，在 360 镍触媒的催化作用下，与氢气反应，生成甲烷，用氢火焰离子化检测器测定。

电化学气体传感检测法：一氧化碳气体传感器是以定电位电解为基本原理，当一氧化碳扩散到气体传感器时，其输出端产生电流输出，提供给报警器中的采样电路，起着将化学能转化为电能的作用；当气体浓度发生变化时，气体传感器的输出电流也随之成正比变化，经中间电路转换放大输出，如图 3-20 所示。

$$CO + H_2O \longrightarrow CO_2 + 2H^+ + 2e^-$$
$$0.5O_2 + 2H^+ + 2e^- \longrightarrow H_2O$$
$$2CO + 2O_2 \longrightarrow 2CO_2$$

（4）pH 值计：在线 pH 值计将待测液体氢离子活性作为两根电极之间产生的电位差，通过变送器得到传输信号。

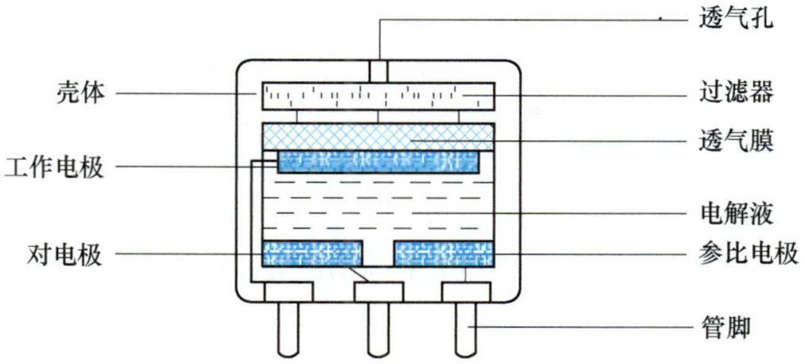

图 3-20 电化学测量传感器

pH 值检测仪由三大核心部件构成：参比电极、玻璃电极、电流计。

参比电极的基本功能是维持一个恒定的电位，作为测量各种偏离电位的对照。玻璃电极的功能是建立一个对所测量溶液的氢离子活度发生变化作出反应的电位差。电流计的功能就是将原电池的电位放大。图 3-21 是一体化电极与显示仪。

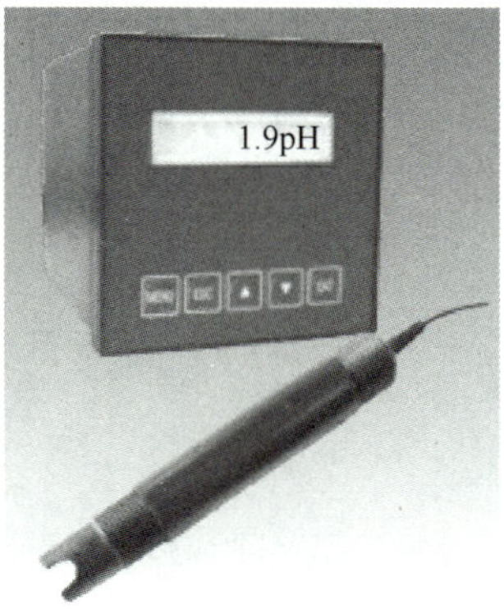

图 3-21 一体化电极及显示仪

（5）电导率测量仪：测量原理是将两块平行的极板，放到被测溶液中，在极板的两端加上一定的电势（通常为正弦波电压），然后测量极板间流过的电流。电导率（G）是电阻（R）的倒数，电导的大小是液体本身决定的。

（6）其他还有水分分析仪、VOC 气体、BOD 溶解氧、粉尘浓度、氯离子测定等在线分析仪表。

3.1.6 调节阀

自动控制过程中，调节装置或者执行机构是必不可少的，通过测量和调节阀实现生产的闭环过程，并通过调节阀实现控制目标的稳定和合格至关重要。

3.1.6.1 调节阀分类

调节阀有不同的分类标准，同一个阀门按照不同的分类可以归入不同的类中。表 3-12 按照不同分类标准列出了调节阀分类。

表 3-12 调节阀分类

动力源	电动	以电力为动力
	气动	以压缩空气或其他气体作为动力
	液动	以油或其他液体作为动力
	自力式	利用介质的压力，不需要外加动力
动作模式	两位式	开、关两种状态
	连续式	0%～100%连续可调
阀芯形状		平板阀、柱塞阀、窗口阀、套筒阀、多级阀、偏心阀、蝶阀、球阀
流量特性		线性、等百分比、抛物线、快开

其他执行机构：在自动控制方面还有一些设备没有归入调节阀中但实际是必须进行调控的，如水泵、风机通过变频器、磁力耦合器、液力耦合器等，也可以归入调节装置中，本书暂不介绍这些设备。

3.1.6.2 两种主要调节阀

(1) 气动调节阀：以压缩气体为动力源，以气缸为执行器，并借助于阀门定位器、转换器、电磁阀、保位阀、储气罐、气体过滤器等附件去驱动阀门，实现开关量或比例式调节，接收工业自动化控制系统的控制信号来完成调节管道介质的流量、压力、温度、液位等各种工艺过程参数，如图 3-22 所示。

(2) 电动调节阀：以 DC 24 V、AC 220 V、AC 380 V 等电压为动力源，接收统一的 4~20 mA 或 1~5 V DC 的标准信号，利用阀里有控制器，把电流信号转换为步进电机的角行程信号，电机转动，由齿轮、杠杆或者齿轮加杠杆，带动阀杆运作，实现直行程或角行程自动地控制调节阀开度，达到对管道内流体的压力、流量、温度、液位等工艺参数的连续调节，如图 3-23 所示。

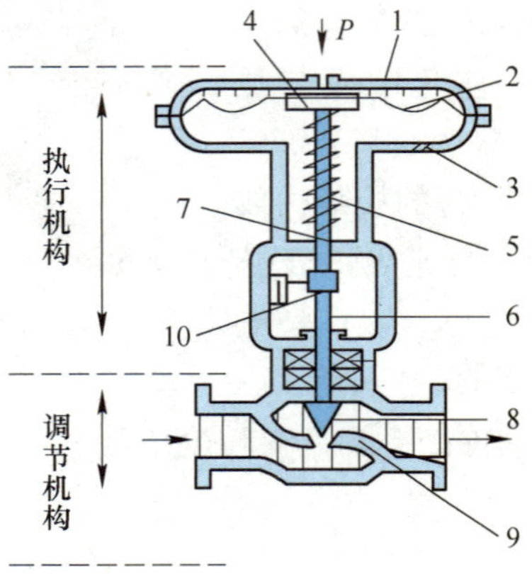

图 3-22 气动薄膜控制阀结构原理

1—上盖；2—薄膜；3—下盖；4—托板；5—平衡弹簧；6—阀杆；7—推杆；8—阀芯；9—阀座；10—行程指针

图 3-23 电动调节阀外形

3.1.6.3 调节阀特性

调节阀前后压差保持不变时得到的流量特性称为理想流量特性。不同的阀芯形状会形成不同的流量特性，主要有线性、等百分比、快开等几种。各种特性曲线如图 3-24 所示。

(1) 线性。相对行程和相对流量成直线关系。单位行程的变化所引起的流量变化是不变的。流量大时，流量相对值变化小；流量小时，则流量相对值变化大。对应的阀门类型为闸阀，外形如图 3-25 所示。

(2) 等百分比特性。相对行程和相对流量不成直线关系，在行程的每一点上单位行程变化所引起的流量的变化与此点的流量成正比，流量变化的百分比是相等的。所以它的优点是流量小时，流量变化小；流量大时，则流量变化大，也就是在不同开度上，具有相同的调节精度。阀芯结构如图 3-26 所示。

(3) 快开型。在开度较小时就有较大的流量，随开度的增大，流量很快就达到最大；此后再增加开度，流量变化很小，故称快开流量特性。图 3-27 为隔膜阀结构，隔膜阀具有快开特性。

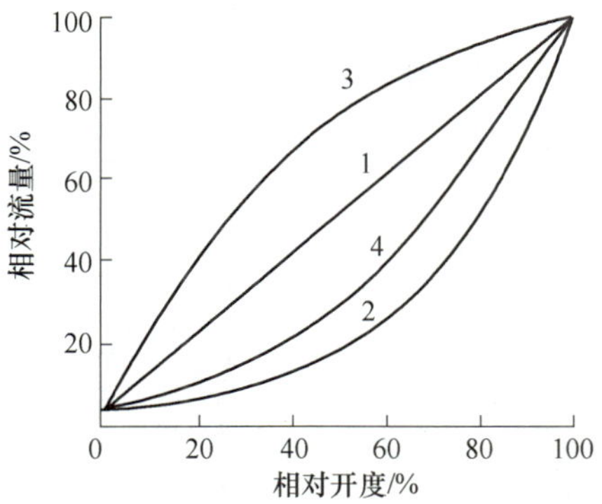

图 3-24 调节阀特性曲线

1—线性；2—等百分比；3—快开；4—抛物线

图 3-25 闸阀结构图

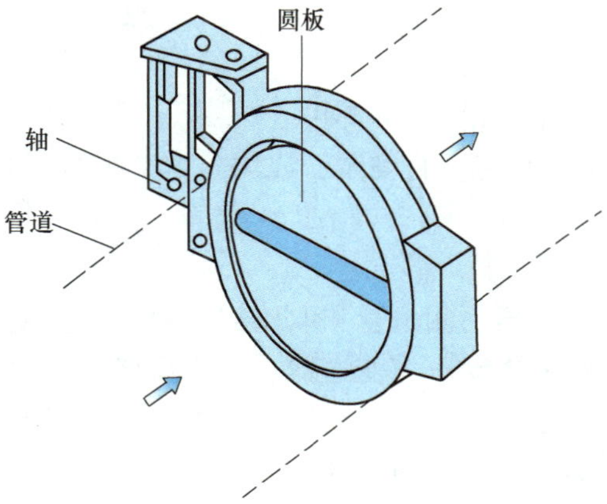

图 3-26 蝶阀结构图

（扫书前二维码看动图）

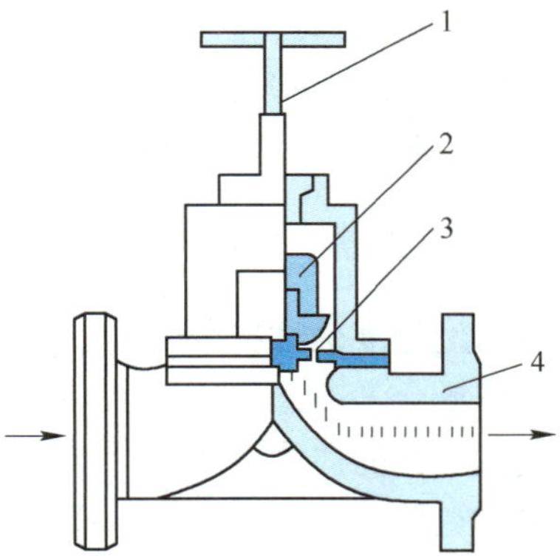

图 3-27 隔膜阀结构图

1—阀杆；2—阀芯；3—柔性隔膜；4—阀体

（4）抛物线型。球阀具有流量与行程的平方成比例变化的关系，其特性处于线性和等百分比性的中间特性，启闭为线性，中间开度为等百分比。

3.2 典型仪表安装要求

3.2.1 测温仪表的安装要求

仪器仪表中的温度仪表在生活中的应用非常广泛，如热电偶、热电阻等。对热电阻的安装，应注意有利于测温准确，安全可靠及维修方便，而且不影响设备运行和生产操作。要满足以上要求，在选择的安装部位、安装方向和插入深度都有一定的要求。图 3-28 为温度仪表管道安装示意图，安装方向最好逆流如 a，最差也要垂直如 b，杜绝顺流安装如 c。

注意以下几点：

（1）为了使测量元件与被测介质之间有充分的热交换，应合理选择测点位置，尽量避

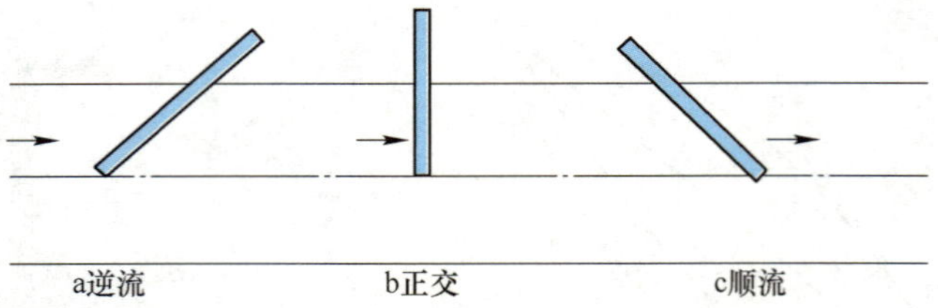

图 3-28　测温元件安装示意图

免在阀门、弯头及管道和设备的死角附近安装。

（2）带有保护套管的测温元件有传热和散热损失，为了减少误差，测温元件应有足够的插入深度。

1）对于高温高压和高速流体的温度测量（如主蒸汽温度），为了减小保护套对流体的阻力和防止保护套在流体作用下发生断裂，可采取保护管浅插方式或采用热套式。如浅插式热电阻保护套管，其插入主蒸汽管道的深度应不小于 75 mm；热套式热电阻的标准插入深度为 100 mm。

2）测量烟道内烟气的温度时，测温元件插入深度 1 m 即可。

3）当测量元件插入深度超过 1 m 时，应尽可能垂直安装，或加装支撑架和保护套管。

3.2.2　压力变送器安装要求

压力测量的准确性在很大程度上取决于变送器、测量管和取压部件的正确安装。对于易燃、易爆场合，应选用气动和相应防爆等级的电动压力变送器。对于易堵塞、黏稠、腐蚀性、气化点低的被测介质可选择法兰式压力变送器。对于测量精度要求高、环境条件恶劣时宜选用智能式压力变送器。压力仪表安装示意图如图 3-29 所示。

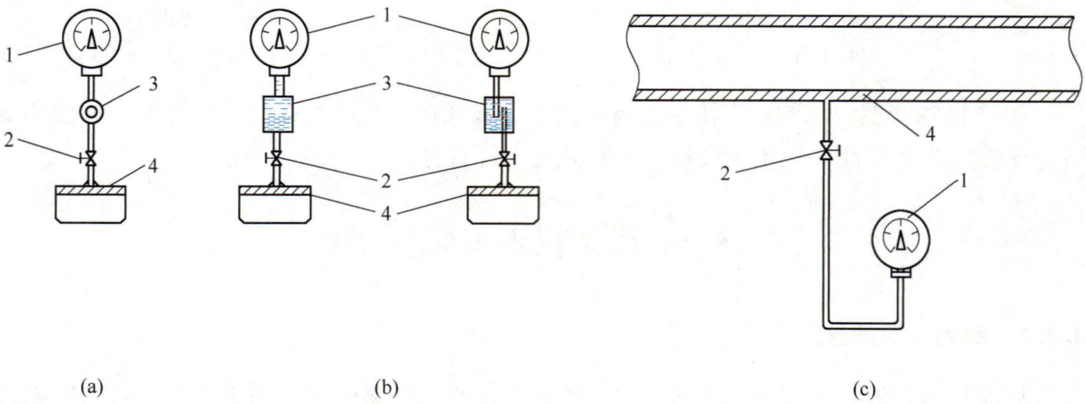

图 3-29　压力表安装示意图

（a）测量一般气体；（b）测量高温气体；（c）测量液体

1—压力表；2—截止阀；3—隔离罐；4—工艺设备

（1）测量气体压力时，取压点应在工艺管道的上半部。

（2）测量液体压力时，取压点应在工艺管道的下半部与工艺管道的水平中心线成 0°～45°夹角的范围内。

（3）测量蒸汽压力时，取压点取在工艺管道的上半部与工艺管道的水平中心线成0°~45°夹角的范围内。

（4）压力取源部件的安装位置，应选择在工艺介质流束稳定的管段。

（5）压力取源部件与温度取源部件在同一管道上时，压力取源部件应安装在温度取源部件的上游侧。

（6）对于测量的介质是高温的，必须安装冷凝器，冷凝器的长短根据温度和介质而定，冷却到传感器能够接受的范围。

（7）在垂直工艺管道上测量带有灰尘、固体颗粒或沉淀物等浑浊介质的压力时，取源部件应倾斜向上安装，与水平线的夹角应大于30°，在水平工艺管道上宜顺流束成锐角安装。

（8）压力变送器安装位置应光线充足，操作和维护方便，不宜安装在振动、潮湿、高温、有腐蚀性和强磁场干扰的地方，否则会严重影响测量结果和变送器的寿命。

（9）压力变送器安装位置应尽可能靠近取源部件，测量低压的变送器的安装高度宜与取压点高度一致，尤其是测量液体介质和可凝性气体介质。

（10）压力变送器安装方式除直接安装于工艺管道上的方式外，通常为分离安装方式，可在现场制作立柱支架，采用U形螺栓卡设，也可采取墙板支架安装方式，无论何种安装方式，压力变送器应垂直安装，仪表接线盒的电缆入口不应朝上。

3.2.3 液位仪表的安装

3.2.3.1 静压式液位测量仪表的安装要求

（1）单法兰式液位计的仪表连接头（管嘴）距罐底距离应大于300 mm，且处于易于维护的方位。

（2）双法兰远传式差压液位计的安装高度不宜高于容器上的下取压法兰口，对传导毛细管应用角钢或钢管进行固定，环境温度变化大的场所应采取热保温措施。

（3）采用差压变送器测液位的安装应符合以下要求：

1）上下取压仪表连接头（管嘴）之间距离应大于所需测量范围；下取压仪表连接头（管嘴）距罐底距离不小于200 mm，且避开液体抽出口；上取压仪表连接头（管嘴）应避开气相喷入口，无法避开时应采取防冲措施；

2）测量易挥发或易冷凝介质液位时，应在负压侧（气相）加隔离罐或在正负压两侧均加隔离罐，并精确计算出零点和负迁移量；

3）测量蒸汽锅炉汽包液位时，应安装温度自补偿式平衡容器，并对导压管进行伴热和隔热保温。

3.2.3.2 超声波及微波（雷达）液（料）位计的安装要求

（1）测量液位的场合，宜垂直向下检测安装。

（2）测量料位的场合，超声波或微波的波束宜指向料仓底部的出料口。

（3）超声波或微波的波束中心距容器壁的距离应大于由束射角、测量范围计算出来的最低液（料）位处的波束半径。

（4）超声波或微波的波束途径应避开容器进料流束的喷射范围。

（5）超声波或微波的波束途径应避开搅拌器及其他障碍物。

（6）超声波或微波液（料）位计的安装，还应符合制造厂的要求。

3.2.3.3 导波雷达与电容式液位计的安装要求

(1) 液位计应安装于储罐的顶部，避免与设备内的可动部件相碰，当设备内介质波动剧烈时，应对导波杆（探头）加透孔式保护管固定。

(2) 液位计在设备外连通管上安装时，应符合下列规定：

1) 导波杆（探头）的长度应包括上部和下部测量死区，其端部应低于连通管下部连接口中心至少 50 mm。

2) 采用双杆式探头的导波雷达液位计时，连通管直径不小于 80 mm；采用单杆式探头的导波雷达液位计时，连通管直径不小于 50 mm。

(3) 采用电缆探头式导波雷达液位计测量大液位时，应在设备底部对电缆探头进行拉直固定，液面波动剧烈的场合应加透孔式保护管固定。

(4) 被测介质温度高时，宜将变送器分离安装。

(5) 导波雷达与电容式液位计的安装还应符合制造厂的要求。

3.2.4 流量计安装要求

流量计是测量液体、气体流量必不可少的仪表，正确的安装方式对流量计来说十分重要。

3.2.4.1 电磁流量计

(1) 采用法兰连接时，密封垫圈内径应略大于管道内径，保证管路流体稳定流动状态。

(2) 应避开阳光直射或周围温度过高的地方，防止励磁线圈因环境温度过高，出现不允许的温升导致绝缘性能破坏。

(3) 电磁流量计应远离强磁场设备，如大电机、大变压器和电焊机。

(4) 尽量远离有酸雾腐蚀性空气的场所。

(5) 安装电磁流量计的管道段，不要有较大的漏电流，而且附近应有良好的接地。

(6) 流体流动方向应与流量计标志一致。

(7) 安装的管道，要保证测量管道内始终充满被测介质，防止空管。

(8) 当电磁流量计为倾斜或垂直安装，流向应自下而上。

(9) 电磁流量计不要安装在有负压的管道段，以防止衬里材料脱落。

(10) 电磁流量计上游侧应有不少于 5 倍管道直径的直管段。

(11) 下游侧应有不少于 3 倍管道内径的直管段。

(12) 如果上游有非全开的闸阀或调节阀，则流量计上游直管段的长度应增加到 10 倍管道内径的距离，不同情形下直管段要求如图 3-30 所示。

(13) 流量计通常应安装在水平位置上，两电极的连线应处于同一水平面上。

(14) 为防止出现负压，流量计标高应略低于管道的标高，或在流量计下游侧保证有一定的水头压力。

(15) 电磁流量计测量内径应与管道内径一致，如果内径不可能一致，管道内径应大于流量计内径，并在它们之间加装圆锥角不大于 15°的渐缩管或扩管。

(16) 对工艺上不允许流量中断的管道，在安装流量计时应加设旁路通管和清洗，这种装置在流量计退出使用的情况下，保证设备系统连续工作。

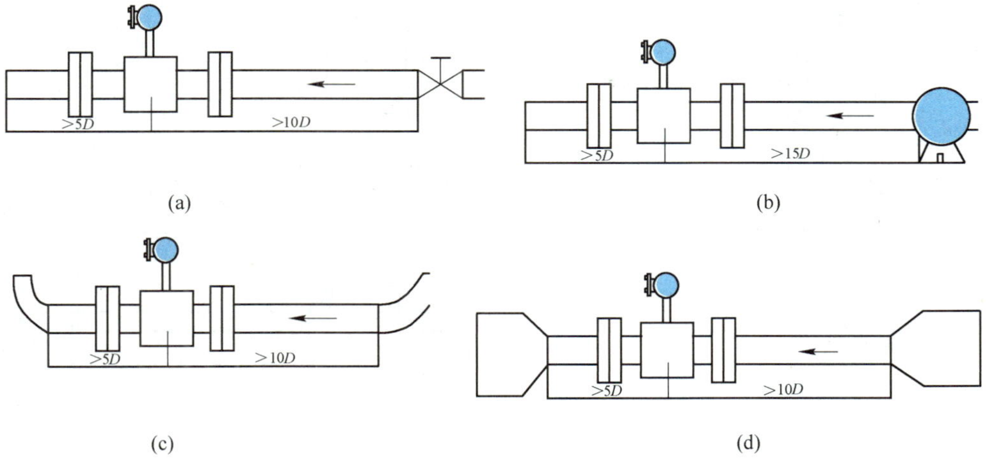

图 3-30 不同情形下电磁流量计直管段要求

(a) 阀门下游；(b) 泵的下游；(c) 弯管；(d) 扩口管

(17) 电磁流量计禁止用管棒或绳索穿过测量管进行搬运、吊装，以免损坏衬里。

3.2.4.2 涡街流量计

(1) 所测量的是液体时，涡街流量计安装的地方应该在被测介质完全充满的管道上。当预测到或者被测液体里出现气体时，要安装除气器。

(2) 当要将涡街流量计安装在水平敷设的管道上时，要考虑被测的介质的温度对于测量结果的影响，如对变送器的影响，这将会影响到最终测量结果的准确性。

(3) 要将涡街流量计安装于垂直管道上时，如果所测量的是气体，那么此时的流体是能够取任意流向的；如果所测量的是液体，那么液体的流向应该是从下向上的流动。

(4) 涡街流量计要安装在平稳的地方，最好不要安装在振动源附近，远离振动的场所。

(5) 涡街流量计应安装在不会导致液体产生汽化的地方。

(6) 涡街流量计前后直管段的内径以及流量计内径两者之间的差值应该要小于 3%。

(7) 对有可能损坏检测元件的地方，管道安装的涡街流量计需要注意加装前后截止阀以及旁路阀，插入式涡街流量计要安装切断球阀。直管段要求如图 3-31 所示。

3.2.4.3 涡轮流量计

(1) 安装场所。涡轮流量计传感器应安装在便于维修，管道无振动、无强磁干扰与热辐射影响的场所。安装在室外时，应有避直射阳光和防雨淋的措施。

(2) 安装要求及注意事项。涡轮流量计水平安装的传感器要求管道不应有目测可觉察的倾斜（5°以内)，垂直安装的传感器管道垂直偏差应小于 5°，流体方向应由下向上。

(3) 不能停流的场所，应加装旁通和截止阀。

(4) 若流体含有杂质，则应在上游侧装过滤器；若含有气体，则应在上游侧装消气器。过滤器和消气器的排污口和消气口要通向安全的场所。

(5) 流量调节阀应装在传感器下游，上游的截止阀在测量时应全开，且不得产生振动和外泄。对于可能产生逆向流的流程应加止回阀以防流体反向流动。

(6) 传感器应与管道同心，密封垫圈不得凸入管路。传感器不应在水平管线的高点，

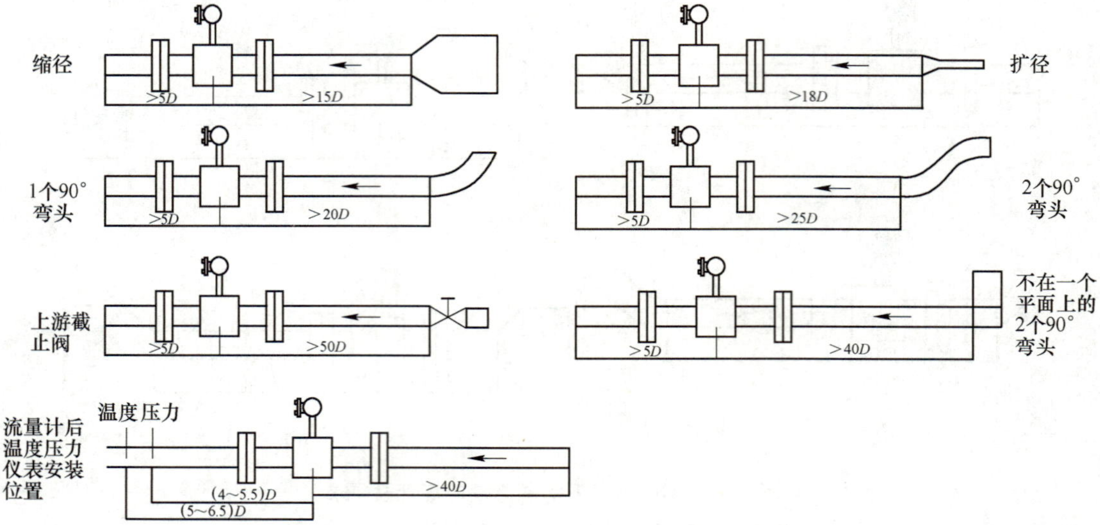

图 3-31 不同情形下涡街流量计直管段要求

以免管线内聚集的气体（如停流时混入空气）停留在传感器处，不易排出而影响测量。

（7）传感器前后管道应支撑牢靠，不产生振动。对易凝结流体要对传感器及其前后管道采取保温措施。安装示意图如 3-32 所示。

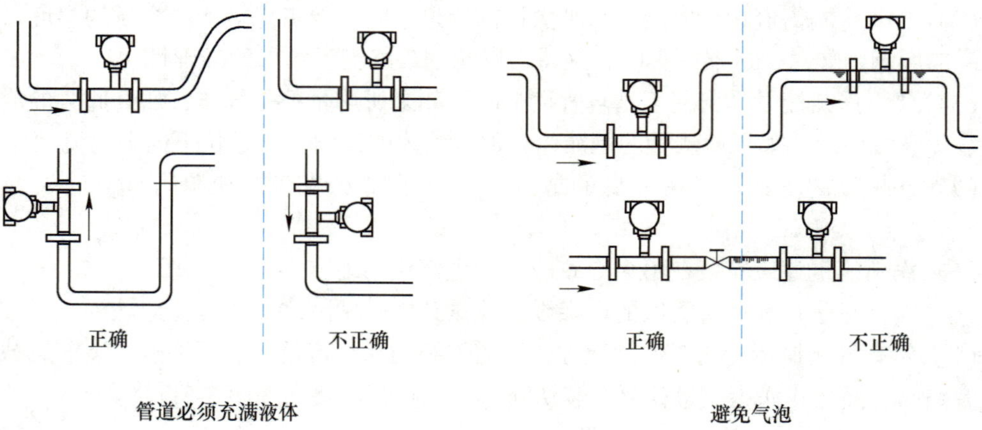

图 3-32 涡轮流量计安装示意图

3.2.4.4 孔板流量计

（1）孔板在安装前应检查节流装置编号和尺寸是否符合管道安装位置的要求。

（2）新装管路系统必须在管道冲洗和扫线后再进行孔板的安装。

（3）注意孔板安装方向“+”号应该向着流束。

（4）孔板中心应该和管道中心线相重合。

（5）孔板在管道中安装时应保证其端面与管道轴线垂直、垂直度误差不得超过±1°。

（6）夹紧孔板用的密封垫片在夹紧后，不得凸入管道内壁。

（7）孔板安装处必须严密，不允许有泄漏现象存在。

（8）导压管应垂直或倾斜敷设。黏度较高的流体，其倾斜度还应增大。当差压信号传送距离大于 3 m 时，导压管应分段倾斜，并在各高点和低点分别装设集气器和沉降器。

(9) 为了避免差压信号传送失真，正负导压管应尽量靠近敷设，严寒地区还应采取防冻措施。可采用电热或蒸汽保温，但要防止被测介质过热气化和在导压管中产生气体造成假差压。

(10) 孔板安装在垂直主管道上时，取压口位置，可在取压装置的平面上任意选择。孔板安装在水平或倾斜的主管道内，取压口位置如图 3-33 所示。

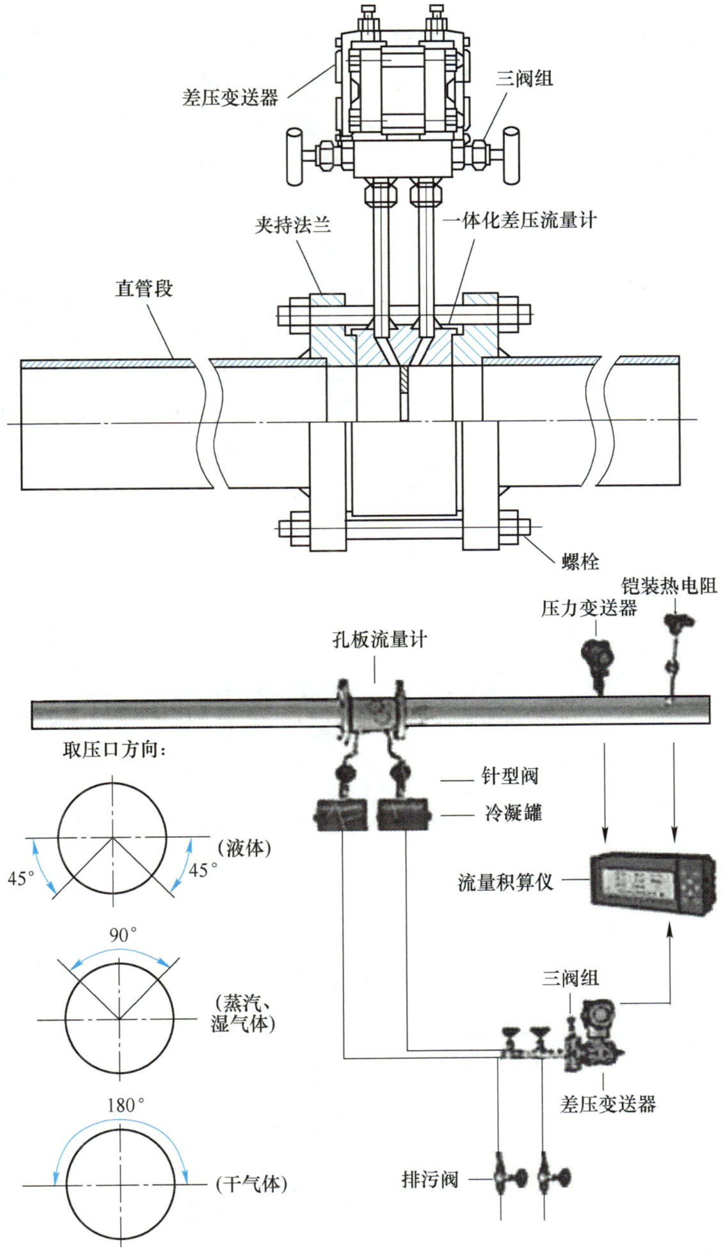

图 3-33 孔板流量计安装示意图

(11) 导压管按被测介质的性质而选择耐压、耐腐蚀的材料制造，其内径不得小于

6 mm，长度最好在 16 m 之内。安装示意图如图 3-33 所示。

3.3.4.5　质量流量计安装

(1) 安装位置的选择应避免电磁干扰。传感器、变送器的安装位置以及电缆铺设应尽量远离易产生强电磁场的设备，如大功率马达、变压器设施、变频设备等。

(2) 质量流量传感器安装应使传感器流向标识与流体流向一致，并使箭头指向与变送器内部组态的流量方向一致（注：质量流量计可以双向使用。如果安装方向与实际流向相反，修改变送器内的流向组态即可）。

(3) 质量流量计是根据测量管振动原理测量的流量仪表，因此传感器安装时应考虑在两侧的工艺管道近法兰处（2~10 倍管径处）做坚固的支撑，避免仪表及相关管路产生振动。若强烈的管道振动不可避免时，建议用柔性管将管道系统与仪表传感器隔离。

(4) 因质量流量计是依据科氏力原理工作的，为避免重力对计量精度的影响，质量流量计的测量管无论是向上还是向下安装，都要尽量使测量管与地平面保持垂直或水平。

(5) 安装时连接法兰面应相互平行，应使两个法兰的中心位于同一轴线避免产生附加应力。严禁用传感器硬行拉直上、下游工艺管道，否则将影响测量甚至损坏传感器。

(6) 在传感器的上、下游管道上，建议安装截止阀及旁路以方便调零、日常维护及确保传感器在不工作时亦可处于满管状态。使用流量计下游的调节阀进行流量控制。

(7) 传感器的安装方向要保证被测介质能够完全充满传感器。对于液体要不集气，对于气体要不积液，对于黏稠、脏污、高凝点的介质要易排空（根据需要，也可在两侧加装低点阀）。安装示意图如图 3-34 所示。

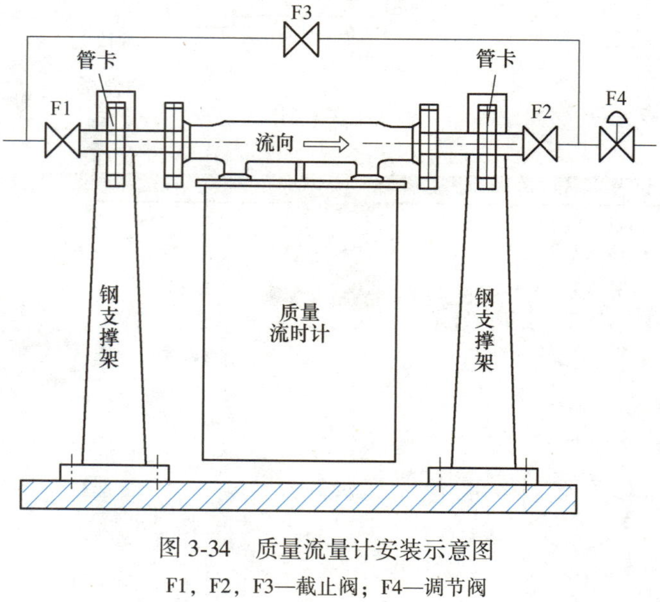

图 3-34　质量流量计安装示意图

F1，F2，F3—截止阀；F4—调节阀

3.3　典型仪表选型安装案例

3.3.1　烧碱蒸发真空效液相温度选型案例

隔膜碱蒸发工艺是利用蒸汽作为热源在蒸发器中将电解后的浓度 12%左右的 NaOH 增

浓到30%或者45%左右，物料和蒸汽的流动方向一致，前一效体的二次汽作为后一效体的热源，末效产出合格的产品。工艺流程如图3-35所示。

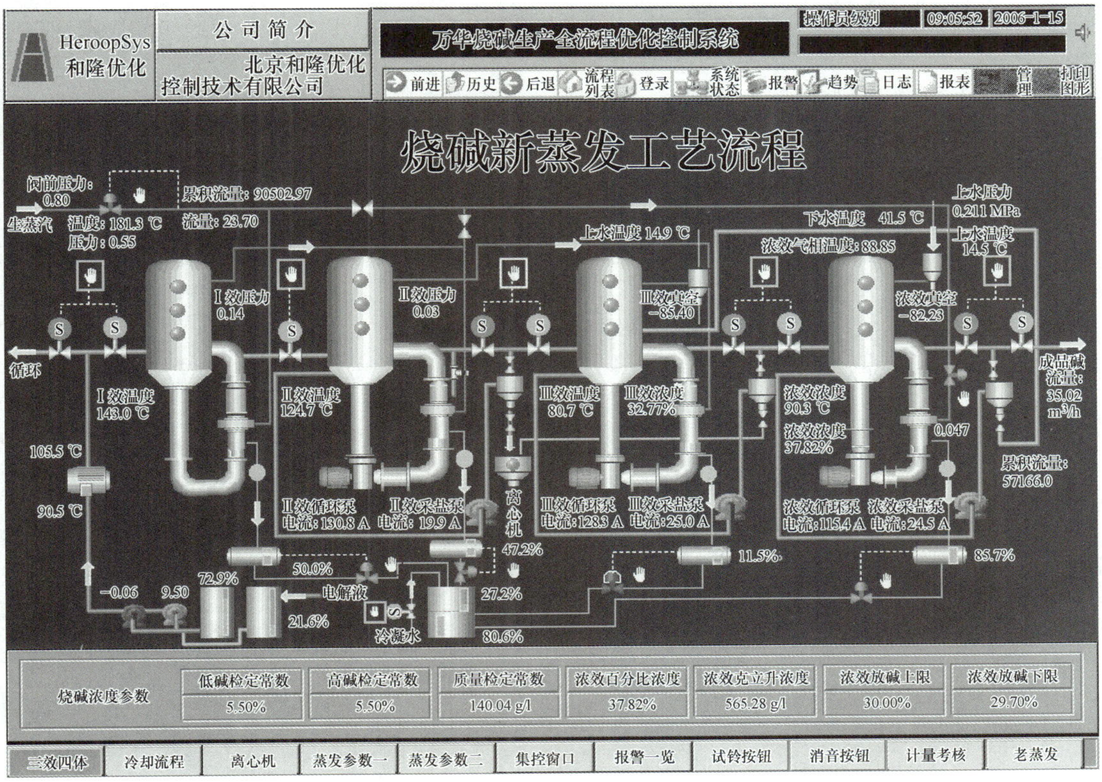

图3-35 隔膜碱蒸发流程

（扫描书前二维码看彩图）

碱浓度常常通过实验室滴定法测量，现在也有在线仪表可以测量，2000年初和隆优化公司就能够通过软测量方法，实时在线计算出真空下的烧碱浓度，精度可以达到0.5%。图3-36为末效放碱历史曲线图。

选型条件：了解末效溶液的性质，如高温80~100 ℃，强碱性，含结晶盐，沸腾状；末效放碱状态，每次持续时间1~2 min。

选型性能：Pt100、具备保护套、防腐蚀、耐磨、抗振动，同时热响应时间要短、精度高。

最终选用WZP-421G，A级、316不锈钢护套、热响应时间24 s。

注：热响应时间24~120 s，热电阻的响应时间主要与热电阻本身性质、介质、流速、插入深度有关，铠装的热电阻还与套管壁厚、套管直径以及热电阻和套管之间的结合有关。

对于温度热响应时间有要求的场合比较普遍，凡是反应过程迅速、变化剧烈的场合都有需求，如反应釜内温度、反应釜夹套温度、精馏塔灵敏板上下温度等，所以选型时要充分考虑。

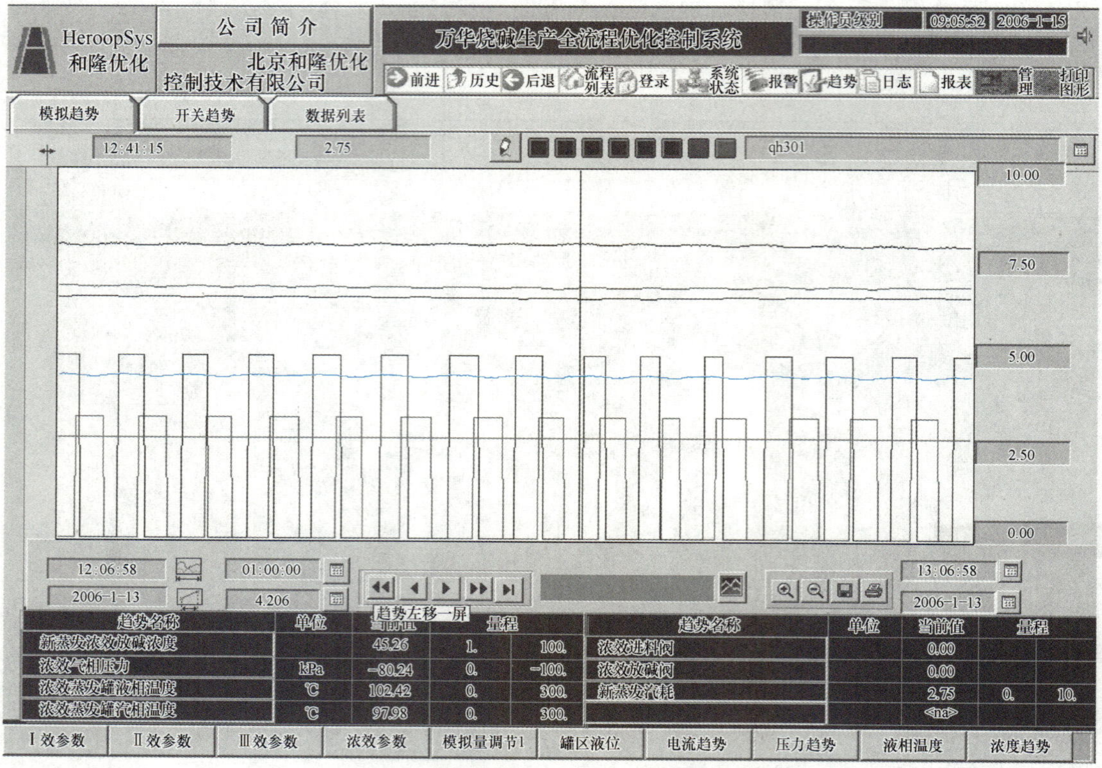

图 3-36 末效放碱历史曲线

（扫描书前二维码看彩图）

3.3.2 某现场调节阀选型案例

工艺介绍：一次盐水中含有 SO_4^{2-} 如果不去除，电解时会增加氯气中的含氧，降低氯气纯度，还会影响 NaCl 的溶解度，影响产量，增加电耗。为了处理硫酸根，传统的工艺采用 $BaCl_2$ 进行处理，而 $BaCl_2$ 有毒，生成的 $BaSO_4$ 会增加盐泥量、堵塞管路等，随着技术的进步，采用膜法脱硝工艺，解决传统工艺存在的一些问题，同时还可以副产十水硫酸钠（芒硝）。

膜法脱硝对于盐水的 pH 值有一定的要求，盐水需要制成 pH = 5 ~ 7 弱酸性进入膜处理系统。

阀门选型要求为：耐腐蚀，能耐酸、碱，耐强腐蚀；密封性能好；泄漏量小；体积小。

用户自己根据实际处理盐水量选用了衬四氟阀芯的 DN25 气动薄膜调节阀，在开车调试过程中发现控制存在阀门开度小、控制参数在阀门变化很小的情况下波动非常大问题，不能满足工艺要求，如图 3-37 所示。

分析振荡的原因，发现阀门动作幅度不大，只有很小的输出变化，即使参数太弱也存在振荡问题，分析认为系统的放大倍数过大，阀门选型不合适，需要将阀门减小。

同时考虑系统的放大倍数大与盐酸的浓度也存在非常大的关系，如果降低盐酸的浓

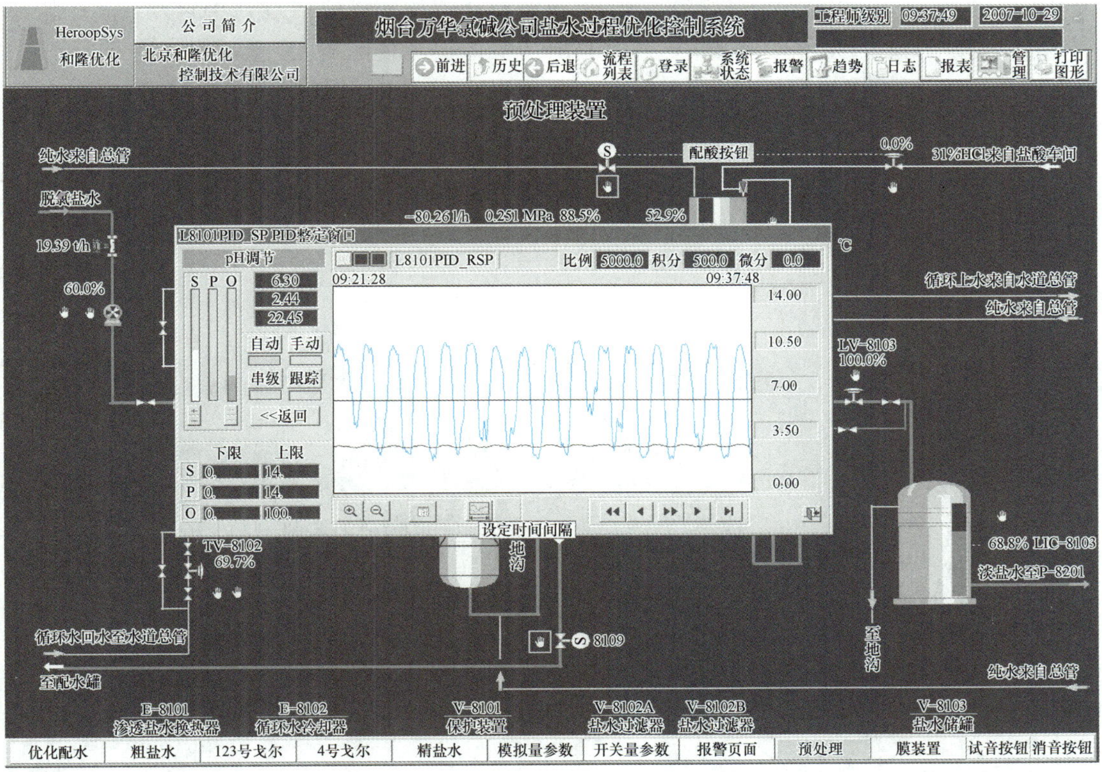

图 3-37 盐水 pH 值控制效果曲线（初始）

（扫描书前二维码看彩图）

度，在相同加入量的情况下对盐水 pH 值的影响也会减小；同时 pH 值存在本质非线性问题，本来就比较难控制。图 3-38 为 pH 值与添加 NaOH 的关系图。

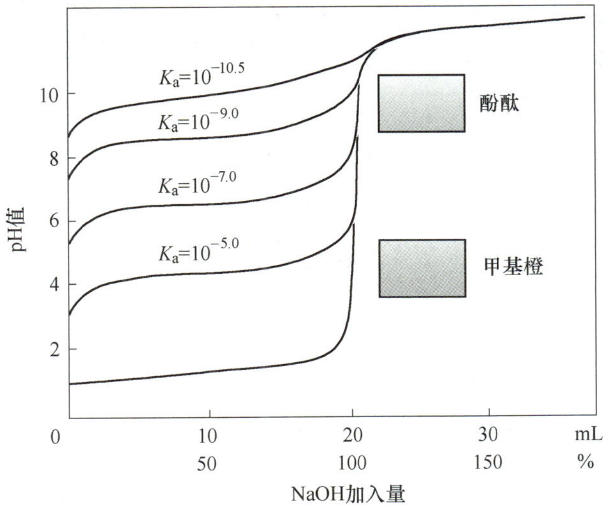

图 3-38 pH 值与 NaOH 添加量关系图

（扫描书前二维码看彩图）

解决办法：减小阀门尺寸；降低酸的浓度；有条件的还可以通过大小阀方式解决快速和精度问题。受当时条件影响采取了如下两种方式解决振荡问题：

（1）将阀门改成衬四氟阀芯的DN15气动调节阀（当时已是业界最小口径阀门），效果依然不太理想。

（2）降低盐酸浓度，设计了一种自动配酸装置，将31%的浓盐酸自动配成任意浓度的低浓度酸，经过试验确定盐酸浓度到8%比较合适。图3-39为膜法脱硝预处理流程图。

采取相应措施后控制效果如图3-40所示。

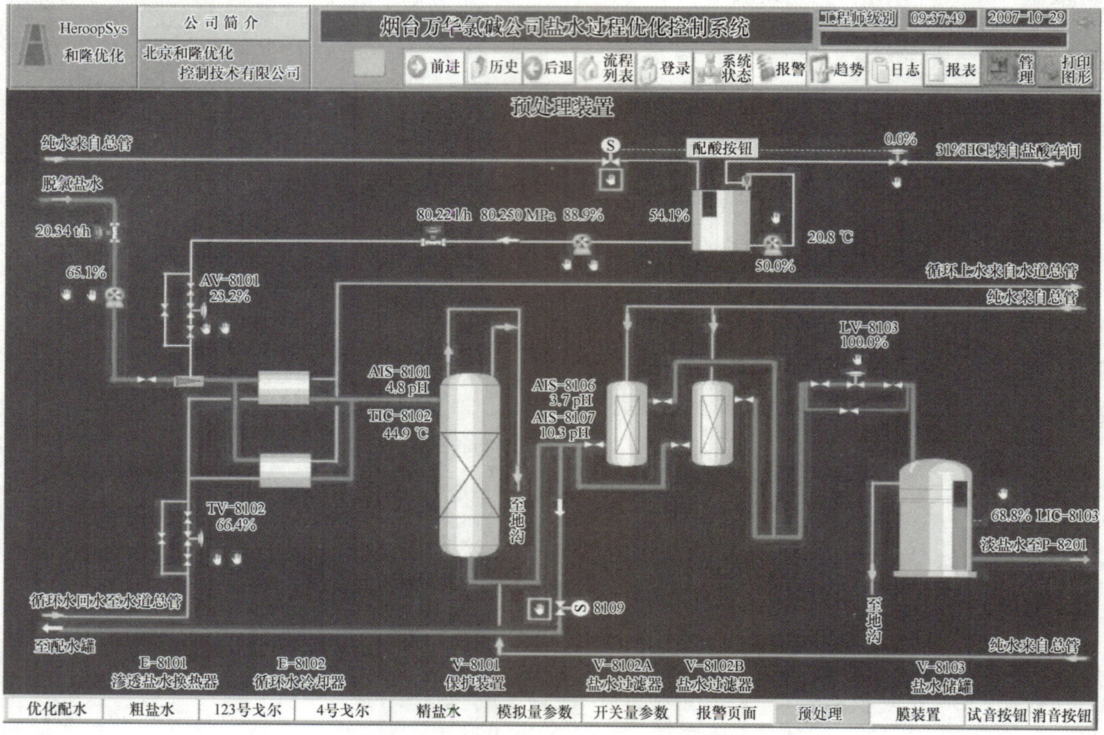

图3-39 膜法脱硝预处理流程（自动配酸）

（扫描书前二维码看彩图）

盐水的pH值基本上在4~7，基本上满足工艺要求。

3.3.3 某现场流量计安装案例

某现场的原料为胶乳，需要按照一定的比例加入甲酸进行混合，以便于后道工序使用，甲酸来自高位槽的自流，现场安装示意图如图3-41所示。

在使用过程中发现流量计计量不准，加入酸后混合液的酸碱性不准确，不稳定，该情况实际是不满足流量计满管要求造成的，流量小的时候不能满管，流量大的时候可能满管，就会出现有时满管有时不满管，测量值波动大，不稳定的情况。改进办法示意图如图3-42所示，实际如图3-43所示。

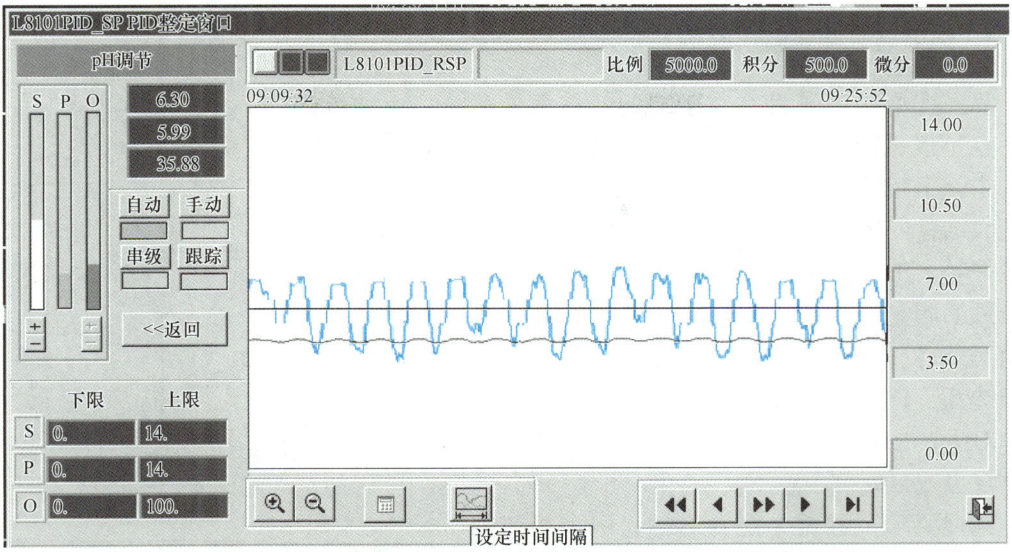

图 3-40 采取措施后的控制效果图

（扫描书前二维码看彩图）

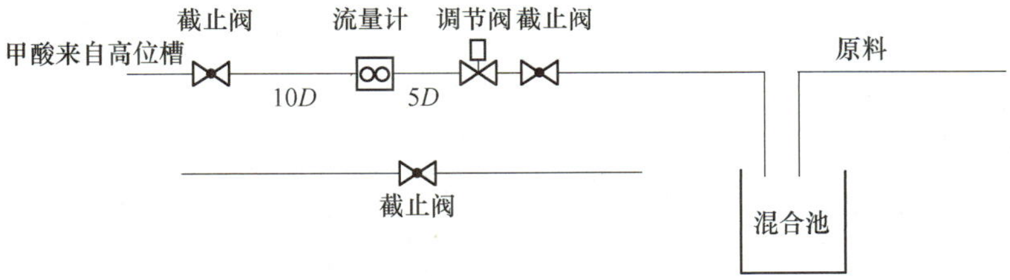

图 3-41 原安装工艺示意图

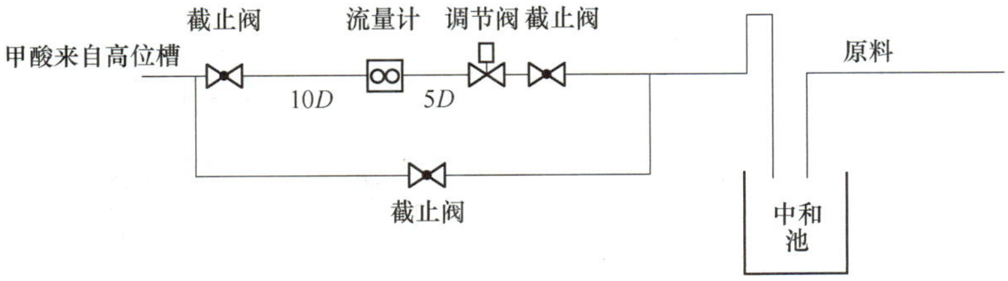

图 3-42 管线改造后工艺示意图

图 3-43 现场实际管线图

3.3.4 烧碱液位测量解决案例

隔膜烧碱生产或者真空制盐的效体液位测量一直是氯碱行业（隔膜碱）和真空制盐行业的一个棘手问题，其原因是效体内带压、高温、含盐、结盐、差压变送器测量孔很容易堵塞，测量失效。工艺流程如图 3-35 所示。

可靠测量、有效使用是保证装置正常生产的前提条件，和隆优化对此进行专门的设计和仪表选型，既能保证长期使用，又便于维护，减少对生产的影响和冲洗水消耗。图 3-44 为单效体液位测量安装示意图。

选型要求：耐 50% 烧碱腐蚀、耐多相流介质冲刷、抗持续振动、防护等级为 IP65、带四氟绝缘套管。

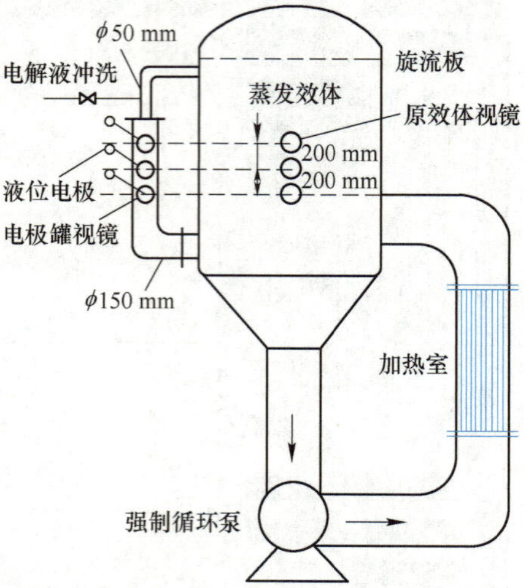

图 3-44 电极液位测量安装示意图

同时专门设计了满足工艺和 DCS 需要的测量电路板进行信号测量，电路原理如图 3-45 所示，实际形状如图 3-46 所示。

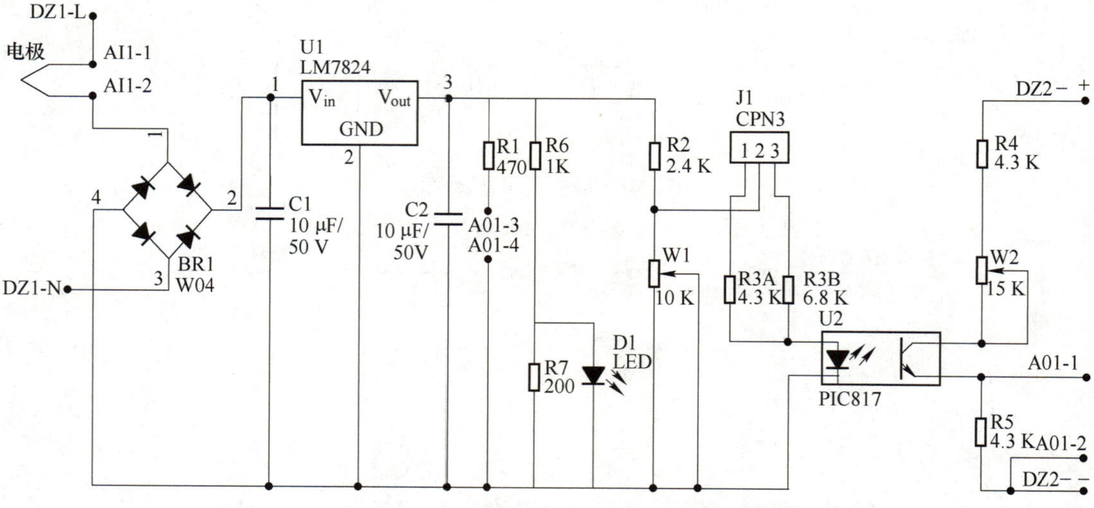

图 3-45 电极液位调理板原理图

3.3.5 某现场雷达液位计安装案例

工艺介绍：某橡胶厂购买的胶农采割的橡胶乳（已经加上氨水防止固化），通过方形管道流入橡胶池，同时需要按照橡胶乳的流量按照比例加入甲酸进行调制。

橡胶乳实时在线计量存在的难题：橡胶乳按照每户进行计量和结算，有时多有时少；不导电（加氨后导电）、黏度大、易板结；易产生泡沫，难以有一种比较适合的流量计进行流量计量。

通过分析后采用的解决办法：采用中和池的液位通过软测量的方式进行流量转换，由

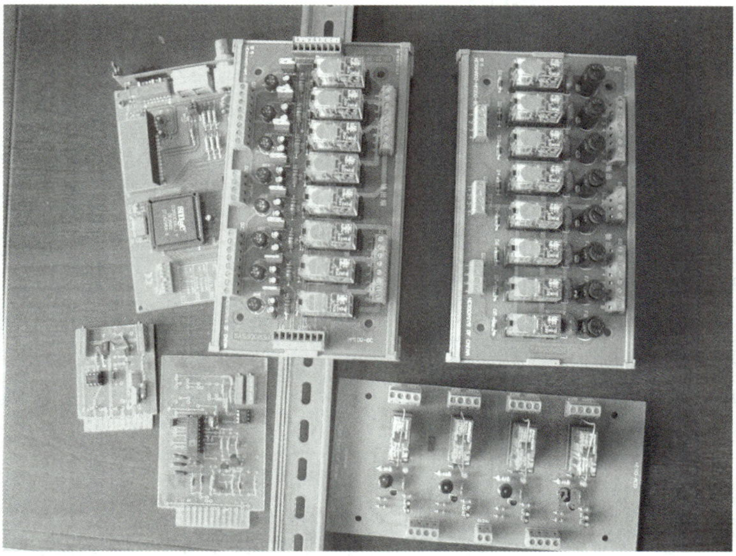

图 3-46 实际调理板

于以上的橡胶乳的性质不能采用差压式液位计，故选用雷达液位计。

实际安装图如图 3-47 所示。

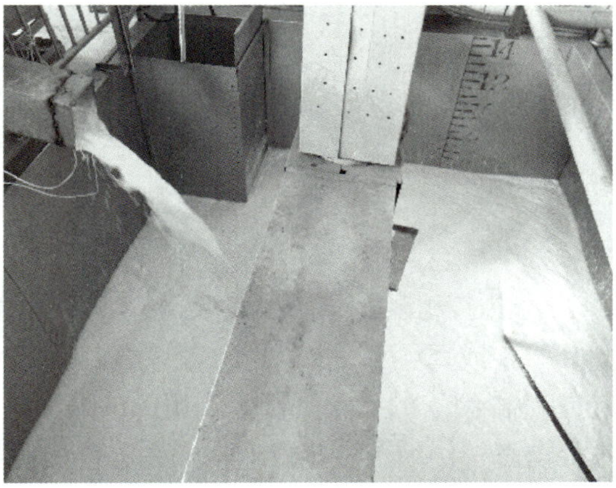

图 3-47 现场安装图

液位流量转换关系：

$$V_1 = h_1 s \tag{3-9}$$

$$V_2 = h_2 s \tag{3-10}$$

$$V_2 - V_1 = (h_2 - h_1)s \tag{3-11}$$

$$F = (V_2 - V_1) \times 3600/n$$
$$= (h_2 - h_1)s \times 3600/n \tag{3-12}$$

式中，h_1为上次采样时液位；h_2为本次采样时液位；n 为采样周期。

开始安装时直接在池子的上方安装，对着池子液面；从实际情况来看，计量非常不准且波动大。受来料的影响液面波动，泡沫产生和消失等都是测量不准的原因。

改进措施：选一个合适的位置比如四个角，安装一个开孔的四方形隔断，利用连通器原理，将泡沫隔开，同时也降低了液面的波动幅度；开孔位置要选得比较深一些，保证液位低时也不易露出来；开孔要大一些，尽量减少两侧液位变化的延迟。

3.3.6 风量软测量案例

有些现场可能受安装条件限制，没有足够的安装位置，没有安装流量计；也可能为了节省费用，同时粗放操作时可以不用太关注流量；或者原来安装了流量计后来损坏了等各方面的原因致使流量计不能使用。在智慧工厂的实际回路控制上还需要用到风量，如与燃烧有关的控制，为了保证燃烧充分和效率最佳需要时刻保持煤量和风量的最佳匹配。

如何解决？用风量软测量。大家都知道风量和风机电流的 3 次方根存在线性关系，利用这个关系进行软测量是风量软测量简单易行的一种方式。

$$f = k\sqrt[3]{i} + c \tag{3-13}$$

$$i_0 = i_e\cos\varphi(2.26 - k_1\cos\varphi) \tag{3-14}$$

$$i_e = P_e/1.732 \times u\cos\varphi \tag{3-15}$$

式中，k 为计算用系数；c 为常数；i_0 为空载电流；i_e 为额定电流；P_e 为额定功率；$\cos\varphi$ 为功率因数；k_1 根据 $\cos\varphi$ 确定，当 $\cos\varphi \leqslant 0.85$ 时，$k_1=2.1$，当 $\cos\varphi>0.85$ 时，$k_1=2.15$。

根据风机的铭牌获得额定风量，额定电流 i_e（或额定功率），根据式（3-14）可以计算出空载电流，在空载下假定风量为0；将额定下的风量、电流和空载下的风量电流代入式（3-13）解方程可以计算出 k 和 c；根据计算的 k、c 和实际测的电流就可以实时计算风量。$\cos\varphi$ 可以从用户处获得或者计算。

3.3.7 烧碱浓度软测量案例

理论上饱和氢氧化钠溶液浓度 M 与液相沸点 T_f 存在如下关系：

$$T_f = (a_0 + a_1M)T_q + b_0 + b_1M + b_2M_2 \tag{3-16}$$

假定 $a_0=1$，$a_1=0$；则式（3-16）变成：

$$T_f = T_q + b_0 + b_1M + b_2M_2 \tag{3-17}$$

$$T_q = c_1/(c_2 - \ln p_q) + c_0 \tag{3-18}$$

$$T_f = T_y + \Delta T \tag{3-19}$$

式（3-17）和式（3-19）合并

$$T_y + \Delta T = T_q + b_0 + b_1M + b_2M_2 \tag{3-20}$$

$$\Delta T = f(p_{100}、p_{101}、p_{102}、p_{103}、p_{104}) \tag{3-21}$$

式中，T_q 为气相温度；T_y 为液相温度；p_q 为气相真空度；p_{100}为蒸气压力；p_{101}~p_{104}为各效二次汽压力（或真空度）；ΔT 为动态补偿因子。如果假定 $a_0=1$，$a_1=0$，$b_0=0$，$b_1=1$，$b_2=0$，不考虑补偿因子的话就是行业常用的温差法放碱公式。但实际上很多常数并不是为 0 或者为 1，动态补偿因子影响也非常大。温差法计算浓度的误差非常大且不稳定。

和隆优化考虑了所有因素，并将当地的大气压作为影响因素之一进行考虑。最终我们的精度能够达到±0.5%。对于模型的参数调校非常简单，只有两个数据需要和滴定结果进行对比确定。浓度参数整定如图 3-48 所示。

烧碱浓度参数	低碱检定常数	高碱检定常数	质量检定常数	浓效百分比浓度	浓效克立升浓度	浓效放碱上限	浓效放碱下限
	5.50%	5.50%	140.04 g/L	37.82%	565.28 g/L	30.00%	29.70%

图 3-48 浓度参数整定

3.4 故障诊断与处理

3.4.1 测量信号故障的人工判断与处理

物理测量信号在长期使用过程中，受到各方面的影响难免出现问题，问题出现后表现形式在控制系统的人机界面上对应的位号显示的数据不正常，不正常的原因可能是仪表本身、控制系统以及两者之间的接线出现问题，如何快速定位问题并及时处理是DCS工程师或仪表工程师的一项技能。

如果人机界面上出现大批的数据突然显示非正常运行状态，一般是某一对（个）控制器出现问题，由于现在的控制系统大多采用冗余配置，系统本身可靠性非常高，这种情况基本杜绝；大多数情况是个别信号或者几个信号显示有问题，这种情况具体可以分为：

（1）如果同类型的几个信号同时出现问题，可以快速地根据接线图判断是不是在一个I/O卡件上，如果在一个I/O卡件上，基本上可以判断是这个卡件出现问题。

（2）如果几个不同类型的信号同时出现问题，往往是几个信号来自同一个位置或经过同一段线槽，在信号线上出现问题，检查线槽是不是由于施工、焊接或者其他原因造成断线或断电。

（3）如果是单个信号出现问题，找到对应的I/O卡件，在不影响操作的情况下，拆下信号与卡件的接线，根据信号的类型测量变送器（传感器）从现场过来的信号是否正常；如果信号正常，基本是I/O卡件有问题，可以通过替换法用一块同样型号的卡件替换原来的卡件，一般问题会得到解决。

（4）如果现场信号是热电阻，当显示最大值或者显示量程的-25%时，一般是热电阻断线，这和控制系统本身的设置有关；最终需要用万用表的电阻档测量阻值，如果显示无穷大（阻值很小）往往是电阻A线与BC线断开（短接），现场测量热电阻的阻值，判断是传感器的问题还是连接线的问题，更换热电阻或者接好线；如果阻值偏离正常值又不是短接或者断线状态，可能是保护套内进水或者冷空气，检查热电阻的接线盖盒是不是没有盖好，将内部的水倒出烘干后再盖好盖。

（5）如果信号是热电偶，先用万用表测量拆下的两根线上的MV值，测不到时一般是断线造成的，再将万用表转到电阻档，测量电阻值判断是否开路，分别检查电偶本体和补偿导线确定最终的故障点。

（6）如果是变送器信号4～20 mA，如果人机界面显示最大量程，往往是仪表的量程选小了，测量信号超过了仪表的量程；如果是显示量程的-25%或者其他，一般是I/O板卡接收到的信号为0，根据信号是两线制还是四线制，拆下相应的端子将万用表串联进回路中，测量毫安电流，进而再检查连接线是否通，检查变送器本身与传感器的连接及与系统的接线，再检查传感器。

3.4.2　信号故障判断和处理模型

参与控制的信号是否正常直接影响到设备的安全运行，所以务必保证信号的正确，并在出现问题时能够保证不会出现危险的动作。

在很多厂家的控制系统上会有一些强制手动逻辑，如阀门输出和反馈偏差大、控制变量信号是否正常等，在此不讲DCS系统如何实现的坏值处理，仅介绍和隆优化的信号故障判断和处理。

通信读取的单一信号出现问题一般有哪些情况？

（1）信号超过正常上限；

（2）信号超过正常下限；

（3）变化速率超过生产过程的最大变化速率；

（4）信号持续不变化。

故障判断出来后的动作有两个，一是禁止阀门动作，二是报警给操作人员提示。模块框图如图3-49所示。

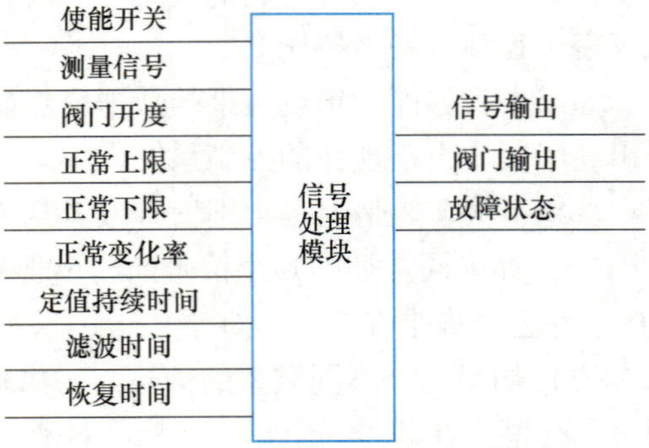

图3-49 信号处理模块框图

本模块在使能开关为真的时候才进行运算，否则输出只进行滤波功能，运算时随时统计最近一定时间内的输入均值和阀门均值，一旦判断任何一种故障状态后，输出信号和阀门输出按统计的均值进行输出，故障状态置位，将模块的输出与控制模块（先控、PID、手操器）进行关联，就可以实现故障状态下将输出锁定在合理的位置，并报警通知操作人员。

3.4.3 阀门死区过大处理

调节阀是自动控制实现的重要设备。由于经常使用或者现场条件造成阀门在长时间使用后，阀门的精度变差，死区过大，影响控制参数的调节精度，甚至造成不能投入自动运行。手动操作时，由于操作人员对于阀门死区有一个经验数值，会根据自己的经验在调整过程中跳过死区使阀门先动起来然后再回调一下，使得生产能够正常运行。

和隆优化借用这种操作模式，开发出大死区阀门智能控制模块。模块框图如图3-50所示。

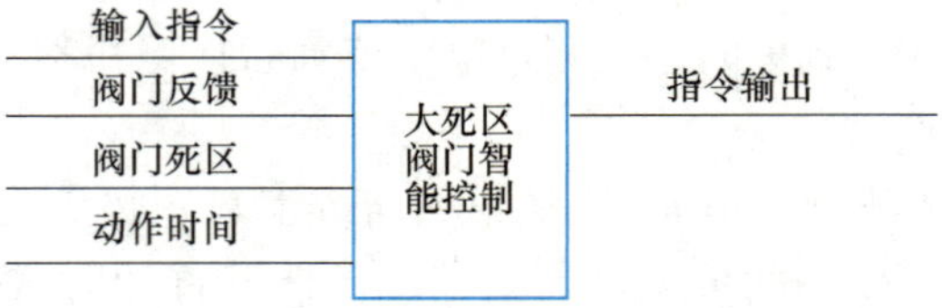

图3-50 阀门死区处理模块

该模块功能有：

（1）带有反馈的阀门可以自动统计输入指令和阀门反馈之间的偏差，并统计最大偏差和最大开始动作时间；输入指令来控制回路的先控模块（PID模块），为对应阀门的输出。

（2）如果没有反馈，则需要根据实际情况输入阀门死区和动作时间。

（3）指令输出为经过大于死区阀门智能控制模块后给阀门的指令，当输入指令大于阀门死区时会直接输出，当输入指令小于阀门死区时会先输出一个阀门死区的数值，并持续动作时间（开始动作时间），再将输出指令变成输入指令（撤销=死区-输入指令）。

3.4.4 流化床床温不平衡判断及处理

在较大型循环流化床锅炉上，由于料床面积比较大，往往会人为地分为左右两个半床，每侧都会有多只热电偶信号测量床温，运行过程中由于给煤、除渣、返料、一次风等各方面的原因，可能使得左右床温不平衡，处理不当会产生影响负荷甚至停炉灭火的危险。

本案例只介绍如何利用床温测点判断床温是否平衡以及通过给煤进行自动调整的方法。

3.4.4.1 多信号处理

本模块可以处理多个信号，根据规定的正常范围输出平均值，并在某信号超过规定限值后自动剔除，剔出后重新统计平均值，并输出由于剔除坏值造成的阶跃量和正常信号个数。

输出信号作为控制信号使用，参与控制；阶跃量与控制目标比较，根据其偏差大小判断对控制目标是否造成扰动，如果存在扰动，将控制点也进行相应的改变，并逐渐再恢复到工艺要求值。模块框图如图 3-51 所示。

3.4.4.2 床温不平衡处理

利用和隆优化软伺服先控算法对左右床温进行给煤量的调整，逐渐使得床温差值进入运行的偏差范围内，信号输出为增量输出，叠加在负荷回路输出上。模块框图如图 3-52 所示。

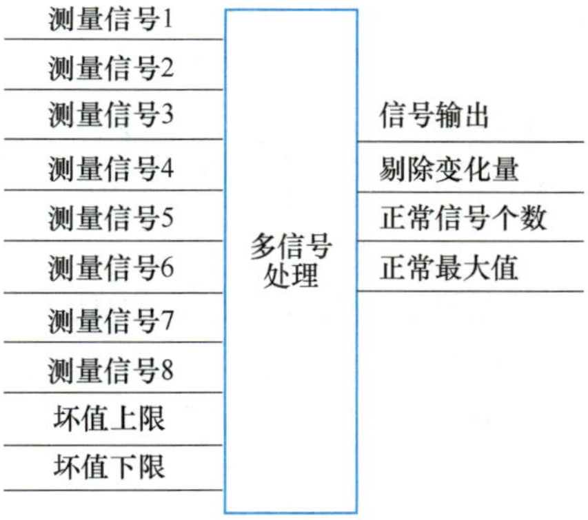

图 3-51 多信号处理模块框图

图 3-52 床温不平衡模块框图

3.4.5 电极虚假液位判断及处理

3.4.5.1 虚假液位判断逻辑

Z_1=L101H⊕L101M　Z_2=L101H&Z1；L101H 为 1 而 L101M 为 0 时为假液位；

Z_3=L101H⊕L101L　Z_4=L101H&Z3；L101H 为 1 而 L101L 为 0 时为假液位；

Z_5=L101M⊕L101L　Z_6=L101M&Z5；L101M 为 1 而 L101L 为 0 时为假液位；

Z_7=L101M&L101L　Z_8=Z7&（K12 ∗ T1）；出料阀开足一定时间而 L101M 和 L101L 仍为 1（T1 为 K12 触发的滞后置位式定时器）时为假液位，则有：LE1=Z2+Z4+Z6+Z8，LE1 则为一效虚假液位诊断模型，其他效体类似。

3.4.5.2 容错控制模型

正常情况下的液位控制模型为：

$$\text{K01-A}(n) = \overline{\text{L101H} * \text{T1}}\ \& \ \overline{\text{L101M} * \text{T2}}\ \& (\overline{\text{L101M}} * \text{T3} + \overline{\text{L101L}} + \text{K01}(n-1))$$

当虚假液位诊断模型诊断出发生了虚假液位故障后的液位控制模型为：

$$K01\text{-}B(n)=\overline{(L101H\&L101M)}*T4\&\overline{(L101M\&L101L)}*T5\&(LE1+K01(n-1))$$

模型中 K01-A(n) 为各效体的正常控制状态标志；K01-B(n) 为各效体虚假液位状态标志；n 代表不同液体；n-1 代表上一效体。

图 3-53 为正常控制与故障状态控制的逻辑框图。

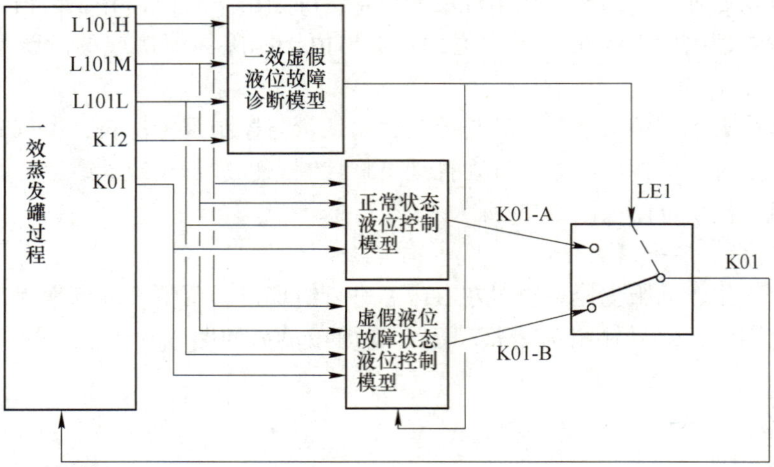

图 3-53　蒸发效体液位控制逻辑

3.4.6　锅炉水冷壁泄漏判断及报警

水冷壁是锅炉换热的主要设备，蒸汽的 80%以上都是通过水冷壁产生，由于水冷壁在炉膛内部，直接与燃料、烟气接触，受到冲刷、磨损、高温、高压的影响，在某种情况下会发生泄漏现象，严重的出现爆管，直接造成非计划停炉，严重影响到电网或用热下游用户的正常生产。

锅炉排污的目的是排除水中的杂质，排放的杂质对锅炉设备存在危害且降低锅炉效率；锅炉排污存在定排、连排两种形式，定排是间断定时排污，连排是锅炉不间断排污；在水质没有发生变化的情况下，锅炉上水量等于产汽量与排污量之和，锅炉常用排污率衡量水质，排污率是用排出的污水量除以产汽量得到的比值。

利用统计学方法对锅炉排污率进行统计、处理，实时统计最新一段时间内的平均排污率和最新另一段时间内的平均排污率，将两个排污率进行比较，并根据两个排污率偏差变化趋势判定是否存在泄漏的趋势或可能。

3.4.7　电机故障预测判断及报警

大型的风机、水泵、离心机等设备一般是一种工艺过程的重要附属设备，如锅炉的送风机、引风机等，风机运行久了可能会出现各种不确定的故障，有时会造成非计划停炉，影响正常的生产，严重的时候可能还会产生安全事故，本节介绍一种在锅炉风机上故障预测判断的功能实现方式。

一般大型旋转设备都会配置电流信号，用于表征风机的出力大小，根据风机电流的变化统计其中的尖峰出现的频率，进而判断风机的状态，能大概率地得出方向性的判断，给生产管理人员进行生产安排，避免出现故障后再处理。

逻辑框图如图 3-54 所示。

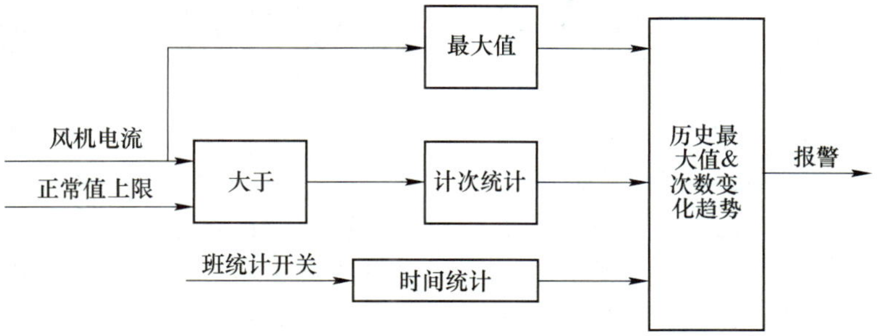

图 3-54　电机故障判断逻辑

统计电流超过正常最大值的次数，并比较一段时间内次数的变化情况，再根据电流最大值统计的情况，判定电机是否存在发生故障的可能性。

习题与思考题

1. 仪表选型要考虑的因素有哪些？
2. 阀门泄漏量大的原因可能有哪些？
3. 常用的热电阻材料有哪些？测温范围。
4. 常用热电偶的种类及热电偶的测温范围。
5. 为什么要用补偿导线？
6. 常用测量负温的热电阻材料是什么？
7. 热电阻为什么要采用三线制、四线制接线？
8. 如何辨别压力变送器的高低压侧？
9. 绝压、压力、差压变送器的区别。
10. 什么是虚假液位？虚假液位在什么生产过程中存在？
11. 虚假液位有什么样的判断和处理方式？
12. 调节阀死区产生的原因。
13. 热电阻的测温原理是什么？写出几种常用的热电阻材料。
14. 写出常用的 2~3 种热电偶的名称及对应的测温范围。
15. 什么是均质导体定律？什么是中间导体定律？
16. 补偿导线为什么不会影响测温精度？
17. 热电偶和热电阻有哪些不同？
18. 什么情况下需要选用差压变送器？
19. 从控制角度考虑，什么特性的阀门易于调整？
20. 管道上按照温度仪表有哪些要注意的地方？
21. 对于流动的介质压力测量时，取压点选取要注意什么？
22. 管道上测量带有灰尘的介质压力变送器安装要求。
23. 差压变送器测液位的安装要求。
24. 流量计安装条件和位置要求。

4 过程分析、建模与经典控制

导语：在工程科学与技术实践中，系统行为的描述、预测与调控是贯穿始终的核心命题。无论是化工反应器的温度控制、飞行器的姿态稳定，还是电力系统的频率调节，其本质均是对动态过程的理解与操纵。本章将带领读者系统探索过程分析、数学建模与经典控制理论的融合框架，为解决复杂工程问题奠定理论基础，学习重点为过程控制的性能指标及系统设计方法，测试法建模方法，PID 控制原理及整定方法，过程控制系统分类、特点及使用场景。通过本章学习，达到独立完成简单动态系统的建模与分析，设计并调试 PID 控制器解决实际工程问题，理解反馈控制对系统鲁棒性与控制性能的影响。

4.1 过程控制的一般概念

根据应用场景的差异，工业控制系统可分为过程控制系统与运动控制系统两大类别。其中，过程控制系统主要面向流程工业领域（如化工、冶金、电力等行业），以温度、压力、流量、物位、成分浓度及材料物性等连续量参数为控制对象，通过动态调节确保生产过程的稳态运行。

工业生产过程往往伴随着物质相变、能量转换、化学反应等多物理场耦合作用，具有显著的复杂系统特征：其动态行为呈现时变特性与非线性响应，系统参数存在不确定性漂移，且各控制变量间存在强耦合关联。此类特性对控制系统的鲁棒性、自适应能力和多变量协调控制提出了更高要求。

4.2 过程控制系统的组成

过程控制一般由以下几部分组成：

（1）被控对象（过程）；

（2）检测与变送仪表；

（3）控制器；

（4）执行机构；

（5）报警、保护和联锁等其他部件。

图 4-1 为过程控制系统的基本结构框图。当设定值 r 因生产需要改变，或有干扰 $d(t)$ 时，生产过程原有的稳定运行状态被打破，被控量 $y(t)$ 偏离设定值，控制器（或称调节器）根据系统输出反馈值 $y_f(t)$ 与设定值 r 的偏差，按照一定的控制算法输出控制量 $u(t)$，对被控过程进行控制；执行机构接收控制器送来的控制信号调节被控量 $y(t)$，从而达到预期的控制目标。

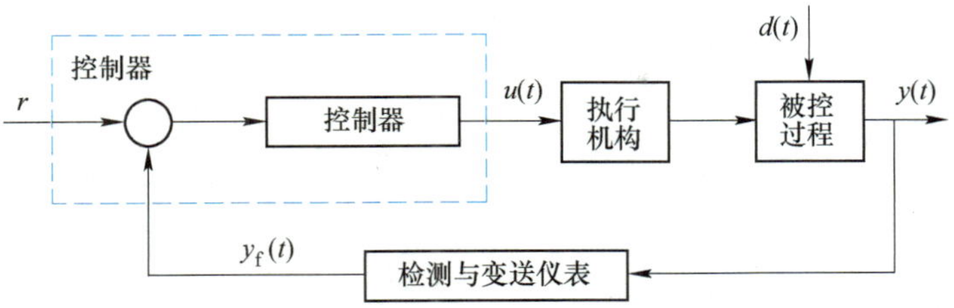

图 4-1 过程控制系统基本结构框图

4.3 过程控制系统的性能指标

工业生产过程对控制系统的核心诉求可归纳为三要素：稳态精度、动态响应速度与运行稳定性（简称“稳、准、快”）。在控制系统分类中：

（1）定值控制系统。

核心目标：维持设定值恒定（如恒温反应釜）。

核心挑战：抑制扰动引起的稳态误差。

（2）随动控制系统。

核心目标：实现输出对时变输入的精准跟踪（如机械臂轨迹控制）。

核心挑战：提升动态跟随性能。

尽管两类系统在功能导向上存在差异（恒定 VS 跟踪），但均需满足以下共性要求：

（1）过渡过程收敛无振荡（Lyapunov 稳定性判据）。

（2）稳态误差趋近于零（积分型性能指标）。

（3）调节时间满足工艺约束（时域响应特性）。

针对过程控制的强非线性、时变参数特性，其性能指标体系需特别关注，见表 4-1。

表 4-1 过程控制系统性能指标

评价维度	核心指标	工程意义
稳态性能	稳态误差、抗干扰裕度	反映系统抗扰动能力
动态性能	超调量、调节时间、上升时间	表征系统响应速度与平滑性
鲁棒性能	幅值/相位裕度、灵敏度函数	量化系统对参数摄动的容忍度

图 4-2 所示为一个过程控制系统的阶跃响应曲线。

4.3.1 单项性能指标

（1）衰减比和衰减率。衰减比是量化振荡过程衰减特性的关键指标，其定义为系统阶跃响应曲线中两个相邻同向波峰幅值的比值。如图 4-2 所示，即衰减比可表示为：

$$n=\frac{y_1}{y_3} \tag{4-1}$$

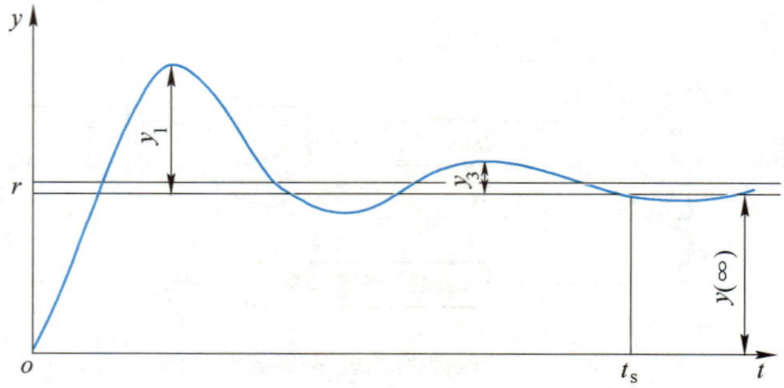

图 4-2　过程控制系统的阶跃响应曲线

衰减率是评估振荡过程衰减特性的另一核心参数，其定义为系统阶跃响应中相邻同周期波峰幅值的相对衰减百分比。具体而言，衰减率可通过下式表征：

$$\psi = \frac{y_1 - y_3}{y_1} \times 100\% \tag{4-2}$$

在过程控制领域，为兼顾系统动态响应速度与稳态精度，通常要求衰减比 n 取值范围为 4∶1 至 10∶1。该区间对应衰减率 ψ 为 75%~90%，其物理意义为：每个周期内振荡幅值衰减至上一周期的 25%~10%。在此参数配置下，系统响应经 2~3 个振荡周期即可收敛至稳态值附近，且残余振荡幅度低于初始幅值的 6. 25%~1%，从而在工程上可视为无振荡稳定状态。

（2）最大动态偏差和最大超调量。最大动态偏差是指设定值阶跃响应中，过渡过程开始后第一个波峰超过其新稳态值 $y(\infty)$ 的幅度，如图 4-2 中的 y_1。

最大超调量 M_p 定义为系统阶跃响应中瞬态峰值超出稳态值的幅度占稳态变化幅度的百分比，其数学表达式为：

$$M_p = \frac{y_1}{y(\infty)} \times 100\% \tag{4-3}$$

一般来说，图 4-2 所示的阶跃响应并不是真正的二阶振荡过程，因此最大超调量只能近似地反映过渡过程的衰减程度。最大动态偏差更能直接反映在被控变量的生产运行记录曲线上，因此它是控制系统动态准确性的一种衡量指标。

（3）残余偏差。残余偏差是指过渡过程结束后，被控变量新的稳态值 $y(\infty)$ 与设定值 r 之间的差值，它是衡量控制系统稳态准确性的指标。

（4）调节时间和振荡频率。调节时间是衡量控制系统动态响应速度的核心指标，定义为系统从受到阶跃输入或扰动作用开始，至被控变量首次进入并持续保持在稳态值 $\pm\Delta\%$ 误差带内所需的最短时间。工程实践中，通常取 $\Delta = 5$（即 ±5% 误差带）作为默认标准，图 4-2 中，t_s 即为调节时间，是衡量控制系统快速性的一个指标。

振荡频率是反映过渡过程动态特性的另一关键参数，定义为系统响应中阻尼振荡的角频率。

$$\omega_d = \omega_n \sqrt{1 - \zeta^2} \tag{4-4}$$

式中，ω_n 为无阻尼自然频率；ζ 为阻尼比。其工程意义在于：

振荡频率越高，系统响应在误差带内振荡的周期越短，可能间接加速收敛过程（但需结合衰减特性综合判断）。

高振荡频率可能伴随低阻尼比（ζ 较小），导致超调量增大，需通过调节时间与超调量的权衡优化系统设计。

总之，调节时间与振荡频率需联合其他动态性能指标（如超调量 M_p、衰减比）进行综合评估。

4.3.2　综合性指标

误差积分指标通过量化过渡过程中被控变量偏离稳态值的累积误差，综合评估控制系统动态性能的优劣。无论是误差幅度大或是时间拖长，都会使误差积分增大，因此它是一类综合指标，希望它越小越好。误差积分可以有各种不同的形式，常用的有以下 4 种。

（1）误差积分（IE）：

$$\mathrm{IE}=\int_0^{\infty}e(t)\,\mathrm{d}t \tag{4-5}$$

（2）绝对误差积分（IAE）：

$$\mathrm{IAE}=\int_0^{\infty}|e(t)|\,\mathrm{d}t \tag{4-6}$$

（3）平方误差积分（ISE）：

$$\mathrm{ISE}=\int_0^{\infty}e^2(t)\,\mathrm{d}t \tag{4-7}$$

（4）时间与绝对误差乘积积分（ITAE）：

$$\mathrm{ITAE}=\int_0^{\infty}t|e(t)|\,\mathrm{d}t \tag{4-8}$$

以上各式，误差 $e(t)=y(t)-y(\infty)$，见图 4-2。

采用不同的积分公式意味着估计整个过渡过程优良程度时的侧重点不同。例如，IE 当遇到等幅振荡，它却等于零，显然极不合理；IEA，对误差幅值线性敏感，计算简单且物理意义明确，适用于对持续小误差敏感的场合，如流量控制；ISE 着重于抑制过渡过程中的大误差，而 ITAE 则着重惩罚过渡过程拖得长。人们可以根据生产过程的需要，特别是结合经济效益的考虑加以选用。

4.4　过程控制系统的设计

过程控制系统的设计质量直接决定生产装置的运行效率、安全性和经济性。设计过程需以生产过程的工艺机理、动态特性及操作约束为核心依据，通过系统化方法实现控制目标。具体设计步骤及关键要素如下。

（1）明确设计目标与任务。过程控制系统的核心目标是通过动态调节与优化，使被控变量（如温度、压力、流量等）稳定跟踪设定值，并满足以下要求：

1）工艺约束满足：确保关键变量在工艺允许范围内波动。

2）抗扰动能效：抑制外部扰动（如负荷变化、原料性质波动）对系统的影响。

3）安全冗余保障：通过联锁保护机制避免危险工况（如超温、超压）。

（2）系统化设计步骤。

1）变量选择。基于工艺流程分析，明确被控变量（CV）、操纵变量（MV）及扰动变量（DV）。

机理建模：通过质量/能量守恒方程、化学反应动力学等建立对象动态模型（如传递函数、状态空间模型）。

数据驱动建模：若机理复杂，可采用阶跃响应测试或系统辨识技术（如最小二乘法）获取近似模型。

2）确定控制方案。

控制结构选择：根据工艺需求选择单回路、串级、前馈-反馈复合控制等结构。

控制器参数整定：基于模型特性（如时间常数、阻尼比）采用 Ziegler-Nichols 法、内模控制（IMC）等方法确定 PID 参数。

先进控制策略：对非线性、强耦合系统，可引入模型预测控制（MPC）、自适应控制等。

3）选择硬件设备。

传感器：根据测量范围、精度、响应时间选择（如热电偶、压力变送器）。

执行器：匹配阀门流量特性（线性、等百分比）与控制需求。

控制器：选择 DCS/PLC 硬件平台，确保运算速度与 I/O 通道冗余。

4）设计报警和联锁保护系统。

报警阈值设定：基于工艺安全边界与操作经验，分级设置预警与危险阈值。

联锁逻辑设计：采用安全仪表系统（SIS）实现紧急停车（ESD）、顺序控制等功能，遵循 IEC 61511 标准。

5）系统调试和投运。

硬件检查：确认传感器校准、执行器行程、接地与屏蔽符合 EMC 规范。

软件测试：通过仿真平台验证控制逻辑，进行开环/闭环调试。

参数优化：采用闭环整定法（如继电反馈测试）微调控制器参数。

投运验证：执行 72 h 连续运行测试，记录关键变量波动范围与控制品质指标（如 IAE、超调量）。

以上设计步骤完成后，先进行设备安装、软件编程、系统调试与参数整定，再投入运行。

4.4.1 确定系统变量

系统变量包括被控变量、控制变量和扰动变量等，根据系统控制目标和工艺要求确定。确定了系统变量后，便可以建立被控对象的数学模型。

（1）被控变量。在定性确定目标后，通常需要用工业过程的被控变量来定量地表示控制目标。被控变量也是工业过程的输出变量，选择的基本原则为：

1）选择对控制目标起重要影响的输出变量作为被控变量；

2）选择可直接控制目标质量的输出变量作为被控变量；

3）在以上前提下，选择与控制变量之间的传递函数比较简单、动态和静态特性较好的输出变量作为被控变量；

4）有些系统存在控制目标不可测的情况，则可选择其他能够可靠测量，且与控制目标有一定关系的输出变量，作为辅助被控变量。

（2）控制变量。当对象的被控变量确定后，接下来就是构成控制回路，选择合适的控制变量（也称操作变量），以便控制变量在扰动作用下发生变化时，能够通过对控制变量的调整，使得被控变量迅速地返回原来的设定值上，从而保证生产的正常进行。控制变量选择的基本原则为：

1）选择对所选定的被控变量影响较大的输入变量作为控制变量；

2）在以上前提下，选择变化较大范围较大的输入变量作为控制变量，以便易于控制；

3）在1）的基础上选择对被控变量作用效应较快的输入变量作为控制变量，使控制的动态响应较快；

4）在复杂系统中，存在多个控制回路，即存在多个控制变量和多个被控变量，所选择的控制变量对相应的被控变量有直接影响，而对其他输出变量的影响应该尽可能小，以便使不同控制回路之间的影响比较小。

确定了系统的控制变量后，便可以将其他影响被控变量的所有因素称之为扰动变量。

4.4.2 确定控制方案

工业过程的控制目标及被控变量和控制变量确定后，控制方案就可以确定了。控制方案包括控制结构和控制策略，对控制质量起决定性影响。

（1）控制结构。在控制结构上，从系统方面来说，要考虑选取常规仪表控制系统，还是计算机控制系统；在系统回路上，是选取单回路简单控制系统，还是多回路复杂控制系统；在系统反馈方式上，是选取反馈控制系统、前馈控制系统，还是复合控制系统。

1）反馈控制系统。反馈控制系统是一种典型的“基于偏差、消除偏差”的控制系统。这类控制系统的优点是结构简单，不必过于严格地考虑被控对象数学模型，不要求干扰可测。

2）前馈控制系统。利用扰动量的直接测量值，调节控制变量，使被控变量保持在预期值。与反馈控制不同，它是一种基于扰动的开环控制。其特点是需要一对一的设计，无法消除其他干扰，且要求干扰可测和干扰通道模型准确，没有稳定性问题。

3）复合控制系统。复合控制系统也就是通常所指的前馈-反馈控制系统，它是反馈控制和前馈控制的结合，具有两者的优点。前馈控制的主要优点是能针对主要扰动及时克服其对被控变量的影响；反馈控制的主要优点是克服其他扰动，使系统在稳态时能准确地使被控变量控制在给定值上，因此构成的复合控制系统可以提高控制质量。

（2）控制策略。在控制结构确定后，需要选择合适的控制算法，如简单PID控制、复杂控制或先进控制等算法，然后根据控制规律进行控制器的设计，即进行软件编程和参数整定。

4.4.3 过程控制系统硬件选择

根据过程控制的输入/输出变量及控制要求，可以选定系统硬件，包括控制器、检测变送仪表和执行器等部件。系统硬件选择的原则是保证控制目标和控制方案的实施。

（1）控制器的选择。目前常用的计算机过程控制系统有单片机系统、工控机系统、DCS（分布式控制系统）、PLC（可编程控制器）或FCS（现场总线控制系统）等。

（2）检测变送仪表的选择。仪表相当于人的感知器官，系统中常遇到的被测参数有温度、压力、流量、物位和成分等。

（3）执行器的选择。可供选择的执行器部件有调节阀、温控器和变频装置等。

4.4.4 设计安全保护系统

在工业过程控制系统中，针对温度、压力、流量、液位、成分等核心工艺参数，需依据生产工艺规范与安全标准，科学设定高限和低限报警阈值。当实时监测数据超出预先设定的报警界限时，系统将通过声光信号、操作界面提示等方式，向操作人员发出警报，以便其迅速采取应对措施，有效防范因参数异常引发的生产事故。

联锁保护系统作为生产安全的关键防线，其功能在于当生产过程遭遇严重故障或突发事故时，依据预设的安全逻辑与控制策略，有序触发各设备的紧急停机指令。该系统通过精确控制设备间的联锁关系，确保在极端工况下，既能避免设备的过度运行或误操作，又能最大程度降低对人身安全的威胁，实现对人员和设备的双重保护。

报警系统与联锁保护系统相辅相成，共同构成了生产过程安全防护的核心体系。报警系统通过早期预警为操作人员预留干预时间，联锁保护系统则在紧急状态下提供自动化应急响应，两者协同运作，为工业生产的安全、稳定运行提供了坚实保障。

4.4.5 系统调试和运行

控制系统安装完毕后，就应该进行现场调试及试运行，按控制要求检测、整定和调整各控制仪表及设备的工作状况和参数，依次将全部控制系统投入运行。

以上只是简单描述了过程控制系统从设计到实现的过程。由此可见，对一个从事过程控制的技术人员来说，除掌握控制理论、计算机、仪器仪表知识及现代控制技术外，还要十分熟悉生产过程的工艺流程等。

4.5 被控过程的数学模型

4.5.1 过程模型概述

4.5.1.1 被控过程动态特性

在过程控制系统中，被控过程特指工业生产场景下，包含换热器、热风炉、锅炉、精馏塔、反应釜等在内的各类装置与设备。这些物理实体作为控制对象，其运行状态可通过温度、压力、流量、液位、成分等关键参数进行量化表征，上述参数即为被控变量。被控对象在生产运行中呈现动态与静态两种状态，其中动态过程是物质与能量转换的持续进行，属于系统的固有属性；而静态状态仅存在于物质流与能量流达到瞬时平衡的特定时刻，具有相对性。

过程控制的核心目标在于维持被控变量的稳定，而控制策略的有效性直接取决于对扰动的抑制能力。在众多影响因素中，操作变量的合理选择是实现有效控制的关键。这要求工程技术人员深入分析被控对象的动态特性，包括时间常数、滞后时间等关键参数，从而筛选出对被控变量具有显著调节作用且可控性良好的操作变量，以此建立高效稳定的控制系统。

A 被控过程的分析

在过程控制系统工程设计中，系统架构、控制算法及设备选型等核心设计方案的制定，均以被控对象的控制目标和动态行为特性为根本依据。其中，控制器参数整定作为实现精确控制的关键环节，需通过深入分析被控对象的时间常数、滞后时间、增益等动态特性参数，运用理论计算、经验公式或先进优化算法，确定比例系数、积分时间、微分时间等控制器参数的最优取值，以保障控制系统具备良好的稳定性、动态响应性能和抗干扰能力。

过程控制领域的被控对象普遍呈现慢动态过程特性，其被控变量在受到输入激励或扰动后，变化速率极为缓慢，时间尺度通常以分钟级甚至小时级计量。此类慢过程特性使得系统响应存在显著延迟，增加了实时控制的难度，对控制系统的预测能力、参数调节精度及控制策略适应性均提出了更高要求，在设计过程中需充分考虑其动态特性，以构建适配的控制方案。

B 被控过程的特点

（1）对象的动态特性是单调不振荡的。

（2）大多被控对象属于慢过程。

（3）对象动态特性的延迟性。

（4）被控对象的自平衡与非自平衡特性。有些被控对象，当受到扰动作用致使原来的物料或能量平衡关系遭到破坏后，无须外加任何控制作用，最后能够稳定在新的平衡点上，如图 4-3 的单容水槽，当进水和出水调节阀的开度均保持不变，流量平衡，则液位稳定；当出水阀门开度不变，进水阀门增大，液位随即上升，随着液位的上升，水槽内的静压增加，使水的流出量相应增大，这一趋势使水的流量再度达到平衡，则此时液位将稳定在一个新的平衡点。这种特性称为自平衡，具有这种特性的被控过程称为自平衡过程，其阶跃响应如图 4-4 所示。

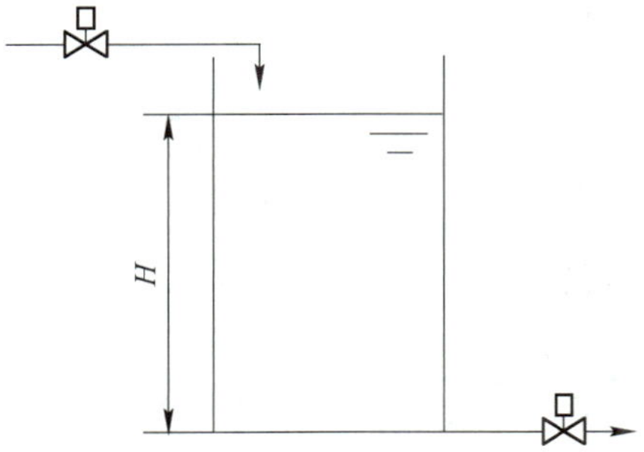

图 4-3 自平衡过程单容水槽

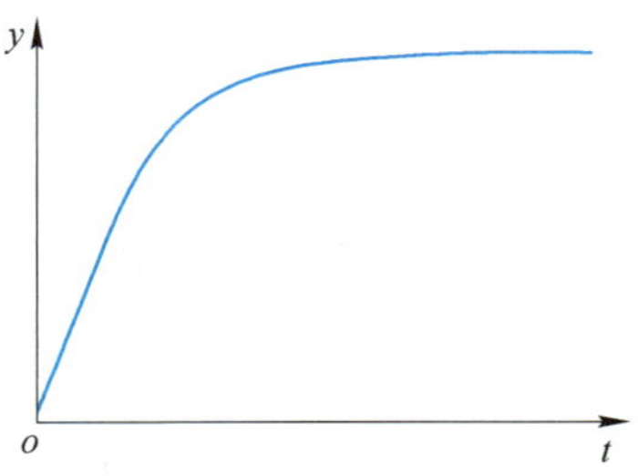

图 4-4 自平衡过程的阶跃响应

设各变量定义如下：Q_i 为水流入量的稳态值，m^3/s；ΔQ_i 为水流入量的增量，m^3/s；Q_o 为水流出量的稳态值，m^3/s；ΔQ_o 为水流出量的稳态值，m^3/s；h 为液位的高度，m；h_o 为液位的稳态值，m；Δh 为液位的稳态值，m；u 为控制阀的开度,%。

设 A 为水槽横截面积（m^2）。根据物料平衡关系，在正常工作状态下，初始时刻处于平衡状态：$Q_o=Q_i$，$h=h_o$。当控制阀开度发生阶跃变化 Δu 时，液位发生变化。在流出侧负载阀开度不变的情况下，液位的变化将使流出量改变。

依据流量的定义——单位时间内通过管路有效截面的流体的体积（或质量），以及物料平衡关系可得：在原平衡关系打破后，流入量增量与流出量增量之差等于水槽液体存储量的变化率，即

$$\Delta Q_i-\Delta Q_o=\frac{\mathrm{d}V}{\mathrm{d}t}=A\frac{\mathrm{d}\Delta h}{\mathrm{d}t} \tag{4-9}$$

式中，ΔQ_i 是由控制阀开度变化 Δu 引起的。当阀前后压差不变（这是一个理想化，为建模简单而做的合理假设）时，ΔQ_i 与 Δu 成正比关系，即

$$\Delta Q_i=K_u\Delta u \tag{4-10}$$

式中，K_u 为阀门流量系数，m^3/s。

由伯努利方程，流出量与液位高度的关系为

$$Q_o+\Delta Q_o=A_o\sqrt{2gh}=k\sqrt{h} \tag{4-11}$$

式中，g 为自由落体加速度；A_o 为负载阀的截面积。在本例中负载阀开度不变，A_o 也不变，故系数 $k=A_o\sqrt{2g}$ 。在工作点处，由伯努利方程，$Q_o=k\sqrt{h_o}$ 。

一般工业过程中被控参量保持在稳态工作点附近很小范围内变化，所以可以利用泰勒级数展开：

$$Q_o+\Delta Q_o=k\sqrt{h_o+\Delta h}=k\sqrt{h_o}+\frac{k}{2\sqrt{h_o}}\Delta h+\cdots\approx k\sqrt{h_o}+\frac{k}{2\sqrt{h_o}}\Delta h\ (\text{当 }\Delta h\text{ 很小时})$$

在平衡点（h_o，Q_o）附近进行线性化，得

$$R=\Delta h/\Delta Q_o \tag{4-12}$$

式中，$R=\dfrac{\sqrt{h_o}}{k}=\dfrac{\sqrt{2h_o}}{A_o\sqrt{g}}$，为负载阀液阻。将式（4-12）、式（4-10）代入式（4-9），可得

$$RA\frac{\mathrm{d}\Delta h}{\mathrm{d}t}+\Delta h=K_uR\Delta u \tag{4-13}$$

令 $T=RA$，$K=K_uR$，则式（4-13）可写为

$$T\frac{\mathrm{d}\Delta h}{\mathrm{d}t}+\Delta h=K\Delta u \tag{4-14}$$

于是可得液位变化时控制阀开度变量的传递函数为

$$G(s)=\frac{\Delta H(s)}{\Delta U(s)}=\frac{K}{Ts+1} \tag{4-15}$$

则具有纯滞后的自平衡过程的传递函数可以表示为

$$G(s)=\frac{K}{Ts+1}\mathrm{e}^{-\tau s} \tag{4-16}$$

式中，K 为静态增益；T 为时间常数；τ 为纯滞后时间。

如果对于同样大的调节阀开度变化，控制变量只需改变对应的开度就能重新恢复液位

原有平衡位置，就称该过程的自平衡能力强。自平衡能力用对象静态增益 K 的倒数衡量，称为自平衡率，即

$$\rho = \frac{1}{K} \tag{4-17}$$

也有一些被控对象，如图 4-5 中的单容积分水槽，当进水调节阀开度改变致使物质或能量平衡关系破坏后，不平衡量不因被控变量的变化而变化，因而被控变量将以固定的速度一直变化下去而不会自动地在新的水平上恢复平衡。这种对象不具有自平衡特性，具有这种特性的被控过程称为非自衡过程，其响应如图 4-6 所示。

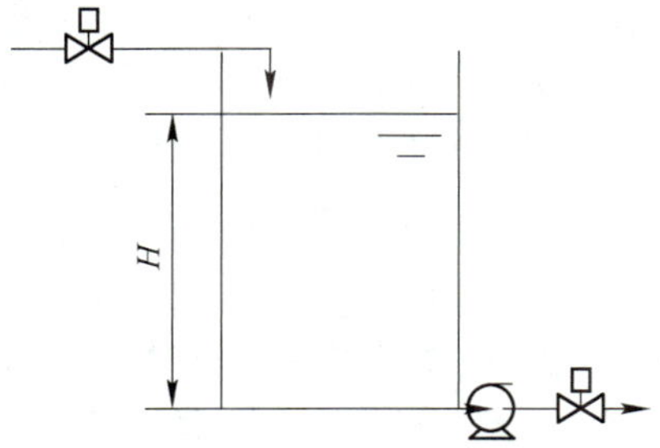

图 4-5 非自平衡过程单容积水槽

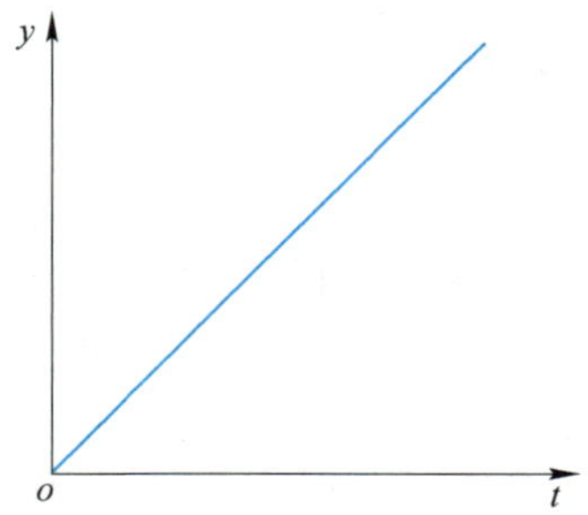

图 4-6 非自平衡过程的阶跃响应

具有纯时间滞后的非自平衡过程的传递函数可以表示为

$$G(s) = \frac{1}{Ts}e^{-\tau s} \tag{4-18}$$

式中，T 为时间常数；τ 为纯滞后时间。

不稳的过程是指原来的平衡一旦破坏后，被控变量在很短的时间内就发生了很大的变化。这一类过程是比较少见的，某些化学反应器就属于这一类。

（5）被控对象往往具有非线性特性。从控制理论的本质出发，工业过程中的被控对象在动态运行时，其输入输出关系普遍呈现非线性特征，仅非线性程度存在差异。这种非线性不仅源于对象内部物质与能量转换过程中的连续非线性机理，还包含控制系统中调节阀、继电器等执行元件的饱和、死区等典型非线性环节。在过程控制系统的工程实践中，常将被控对象、测量装置及调节装置串联构成的整体视为广义被控对象，使得元件非线性特性被纳入系统动态行为的研究范畴。

针对被控对象的非线性问题，控制策略的选择需结合实际工况需求。当系统对控制精度要求较低，或生产负荷波动处于较小范围时，基于泰勒级数展开等数学方法的线性化处理能够满足工程近似需求，有效简化系统分析与设计流程。然而，在非线性效应显著且不可忽略的场景下，需采用更为复杂的处理技术：分段线性化方法通过划分不同工作区间，构建局部线性模型实现对非线性的近似描述；非线性补偿器则通过设计反向特性环节，对系统非线性进行动态校正；基于非线性控制理论的设计方法，如反馈线性化、滑模控制等，则从理论层面为非线性系统的精确控制提供了严谨的分析框架与实现路径，确保系统在复杂工况下仍能维持稳定运行与控制性能。

4.5.1.2 数学模型的表达形式与要求

A 建立数学模型的目的

在过程控制领域，建立被控对象数学模型的核心目标涵盖以下4个关键方面：

（1）数学模型是过程控制系统设计的基石，在系统架构设计环节，可基于模型分析控制通道的动态响应特性，从而科学选择控制变量与操纵变量，确定最优控制方案。通过模型对系统动态行为的定量描述，能够有效分析控制质量指标，探索系统最佳运行工况。此外，在控制器参数整定过程中，特别是针对PID控制器，数学模型为比例、积分、微分参数的优化提供了重要理论依据，确保控制器参数与被控对象动态特性相匹配，实现精准控制。

（2）控制器参数整定是实现系统稳定运行的关键步骤，基于被控对象数学模型，可采用理论计算、经验公式或先进优化算法，对控制器参数进行精确调整。在系统调试阶段，数学模型能够帮助工程师预测系统响应，分析实际运行数据与模型预测结果的差异，从而快速定位系统潜在问题，优化系统性能。

（3）利用数学模型在计算机上进行仿真研究，可模拟被控过程在不同工况、控制策略下的动态行为，获取系统输入输出之间的定量关系。这种虚拟仿真能够替代部分实体实验，在系统设计初期快速验证多种控制方案的可行性，大幅降低实验成本与时间成本，加速系统设计进程，为实际工程应用提供可靠的数据支持与理论指导。

（4）工业过程优化旨在实现生产效率、产品质量与经济效益的最大化。通过深入研究被控过程数学模型，能够全面掌握系统动态特性与内在运行规律，基于模型开展优化算法设计与参数寻优，可实现生产工艺参数优化、设备运行状态优化等目标，为工业过程的高效、稳定运行提供有力保障。

B 被控对象数学模型的表达形式

在过程控制领域，被控对象数学模型依据不同的分类准则，可呈现多样化的表达形式，主要包含以下3个维度的划分。

（1）根据被控对象输入输出信号的时间特性，数学模型可分为连续系统模型与离散系统模型。连续系统模型适用于描述输入输出信号随时间连续变化的物理过程，常用于传统模拟控制系统；离散系统模型则针对信号以离散时间间隔进行采样的系统，在数字控制系统及计算机仿真中应用广泛。

（2）从模型内部结构角度，可分为输入/输出模型与状态空间模型。输入/输出模型聚焦于系统输入与输出之间的关系，通过传递函数、脉冲响应等方式直观描述系统动态特性；状态空间模型则引入状态变量，从系统内部状态的角度出发，构建包含状态方程与输出方程的方程组，能够更全面地刻画系统动态行为，尤其适用于多输入多输出复杂系统的分析与设计。

（3）输入/输出模型进一步依据分析域的不同，可划分为时域表达与频域表达。时域表达通过阶跃响应、脉冲响应等函数，直观展现系统在时域内对特定输入信号的动态响应过程；频域表达则以传递函数为核心，通过拉普拉斯变换将时域问题转换至频域进行分析，便于研究系统的频率特性与稳定性。

不同控制策略对数学模型的表达形式具有特定要求：传统PID控制依赖传递函数模型，通过分析系统的频率特性与稳态误差，实现比例、积分、微分参数的整定；二次型最优控制基于状态空间模型，利用线性二次型调节器（LQR）等理论框架，求解使性能指标最优的控制律；基于参数估计的自适应控制常采用脉冲传递函数模型，结合系统辨识算法，实时更新模型参数以适应系统动态变化；预测控制则多采用阶跃响应或脉冲响应模型，通过预测系统未来输出并优化控制序列，实现对复杂工业过程的有效控制。

C 被控过程传递函数的一般形式

通常，被控对象的数学模型用传递函数来表达，根据被控过程动态特性的特点，典型工业过程控制所涉及被控对象的传递函数一般具有以下 4 个形式。

（1）一阶惯性环节：

$$G(s)=\frac{K}{Ts+1}\mathrm{e}^{-\tau s} \tag{4-19}$$

（2）二阶惯性环节加纯滞后：

$$G(s)=\frac{K}{(T_1s+1)(T_2s+1)}\mathrm{e}^{-\tau s} \tag{4-20}$$

（3）n 阶惯性环节加纯滞后：

$$G(s)=\frac{K}{(Ts+1)^n}\mathrm{e}^{-\tau s} \tag{4-21}$$

（4）用有理分式表示的传递函数：

$$G(s)=\frac{b_ms^m+\cdots+b_1s+b_0}{a_ns^n+\cdots+a_1s+a_0}\mathrm{e}^{-\tau s}\quad(n>m) \tag{4-22}$$

上述 4 个公式只适用于自平衡过程。对于非平衡过程，其传递函数应含有一个积分环节，即

$$G(s)=\frac{1}{Ts}\mathrm{e}^{-\tau s} \tag{4-23}$$

4.5.2 测试法建模

测试法一般只用于建立输入/输出模型。它是根据工业过程的输出和输出的实测数据进行某种数学处理后得到的模型。他的主要特点是把被研究的工业过程视为一个黑匣子，完全从外特性上测试和描述它的动态性质，因此不需要深入掌握其内部机理。

4.5.2.1 对象特性的实验测定方法

由于过程的动态特性，只有当它处于变动状态下才会表现出来，在稳定状态下是表现不出来的。因此为了获得动态特性，必须使被控研究的过程处于被激励的状态。根据加入的激励信号和结果的分析方法不同，测试对象动态特性的实验方法也不同，主要有以下 3 种。

（1）测定动态特性的时域法。时域法是对被控对象施加阶跃输入，测绘出对象输出变量随时间变化的响应曲线，或施加脉冲输入测绘出输出的脉冲响应曲线。由响应曲线的结果分析，确定出被控对象的传递函数。这种方法测试设备简单，测试工作量小，因此应用广泛，缺点是测试精度不高。

（2）测定动态特性的频域法。频域法是对被控对象施加不同频域的正弦波，测出输入量与输出量的幅值比和相位差，从而获得对象的频率特性，以确定被控对象的传递函数。

这种方法在原理和数据处理上都比较简单，测试精度比时域法高，但此法需要用专门的超低频测试设备，且对生产影响较大，不适合在工业调试现场使用。

（3）测定动态特性的统计相关法。统计相关法是对被控对象施加某种随机信号或直接利用对象输入端本身存在的随机噪声进行观察和记录。这种方法需要记录的数据较多，利用计算机进行在线辨识。

上述3种方法测试的动态特性，表现形式是以时间或频域为自变量的实验数据，称为非参数模型。其建立数学模型的方法称为非参数模型辨识方法或称经典的辨识方法。

此外，还有一种参数模型辨识方法，称为现代的辨识方法。该方法必须假定一种模型结构，通过极小化模型与过程之间的误差准则函数来确定模型的参数。这种辨识方法根据不同的基本原理又分为最小二乘法、梯度校正法、极大似然法3种类型。

非参数模型（如阶跃响应和频率响应）经过适当的数学处理可转变成参数模型（如传递函数）的形式。

经典辨识法和现代辨识法大致可以按是否必须利用计算机进行数据处理为划分界线。

以下重点介绍基于单位阶跃响应的经典辨识法。

4.5.2.2　时域法经典辨识法

A　输入信号的选择及注意事项

（1）选择合理的阶跃扰动信号幅值。

（2）试验开始前，应确保被控对象处于相对稳定的工况，其间避免发生偶然性的其他扰动。

（3）考虑到实际被控对象的非线性，应选在不同负荷下进行多次测试，即使相同负荷也要进行正向和反向扰动下的重复测试，以求更全面地掌握被控对象的动态特性。

B　阶跃响应的获取

为了能够施加比较大的扰动幅度而又不至于严重干扰生产，可以用矩形波输入代替通常的阶跃输入。也可从历史趋势中，查找工况相对较稳，且发生类似阶跃变化时的响应曲线，类似图4-7所示。

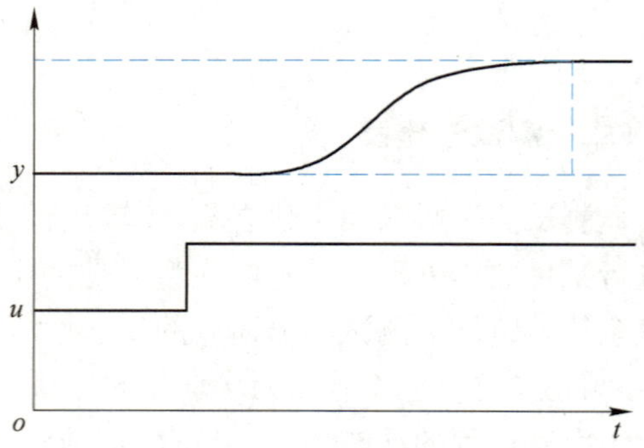

图4-7　单位阶跃响应曲线

C　由阶跃响应确定传递函数

一般来说，模型的阶数越高，参数就越多，可以拟合更完美，但计算工作量也较大。所幸的是，闭环控制尤其是最常用的PID控制并不要求非常准确的被控对象数学模型。因此，在满足精度要求的情况下，尽量使用低阶传递函数来拟合，故简单的工业对象一般采用一阶、二阶惯性加纯滞后的传递函数来拟合。

（1）一阶惯性加纯滞后。

已知，一阶惯性加纯滞后对象的传递函数如下：

$$G(s)=\frac{K}{Ts+1}e^{-\tau s} \tag{4-24}$$

式中，K为增益；T为惯性时间；$e^{-\tau s}$为纯滞后环节；τ为纯滞后时间。

1）计算增益 K。设阶跃输入 $u(t)$ 的变化幅值为 $\Delta u(t)$，如输出 $y(t)$ 的起始值和稳态值分别为 $y(0)$ 和 $y(\infty)$，则增益 K 可根据下式计算，即

$$K=\frac{y(\infty)-y(0)}{\Delta u(t)} \tag{4-25}$$

2）确定 T 和 τ。τ 为纯滞后时间，即指令动作后，被控变量的响应时间，也可用“切线法”得到滞后时间；惯性时间 T 约为调节时间的三分之一时长，或达到 $\Delta u(t)$ 的 63.2% 时，所用的时长减去纯滞后时间，如图 4-8 所示。

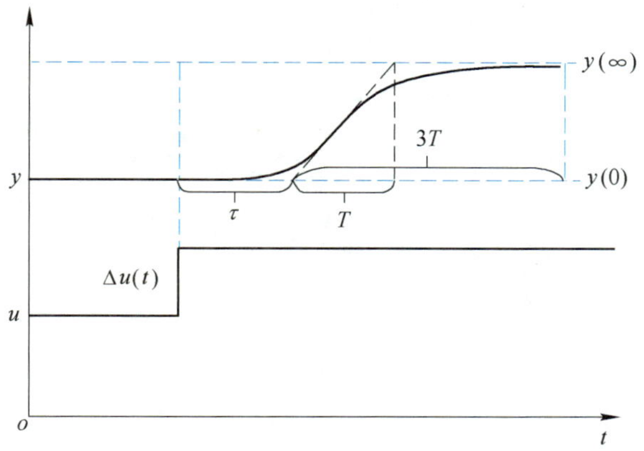

图 4-8 单位阶跃响应曲线

（2）二阶惯性。由二阶微分方程描述的系统称为二阶系统，它在控制工程中的应用极为广泛，许多高阶系统在一定的条件下，也可简化为二阶系统来研究。闭环传递函数为：

$$\Phi(s)=\frac{\omega^2}{s^2+2\xi\omega s+\omega^2}=\frac{K}{T_{\mathrm{m}}s^2+s+K} \tag{4-26}$$

式中，K 为开环增益；T_{m} 为时间常数。

为了方便研究与过程实现，采用第一种二阶系统表示形式实现二阶系统的参数设置，因此，以下对阻尼系数和固有频率进行详细的使用说明。

1）ξ 参数的设置。ξ 为阻尼系数，$\xi=\dfrac{1}{2\sqrt{T_{\mathrm{m}}K}}$。当 ξ 不同时，特征根有所不同，系统的阶跃响应形式也不同，主要分为有振荡和非振荡两种情况。

当 $0<\xi<1$ 时，系统为欠阻尼状态，曲线会振荡收敛，$\omega_{\mathrm{d}}=\omega\sqrt{1-\xi^2}$ 为阻尼振荡频率，此时，$c(t)=1-\dfrac{\mathrm{e}^{-\xi\omega t}}{\sqrt{1-\xi^2}}\sin\left(\sqrt{1-\xi^2}\,\omega t+\arctan\dfrac{\sqrt{1-\xi^2}}{\xi}\right)$，$t\geqslant 0$；

当 $\xi=0$ 时，系统为零阻尼状态，曲线会等幅振荡，此时，$c(t)=1-\cos\omega t$，$t\geqslant 0$；

当 $\xi=1$ 时，系统为临界阻尼状态，曲线无振荡单调上升，此时，$c(t)=1-\mathrm{e}^{-\omega t}(1+\omega t)$，$t\geqslant 0$；

当 $\xi>1$ 时，系统为过阻尼状态，此时令 $T_1=\dfrac{1}{\omega(\xi-\sqrt{\xi^2-1})}$，$T_2=\dfrac{1}{\omega(\xi+\sqrt{\xi^2-1})}$，

这里 $T_1 > T_2$，$\omega^2 = \dfrac{1}{T_1 T_2}$，于是闭环传函为 $\Phi(s) = \dfrac{1}{(T_1 s + 1)(T_2 s + 1)}$，因此可以看成两个时间常数不同的惯性环节串联；

当 $\xi<0$ 时，系统为负阻尼状态，曲线会发散振荡。图 4-9 为非振荡响应曲线。

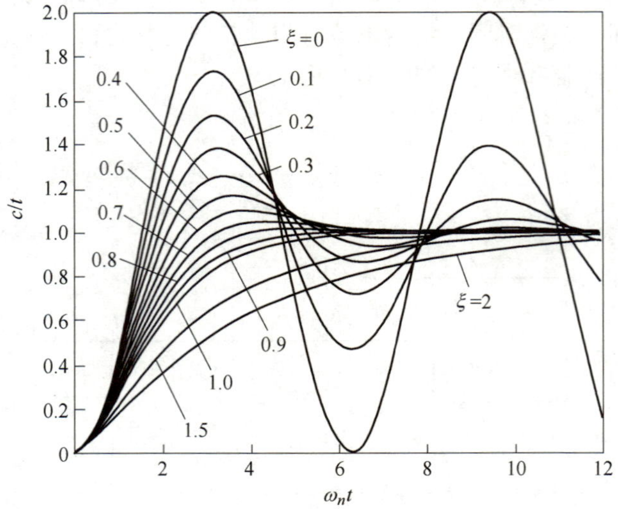

图 4-9 不同阻尼比 ξ 响应曲线图

2）ω 参数的设置。ω 为无阻尼振荡频率或固有频率，$\omega = \sqrt{\dfrac{K}{T_m}}$。当 ξ 固定时，该参数决定了二阶系统振荡的时间，频率越小振荡时间越长。

根据二阶系统传递函数中的各参数意义，可通过阶跃扰动测试法，得到经验模型。

4.6 PID 控制原理

PID 控制是比例（proportional）积分（integral）微分（differential）控制的简称。在生产过程自动控制的发展历程中，是最常用的控制方式。

4.6.1 PID 控制特点

PID 控制规律中的比例调节规律依据当前存在的偏差产生调节作用；积分依据偏差的持续累计，用于消除那种变化缓慢，幅度较小但持续存在的偏差；微分控制对速度敏感，依据“未来的偏差”有“预见”性地进行调节。

可以看出，PID 控制在消除偏差时，综合考虑了现在（P）、过去（I）和未来（D），如同一个有经验的控制者。

4.6.2 比例控制

在比例控制中，控制器的输出信号 $u(t)$ 与偏差信号 $e(t)$ 成比例，即

$$\Delta u(t) = K_c e(t) \tag{4-27}$$

式中，K_c 为比例增益，可正可负。比例控制器的传递函数可以表示为

$$G(s) = \frac{U(s)}{E(s)} = K_c \tag{4-28}$$

比例度又称为比例带，其定义为

$$\delta = \frac{e/|e_{max} - e_{min}|}{u/|u_{max} - u_{min}|} \times 100\% \tag{4-29}$$

式中，$[e_{min}, e_{max}]$ 为过程值的标准化量程；$[u_{min}, u_{max}]$ 为控制输出的标准化量程。

如果 $|e_{max} - e_{min}| = |u_{max} - u_{min}|$，则有

$$\delta = \frac{e}{u} \times 100\% = \frac{1}{K_c} \times 100\% \tag{4-30}$$

这表明，比例带与控制器的比例增益的倒数成正比。

稳定性是任何闭环控制系统的首要要求，比例带的设置必须保证系统具有一定的稳定裕度。

对于典型的工程，比例带对于控制过程的影响如图 4-10 所示。

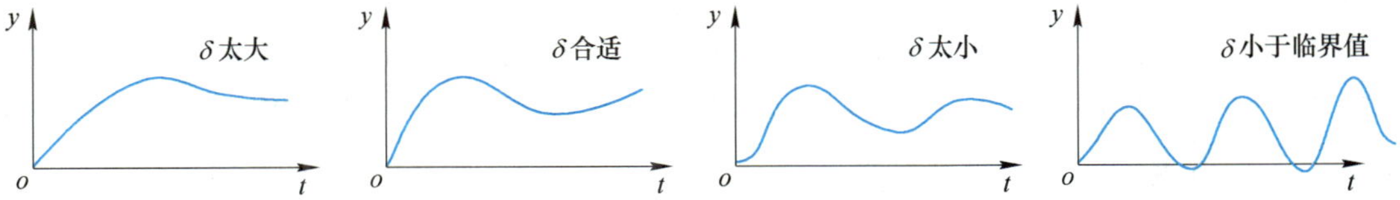

图 4-10　比例带对控制过程的影响

通过开环阶跃响应曲线，不难得到理论参考值。

4.6.3 比例积分控制

在积分控制中，控制器的输出信号的变化速度 $\mathrm{d}u/\mathrm{d}t$ 与偏差信号 e 成正比，即

$$u = K_i \int_0^t e\mathrm{d}t \tag{4-31}$$

式中，K_i 称为积分增益。控制器的输出与偏差信号的积分成正比。PI 控制器的传递函数为

$$G(s) = \frac{U(s)}{E(s)} = \frac{1}{\delta}\left(1 + \frac{1}{T_i s}\right) \tag{4-32}$$

比例积分控制中，在比例带不变的情况下，减小积分时间 T_i，将使控制系统稳定性降低，振荡加剧。

4.6.3.1 积分饱和现象

在自动控制系统中，积分控制器依据被控变量与设定值的偏差累积进行控制输出调节，其控制规律具有消除稳态误差的特性。然而，当系统因执行机构物理约束（如调节阀达到全开或全关极限位置）、设备故障（如泵失效导致流量中断）等原因，致使被控变量偏差无法及时消除时，积分环节将持续对偏差进行累积运算。随着时间推移，控制器输出不断增大或减小，最终超出执行机构的有效控制范围，进入深度饱和状态，此现象即为积分饱和。

处于积分饱和状态的控制器，其输出值被限制在执行机构的最大或最小工作边界，尽管此时控制作用已无法改变被控变量，但积分环节仍在持续累积偏差。只有当被控变量偏差方向发生反转，使得积分项开始减小，控制器输出才会逐渐脱离饱和区域，缓慢恢复对系统的有效调节能力。积分饱和不仅会导致系统动态响应性能恶化，延长调节时间，还可能引发系统振荡甚至失控，严重影响过程控制的稳定性与可靠性。

4.6.3.2 抗积分饱和的措施

在传统模拟仪表控制系统中，积分分离与限制偏差是常用的抗积分饱和策略。积分分离方法通过设定偏差阈值，当被控变量与设定值的偏差大于阈值时，暂时取消积分作用，仅保留比例控制，避免因偏差长期存在导致积分项过度累积；当偏差小于阈值时，再重新引入积分控制，以消除稳态误差，实现控制精度与稳定性的平衡。限制偏差措施则通过硬件电路或控制算法，对控制器输入偏差进行幅值限制，防止偏差超出合理范围，进而抑制积分项的无限制增长，确保控制器输出处于有效调节区间。

在数字仪表控制系统中，基于数字信号处理的特性，常采用累加器输出上限限幅的方式应对积分饱和问题。通过对积分环节累加器的输出值设定上、下限阈值，当积分项计算结果超过上限阈值时，强制将其输出限定为上限值；当积分项计算结果低于下限阈值时，则限定为下限值。这种限幅机制可直接阻断积分项的无界增长，使控制器输出始终保持在执行机构可响应的范围内，有效避免系统因积分饱和导致的失控风险，提升控制系统的动态性能与可靠性。

4.6.4 比例积分微分控制

当对象的容积滞后较多，同时又要求无稳态误差时，可将比例、积分和微分组合，构成 PID 控制。

$$u = K_c\left(e + \frac{1}{T_i}\int_0^t e\mathrm{d}t + T_d\frac{\mathrm{d}e}{\mathrm{d}t}\right) \tag{4-33}$$

式中，K_c 为比例增益；T_i 为积分时间；T_d 为微分时间。

选择什么样的控制算法是要跟具体的对象特性相匹配的。

4.6.5 PID 整定方法

工程整定方法通过并不复杂的实验，便能迅速获得控制器的近似最佳整定参数，因而得到广泛应用。

常见的整定方法有动态特性参数法、稳定边界法、衰减曲线法、经验整定法、等效控制器等等，本节只选取两种易于掌握的方法，其余方法不展开说明。

4.6.5.1 动态特性参数法

动态特性参数法是一种以被控对象控制通道的阶跃响应曲线为依据，通过一些经验公式求取控制器最佳参数整定值的开环整定方法。

用动态特性参数法计算 PID 控制器参数整定值的前提是，将系统简化为由控制器 $G_c(s)$ 和广义被控对象 $G_p(s)$ 两大部分组成，其中广义被控对象的阶跃响应曲线可用一阶惯性环节加纯滞后来近似，即

$$G_p(s) = \frac{K}{Ts+1}e^{-\tau s} \tag{4-34}$$

A Z-N 工程整定法

Z-N 工程整定法是由齐格勒（Ziegler）和尼科尔斯（Nichols）于 1942 年提出的，计算 PID 控制器参数的公式见表 4-2。

表 4-2 Z-N 控制器整定参数公式

调节规律	δ	T_i	T_d
P	$(K/T)\tau$		
PI	$1.1(K/T)\tau$	3.3τ	
PID	$0.85(K/T)\tau$	2.0τ	0.5τ

B C-C 工程整定法

在 Z-N 工程整定法的基础上，经过不断改进，总结出相应的计算 PID 控制器最佳参数整定公式。这些公式均以衰减率（$\psi=0.75$）为系统的性能指标，其中广为流行的是科恩（Cohen)-库思（Coon）整定公式，即

（1）比例控制器：

$$K_cK = (\tau/T)^{-1} + 0.333 \tag{4-35}$$

（2）比例积分控制器：

$$\left.\begin{aligned} K_cK &= 0.9(\tau/T)^{-1} + 0.082 \\ T_i/T &= [3.33(\tau/T) + 0.3(\tau/T)^2]/[1+2.2(\tau/T)] \end{aligned}\right\} \tag{4-36}$$

（3）比例积分微分控制器：

$$\left.\begin{aligned} K_cK &= 1.35(\tau/T)^{-1} + 0.27 \\ T_i/T &= [2.5(\tau/T) + 0.5(\tau/T)^2]/[1+0.6(\tau/T)] \\ T_d/T &= 0.37(\tau/T)/[1+0.2(\tau/T)] \end{aligned}\right\} \tag{4-37}$$

C 其他经验公式整定法

关于 PID 经验公式整定方法有很多，这里不再详述，选取一种更实用的公式，推荐给大家使用。

对于 PI 控制器，整定公式如下：

（1）一阶惯性：

$$K_p = \frac{T}{K\times\beta_1} \quad \beta_1 = T \tag{4-38}$$

$$K_i = \frac{1}{T} \tag{4-39}$$

（2）一阶惯性+纯滞后：

当 $\tau > 2T$ 时：

$$\beta_2 = 2\tau \tag{4-40}$$

否则

$$\beta_2 = 2\left(T + \frac{\tau}{2}\right) \tag{4-41}$$

则有:

$$K_p = \frac{T + \frac{\tau}{2}}{K\beta_2} \tag{4-42}$$

$$K_i = \frac{1}{T + \frac{\tau}{2}} \tag{4-43}$$

4.6.5.2 经验整定法

在现场控制系统整定工作中，经验丰富的调试人员常常采用经验整定法，这种方法实际上是一种试凑法，它不需要进行上述的试验和计算，而是根据运行经验，先确定一组PID参数，并投入运行，然后人为地加入阶跃扰动（如改变设定值），观察被控变量或控制器输出的阶跃响应曲线，并依据控制器各参数对调节过程的影响，改变相应的控制参数。

一般先δ后T_i和T_d，如此反复调试，直到得到满意的阶跃相应曲线。表4-3和表4-4给出控制器参数的经验数据即设定值扰动下PID控制器各参数对调试过程的影响，尽管有些系统会超出此范围，但它毕竟为经验整定法提供了试凑范围。

表 4-3 Z-N 经验法控制器参数估计值

被控对象	δ/%	T_i/s	T_d/s
液位	20~80	60~300	—
流量	40~100	6~60	—
压力	30~70	24~180	—
温度	20~60	180~600	3~180

表 4-4 设定值扰动下整定参数对调节过程的影响

性能指标	$\delta\downarrow$	$T_i\downarrow$	$T_d\uparrow$
最大动态偏差	↑	↑	↓
残差	↓	—	—
衰减率	↓	↓	↑
振荡频率	↑	↑	↑

这种方法使用得当，同样可以获得满意的PID控制器参数，取得最佳的控制效果。而且此方法省时，对生产影响小。

4.7 过程控制系统

4.7.1 单回路控制系统

简单控制系统方框图如图4-11所示。

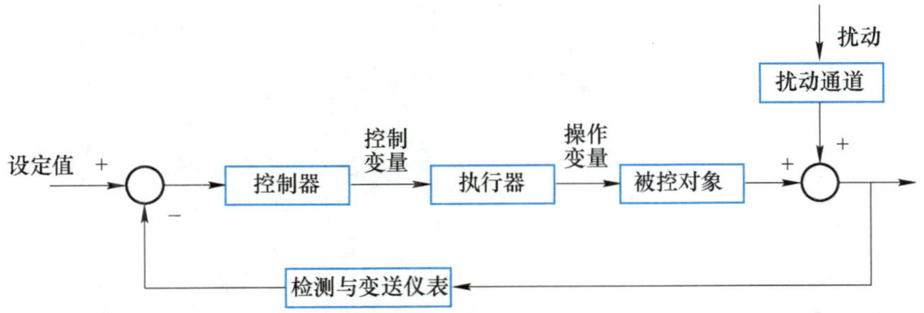

图 4-11 简单控制系统的标准方框图

在简单控制系统的工程实践中，PID 控制算法凭借其结构简单、鲁棒性强、参数调节灵活等优势，成为应用最为广泛的控制策略。其参数选择需综合考量广义被控对象的动态特性与工艺控制要求，具体遵循以下原则。

（1）针对大时间常数与大容积滞后对象。当广义被控对象控制通道呈现较大时间常数或显著容积滞后特性时，引入微分环节可有效改善系统动态响应。若工艺允许存在一定稳态误差，可选用比例微分（PD）控制，利用微分作用对偏差变化率的预测能力，提前补偿系统滞后，加快调节速度；若工艺要求实现零稳态误差，则需采用比例积分微分（PID）控制，通过积分环节消除残差，结合比例与微分环节，在保证控制精度的同时，提升系统的动态性能与抗干扰能力，该策略广泛应用于温度、成分、pH 值等慢响应过程的控制场景。

（2）针对小时间常数与稳定负荷对象。对于控制通道时间常数较小且负荷变化平缓的系统，同时工艺要求无稳态误差时，比例积分（PI）控制是理想选择。比例环节实现快速响应，积分环节消除静差，二者协同作用即可满足系统稳定性与控制精度需求，典型应用于管道压力、流量等惯性较小且工况相对稳定的过程控制。

（3）针对复杂动态特性对象。当广义被控对象的控制通道时间常数、容积延迟极大，且伴随剧烈的负荷波动时，简单控制系统的 PID 控制已难以满足性能要求。此时需突破传统控制架构，设计串级控制、前馈控制等复杂控制系统，或引入模型预测控制、自适应控制等先进控制策略，通过多变量协同调节、动态模型补偿等手段，实现对复杂过程的有效控制。

如果广义被控对象传递函数可用

$$G(s)=\frac{K}{Ts+1}e^{-\tau s} \tag{4-44}$$

近似，则根据广义被控对象的可控比 τ/T 选择 PID 控制器的调节规律。

当 $\tau/T<0.2$ 时，选择比例或比例积分控制；

当 $0.2\leqslant\tau/T\leqslant1.0$ 时，选择比例微分或比例积分微分控制；

当 $\tau/T>1.0$ 时，采用简单控制系统往往不能满足控制要求，应选用如串级、前馈等复杂控制模式。

实训实例一：采暖换热系统中的热用户流量控制

图 4-12 是采暖换热系统图，采暖换热系统中，热用户热水需求量作为设定值，实际

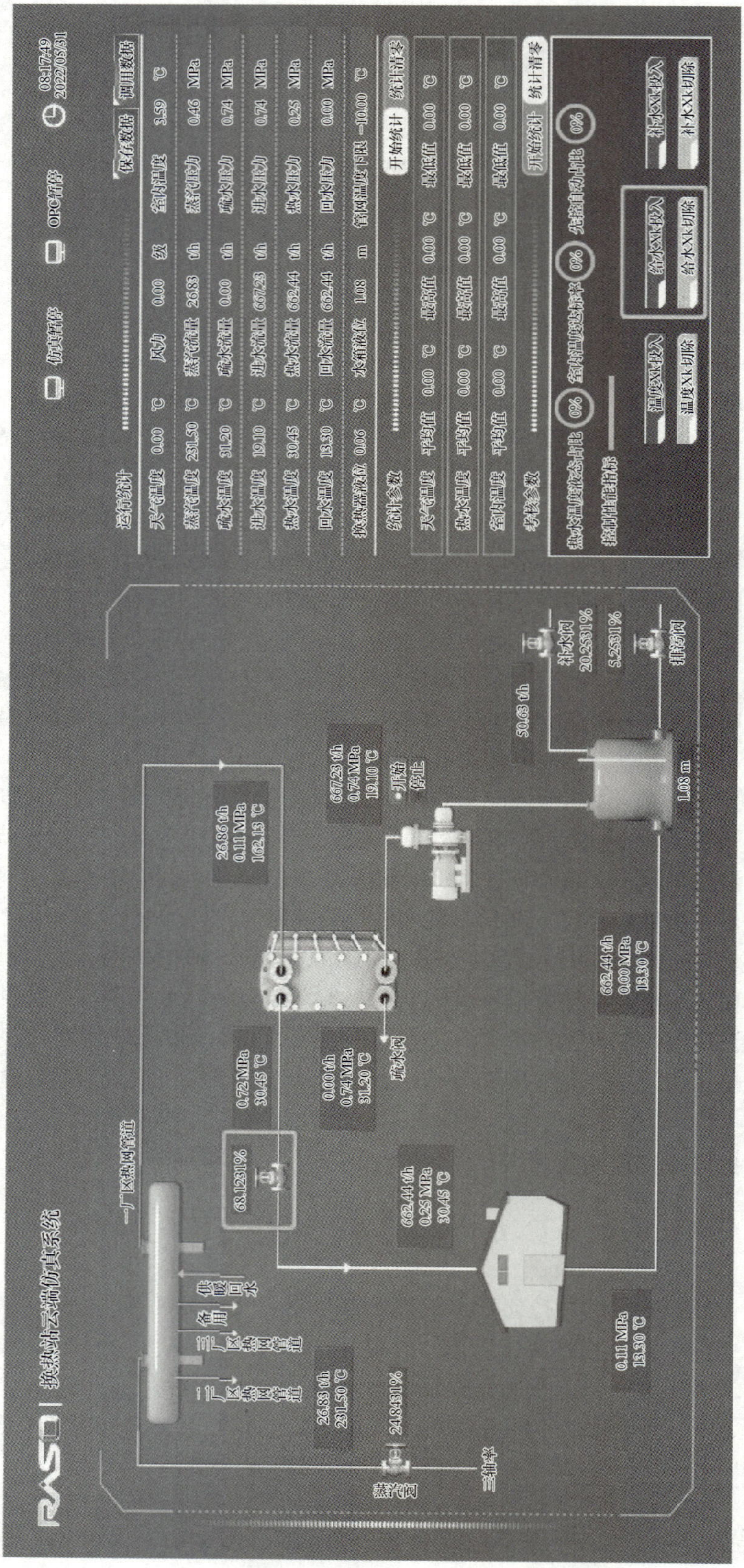

图 4-12　采暖换热系统图（2D 网页版）

热水流量作为过程值，构建为典型的单回路控制。

流量用户设定值可以通过对接优化系统，在主画面中设计一个设定值输入窗口，控制框图如图 4-13 所示。

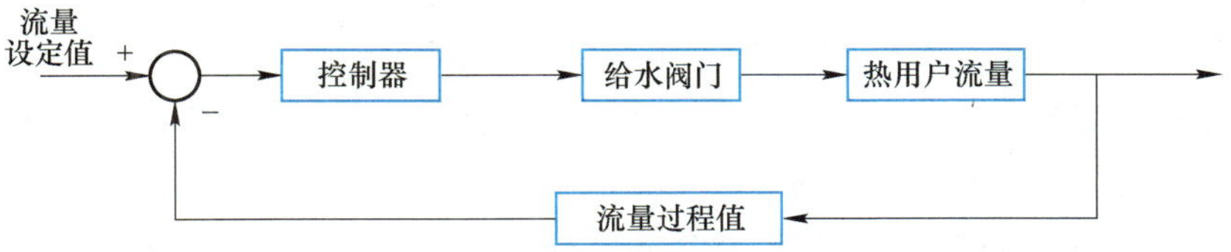

图 4-13 热用户流量控制框图

按照以上控制方式搭建控制方案，并调试参数。

4.7.2 串级控制系统

串级控制系统方框图如图 4-14 所示。

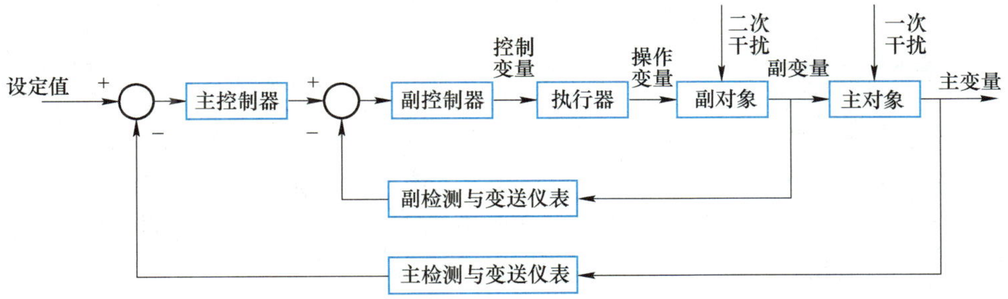

图 4-14 串级控制系统的标准方框图

串级控制系统与简单控制系统相比，只是在结构上增加了一个副回路，但实践证明，对于相同干扰，串级控制系统的控制质量是简单控制系统所无法比拟的。

4.7.2.1 串级控制优点

(1) 串级控制系统通过副回路的快速调节机制，能够对进入副回路的二次扰动进行高效抑制。副控制器基于局部反馈信号，可在扰动尚未影响主被控变量之前，迅速产生控制作用，将扰动对系统的影响限制在最小范围。这种“先于主回路动作”的特性，使得串级系统对二次扰动的抑制效果远优于单回路控制系统，极大提升了系统在复杂工况下的稳定性与可靠性。

(2) 串级控制通过副回路的引入，有效改善了被控对象的动态特性。从传递函数角度分析，副回路的存在相当于对原对象的动态结构进行了改造，减小了等效时间常数，加快了系统响应速度。这种动态特性的优化，使得系统在面对设定值变化或外部干扰时，能够更快速、平稳地达到新的稳态，有效提升了系统的调节品质。

(3) 当系统负荷发生变化时，串级控制系统能够凭借主、副控制器的协同作用，实现对负荷波动的自适应调节。主控制器根据主被控变量的偏差进行宏观调控，副控制器则依据负荷变化及时调整控制量，两者相互配合，使系统在不同负荷工况下均能保持良好的控制性能，降低了因负荷波动对控制效果的影响，增强了系统运行的稳定性与适应性。

4.7.2.2 串级控制器的设计思路

（1）副参数的选择应使副回路的时间常数小，调节通道短，反应灵敏。

（2）副回路应包含被控对象所受到的主要干扰。

（3）应考虑工艺的合理性、可能性和经济性。

（4）参数整定时，应先调试副回路，再调试主回路，只要保证主变量的控制品质，副变量的控制品质差一点也是允许的。

实训实例二：采暖换热系统中的热水温度控制

采暖换热系统中，热用户需求的热水温度作为设定值，实际热水温度作为过程值，由于热水温度的控制主要由板式换热器的蒸汽流量大小决定，同等的供水流量条件下，蒸汽量越大，则供水温度越高，因此，可构建成为典型的串级控制，如图 4-15 所示。

图 4-16 是采暖换热优化控制画面，右侧框中所示，供水温度为串级典型的串级控制回路，热水温度为外环，蒸汽流量为内环，通过调节蒸汽阀门实现供水温度的稳定控制。

温度控制组成的串级控制方案如图 4-17 所示。

按照以上控制方式搭建控制方案，并调试参数。

4.7.3 前馈控制系统

前馈控制作为过程控制领域的重要控制策略，以不变性原理为核心理论支撑，其控制机制与反馈控制存在本质区别。不变性原理要求系统构建精确的扰动数学模型，通过对可测扰动的实时检测与计算，在扰动影响被控变量之前，预先产生补偿控制作用，从而实现对被控变量的稳定控制。

从控制结构来看，前馈控制属于开环控制系统。该系统依据预先建立的扰动-控制量数学关系，直接根据扰动量计算并输出控制信号，控制过程中不依赖被控变量的反馈信息，控制效果也不通过反馈回路进行检验。这种控制方式能够实现对扰动的快速响应，在理想模型匹配条件下，可有效消除扰动对被控变量的影响。

与之相对，反馈控制是典型的闭环控制系统。其工作原理基于偏差调节，通过实时检测被控变量并与设定值比较，根据偏差大小和方向调整控制量，控制效果需通过反馈回路持续监测被控变量变化来检验。反馈控制虽能对系统输出进行动态修正，但由于存在检测、控制滞后，对快速变化扰动的抑制能力相对较弱。

前馈控制与反馈控制各有优势，在实际工业应用中，常将两者结合形成前馈-反馈复合控制系统，以实现对复杂工业过程的高效、精准控制。

常用的前馈控制系统有单纯前馈系统、前馈-反馈控制系统和前馈-串级控制系统 3 种形式。图 4-18 为前馈控制系统方框图。

4.7.3.1 扰动量选择的依据

（1）扰动量可测但不可控，如换热器进料量和供汽锅炉的负荷变化等。

（2）扰动量应是主要扰动，变化频繁且幅度较大。

（3）扰动量对被控制变量影响大，用反馈控制较难实现所需控制要求。

（4）扰动量虽然可控，但工艺要经常改变其数值，进而影响被控变量。

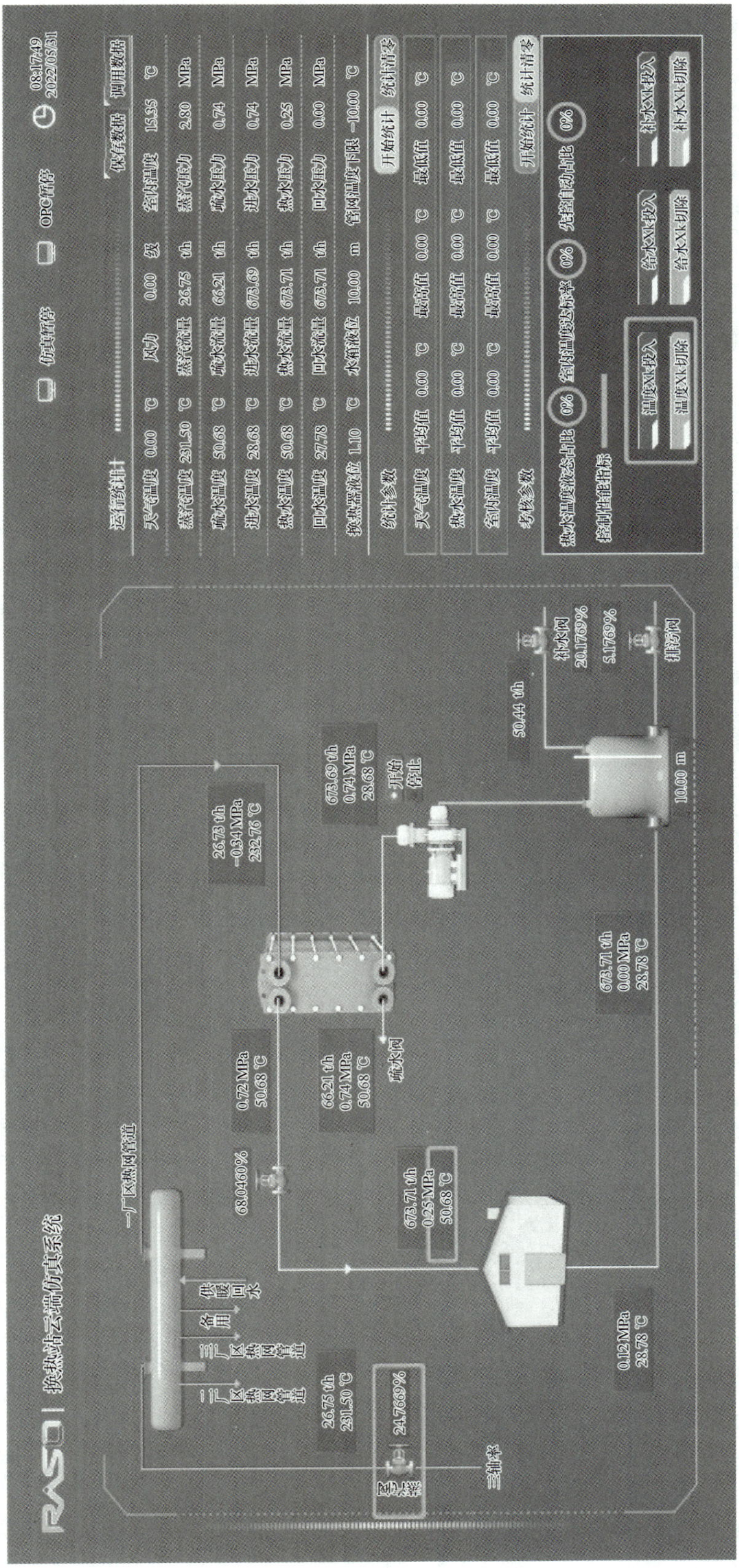

图 4-15 采暖换热串级控制图(2D 网页版)

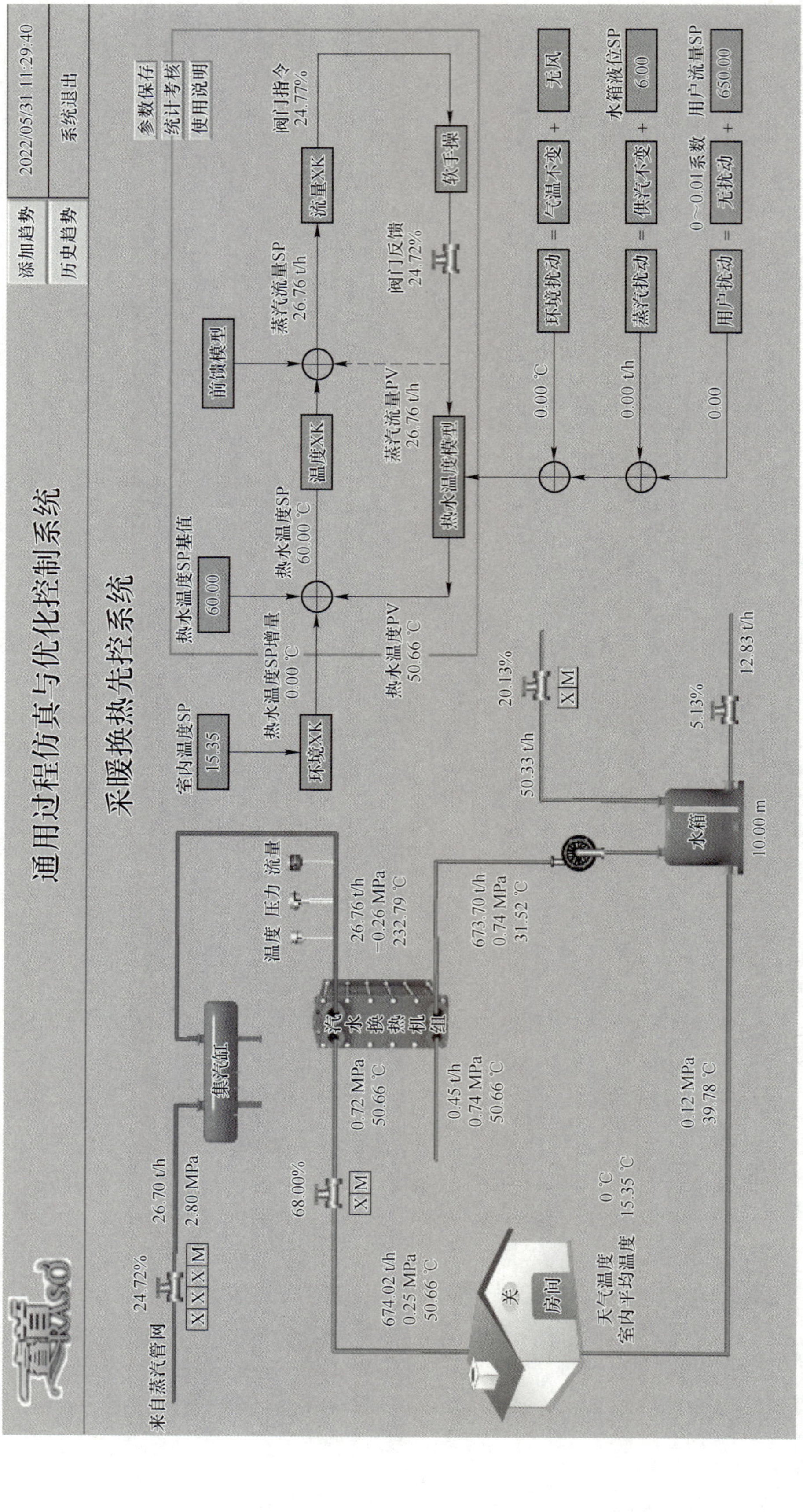

图 4-16 采暖换热优化控制系统界面图

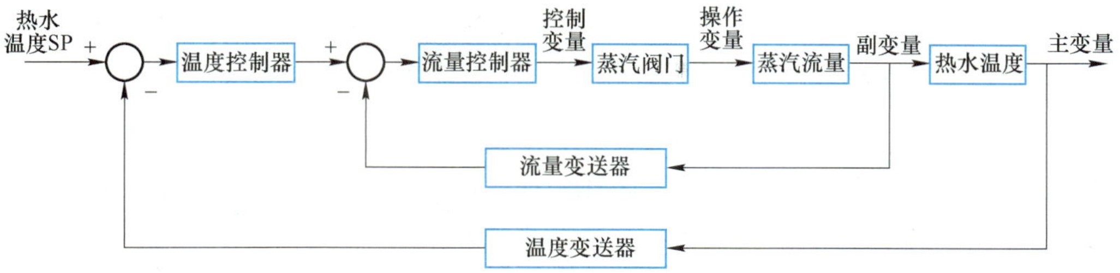

图 4-17 热水温度控制框图

4.7.3.2 系统引入前馈控制的原则

(1) 系统中的扰动量是可测不可控的。

(2) 系统中的扰动量的变化幅值大、频率高。

(3) 控制通道的纯滞后时间较大或干扰通道的时间常数较小。

(4) 当工艺上要求实现变量间的某种特殊关系，需要通过建立数学模型来实现控制时，可选用前馈控制。

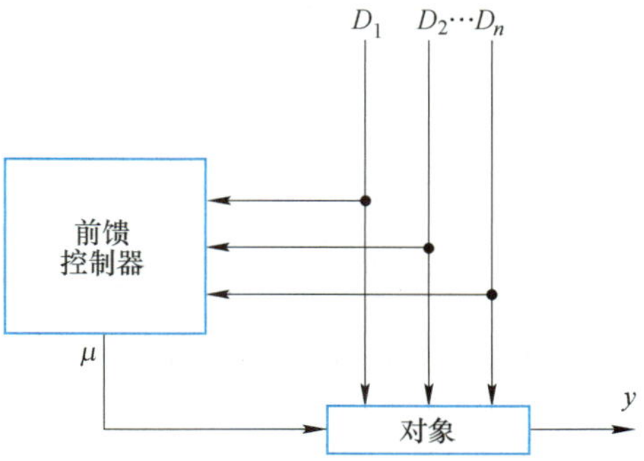

图 4-18 前馈控制系统方框图

4.7.3.3 前馈系统的工程参数整定

(1) 整定静态前馈系数。静态前馈控制系统就是确定静态前馈控制器的静态前馈系数。

(2) 整定动态前馈的超前-滞后环节参数。利用经验法，整定分为系数整定和时间常数整定两部分。

(3) 前馈-反馈和前馈-串级控制系统的工程整定。先整定反馈或串级控制系统，后整定前馈控制系统。

实训实例三：采暖换热系统中的供水温度控制

采暖换热系统中的供水温度控制是典型的串级控制，同时，该仿真系统还设计了三种扰动信号，分别为环境温度扰动、蒸汽流量（压力）扰动、热用户用量扰动。前馈算法的构建方式可为："蒸汽压力"扰动作为内环扰动，加入内环控制输出上（阀门输出）；"热水用户"和"环境温度"扰动作为外环扰动，加入外环输出上（蒸汽流量设定值），具体方案如图 4-19 所示。

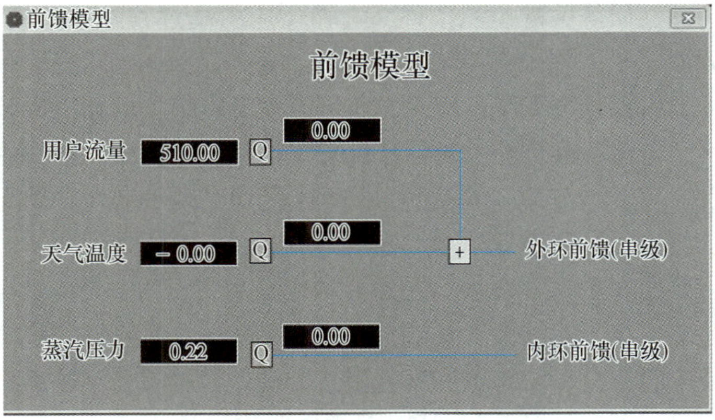

图 4-19 采暖换热系统的前馈方案

图 4-20 为热水温度组成的串级+前馈控制方案。

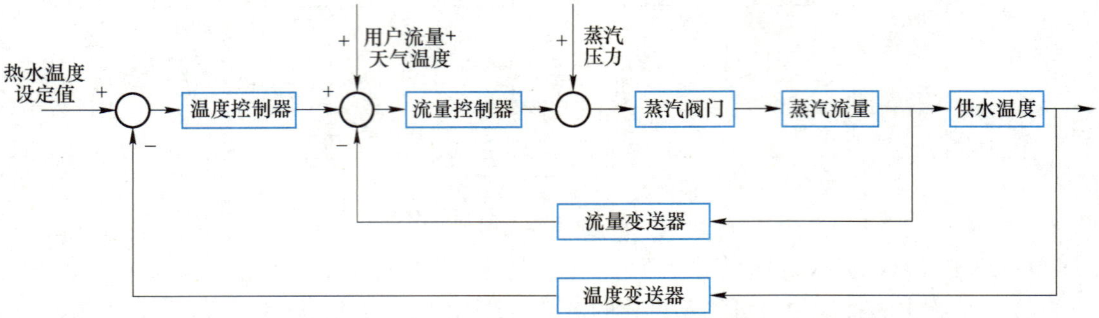

图 4-20　热水温度控制框图

按照以上控制方式搭建控制方案，并调试参数。

4.7.4　顺序控制系统

实现生产工艺中各设备按规定的条件和顺序依次动作的系统称为顺序控制系统（SCS）。顺序控制是一种按时间顺序或逻辑顺序进行控制的开环控制方式。

顺序控制与一般的过程控制的区别在于：

（1）目的不同。过程控制的目的是确保某一个或数个参数的变化范围满足生产工艺要求，顺序控制是满足生产工艺中的设备按条件和顺序启动与停止。

（2）输出不同。过程控制的输出一般是模拟量或等效的模拟量，顺序控制的输出是开关量。

（3）信息处理方式不同。过程控制是一种以模拟量为主的控制，顺序控制是一种以开关量为主的控制，主要信息处理方式是组合逻辑与时序逻辑运算。

联锁保护系统、紧急停车系统和报警系统等，处理信息的方式及输出与顺序控制系统类似。因此广义的顺序控制系统还包含这些系统。

实训实例四：反应单元冷态入料场景智能化生产一键开车

化工反应釜是整个化工生产流程中最关键的设备。本装置主要是根据反应原理，反应流程、原料和产品的性质等关键控制条件，选择反应的全过程顺序控制。图 4-21 是反应釜一键启停操作画面。

按照反应要求，可以选择或跳过程序，还可以在反应阶段设置反应条件，通过反应过程中的压力、温度、电流、液位等关键参数进行监视和控制，根据给料流量，结合反应釜以及各种工艺条件，自动调节反应釜温度，关键工艺均实现手动、自动无扰动切换，并优化主要工艺参数的越界报警和处理功能。

以上功能的主要程序主干（流程）是通过顺序控制实现的，是要结合具体的产品及所对应的工艺参数条件，按一定的生产要求，有序地完成一系列的生产操作。

反应釜的冷态入料一键启动要求可参考相关资料，类似的顺序控制系统还有很多，如精馏装置的一键启停、干燥装置的一键启停等。

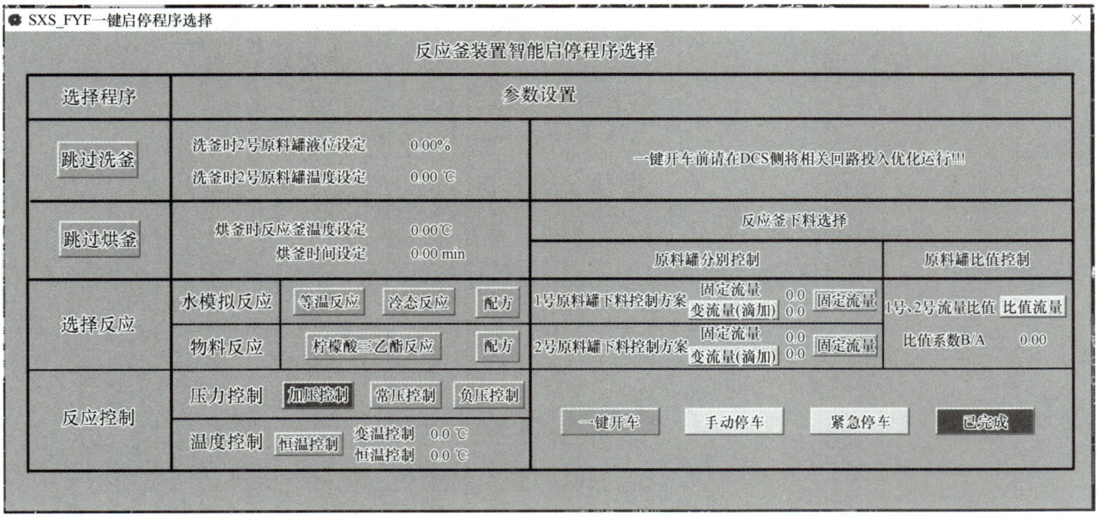

图 4-21 反应釜一键启停操作画面

4.7.5 比值控制系统

在生产过程中，工艺上常常要求两种或以上的物料保持一定的比例关系，一旦比例失调，就会影响生产，造成产量下降、质量降低，甚至造成安全事故。

这种自动保持两个或多个参数之间比例关系的控制系统就是比值控制所要完成的任务。需要保持一定比例关系的两种物料，总有一种起主导作用的物料，称这种物料为主物料；另一种物料在控制过程中跟随主物料的变化而成比例地变化，这种物料称为从物料。

在生产过程中，根据工艺允许的负荷波动幅度、干扰因素的性质、产品质量的要求不同，对两物料量比值的控制方案也不同。

4.7.5.1 比值控制方案分类

（1）开环比值控制。开环比值控制是一种结构最简单的比值控制系统，在控制要求较高的场合无法应用。控制框图如图 4-22 所示。

图 4-22 开环比值控制原理方框图

（2）单闭环比值控制。单闭环比值控制比开环比值控制要优越得多，从物料 Q_2 跟随主物料 Q_1 的变化而变化，还可以克服从物料 Q_2 本身干扰对比值的影响，从而实现精确的比值控制，在工业现场有广泛的应用，但单闭环比值系统一般只用于负荷变化不大的场合。控制框图如图 4-23 所示。

（3）双闭环比值控制。双闭环控制系统的优点是，可用在主物料干扰比较频繁、工艺上经常要求升降负荷的场合。控制框图如图 4-24 所示。

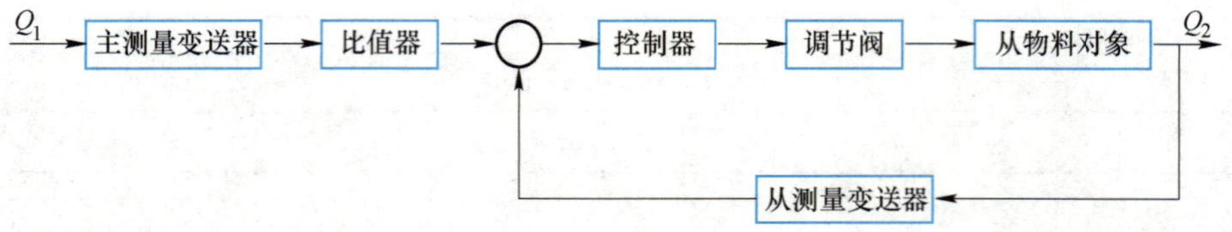

图 4-23　单闭环比值控制原理方框图

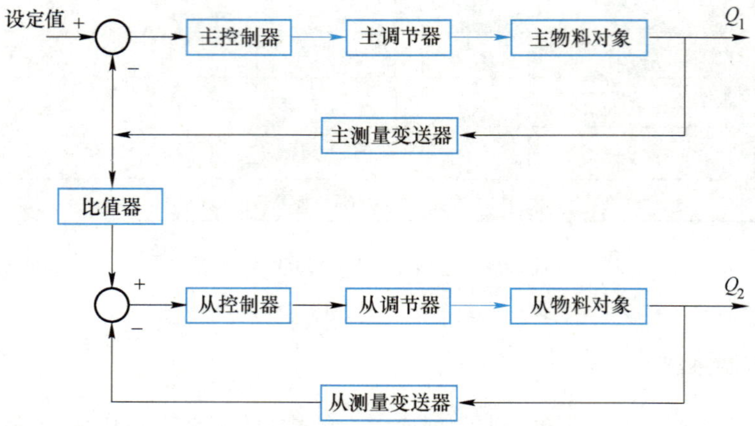

图 4-24　双闭环比值控制原理方框图

（4）变比值控制系统。有些生产过程中要求两种物料的比值能灵活地根据另一种参数的变化来不断修正，这种控制方式就是变比值控制。图 4-25 为变比值控制原理方框图。

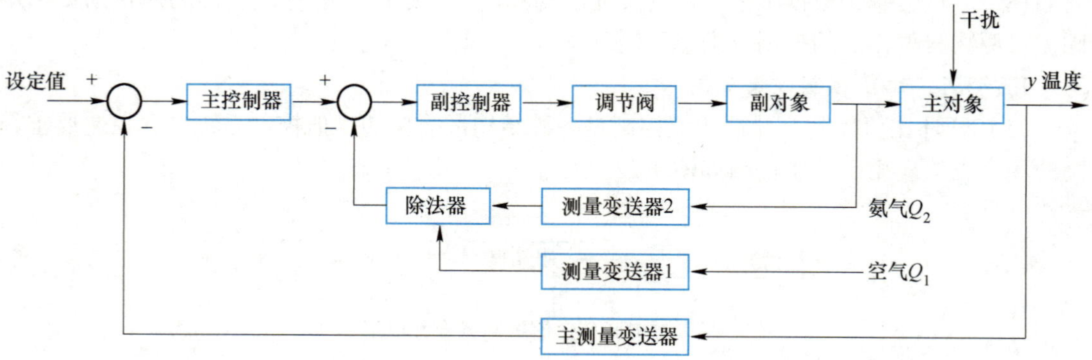

图 4-25　变比值控制原理方框图

例如，氧化炉温度与氨气/空气变比值控制系统。单靠氨气和空气的流量比值恒定是不能保证氧化炉温度恒定的，必须根据氧化炉温度的变化，适当改变氨气和空气的流量比，以维持氧化炉的温度不变。

由此可见，变比值控制系统是两种物料比值随另一个参数变化的一种比值控制系统，其结构是串级控制系统与比值控制系统的结合，它实质上是一种以某种质量指标为主变量，两物料比值为副变量的串级控制系统，所以也称为串级比值控制系统。

4.7.5.2 主从物料的选择原则

（1）在可测两种物料中，如果一个物料流量是可控的，另一个物料流量是不可控的，将可测不可控的物料作为主物料，可测又可控的物料作为从物料。

（2）分析两种物料的供应情况，将有可能供应不足的物料作为主物料，供应充足的物料作为从物料。

（3）将对生产负荷起关键作用的物料作为主物料。

（4）一般选择流量较小的物料作为从物料，这样可以降低系统建设成本，且易于控制。

（5）从安全角度出发，如某种物料供养不足会导致不安全时，应选择该物料为主物料。

实训实例五：反应釜等温入料

反应釜等温入料是控制原料在进入反应釜时的温度接近反应温度，避免升温过程从而加快反应周期，两种物料按照等比例模式进行控制的方式。图 4-26 是变比值控制组态图。

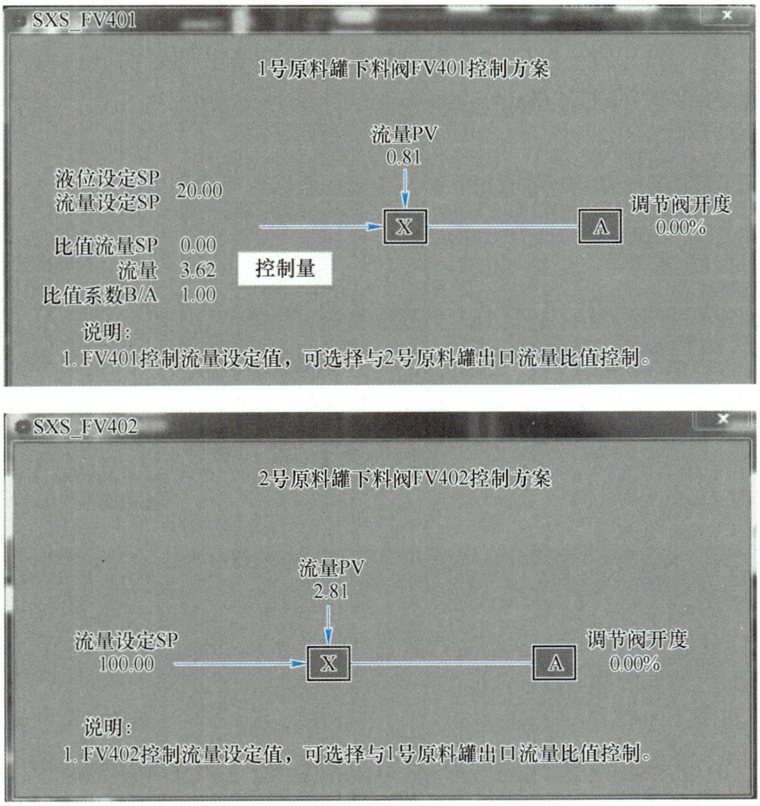

图 4-26 变比值控制组态图

具体的控制方案如图 4-27 所示。

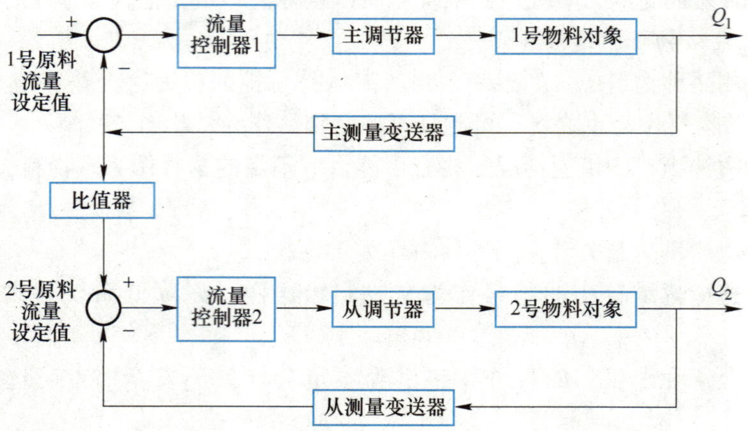

图 4-27 变比值控制原理方框图

4.7.6 分程控制系统

在单回路控制系统中，一台控制器的输出信号只操纵一个调节阀工作。然而，在实际生产中还存在另一种情况，即由一台控制器的输出信号去控制两个或两个以上的调节阀工作，而且每一个调节阀上的控制信号，只是控制器整个输出信号的某一段。分程的意思就是将控制器的输出信号分割成不同的量程范围，去控制不同的调节阀，习惯上称这种控制方式为分程控制。

分程控制阀门的主要动作方向如图 4-28 所示。

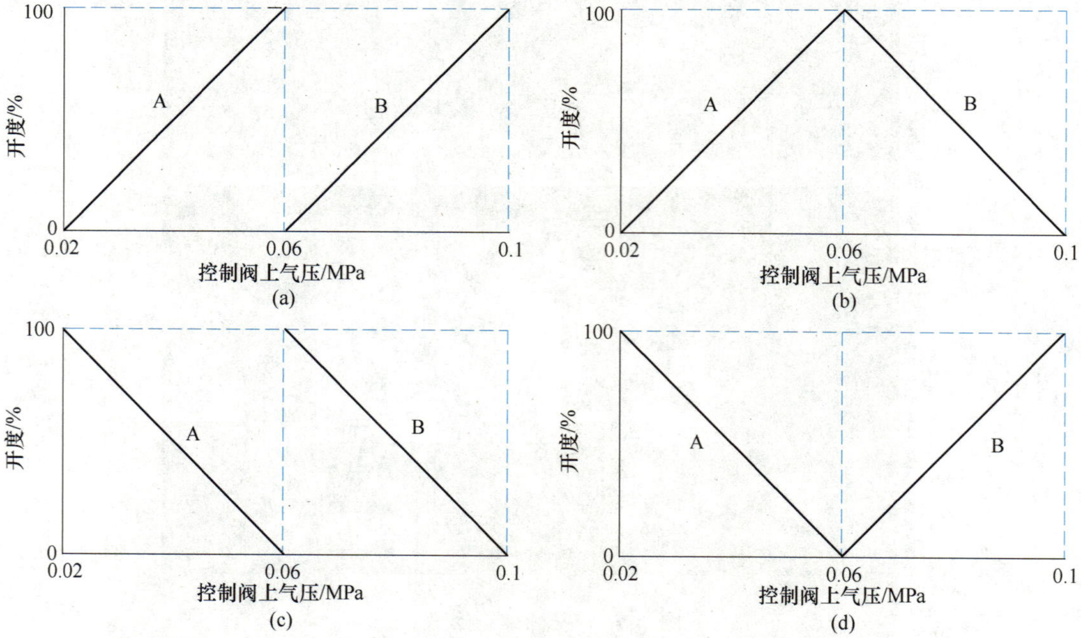

图 4-28 两控制阀的分程组合动作图

（a）两阀同向开；（b）A 阀开，B 阀关；（c）两阀同向关；（d）A 阀关，B 阀开

4.7.6.1 分程控制系统的应用

(1) 扩大调节阀的可调范围；

(2) 满足工艺操作过程中的特殊要求；

(3) 用于安全生产的防范措施。

4.7.6.2 分程控制系统的实施

(1) 分程信号的信号；

(2) 对调节阀泄漏量的要求；

(3) 利用阀门定位器实现信号分送；

(4) 分程信号的衔接。

举例说明一：间歇反应釜生产过程

在某些间歇式生产的化学反应过程中，当反应物料投入设备后，为了使其达到反应的起始温度，往往在反应开始前需要给它提供一定的热量。一旦达到反应温度后，就会随着化学反应的进行而不断释放出热量，这些放出的热量如不及时带走，反应就会越来越剧烈，以至于会有爆炸发生的危险。因此，对这种间歇式化学反应器，既要考虑反应前的预热问题，又要考虑反应过程中即使带着反应热的问题。为此，针对该化学反应器设计了分程控制系统。图 4-29 为反应器分程控制系统图。

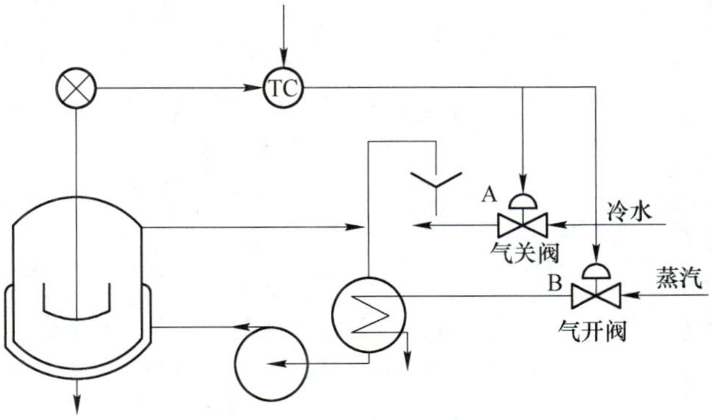

图 4-29 反应器分程控制系统图

从安全的角度考虑，图 4-29 中冷水阀门 A 选用气关型，蒸汽控制阀 B 选用气开型，控制器选用反作用的比例积分控制器，用一个控制器带动两个调节阀进行分程控制。A 与 B 两个控制阀的关系是异向动作，它们的动作过程如图 4-30 所示。

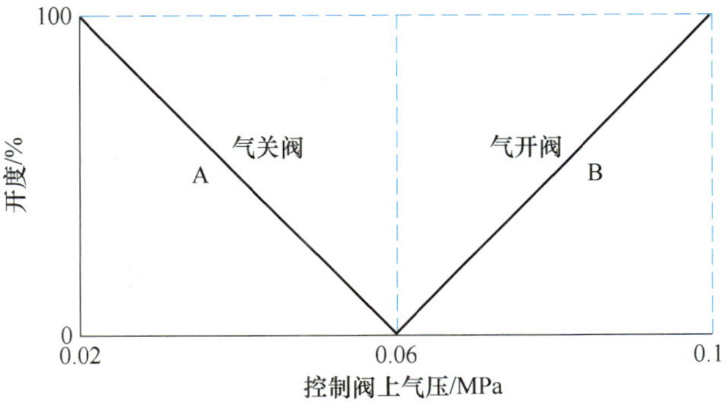

图 4-30 压力控制阀方案

针对该分程控制系统，当反应器配料工作完成以后，再进行化学反应前的升温阶段，由于起始温度低于设定值，因此反作用的控制器输出信号将逐渐增大，A 阀逐渐关小至完全关闭，而 B 阀则逐渐打开，此时蒸汽通过热交换器使循环水被加热，再通过夹套对反应釜进行加热、升温，以便使反应物温度逐渐升高。当温度达到反应温度时，化学反应发生，于是就有热量放出，反应物的温度将继续升高。当反应温度升高至超过设定值后，控制器的输出将减小，随着控制输出的减小，B 阀将逐渐关闭，而 A 阀则逐渐打开。这时反应器夹套中流过的将不再是热水而是冷水，反应所产生的热量就被冷水带走，从而达到维持反应温度的目的。

举例说明二：pH 值控制

运行情况分析：

如某农化 MVR 罐区 pH 值控制系统操作画面，如图 4-31 所示。装置区来的酸性水和碱性水在时间和数量上都是不确定的。工艺操作方法：水位高时处理，水位低时停止；已处理水若不合格则打循环处理，根据 pH 值来决定掺酸性水还是碱性水；pH 值要求控制在 5~6。

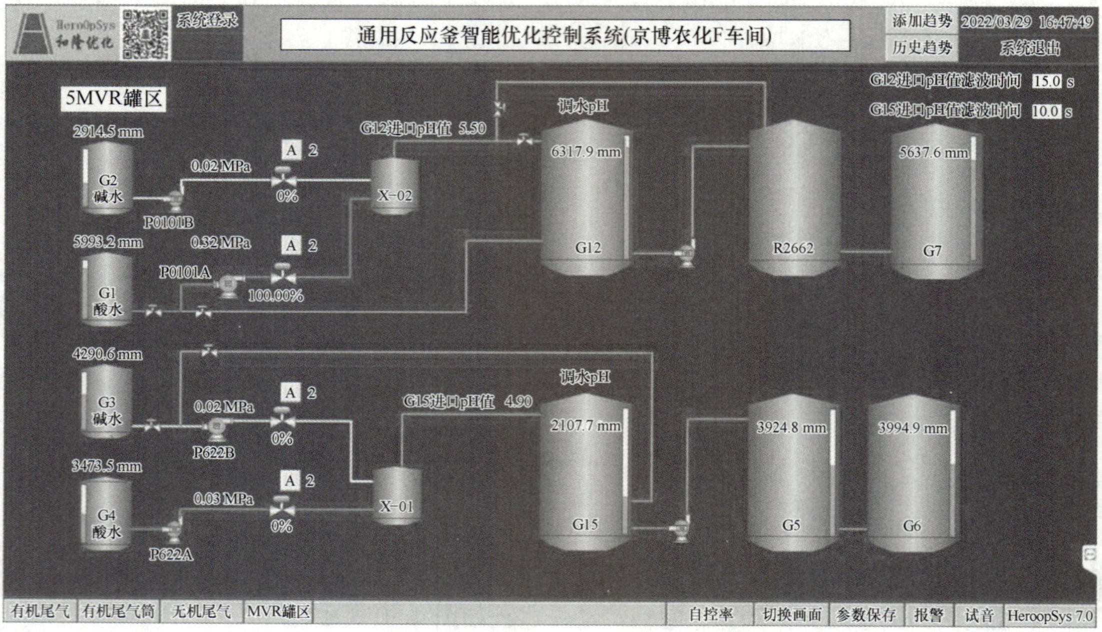

图 4-31 某农化厂罐区操作画面

实际存在的问题：

（1）大起大落操作：造成全系统不稳定，尤其是 pH 值；

（2）pH 值波动大对后续生产造成不利影响；

（3）能耗高：由于混合不均，用泵多次打循环造成生产能耗高；

（4）工人劳动强度大。

优化控制方案：

（1）最优化目标：1）一次配水即达要求；2）保证 G1~G4 液位在安全合理范围，如

30%~70%，液位高时启动配水，液位低时停止配水。

（2）次优化目标（若（1）实现，则此步不会发生）：当分析 G12、G15 中调水 pH 值不合格时，不必采取浪费能源的泵循环操作，而是通过计算，加入一定量的酸性水或碱性水即可（G12、G15 可有搅拌装置？若无可采用空气搅拌）。

（3）优化控制框图：图 4-32 为优化控制方案。

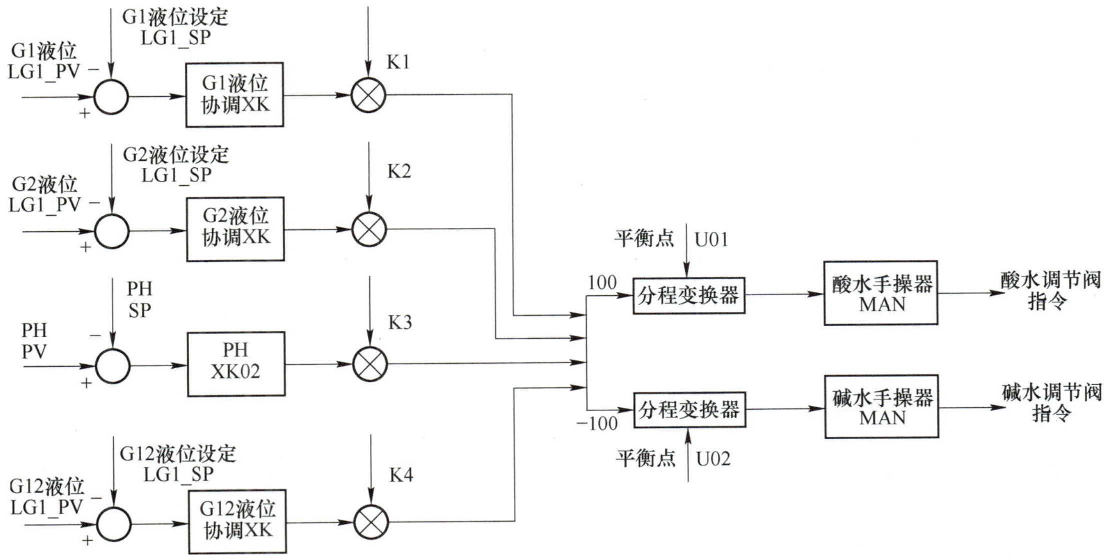

图 4-32　优化控制方案图

当 G1、G2 液位高时或 G12 液位低时可加快配水操作，相反则减慢，避免大起大落操作；要在分程变换模块中设置酸性、碱性水阀平衡点，即当 pH 值先控输出为 0 时，两个阀的初始开度。

习题与思考题

1. 过程控制系统的组成及基本结构框图。
2. 最大动态偏差与最大超调量有何异同之处？
3. 过程控制系统设计的具体步骤主要有哪些？
4. 什么是对象的动态特性？为什么要研究对象的动态特性？
5. 过程控制中被控对象的动态特性有哪些特点？
6. 简单控制系统的定义是什么？画出其典型方框图。
7. 比例、积分、微分控制规律各有何特点？
8. 某电动比例控制器的测量范围为 100~200 ℃，其输出为 0~10 mA。当温度从 140 ℃变化到 160 ℃时，测得控制器的输出从 3 mA 变化到 7 mA。试求控制的比例带。
9. 为了提高系统的稳定性、消除系统误差，应该选择用哪些控制规律？
10. 什么是积分饱和？产生的原因是什么？如何消除？
11. 什么是串级控制系统？画出其方框图，并说明串级控制与单回路控制系统相比有什么特点。

12. 前馈控制的结构有哪些，在工业中为何很少使用单纯的前馈控制？
13. 比值控制系统的形式有哪几种？画出对应的方框图。
14. 比值控制中的主物料、从物料的选择原则是什么？
15. 分程控制有哪些应用？

5 集散控制系统与智慧化工

导语： 在当今科技飞速发展的时代，化工行业正经历着深刻变革，集散控制已经在化工行业获得广泛应用，成为智慧化工必要的基础条件。随着工业4.0和智能制造理念的深入，化工生产不再局限于传统模式，而是朝着高度自动化、智能化方向迈进。

集散控制系统（distributed control system，DCS）作为工业自动化的核心，改变了以往各工序独立控制，信息孤岛的局限，其基本原则是以“分散控制、集中操作、分级管理”为理念，将控制功能分散到各个现场控制站，通过通信网络实现数据传输与集中监控。DCS具有良好的控制性能和可靠性且配置灵活、组态方便，大大提高了系统的可靠性和灵活性，即便某个控制站出现故障，也不会影响整个生产流程，为化工生产的连续稳定运行提供了坚实保障。例如，在大型石化企业中，DCS精确控制着原油蒸馏、化工反应等复杂环节，确保生产高效有序。

本章节将介绍集散控制系统的系统结构，并通过具体实例讲解一种DCS的组态使用。通过学习，你将掌握这些关键技术，为投身化工行业，推动其智能化升级奠定坚实基础。

5.1 集散控制系统（DCS）

5.1.1 集散控制系统的定义及特点

集散控制系统诞生于20世纪70年代，旨在解决传统集中式控制系统中单点故障风险高、扩展性差的问题。国产DCS系统在20世纪90年代初逐渐发展起来。其核心理念是通过功能分散与信息集中的结合，实现工业生产过程的自动化管理。DCS通过多级分层结构（如过程控制级、监控级、管理级）将控制任务分解到不同层级的设备中，既保证局部控制的独立性，又通过通信网络实现全局数据的整合与优化。集散控制系统具有如下特点：

（1）分级递阶控制：在横向和纵向都有分级，系统规模越大，系统的分级范围越广，各个分级具有各自的分工范围，相互之间由上一级协调，形成一个有机整体。

（2）分散控制：分散是针对集中而言，目的是危险分散，单个控制器故障不会导致系统瘫痪。

（3）信息管理与集成：管控一体化，信息集成化，网络化。

（4）自治和协调：各自完成各自的功能，在系统协调下工作。

（5）开放系统：可移植性（易操作、安全），可操作性，可适宜性，可用性。

（6）灵活扩展：模块化设计支持按需增减控制节点。

DCS是计算机技术、控制技术和网络技术高度结合的产物。DCS通常采用若干个控制器（过程站）对一个生产过程中的众多控制点进行控制，各控制器间通过网络连接并可进行数据交换。操作采用计算机操作站，通过网络与控制器连接，收集生产数据，传达操作指令。因此，DCS 的主要特点归结为一句话就是：分散控制集中管理。

5.1.2 系统原理与架构

5.1.2.1 分层递阶结构

DCS 采用金字塔式分层结构，通常分为三级：

（1）过程控制级：由现场控制单元（field control unit，FCU）组成，直接连接传感器和执行器，负责数据采集、PID 调节、顺序控制等实时任务。例如，PID 模块、数据滤波等功能在此层级实现。

（2）监控级：包括操作员站和工程师站，提供人机界面（human machine interface，HMI），用于流程监控、报警管理、历史数据存储及控制策略调整。工程师站还支持系统组态和算法开发。

（3）管理级：通过上位机实现生产调度、能耗优化及决策支持，通常与企业资源计划（ERP）系统集成。

5.1.2.2 通信网络

DCS 通过高速数据总线（如以太网、现场总线）连接各层级设备。通信协议需满足实时性与可靠性要求，例如冗余网络设计（双绞线、光纤）和容错机制（如心跳检测、自动切换）。

5.1.2.3 功能分散与冗余设计

功能分散：控制算法分布在多个独立控制器中，例如锅炉温度控制与阀门调节由不同单元完成，降低单点故障影响。

硬件冗余：关键模块（CPU、电源、通信接口）采用热备份配置，故障时无缝切换，确保系统连续运行。

核心特点：

（1）可靠性：冗余设计（电源、控制器、网络）减少单点故障。

（2）灵活性：模块化组态支持工艺变更与系统扩展。

（3）实时性：毫秒级数据处理能力满足化工生产动态控制需求。

5.1.3 技术基础与核心功能

5.1.3.1 4C 技术融合

DCS 整合了计算机（computer）、控制（control）、通信（communication）和显示（cathode ray tube，CRT）技术，形成完整的控制生态。

（1）计算机技术：微处理器实现高速运算与复杂算法。

（2）控制技术：支持 PID、预测控制、模糊逻辑等多种算法。

（3）通信技术：实时数据传输与多节点协同。

（4）显示技术：动态流程图、趋势曲线等可视化界面。

5.1.3.2 4C 软件组态与实时数据库

DCS 通过组态软件（如功能块连接、填表式配置）灵活构建控制逻辑。实时数据库作为核心，存储来自现场的数据流，支持快速访问与处理。例如，历史数据库记录关键参数变化，用于趋势分析与故障回溯。

5.1.3.3　先进控制策略

除传统 PID 控制外，DCS 可集成模型预测控制（model predictive control，MPC）、自适应控制等高级算法。例如，霍尼韦尔的 HPC 模块和横河的 predictrol 系统，通过卡尔曼滤波优化状态估计，提升复杂工况下的控制精度。

5.1.4　可靠性保障机制

可靠性保障分为以下 3 种。

（1）容错设计：软件采用分段模块化编程，支持程序卷回与指令复执，避免局部错误扩散。

（2）自诊断功能：实时监测硬件状态，故障时触发报警并启动冗余模块。

（3）环境适应性：工业级硬件满足高温、振动等恶劣条件，确保长期稳定运行。

5.1.5　架构组成扩展

现代 DCS 正朝向开放化与智能化发展：

（1）开放式架构：支持与 FCS、PLC 等异构系统集成，打破厂商封闭生态。

（2）工业互联网融合：通过云平台实现远程监控与大数据分析，如设备健康管理（PHM）。

（3）AI 赋能：引入机器学习优化控制参数，实现自整定与故障预测。

5.2　DCS 在智慧化工中的核心作用

5.2.1　智慧化工的三大需求与 DCS 的适配性

（1）数据驱动：DCS 通过实时数据库与工业物联网平台（如 IIoT）对接，实现生产数据全生命周期管理，支持大数据分析与预测性维护。

（2）智能化控制：集成先进控制算法（如模型预测控制、模糊逻辑），优化能耗与工艺参数。

（3）安全与韧性：通过内生安全技术（可信计算 3.0）抵御网络攻击，保障关键基础设施安全。

5.2.2　DCS 与智慧化工的融合场景

5.2.2.1　应用场景与需求

连续生产过程：炼油、乙烯裂解等，需实时调节温度、压力、流量等参数。DCS 通过传感器网络实时采集温度、压力、流量、液位等关键参数，并基于预设算法（如 PID、模型预测控制）自动调节阀门开度、加热功率等，确保反应条件稳定。例如，在合成氨生产中，DCS 对反应釜温度和物料流量的精准控制可将误差控制在±1℃以内，避免因条件波动导致的安全事故或产品质量问题。

batch 过程：精细化工合成，需严格按工艺步骤执行顺序控制。通过此过程，将整个流程实现全自动化，同时给厂里自动排产提供了有效抓手。

安全联锁：紧急停车系统（emergency shutdown system，ESD）与 DCS 集成，确保异常工况下的安全切断。DCS 与安全仪表系统（safety instrumented system，SIS）联动，可实时监测气体泄漏、超压等异常，并触发联锁停机。如化工厂通过 DCS 与 SIS 的协同，实现高压反应釜的紧急泄压控制，有效降低爆炸风险。

5.2.2.2 关键应用案例

精馏塔控制：通过 DCS 实现回流比、塔釜温度的串级控制，提升产品纯度。

聚合反应监控：实时采集反应热、黏度数据，动态调整催化剂注入量，防止爆聚风险。

能源管理：对公用工程（蒸汽、压缩空气）进行负荷分配与能耗优化。

5.2.3 智慧化工的升级方向

智慧化工的升级主要有以下方向：

（1）与物联网（IoT）融合：通过边缘计算节点接入更多智能仪表。

（2）数据驱动优化：结合机器学习算法，基于历史数据优化控制参数。

5.3 ECS-700 集散控制系统

ECS-700 系统是 WebField 系列控制系统之一，致力于帮助用户实现企业自动化的大型高端控制系统。系统最大可支持 60 个控制域和 128 个操作域。

ECS-700 系统按照可靠性原则进行设计，充分保证系统安全可靠。系统所有部件都支持冗余，在任何单一部件故障情况下系统仍能正常工作。ECS-700 系统具备故障安全功能，输出模块在网络故障情况下，进入预设的安全状态，保证人员、工艺系统或设备的安全。

ECS-700 系统作为大规模联合控制系统，具备完善的工程管理功能，包括多工程师协同工作、组态完整性管理、在线单点组态下载、组态和操作权限管理等，并提供相关操作记录的历史追溯。

5.3.1 ECS-700 系统结构及特点

ECS-700 系统融合了最新的现场总线技术和网络技术，支持 PROFIBUS、MODBUS、FF、HART 等国际标准现场总线的接入和多种异构系统的综合集成。图 5-1 为 ECS-700 系统结构。

5.3.1.1 系统特性

ECS-700 系统基于国际标准和行业规范进行设计和研制，保证了系统的可用性、可靠性和开放性。系统具有以下鲜明的特点：

（1）开放性。融合各种标准化的软、硬件接口，兼容符合现场总线标准的数字信号和传统的模拟信号，提供符合 MODBUS、HART、FF 和 PROFIBUS 等标准协议的开放接口。

（2）安全性。系统安全性和抗干扰性符合工业使用环境下的国际标准。全系统包括电

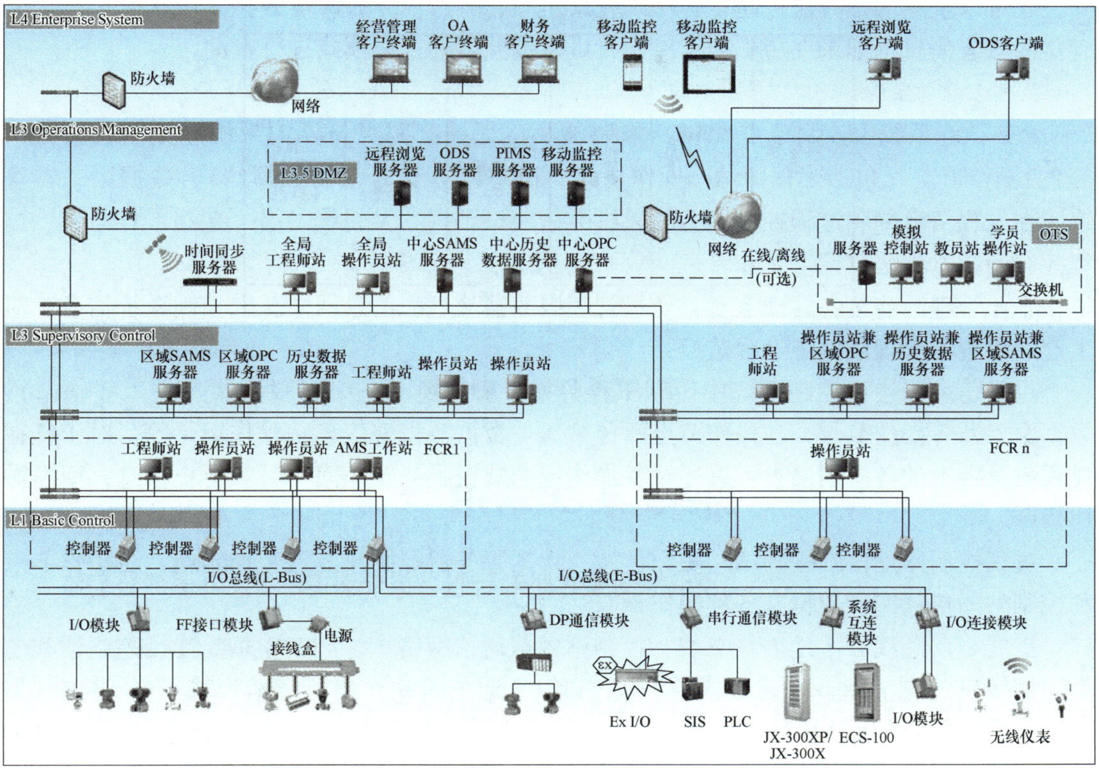

图 5-1　ECS-700 系统整体结构

源模块、控制器、I/O 模块和通信总线等，均实现冗余。I/O 模块具有通道级的故障诊断，具有完备的故障安全功能。系统具备组态单点在线下载和在线更改功能，确保现场安全连续运行。

（3）易用性。控制站采用 19 英寸国际标准机械结构，部件采用标准化的组合方式，方便在各种应用环境下的安装。控制柜采用双面垂直结构，独特的柜内布局兼顾混装灵活性、I/O 容积率以及维护方便性。I/O 模块功能选择通过软件配置实现，无需跳线设置。精致封装的 I/O 模块及模块基座均采用免螺钉的快速装卸结构。软件采用最新人机工程设计技术，符合工业控制操作习惯。

（4）实时性。系统提供快速逻辑控制功能，支持 20 ms 的高速扫描周期。系统具有顺序事件记录功能，精度达到 1 ms。

（5）强大的联合控制。ECS-700 系统具有矩阵式的分域控制和实时数据跨域通信管理功能，满足用户对大型生产工艺过程分段控制、集中管理的需求。在过程控制网络进行域间数据共享而不是通过服务器进行域间访问，确保域间控制与域内控制具有相同的控制效果，将整个工艺过程作为一个整体进行控制管理。

（6）高效的多人组态。ECS-700 系统具备了多人协同工作的能力。分布式组态平台允许多个工程师在各自权限范围内同时管理一个项目，从而提高工作效率和缩短工程周期，保证设计的一致性和安全性。

（7）完备的系统监控。ECS-700 系统除了具有强大的报警功能和丰富的故障诊断功能外，还可以全面地实时监控超量程/强制/禁止/开关量抖动/故障等各种系统状态信息。所有这些状态信息都记录在历史数据库中，可以按照多种查询模式进行查询。

5.3.1.2 系统结构

ECS-700 系统由控制节点（包括控制站及过程控制网上与异构系统连接的通信接口等），操作节点（包括工程师站、操作员站、组态服务器（主工程师站），数据服务器等连接在过程信息网和过程控制网上的人机会话接口站点）及系统网络（包括 I/O 总线、过程控制网、过程信息网、企业管理网等）等构成。

企业管理网连接各管理节点，通过管理服务器从过程信息网中获取控制系统信息，对生产过程进行管理或实施远程监控。

过程信息网连接控制系统中所有工程师站、操作员站、组态服务器（主工程师站）、数据服务器等操作节点，在操作节点间传输历史数据、报警信息和操作记录等。对于挂在过程信息网上的各应用站点可以通过各操作域的数据服务器访问实时和历史信息，下发操作指令。

过程控制网连接工程师站、操作员站、数据服务器等操作节点和控制站，在操作节点和控制站间传输实时数据和各种操作指令。

扩展 I/O 总线和本地 I/O 总线为控制站内部通信网络。扩展 I/O 总线连接控制器和各类通信接口模块（如 I/O 连接模块、PROFIBUS 通信模块、串行通信模块等），本地 I/O 总线连接控制器和 I/O 模块，或者连接 I/O 连接模块和 I/O 模块。扩展 I/O 总线和本地 I/O 总线均冗余配置。

ECS-700 系统可以灵活方便地组建大规模系统以及实行全厂级的分域管理。

图 5-2 简单描述了 ECS-700 系统中的数据流向。控制网上的实时数据同时送到了操作站和服务器。由于操作站从服务器查询历史数据时需要占用大量的网络带宽，所以 ECS-700 的历史数据通信通过过程信息网进行，从而极大减小了过程控制网的网络负荷，过程控制网的实时性和稳定性得以提高。

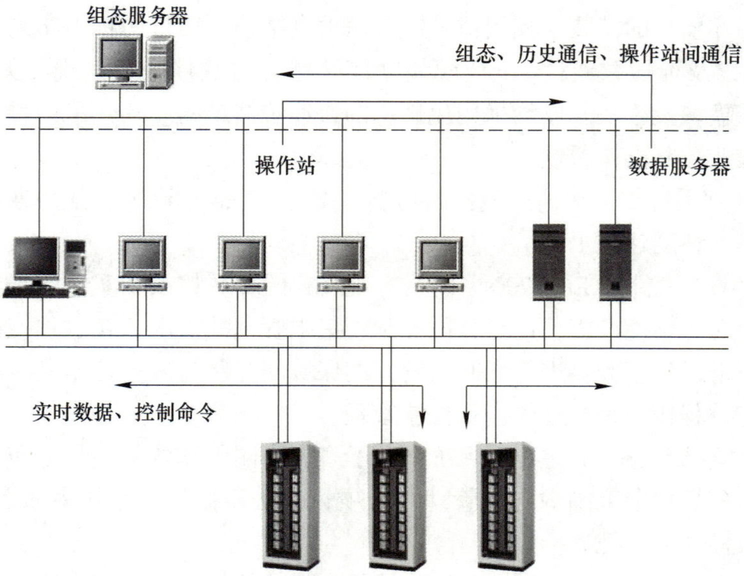

图 5-2 ECS-700 系统数据流

5.3.1.3 分域管理

ECS-700系统具有独特的系统分域管理功能，根据实际仪控系统的规模和结构，可以将ECS-700控制系统划分为一个或多个控制域及操作域，每个操作域可以同时监控多个控制域，并对这些控制域进行联合监控。ECS-700系统通过分域管理，有效地减少了系统网络负荷，保证了在大规模系统构建下过程控制网络的实时性。

ECS-700系统通过不同的配置，可以实现历史数据全系统集中存储或多域分布式存储。

ECS-700系统除了实现以上的分域操作和管理外，还可以实现数据的分组管理。操作员可以根据自身的权限，监视不同的数据分组，工程师则可以按照数据分组进行数据的管理。

ECS-700系统分域管理如图5-3所示。

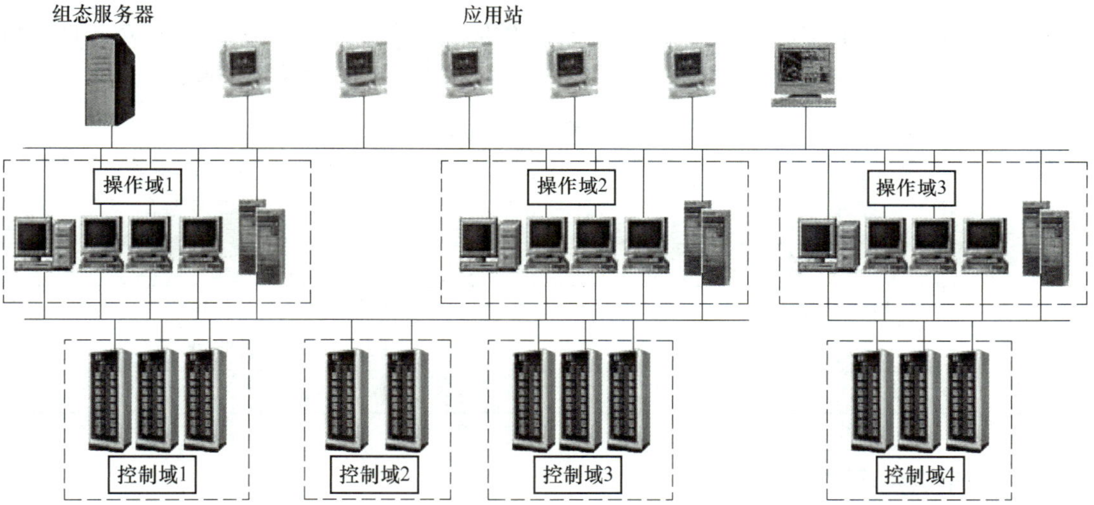

图5-3　ECS-700系统分域管理

多个控制域挂接在同一个过程控制网上，一个操作域可同时监控多个控制域的运行情况。如图5-3所示，组态时可设置为操作域1、监控控制域1和控制域2的运行情况，操作域2、监控控制域2和控制域3的运行情况，操作域3、监控控制域4的运行情况。这种分域方式使操作域1和操作域2能同时监控重要控制域（控制域2）的运行情况，确保系统可靠运行。

各操作域内设置有一对互为冗余的数据服务器，管理指定控制域内的历史数据和报警信息。操作域内的操作节点通过过程信息网传输历史数据和报警信息，通过过程控制网传输实时数据和下发操作命令。

5.3.1.4 网络连接

（1）当ECS-700系统应用于大规模控制系统时，过程信息网、过程控制网以及扩展I/O总线都可采用光纤环网构架，确保大规模的控制系统具备高可靠性。

（2）过程信息网可采用总线型结构或星形结构连接所有操作节点，可采用冗余或者单网工作模式。

（3）过程控制网使用高速冗余工业以太网，网络拓扑结构为总线型结构或星型结构。

（4）扩展 I/O 总线为冗余网络，拓扑结构为总线型结构或星形结构。扩展 I/O 总线连接同一控制站内的所有 I/O 连接模块、通信模块以及控制器。

（5）本地 I/O 总线为冗余网络，拓扑结构为总线型结构。本地 I/O 总线连接 I/O 模块与控制器（或 I/O 连接模块）。

5.3.2　ECS-700 系统规模

系统单工程最大可有 16 个控制域和 16 个操作域，每个控制域内最大 60 个控制节点，60 个操作节点，单控制域内位号最大数量为 65000 个，单操作域内位号的最大数量为 65000 个。系统可以跨域进行控制站间的通信，每个控制站不仅可以接收本控制域内其他控制站的通信数据还可以接收其他 15 个控制域内控制站的通信数据。

单个历史数据服务器最大历史记录 20000 点，每个操作域内可有多台历史数据服务器，操作站可以透明访问多个历史数据服务器的历史数据。表 5-1 列出了单站对各种信号的容量。

表 5-1　单站 I/O 点容量

类　型	指　标
AI 点单项限制	FCU712-S：不大于 2000
AO 点单项限制	FCU712-S：不大于 1000
DI 点单项限制	FCU712-S：不大于 4000
DO 点单项限制	FCU712-S：不大于 2000
单站 I/O 总点数限制	FCU712-S：不大于 4000

5.3.3　ECS-700 系统性能指标

控制系统有自身的性能指标，规定了正常工作的一些条件。表 5-2 为 ECS-700 系统的性能指标。

表 5-2　ECS-700 系统性能指标

项　目	分　项	指　标	备注
工作环境	工作温度	-20～70 ℃	
	存放温度	-40～85 ℃	
	工作湿度	10%～90%RH，无凝露	
	存放湿度	5%～95%RH，无凝露	
	大气压力	62～108 kPa	
电源性能	控制站供电	220 V±10%，50 Hz±5%	冗余供电
	操作节点供电	220 V±10%，50 Hz±5%	冗余供电
接地电阻	普通场合	不大于 4 Ω	
	特殊场合	不大于 1 Ω	
抗干扰性能	电磁兼容性	工业Ⅲ级	

5.3.4 系统组态

5.3.4.1 系统组态软件

系统组态功能由以下控制组态工具软件共同完成：

（1）系统结构组态软件：用于完成整个控制系统结构框架的搭建，包括控制域、操作域的划分及功能分配，以及各工程师组态权限分配等。

（2）组态管理软件：作为组态的平台软件关联和管理硬件组态软件、位号组态软件、控制方案组态软件和监控组态软件，维护组态数据库，支持用户程序调度设置、在线联机调试、组态上载以及单点组态下载等功能。

（3）硬件组态软件：控制站内硬件组态软件，支持控制站硬件参数设置、硬件组态扫描上载以及硬件调试等功能。

（4）位号组态软件：控制站内位号组态软件，支持位号参数设置、Excel 导入导出、位号自动生成、位号参数检查以及位号调试等功能。

（5）控制方案组态软件：用于完成控制系统控制方案的组态，提供功能块图、梯形图、ST 语言等编程语言，提供丰富的功能块库，支持用户程序在线调试、位号智能输入、执行顺序调整以及图形缩放等功能。

（6）监控组态软件：用于完成控制系统监控管理的组态，包括操作域组态和操作小组组态。操作域组态主要包括操作域内的操作员权限分配、域变量组态以及整个操作域的报警颜色设置、历史趋势位号组态、自定义报警分组等。操作小组组态指对各操作小组的监控界面进行组态，主要包括总貌画面、一览画面、分组画面、趋势画面、流程图、报表、调度、自定义键、可报警分区组态等。每个操作员可以关联 1 个或多个操作小组。

5.3.4.2 控制方案

A 执行周期

每个控制程序的执行周期可以分别设置，周期可设置为快周期或 1/2/5/10 倍控制周期。

在硬件组态中可以设置快周期为 20 ms 或 50 ms，控制周期为 100 ms、200 ms 或 500 ms。

B 参数管理

提供重要工艺参数（功能块、位号）的上载备份和下载还原功能。

C 系统调试

可监视所有程序的运行状态，并可对控制程序进行启停。

控制程序调试可显示过程实时值，并可在功能块图中进行功能块输入截断和输出截断，保证调试过程中现场安全。

5.3.4.3 功能块库

ECS-700 系统提供丰富的功能块库，包括各种逻辑运算功能块、算术运算功能块、顺控功能块、通信功能块以及控制功能块等。其中，控制功能块包括 PID 控制、PI 采样控制、比例控制、分程控制等常规控制功能块，以及预测控制（PFC）、模糊控制（FLC）、自整定 PID 控制（PID_TUN）、SMITH 预估器等先进控制功能块。此外，ECS-700 系统还支持用户功能块库，可将自定义逻辑程序编写成用户功能块，实现程序逻辑的保密和重用。

5.3.4.4 编译和下载

A 分块编译和分块下载

ECS-700 系统提供分块编译和分块下载功能。分块最小单位可以为硬件组态中一个硬件模块、位号组态中一个位号以及一套用户程序。

B 在线下载

以单个控制站为单位检查组态正确性，并与控制器中的组态进行比较，检测出需要下载的组态内容，然后由工程师确认后可将更新部分的组态在线下载到控制器。

所有的组态下载操作可以进行历史追溯，可查询的历史信息包括下载时间、内容、执行操作的工程师等。

C 在线组态

在与控制器联机状态下，可直接修改控制器中单个组态参数的实时值，包括功能块的参数、硬件组态数据和位号的参数。

5.4 ECS-700 应用举例

5.4.1 工艺简介

和隆优化建设了多套 6D 通用智慧化工研发、生产与实训平台，平台在化工产品/工艺/算法研发、中试试验、复合人才培养等方面具有多重应用价值，具有先进的现场生产线、DCS 系统、优化系统和数字孪生体的四位一体互操功能。平台建有化工基本单元如精馏、反应、干燥、公辅系统等，可以实现“黑灯工厂”的运行模式，同时为配合复合人才培养，建有一套综合实验测试台，包含水箱、泵、温度计、流量计、压力变送器、分析仪表、酸碱管、调节阀等，可以实现控制温度、压力、流量、酸碱中和等控制方案的验证。

5.4.2 硬件配置

该综合实验平台实际的物理点数比较少，所需的硬件数量也比较少，但不影响对系统的学习，实际配置表 5-3 所示。

表 5-3 系统硬件配置

序号	卡件名称	型 号	数量/块
1	控制器	FCU712-S	1
2	I/O 连接模块	COM711-S	1
3	模拟信号输入模块	AI713-S	2
4	电流信号输出模块	AO713-S	1

续表 5-3

序号	卡件名称	型　号	数量/块
5	数字信号输入模块	DI711-S	1
6	数字信号输出模块	DO712-S	2

5.4.3 软件组态与功能实现

Visual Fied（VF）系统软件是 ECS-700 系统进行控制系统组态和监控的软件包。该系统软件在系统结构上支持控制分域和操作分域、多人组态、在线调试和在线下载、多个数据库，分为系统结构软件和组态管理软件。

该系统软件可以实现系统结构组态、控制箱硬件组态、位号组态、用户程序组态、编译下载、操作域组态、操作小组设置、资源文件组态、组态发布等功能。组态界面如图 5-4 所示。

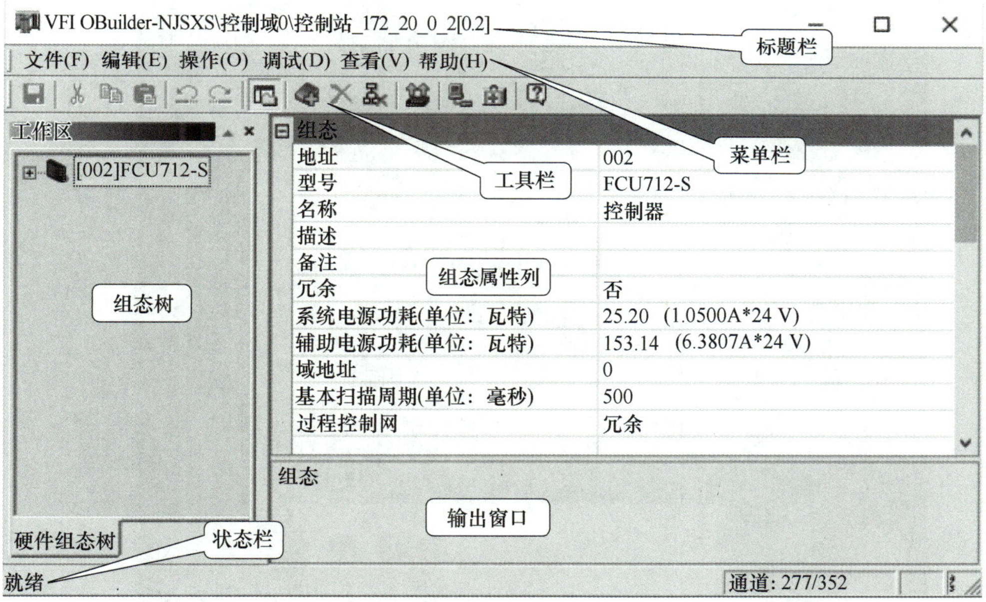

图 5-4 组态管理软件的主界面

5.4.3.1 流程画面组态

利用组态软件生成的流程画面如图 5-5 所示。画面包含综合测试台系统的所有设备的启动、显示和控制。

5.4.3.2 控制方案组态

变频泵启动逻辑控制组态如图 5-6 所示，采用控制模块 DIO-22V，该控制模块适用双点启停控制场景。泵频率控制方案如图 5-7 所示，采用常规 PID 模型控制块，PV 引脚链接控制对象过程点，SWTR 为跟踪开关，TV 为跟踪输出，MV 为 PID 输出。

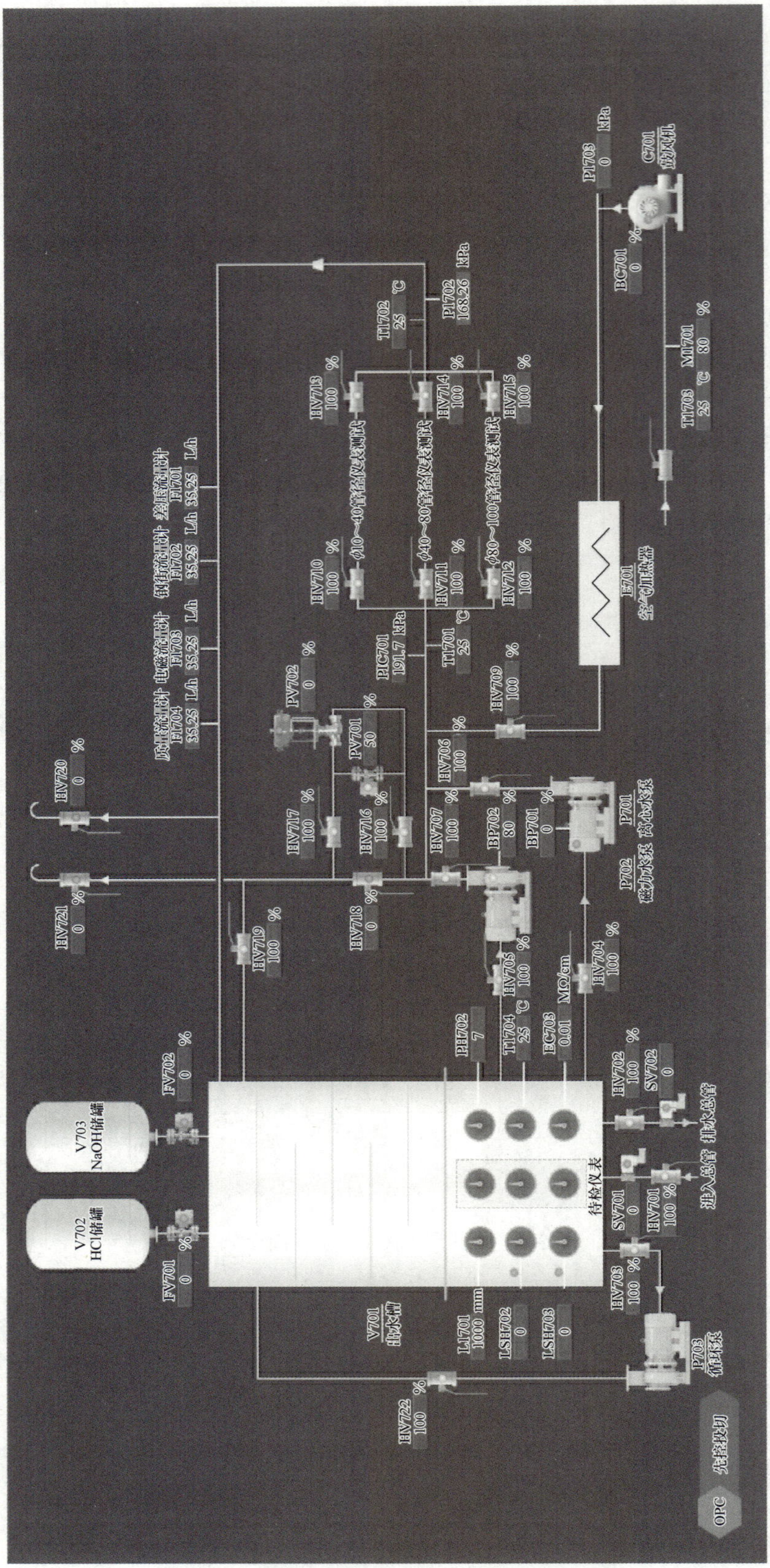

图 5-5 综合实验测试台界面

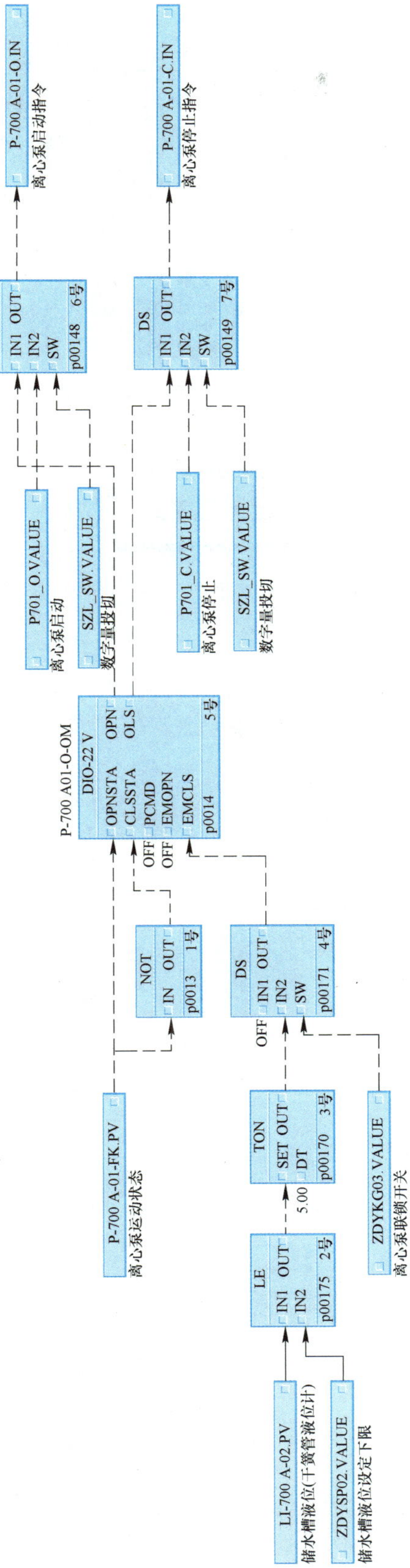

图 5-6 变频泵启动逻辑组态界面

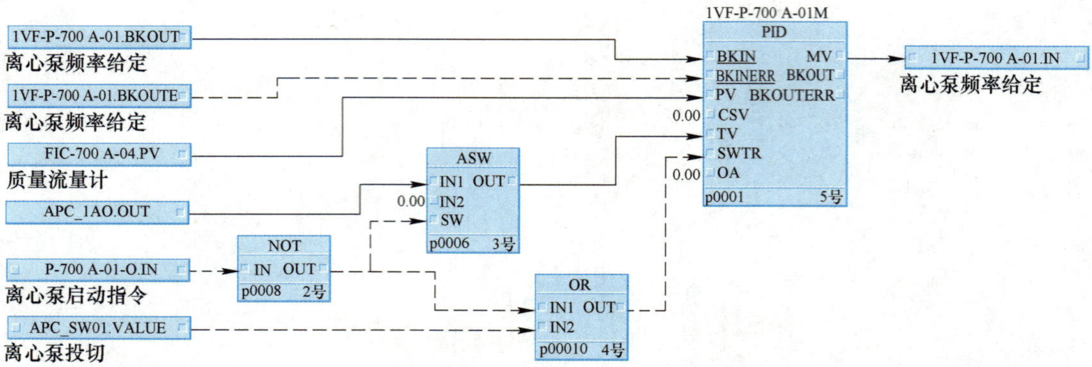

图 5-7 变频泵频率控制方案组态界面

习题与思考题

1. DCS 系统全称是什么？DCS 系统控制理念是什么？
2. Visual Fied 系统软件目前支持哪几种操作系统？
3. Visual Fied 系统软件的操作节点（服务器）的类型及功能？
4. DCS 系统应用在工程中具体实施流程？
5. DCS 系统主要应用在哪些场景？请举例说明。

6 流程工业智能本质安全系统

导语：在流程工业领域，智能本质安全系统是保障生产稳定与人员安全的关键。本章将聚焦流程工业智能化安全系统相关知识，了解基础仪表防爆、保温、隔离等要点，探究智能本质安全系统（hero smart intrinsic safety，HeroSIS）系统，明晰其设计原则与方案，最后对 HeroSIS 详细设计模块展开剖析，涵盖智能安全可视化管理、高精度智能预警、自愈控制、追加安全措施库、安全容错规则库、辅助调节指导等模块。通过系统学习，助力大家构建完备知识体系，提升在流程工业本质安全领域的专业能力。

我国流程工业发展迅速，多数细分行业都已成为全球产能、产量的首位。流程工业已经成为国民经济的重要支柱性行业。快速发展的石油和化学工业、精细化工等流程工业为国家现代化建设、社会繁荣和人们生活水平提高做出了巨大贡献。然而，各类重特大事故也给整个行业的可持续发展带来了前所未有的挑战。

随着物联网、大数据和移动应用等新一轮信息技术的发展，新一代工业革命开始提上日程，工业转型开始进入实质阶段。《中国制造 2025》、“互联网+”等战略的相继提出，表明我国在新常态下开始积极行动起来，实现工业化转型。流程行业智慧工厂建设作为工信部智能制造专项核心内容，已经引发了多个细分行业的积极实践，在该过程中如何控制智能化工程中的风险，将其与装置建设、运维有机结合起来，也成为一项重大的课题。

过程装置的风险控制可以从工艺设计、基本过程控制、报警及人工响应、安全联锁保护、物理保护以及事故应急救援等不同层次上进行，实现本质安全。安全工厂保护层模型如图 6-1 所示。

（1）本质安全设计层，是指采用削减、缓解、替代、简化等手段，使工艺过程及其装备具有内在的能够从根本上防止事故发生的功能。

（2）基础控制层，由基本过程控制系统（DCS/PLC 等）构成，完成常规控制，保证工艺流程处于正常的生产工况。操作人员干预与过程报警层，由操作人员根据报警所提示的状态而做出响应，避免报警场景的继续恶化。

（3）安全仪表功能层，主要由安全仪表系统构成，其意图是当被控参数达到设定值时，避免设备损坏、人员伤害或环境破坏等危险事件发生。

（4）积极的物理保护层，由电气设备、机械设备等单独或集成构成，主要起到缓解、安全释放作用，包括安全阀、爆破片、释放到火炬等。

（5）消极的物理保护层，由隔离设备组成，对释放后的释放物进行物理保护，如围堰、隔离系统、自动喷淋系统等。

（6）主动探测+早期灭火，提前发现隐患，初期控制将事故消灭在萌芽状态。

（7）紧急响应层，由工厂紧急响应与社区紧急响应，通过安全管理等非技术手段，达

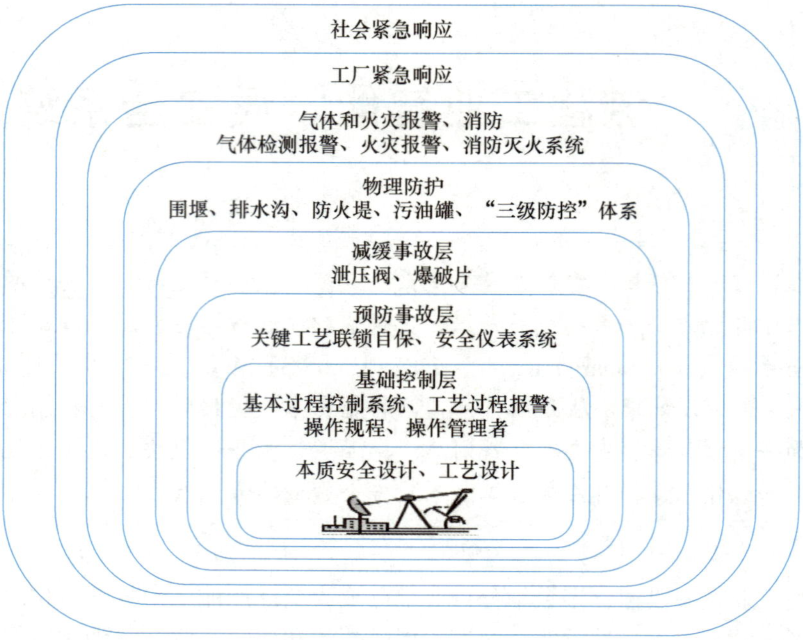

图 6-1 安全工厂保护层模型

到风险降低的效果。

基于流程智能化的特点和着力点，本章节主要从本质安全层的仪表安全、基础控制层及安全仪表层出发进行阐述，其中作为控制层核心的 HeroSIS 系统，通过预测控制、自愈控制、追加安全措施库、辅助调节指导、安全状态评价等功能模块，是实现装置本质安全的关键环节。

6.1 基础仪表安全设计

基础仪表在流程工业生产自动化过程中处于核心地位，如果没有仪表的测量及控制，很多生产步骤都不能顺利进行，利用基础仪表可以不间断地记录和控制各项生产数据，同时遵循一定的程序，以此为每个生产环节的效果提供保证，促进流程工业生产质量的提升。

6.1.1 仪表的防爆设计

隔离防爆型仪表和电器的防爆原理是通过密封隔离技术将危险性气体隔离在外，使其不能进入仪表和电器内，这样当仪表和电器内部因为故障产生火花时不会引爆外部的危险气体。

6.1.1.1 仪表本质安全

针对防爆场合，对仪表整体的本质安全要求包括两个层次：

（1）检测仪表自身具有本质安全特性，即使在具有爆炸危险的环境中使用，也不会产生可燃物质或可燃性混合物燃烧爆炸所需要的有效点火源或危险火花。

（2）检测仪表自身具有一定的防爆、隔爆特性，能将检测仪表内部与其外部的易燃、易爆危险环境进行有效的隔离，限制从电动仪表内部进入危险现场中的火花能量，不向仪表外部的易燃、易爆危险环境提供足以引起燃烧、爆炸的危险火花。

以上两个层次的要求旨在确保在潜在爆炸性环境中，仪表既不会成为点燃源，也不会因内部故障而导致外部危险环境的引爆。

6.1.1.2 仪表相互连接也要保证

电缆电线的连接：各种热电偶、热电阻、变送器、现场接线箱、调节阀、电磁阀等设备必须是隔爆仪表。利用自控安全材料中专用防爆接头、防爆活接头、浇筑式防爆接头等附件来完成接线问题。除了仪表连线处密封之外，电缆保护管的出入口、电缆桥架与电缆保护管的连接处、挠性管的出入口以及挠性管与电缆保护管的联结处都要采取密封措施。图 6-2 为危险区和安全区隔离示意图。

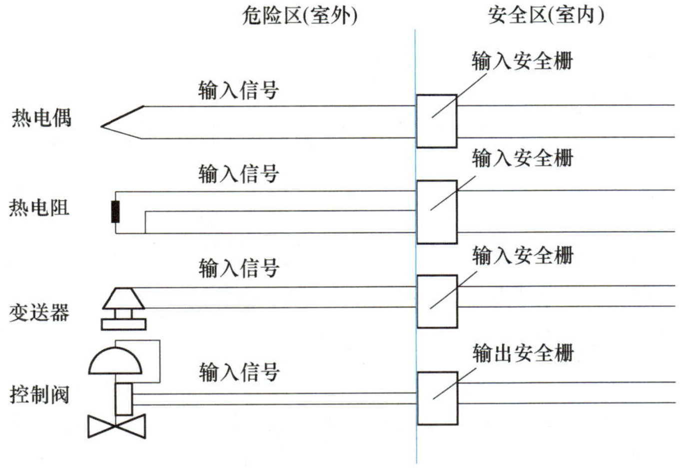

图 6-2 危险区和安全区隔离示意图

对于防爆场合要严格遵守以下规则：

（1）进入控制室的所有信号必须先经过输入安全栅。

（2）出控制室的所有信号电缆必须先经过输出安全栅再到现场。

6.1.2 仪表与管线的保温

自控工程中所使用的仪表对环境条件都有一定的技术要求，尤其是现场安装的测量仪表和执行机构，对环境的要求尤其严格，只有当环境温度在规定的范围内才能准确可靠地进行工作。

针对不同的环境，应对仪表进行相关措施：环境温度高，采取隔热措施；环境温度低，采取保温措施。

6.1.2.1 需要保温的仪表对象

保温对象可以分为仪表和测量管线两类，其中仪表类包括：

（1）安装在现场的差压变送器、压力变送器、温度变送器。

（2）安装在设备上的各类液位变送器。

(3) 安装在设备上的各类执行器。

测量管线类包括：

(1) 现场压力、液位、流量、成分分析仪表的测量管线。

(2) 流量测量室的由孔板至平衡器之间的管段以及蒸汽伴热系统内敞开回水系统中疏水器前面的回水管段。

所测介质低于环境温度时，测量管线应做隔热处理。

6.1.2.2 保温方法

(1) 仪表隔热和保温，分为带加热元件保温箱和不带加热元件保温箱两种。

(2) 仪表测量管线隔热和保温可分为蒸汽（热水、热油）伴热和电伴热两种。

6.1.2.3 设计中需注意的问题

(1) 保温材料应具有良好的防水性能。

(2) 容重要小。

(3) 导热系数小。

(4) 应具有一定机械强度。

(5) 保温管线上有阀门、接头等部件时，保温结构应当考虑更换方便。

6.1.3 仪表的隔离与吹洗

生产过程中，工艺介质的物性是多种多样，常常是带有腐蚀性、毒性，其形态可能是高黏度、带有悬浮颗粒或是在环境温度下发生气化、凝结、结晶、沉淀变化。为了安全、可靠准确地进行测量，必要时应当采取隔离措施。

6.1.3.1 隔离和吹洗

隔离是用一种无害介质对工艺介质进行隔离。其原理是在工艺设备测量点与测量仪表之间充满隔离介质。该隔离介质对仪表和人体无害，将工艺介质的变化（压力或压差）传递给仪表的测量部分。对于不同的物料对仪表及管线可造成附着脏污的，须进行清洗。

6.1.3.2 膜片隔离

在工艺介质与隔离介质之间设置一个膜片，工艺介质的变化（压力或压差）首先传给膜片，然后由膜片传给隔离液，再由隔离液传递给仪表的测量部分。适用于腐蚀性或易凝结性介质的压力测量。设计中应当优先选择带有内部隔离措施的成型仪表。

6.1.3.3 液体隔离

在隔离介质与工艺介质之间没有膜片隔离，工艺介质与隔离液直接接触，所以对隔离液具有一些特殊的要求。

(1) 管道内隔离：在测量管路内直接灌注隔离液，同时工艺介质也直接进入测量管道并与隔离液接触。

(2) 隔离器隔离：在测量管路内设置一个隔离容器，隔离介质与工艺介质在隔离容器内相互接触。

6.1.4 仪表的接地

6.1.4.1 接地作用和要求

(1) 保护性接地：设置的目的是保护设备和人身安全，以防设备带电发生事故。

(2) 工作接地：是仪表正常工作的保证。正确的接地可抑制干扰、提高仪表的测量精度、提高仪表系统工作的安全性能。其包括信号回路接地、屏蔽接地、本安仪表接地。

6.1.4.2 接地系统的设计原则与方法

A 接地系统的组成

接地系统由接地电极、接地导线两大部分构成一个接地网络系统。生产过程中的设备专业、电气专业、仪表专业、计算机信息系统等需要接地的部分都连接到该接地网络上。

B 接地设计的原则与方法

同一个信号回路、屏蔽层、线接地中不能有一个以上的接地点。避免由于地电阻存在所形成的地电位差。接地系统设计中，不同的接地子系统（保护性接地系统、信号回路接地系统、屏蔽接地系统、本安仪表接地系统）应当遵循相互独立的原则，即在接地总干线之前不应当混接，对于单独设置接地体（接地电极）的接地系统，应当分别接到不同的接地体（接地电极）上。

6.2 HeroSIS 简述

HeroSIS 即和隆优化本质安全智能控制系统，是在运行控制层面全面保障装置的本质安全的综合安全控制系统，在设计过程中充分考虑了保证装置生产安全的全要素，既能够让 HeroSIS 系统在紧急时刻能够可靠地进行干预，又能够考虑消除现场可能存在的各种原因的误动作。

HeroSIS 系统以原 SIS（安全仪表系统，Safety-Instrumented System）为基础并有所区别，SIS 的主要作用是在工艺生产过程发生危险故障时将其自动或手动带回预先设计的安全状态，以确保工艺装置的生产的安全，避免重大人身伤害及重大设备损坏事故。在生产过程中与 DCS 或 PLC 等控制系统结合共同生产装置进行控制，但与常规控制系统有着非常明确的界限与分工。DCS/PLC 系统负责常规的调整，而 SIS 系统只负责异常状态的处理。

基于该目的及其与控制系统、优化系统的区分，HeroSIS 系统在设计过程中充分考虑了保证装置生产安全的全要素，让 HeroSIS 在紧急时刻既能够可靠地进行干预，又能够考虑消除现场可能存在的各种原因的误动作。

结合近年来化工企业的事故分析与企业 SIS 误动作导致生产受到较大影响的案例，北京和隆优化科技股份有限公司以大数据、智能控制算法为基础，对实际装置中的预测控制，以及对追加安全应用措施和智能容错算法等进行了深入的研究和应用，开发出适应于中小型化工企业生产现状的 HeroSIS 系统，以达成实用性及可靠性俱佳的 SIS 功能应用，解决了一些企业虽然安装了 SIS 系统，但运行中的本质安全仍难以保证的难题。

6.2.1 HeroSIS 系统架构

HeroSIS 仪表系统设计应遵循以下设计原则。

6.2.1.1 可靠性（安全性）原则

为了保证工艺装置的生产安全，安全仪表系统必须具备与工艺过程相适应的安全完整性等级 SIL（safety integrity level）的可靠度。对于安全仪表系统，可靠性有两层含义：一个是安全仪表系统本身的工作可靠性；另一个是安全仪表系统对工艺过程认知和联锁保护的可靠性，还应有对工艺过程测量，判断和联锁执行的高可靠性。在设计过程中均应满足。

6.2.1.2 可用性原则

为了提高系统的可用性，SIS 系统应具有硬件和软件自诊断和测试功能。安全仪表系统应为每个输入工艺联锁信号设置维护旁路开关，方便进行在线测试和维护同时减少因 SIS 系统维护造成的停车。严禁对安全仪表系统输出信号设立旁路开关，以防止误操作而导致事故发生。

6.2.1.3 SIS 设计的独立性原则

SIS 安全仪表系统（ESD 紧急停车系统）应独立于基本过程控制系统（BPCS，如 DCS、FCS、CCS、PLC 等），独立完成安全保护功能。检测元件、控制单元和执行机构应单独设置。

6.2.1.4 故障安全原则

当 SIS 系统的元件、设备、环节或能源发生故障或者失效时，SIS 系统的设计应当使工艺过程能够趋向安全运行或者安全状态。这就是系统设计的故障安全性原则。能否实现“故障安全”取决于工艺过程及安全仪表系统的设计。整个 SIS 安全仪表系统（ESD 紧急停车系统），包括现场仪表和执行器，都应设计成以下绝对安全形势，即：现场触点应开路报警，正常操作条件下闭合；现场执行器联锁时不带电，正常操作条件下带电。

6.2.2 HeroSIS 设计模块

6.2.2.1 系统结构

按照独立性设计原则及功能的扩展需求，HeroSIS 直接与独立的安全仪表连接以实现基础功能，预留优化控制平台（RASO 系统）的接口，并与 DCS 系统中可能共同作用的回路及辅助的判断所需数据进行单向数据交互。HeroSIS 系统结构如图 6-3 所示。

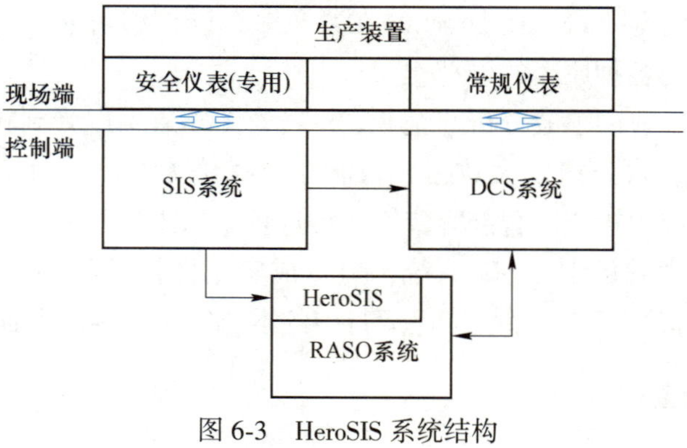

图 6-3 HeroSIS 系统结构

6.2.2.2 功能模块

HeroSIS 系统内部按照图 6-4 所示进行功能划分及设计。

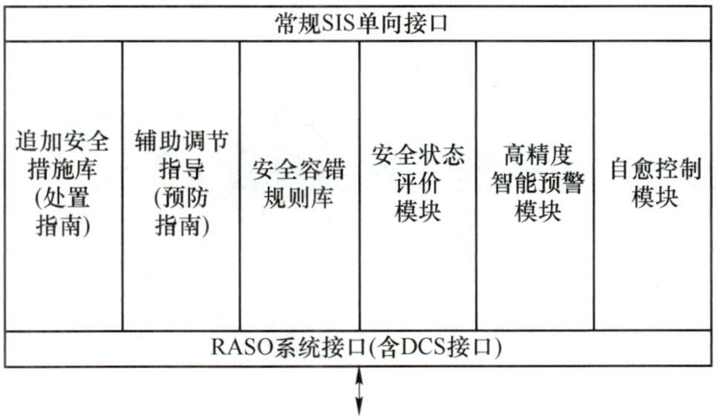

图 6-4　HeroSIS 系统功能

6.3　HeroSIS 系统功能

本节按照图 6-4 所示功能分类，进行详细方案设计介绍。

6.3.1　常规 SIS 单向接口

该模块作为 HeroSIS 的核心数据枢纽，通过多通道并行采集技术，精准捕捉常规安全仪表系统（SIS）的关键输入信号，涵盖传感器组的实时监测数据、现场设备的运行状态反馈以及各类联锁触发条件。同时，完整记录 SIS 输出的控制指令、报警信号和保护动作信息，并深度解析其运行过程中的中间变量，包括逻辑运算的中间结果、阈值比较数据和状态转换参数。在数据采集环节，采用冗余设计与实时校验机制，确保数据的准确性与完整性，通过高速数据总线将采集到的海量数据传输至中央处理单元。这些丰富的 SIS 数据与集散控制系统（DCS）所采集的生产流程参数、设备运行指标等数据进行深度融合，利用预设的智能算法模型，从多维度对工业生产过程进行综合评估与动态分析。系统能够基于这些融合数据，及时发现潜在的安全隐患与生产瓶颈，为 DCS 提供优化生产调度策略、调整控制参数和执行应急预案的重要依据，从而实现对整个工业生产系统更高效、更安全的整体分析与科学决策，显著提升生产过程的稳定性与可靠性。

6.3.2　智能安全可视化管理模块

智能安全可视化管理模块是基于生产过程可视化技术、实时工艺优化预测技术、生产大数据分析等多项技术开发的实时在线安全管控系统。旨在解决流程制造企业生产状态难判定、运行安全难保障等问题。经过在多个现场及生产场景的落地应用，产品功能逐渐得以完善，逐渐形成了以生产过程可视、运行安全状态监控、操作水平考核、工艺参数优化等功能为核心的生产过程可视化系统，帮助企业实现安全、节能、增产、提质的生产目标。

智能安全可视化技术是通过 AI 模型实时地对生产过程进行唯一的、有机的模式提取，并通过可视化技术对生产模式进行实时视觉呈现，使得复杂的生产过程得以可视化展现。AI 模型能够自动约定和生成合理的生产过程可视化区域、最优生产可视化区域，可用于实时指导和优化生产运行操作、对操作人员操作水平考核评价、生产过程安全监控，从而实现装置的最优化生产。图 6-5 为 HeroSIS 系统安全可视化界面。

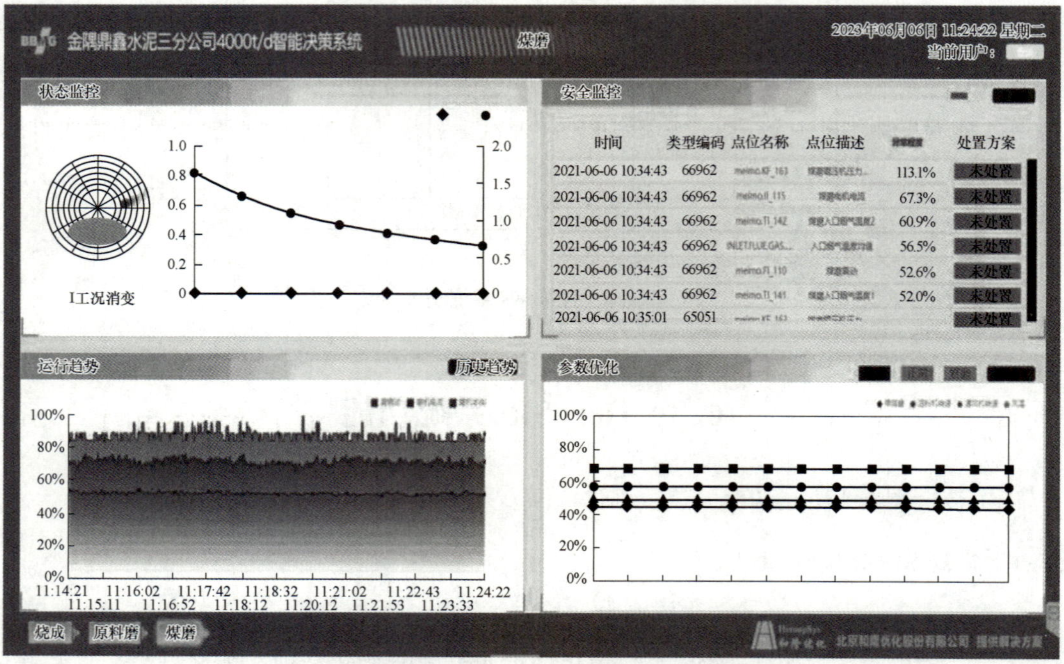

图 6-5 HeroSIS 系统安全可视化界面

有了生产过程可视化基础，合理且有效地将表示当前生产过程的坐标点移动至优化目标区域（运行安全、质量合格、高产低耗区域），可实现系统的安全平稳高效运行。如图 6-6 所示。图中区域 1 为最优生产区域，即在安全的范围内，满足产量尽可能大且单耗尽可能低——高产低耗区域；区域 1 中圆点 2 为最优生产区域的中心点；下方圆形并带拖尾的区域 3 表示当前生产过程的可视化位置。图中虚线 4 为最优生产区域的基线；实线箭头

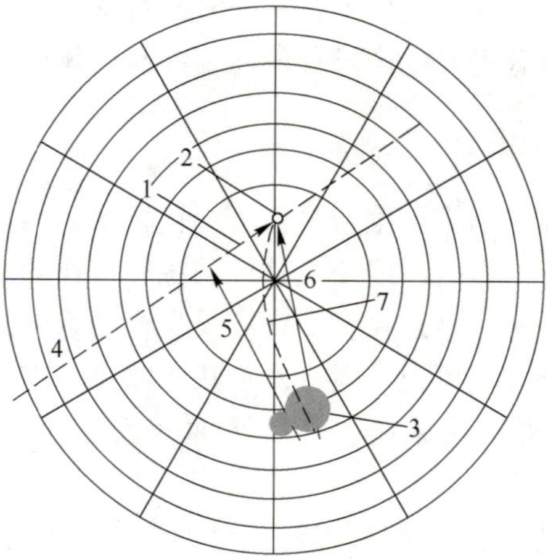

图 6-6 HeroSIS 系统安全可视化区域示意图

5 指向线为优化方向线；实线箭头 6 指向线为抵达基线的最短路线；虚线 7 为最优迭代策略线。

6.3.3 高精度智能预警模块

化工行业的生产装置往往工艺复杂，可能会面临以下方面的挑战：化工过程变量耦合性强（如温度压力相互影响），传统 DCS 报警容易漏报、误报、早期故障特征微弱难以捕捉；在企业技术摸索或工艺升级的过程中仍存在基础报警不完善等。在生产运行中的各类装置特别是核心反应器、压缩机、高温高压管道这类高危设备最需要这类预警，即通过高精度、多变量综合感知的提前预警。

HeroSIS 系统实现高精度预警包含生产过程异常识别技术、生产过程编码技术、生产异常定位技术等多项核心技术。系统能够在识别生产过程异常的同时，对生产异常进行编码，该编码可以用来对异常进行类属划分，当异常发生时，可以利用生产过程编码技术确定该异常的名称和特性；另外，当异常发生时，生产异常定位技术能够清晰准确地确定异常形成的原因和异常程度，即确定引起该异常的测点名称及其变化幅度。该产品在这些技术的共同作用下，能够快速有效地为异常发现、定位、处置提供数据支撑。

如图 6-7 所示，10 月 23 日 03：54：52，安全监控系统检出“主汽压力”和“炉膛出口温度”趋势同时出现明显波动，确认为生产异常。

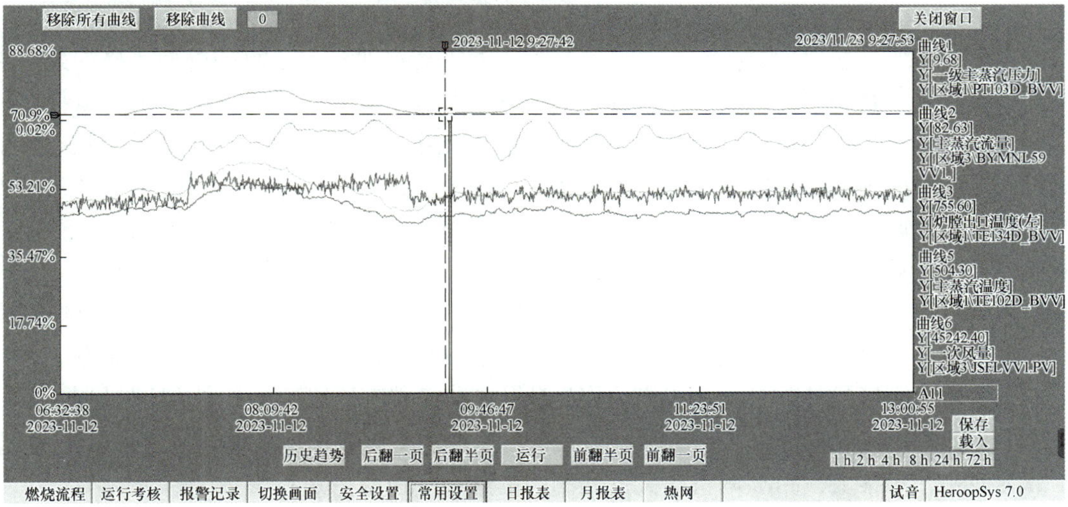

图 6-7 锅炉运行趋势预警

与原控制系统传统的阈值预警相较，HeroSIS 系统生产过程可以看作是一个有机整体，联动分析生产过程数据，有效克服传统阈值预警的不足。具有以下特点：

（1）降低误报，不将测点数值变化看作孤立事件，联动分析各测点变化趋势，规避阈值判定缺陷，有效降低误报率。

（2）克服仪表漂移，模型采用无阈值设计，根据生产运行趋势实时动态自适应调整异常监控准则，能够有效克服仪表漂移引起的误报错报。

（3）克服生产特性慢时变，模型采用无参数设计，当生产特性发生慢性变时，模型能够自适应进行调整，从而适应新的生产节奏。

(4) 具备预测特性，模型能够预测性的识别异常，在异常产生初期或出现异常即将发生时进行预测性告警，避免危害进一步扩展。

系统的故障预警可包括声光、语音报警，在相应页面弹出报警内容，并要求操作人员选择具体处置措施。该选择及处置措施均记录到历史库，便于事故分析及隐患排查等工作。

6.3.4 自愈控制模块

自愈控制（self-healing control）是通过高精度的预测预警、智能控制算法，使系统在检测到故障或异常时提前控制调节，自动恢复稳定状态的技术。其核心目标是最小化人工干预、保障连续生产、预防连锁事故。

对于预警模块判断的偏离正常参数的指标或回路，在具备条件（RASO 系统在线投运，仪表阀门可调量满足运行条件）的情况下，自愈控制模块接管安全控制功能。

6.3.4.1 执行机制

在 HeroSIS 系统中，预警模块如同敏锐的“神经末梢”，通过实时监测和智能算法，对工业生产流程中的各项指标及回路状态进行 24 h 不间断扫描。它不仅实时对比当前参数与预设的正常阈值范围，还运用机器学习算法分析数据变化趋势，提前预判可能出现的异常情况。一旦发现某项指标（如管道压力超出额定上限、液位低于安全下限）或某个回路（如温度调节回路反馈失效）偏离正常参数，预警模块将立即触发警报，并生成详细的异常报告，精准定位问题根源，为后续处理提供可靠依据。

当预警模块发出异常警报后，自愈控制模块并不会立即介入，而是遵循严格的条件判断流程。首先，系统会自动核查 RASO 系统的运行状态，RASO 系统作为整个自愈控制体系的核心中枢，负责协调各个设备与系统间的指令交互，只有当它处于在线投运状态，确保能够稳定、准确地传输控制指令时，才满足第一个关键条件。其次，系统将对涉及异常的仪表阀门可调量进行全面评估，包括阀门的机械状态（是否存在卡涩、磨损）、控制权限（是否处于可操作模式），以及当前工况下的调节余量（如阀门开度是否还有足够空间进行调节）等。只有当仪表阀门的可调量完全满足运行条件，确保能够有效执行控制指令，不会因设备自身问题导致控制失效时，自愈控制模块才会正式接管安全控制功能。

一旦满足接管条件，自愈控制模块将迅速从“待命状态”切换至“主动控制状态”，如同经验丰富的“安全卫士”，立即启动预先设定的控制策略，并进行声光报警。它会根据异常类型和严重程度，精准调整相关仪表阀门的开度、设备的运行参数等。

6.3.4.2 自愈控制实例

自愈控制的典型应用实例有循环流化床锅炉的断煤自动处理。在多路给煤的自动控制策略中，集成有断煤判断、报警、自动处理、断煤处理后自动恢复等功能，当给煤量小于某个值时系统判断断煤并发出语音报警，自动将发生断煤的变频器的煤量按一定规则分摊到没有断煤的给煤机上，使断煤后的锅炉给煤量保持断煤前的煤量，防止断煤造成的燃烧效率下降及停炉风险。断煤处理过程中既要保证锅炉负荷的稳定，又要保证锅炉两侧氧含量、两侧床温不跑偏。当然，断煤后被分配到其他给煤机的煤量以不超过其承受的上限为限幅。该过程集成了断煤自愈控制功能的 CFB 锅炉自动给煤调节控制策略。图 6-8 为锅炉断煤处理控制策略框图。

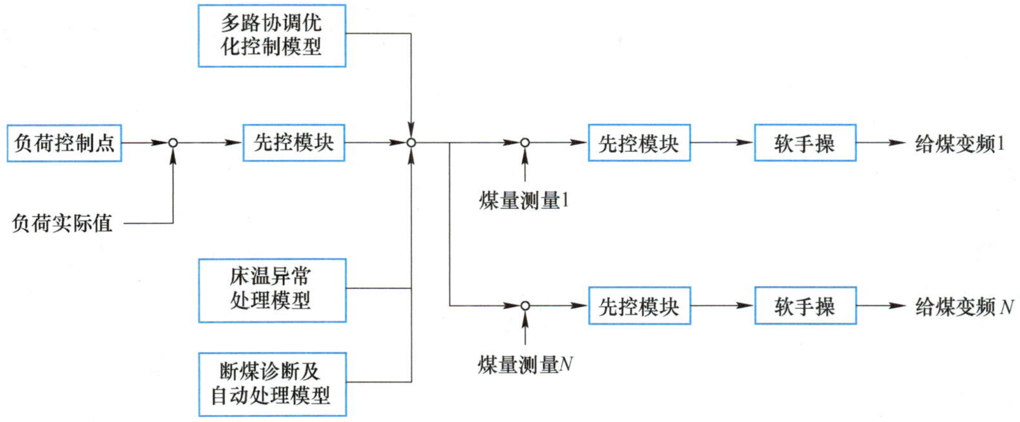

图 6-8　CFB 锅炉给煤及断煤处理控制策略框图

实际运行中出现断煤时的快速处理过程中多路给煤的处理过程趋势曲线如图 6-9 所示。

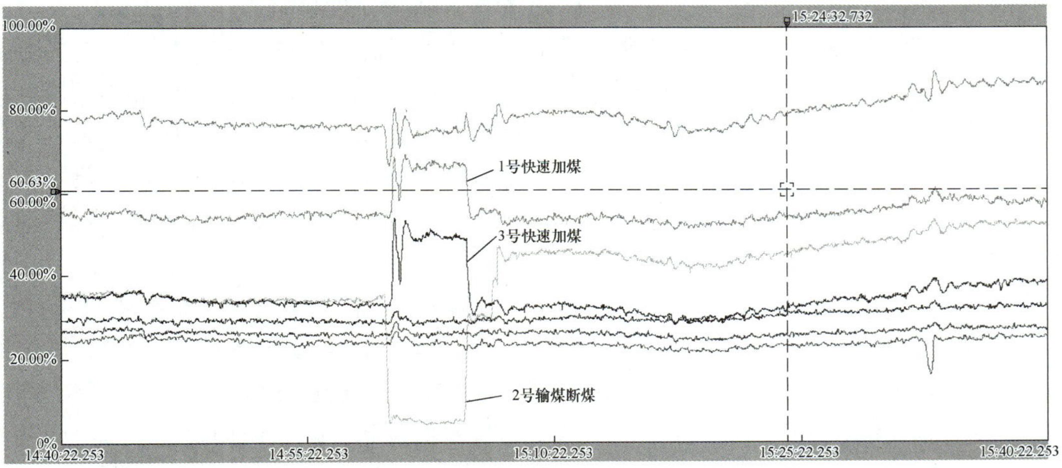

图 6-9　CFB 锅炉断煤处理过程趋势曲线

断煤处理过程中，由于断煤发生时给煤量会瞬间下降，期间空气过程系数增大，锅炉氧量增大，汽温、汽压、负荷下降，炉膛负压增大，主要工艺指标都需要进行同步调整以使锅炉的运行状态恢复，图 6-10 为断煤后负压快速处理曲线图。

6.3.5　追加安全措施库（处置指南）

在工业生产复杂多变的环境中，常规 SIS 在触发联锁动作后，系统将自动进入锁止状态以阻断直接风险。然而，实际工况往往更为复杂，危险工艺的潜在威胁可能不会因一次联锁动作而彻底消除。以高温高压反应釜为例，当监测系统捕捉到釜内温度超过预设阈值，SIS 联锁机制会迅速启动，立即切断进料管道与加热热源，试图遏制反应进程。但由

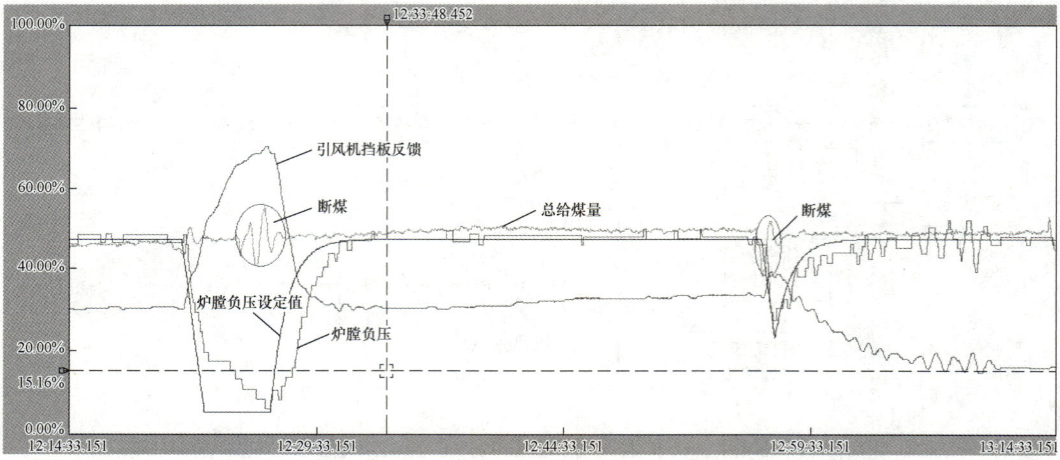

图 6-10 CFB 锅炉断煤中负压快速处理趋势曲线

于釜内物料在惯性作用下仍持续发生化学反应，大量热量持续释放，若不及时干预，釜内压力将不断攀升，随时可能引发设备爆裂、物料泄漏等灾难性事故。

HeroSIS 系统针对此类“联锁后残留风险”的特殊工况，构建了一套智能化、多层级的风险管控体系。当系统检测到联锁事件发生时，会依据预设逻辑，在操作界面相应区域以高亮警示、弹窗等醒目方式，精准推送包含操作步骤、安全防护要点、应急联系人等信息的处置指南。这些指南并非简单的文本罗列，而是通过动态可视化图表、三维模拟操作演示等形式，直观展示每一步处置流程，确保操作人员能够快速、准确地理解并执行应急操作。

与此同时，HeroSIS 创新性地引入二次阈值监测机制，在原有联锁触发条件的基础上，针对关键工艺参数（如温度、压力、液位等）设置更严格的二次预警阈值。以反应釜温度控制为例，当釜内温度在首次联锁动作后持续上升，触及二次温度阈值时，系统将立即启动声光复合报警装置，发出高频闪烁灯光与高分贝蜂鸣警示，确保现场人员第一时间察觉异常。与此同时，系统会自动将报警信号实时传输至 DCS 中央控制平台，触发二次联锁逻辑。二次联锁动作不仅局限于简单的设备关停，而是通过 DCS 平台整合全系统资源，启动包括紧急泄压、注入冷却介质、启动备用安全设施等在内的组合式应急策略，实现对残留风险的精准压制，形成“一次联锁阻断风险、二次联锁消除隐患”的双重安全防护闭环，最大限度保障工业生产的安全稳定运行。

6.3.6 安全容错规则库

安全容错规则应用于易产生信号故障、阶跃数据等场合。首先应加强对硬件、仪表的维护，再对安全容错规则进行有效的设置。

（1）对仪表三取中、三取二的规则进行有效、科学的设定。

（2）对于某些可确切判定为冗余信号，或多维强关联信号的，进行综合判据规则的制订与应用。

（3）优化开关类联锁信号。由于开关类联锁信号的故障率远远大于模拟量信号，且无法通过有效的智能化手段进行判定，故在联锁信号的选择上，可应用多路，剔除单点联锁，或改进为可靠的模拟量信号以进行相应的容错处理。

（4）全厂联锁系统的关系规则设定。

6.3.7 辅助调节指导（预防指南）

HeroSIS 系统凭借其先进的数据处理与智能分析架构，实现了对工业生产过程中关键指标变化趋势的深度洞察与精准解析。系统内置的高速数据采集模块，以毫秒级的采样频率持续捕捉温度、压力、流量等核心工艺参数，通过卡尔曼滤波算法对原始数据进行降噪处理，确保采集数据的准确性与稳定性。在此基础上，运用动态时间序列分析模型，结合历史数据与实时数据，对关键指标的变化趋势进行全面、立体的分析，不仅能够呈现数据的当前状态，更可预测其未来走向。

在被控量动态监测方面，HeroSIS 通过微分算法实时计算被控量的变化速率，精确到每秒甚至每毫秒的细微变化。例如，当监测反应釜内温度时，系统可实时算出温度每秒的升降度数，敏锐捕捉温度变化的快慢程度。同时，系统对对应调节量（如冷却水流量、加热功率等）的变化趋势也进行同步追踪，通过建立多变量耦合关系模型，分析被控量与调节量之间的动态关联。以温度与加热功率的关系为例，系统会持续记录二者在不同工况下的变化数据，构建出精准的数学模型，从而清晰呈现调节量变化对被控量的影响效果。

系统将被控量与调节量的变化趋势分为同向变化和反向变化两种表征形式。同向变化意味着调节量的调整未能有效抑制被控量的变化趋势，甚至加剧了其变化程度；反向变化则表明调节量的调整正在发挥积极作用，促使被控量向预期方向改变。为了让操作人员更直观地理解这种变化关系，HeroSIS 引入了直观的符号标识系统，使用“←”表示指标有减小趋势，“○”表示指标趋于稳定，“→”表示指标有增大趋势。同时，依据被控量与调节量的变化比例强度，将控制建议划分为“弱、中、强”三个等级。例如，当反应釜温度持续快速上升，且调节量（如冷却水流量）的增加未能有效遏制升温趋势时，系统会根据二者的变化比例，判定为“强”级控制需求，并以醒目的红色“→”符号与“强”字提示操作人员，需立即采取强有力的降温措施，如大幅增加冷却水流量或启动备用冷却装置；若温度变化趋于平稳，系统则会显示绿色“○”符号与“弱”字，提示操作人员维持当前调节状态即可。这种直观、精准的控制方向建议，极大地提升了操作人员对复杂工况的响应效率与决策准确性，有效保障了工业生产过程的安全、稳定运行。

6.3.8 RASO 系统接口

该模块为后续使用优化控制系统预留。在应用 RASO 平台进行优化控制后，HeroSIS 可为 RASO 系统提供相关安全处置信息与安全状态评价数据，RASO 平台可根据这些数据进行提前干预，使得生产装置整体运行状态处于安全阈值的中线状态，提升安全裕度，从根本上保证生产过程的安全。同时，应用 HeroSIS 与 RASO 联合调节后，实现准无人化操作，可最大程度降低人为操作所带来的操作风险。

RASO 系统接口示意图如图 6-11 所示。

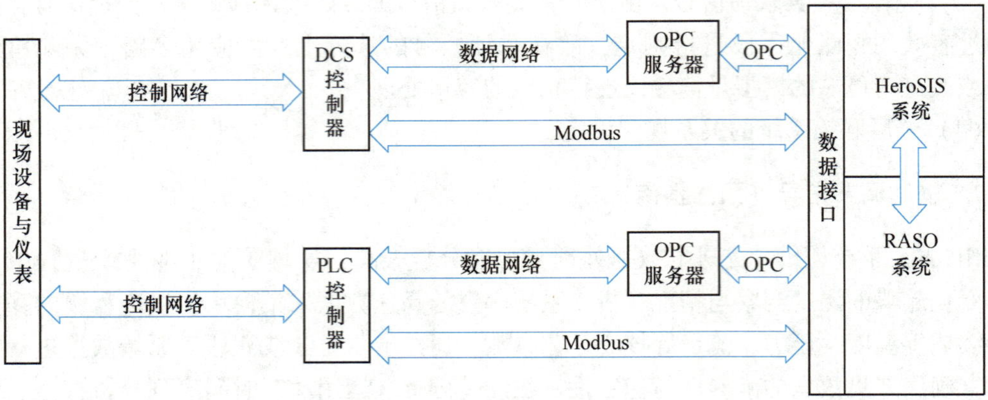

图 6-11 HeroSIS 与 RASO 系统接口示意图

6.4 HeroSIS 应用效益

基于以上功能的实现，HeroSIS 系统可为化工企业取得安全提升做出有效改进，具体应用效益如下：

（1）杜绝常规 SIS 系统长期不予投入的安全风险。

（2）增强的联锁外安全处置意见可在机械联锁后，更多地考虑化学工艺内部反应因素，及时提醒操作人员进行处置，在人员后续处置方面提供更有力的保障。

（3）结合工艺及仪表、控制，给出切实可行的安全容错方案，避免因局部工艺正常波动、仪表故障、信号故障导致的大范围非正常停车，从而避免由此带来的经济损失。

习题与思考题

1. 海恩法则和墨菲定律的内容是什么？在安全生产中有何应用意义？
2. 根据 HeroSIS 系统的功能设计（见图 6-4），从中选取两个模块，谈一谈你的理解。
3. 根据断煤处理的自愈控制实例，根据你接触的工业流程，列举一个应用场景。

7 APC、RTO及大系统理论和实战

导语：本章讲解先进过程控制（APC）、实时优化（RTO）及大系统的理论与实践，深入剖析APC发展历程与核心技术，详解和隆先进控制模型、RTO核心技术及大系统理论，结合实际案例呈现出和隆优化在石化等行业先进控制、实时在线优化及大系统协调的实践，为工业过程优化控制提供技术路径与实践参考。

7.1 APC概述

优化化工生产过程中的大部分控制回路可以通过经典控制实现较好的控制效果，但也存在部分回路尤其是一些重要控制参数还无法很好的解决。随着控制技术、控制理论的发展，先进控制和在线优化成为可以选择使用的方法。

先进过程控制（advanced process control，APC）是对那些不同于常规单回路控制，并具有比常规PID控制更好的控制效果的控制策略的统称，而非专指某种计算机控制算法。先进过程控制的任务是用来处理那些采用常规控制效果不好，甚至无法控制的复杂工业过程控制的问题。

APC是在集散控制系统（DCS）基础控制上优于经典PID控制效果的系统，通常采用预测控制、推断控制、统计过程控制、模糊控制、神经网络控制、非线性控制、鲁棒控制以及软测量等技术，以工艺控制方案分析和数学模型计算为核心，实现过程优化控制和工艺卡边操作，提高自动化水平，提升经济效益。图7-1是不同技术控制效果示意图。

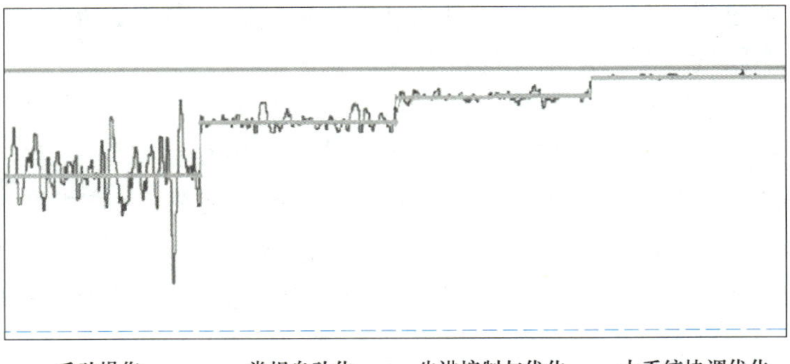

图7-1 不同技术控制效果示意图

相比于传统的控制技术，先进过程控制技术有以下特点：

（1）先进过程控制的控制策略与传统的 PID 控制不同。

（2）先进过程控制通常用于实现复杂被控过程的自动控制。

（3）先进过程控制的实现需要足够的计算能力作为支持平台。

（4）先进控制较常规控制具有投资少收益高特点，如图 7-2 所示。

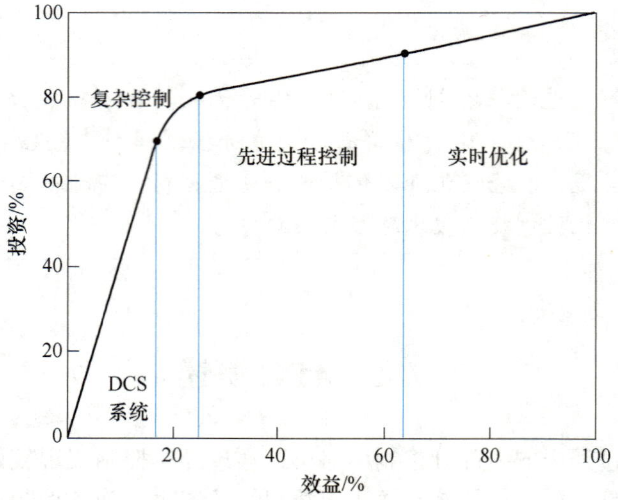

图 7-2　不同控制技术投资效益曲线

7.1.1　APC 发展历程

过程控制技术的演进始终与工业生产的复杂化需求深度耦合，其发展脉络可大致划分为以下阶段。

A　常规控制技术奠基期（20 世纪 40—50 年代）

20 世纪 40 年代起，以 PID 控制器为核心的单回路控制系统凭借经典控制理论的频域分析方法，成为过程控制领域的主流技术。其算法简洁、鲁棒性强，能够实现一般生产过程的稳定运行，至今仍是基础控制层的核心组件。然而，面对具有非线性、大滞后、强耦合特性的复杂工业过程，单回路 PID 控制在动态响应精度、多变量协调等方面逐渐暴露局限性，难以满足高精度控制与工艺优化需求。

B　复杂控制系统探索期（20 世纪 50 年代）

为突破单回路控制的瓶颈，20 世纪 50 年代催生了串级控制、比值控制、前馈控制、及 Smith 预估控制等复杂控制系统。这些基于经典控制理论的扩展技术通过结构创新（如引入副回路、前馈补偿），在一定程度上解决了多变量耦合、时滞补偿等问题，首次实现了对复杂工艺过程的有效调控，标志着过程控制从单变量独立控制向多变量关联控制的跨越。

C　现代控制理论的应用瓶颈期（20 世纪 60—70 年代）

20 世纪 60 年代，以状态空间理论为基础的现代控制理论逐步完善，衍生出状态反馈、最优控制、模型预测等多变量系统设计方法，为解决复杂系统优化问题提供了理论框架。然而，其工业应用效果未达预期，核心原因如下：

(1) 模型依赖性过强：现代控制策略高度依赖精确的数学模型，而工业过程常呈现非线性、时变性及不确定性，难以用简洁的解析模型描述。

(2) 算法复杂度与工程实现矛盾：即使通过简化获得线性定常模型，其控制算法的结构复杂性与实时计算需求，在当时的硬件条件下难以有效实施，导致理论优势无法转化为实际控制效能。

D 先进过程控制的兴起（20 世纪 80 年代至今）

随着流程工业向大型化、集成化发展，面对具有强非线性，多变量耦合，时变约束的复杂生产系统（如石化精馏、电厂锅炉等），传统控制技术的局限性日益凸显。在此背景下，先进过程控制（APC）概念应运而生——其本质是一类区别于常规 PID 控制，能够显著提升复杂过程控制品质的策略集合，涵盖自适应控制、预测控制、专家控制、模糊控制、神经网络控制等技术形态。这些技术以工艺机理分析为基础，融合智能算法、数据驱动建模与多目标优化，突破了传统控制对线性模型的依赖，实现了从“稳定控制”到“快准稳控制”的范式转变，成为流程工业智能化升级的核心使能技术。

当前，APC 的定义仍具开放性，但其核心特征始终围绕“解决常规控制难以处理的复杂问题”，通过整合多学科理论与工程实践，持续推动过程控制向高效、精准、柔性化方向发展。

7.1.2 APC 核心技术

先进控制理论体系庞大、内容丰富，其核心技术涵盖自适应控制、鲁棒控制、预测控制、模糊控制、神经网络控制等。这些技术针对复杂工业过程中常规控制难以解决的问题，通过融合多种理论与算法，显著提升控制精度与系统性能。

7.1.2.1 自适应控制

自适应控制旨在应对系统中无法预知的变化，使系统自动维持期望运行状态。在运行过程中，自适应控制系统持续采集系统输入、状态、输出及性能参数，逐步掌握被控对象特性，随后依据既定设计方法，调整控制器结构、参数或控制策略，以实现控制效果的优化。以化工行业精馏塔生产过程为例，当原材料成分出现波动时，自适应控制系统可及时调整塔釜温度、塔顶压力等控制参数，确保产品质量稳定。

目前，较为成熟的自适应控制主要分为模型参考自适应控制和自校正控制两类。

A 模型参考自适应控制系统

该系统呈现出由内环与外环构建的双环路结构。内环主要由控制器与受控对象共同组成，二者搭配形成了可调系统，其核心功能在于实现基础的反馈控制，精准响应受控对象的实时状态变化（见图 7-3）。外环则由参考模型以及自适应机构构成，参考模型能够提供期望的系统输出响应，为整个系统的运行设定理想参照标准。自适应机构依据参考模型与实际系统输出之间的差异，动态调整控制策略。实际上，该系统是在常规反馈控制回路的基础上进行优化升级，额外增添了参考模型与控制器参数自动调节回路，以此提升系统在不同工况下的控制精度与自适应能力。

在系统运行过程中，参考模型的输出或状态负责设定动态性能指标，这些指标为系统的运行表现提供了明确的量化标准。通常情况下，参考模型经过精心设计，具备极为良好的响应特性，能够快速且精准地对各类输入信号做出反应，为系统的理想运行状态树立标

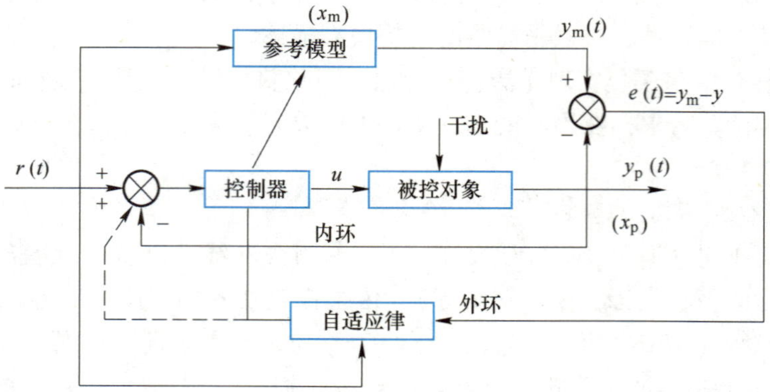

图 7-3 模型参考自适应控制系统示意图

杆。目标信号会同时被输送至可调系统与参考模型，通过对两者输出或状态的细致对比，可获取精准的误差信息。基于既定的自适应律，系统可灵活开展参数自适应工作，即对控制器参数进行实时修正，以优化控制策略；也能够进行信号综合自适应，产生辅助输入信号，为系统运行提供额外助力，促使受控对象输出尽可能紧密地跟随参考模型，提升系统整体性能与稳定性。

在这个系统中，当受控对象受到外界干扰，如环境温度、压力的突变，或是自身特性发生变化，例如系统元件老化、磨损导致性能改变时，受控对象的输出与参考模型输出之间的误差会逐渐增大。此时，自适应机构迅速做出响应，通过一系列复杂而精密的算法，动态地调整控制器的各项参数。经过反复的调整与优化，受控对象的输出将再次逐渐趋近参考模型输出，从而达成理想的控制效果。例如，在航空发动机控制系统这一复杂且对稳定性要求极高的应用场景中，模型参考自适应控制发挥着至关重要的作用。它能够敏锐地感知飞行高度、速度等关键飞行参数的变化，实时对发动机的燃油喷射量、进气量等控制参数进行精准调整，确保发动机在各种复杂工况下都能稳定运行，为飞机的安全飞行提供坚实保障。

B 自校正控制系统

与模型参考自适应控制系统类似，自校正控制系统同样采用双环路结构。内环与常规反馈系统颇为相似，由被控对象与控制器共同构成，其主要作用是基于当前获取的信息，对系统进行初步调节。而外环则包含参数估计器以及控制器设计计算机构，肩负着更为关键的任务，见图 7-4。参数估计器凭借先进的算法，依据受控对象的输入输出信息，在系统运行的每一个瞬间，实时且精准地估计对象参数，捕捉系统状态的细微变化。控制器则依据参数估计器所提供的最新参数估计值，运用特定的控制算法，结合预先设定的性能指标，经过复杂而精密的运算，生成最为契合当前系统状态的最优控制作用，从而确保系统始终保持在最佳运行状态。自校正控制系统能够根据系统运行状况实时调整控制策略，以适应被控对象参数的变化，从而在不同工况下实现稳定且高效的控制。

自校正控制存在多种设计方法，其中基于最小二乘法进行参数估计、按最小方差形成控制作用的最小方差自校正控制器应用广泛。该控制器结构简单，在化工过程控制中，能够比较有效地应对反应釜温度、压力等参数变化，实现较为良好的控制效果。自校正控制

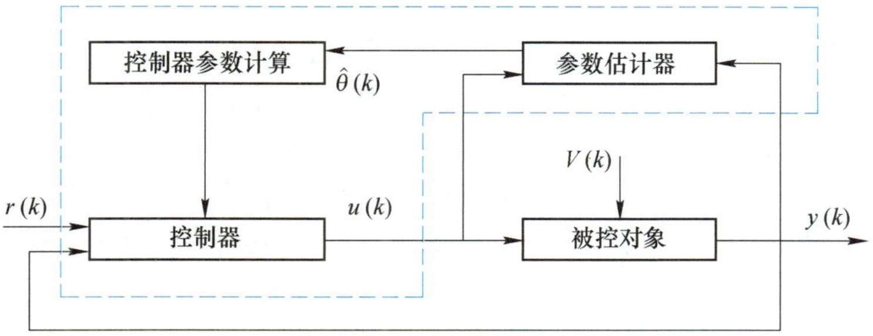

图 7-4 自校正控制系统示意图

系统通过不断更新参数估计值，持续优化控制作用，如同一位智能管家，时刻关注着系统的运行状况，及时调整管理策略，保障系统高效运转。在实际工业生产中，自校正控制系统在诸多领域都有着广泛应用，如在电机调速系统中，能根据电机负载的变化实时调整控制参数，确保电机稳定运行，提升生产效率。

7.1.2.2 鲁棒控制

鲁棒控制的研究始于20世纪50年代，随着20世纪60年代状态空间结构理论、最优控制、卡尔曼滤波及分离性理论的发展，现代控制理论得以完善。近几十年来，鲁棒控制一直是国际自控领域的研究热点。鲁棒控制的出现，正是为了解决实际控制系统中广泛存在的不确定性问题，致力于使控制系统在面对模型误差、参数迁移以及外部干扰等不确定因素时，依然能够保持稳定且高效的运行。

通常说一个反馈控制系统是鲁棒的，或者说一个反馈控制系统具有鲁棒性，就是指这个反馈控制系统在某一类特定的不确定性条件下具有稳定性、渐进调节和动态特性保持不变的特性，即这一反馈控制系统具有适应这一类不确定性影响的能力。若被控系统数学模型属于集合 D，且系统某些特性对集合 U 中所有对象保持不变，则称该系统具有鲁棒性。鲁棒性可细分为鲁棒稳定性、鲁棒渐进调节和鲁棒动态特性。

鲁棒控制的核心任务是，针对系统中广泛存在的各类不确定性因素，精心设计确定的控制律。这些不确定性来源复杂，可能源于建模误差、环境干扰、系统参数的缓慢漂移等。通过设计有效的控制律，鲁棒控制致力于确保闭环系统在面对所有这些不确定性情况时，都能维持稳定运行状态，并且始终具备期望的性能指标。在鲁棒控制理论体系中，主要围绕分析和综合这两大关键方面的问题展开深入研究。在分析层面，其重点聚焦于探究系统在不确定性因素以及外部干扰影响下的性能演变，其中涵盖了系统的动态性能，例如响应速度、超调量等指标的变化，以及至关重要的稳定性，即系统能否在复杂干扰下保持自身结构稳定，不出现失控或振荡发散等不良现象。而在综合方面，研究人员全力探索的是如何巧妙设计控制结构与方法，从控制器的类型选择、参数优化配置到控制策略的制定等多个维度，全方位增强系统应对不确定性的鲁棒性，使系统在复杂多变的实际运行环境中依旧可靠高效。

鲁棒控制系统通常基于最差情况设计，因此系统一般并非工作于最优状态。根据对鲁棒控制性能的定义，可分为稳定鲁棒性和性能鲁棒性。

A 鲁棒稳定性（绝对稳定性）

鲁棒稳定性指系统在受到不确定扰动时维持稳定的能力，尽管扰动特性未知且扰动保持在一定范围内。稳定性是系统正常运行的基本要求，因此对不确定系统进行鲁棒稳定性检验十分必要。传统设计方法难以保证鲁棒稳定性，如逆奈氏阵列（INA）、特征轨迹（CL）、线性二次调节器（LQR）。自 20 世纪 90 年代以来，随着航空航天技术的飞速发展，飞机、导弹、航天器等复杂系统对于控制系统的鲁棒性提出了极为明确且严苛的要求。在面对复杂多变的飞行环境，如气流扰动、高空辐射、电磁干扰等，系统必须具备强大的鲁棒性，以确保稳定运行与任务的可靠执行。鲁棒稳定性分析方法作为评估和保障系统鲁棒性的关键手段，主要涵盖频域分析和时域分析两大范畴，分析方法丰富多样：矩阵特征值估计通过计算矩阵特征值来判断系统稳定性，能直观反映系统极点分布；Kharitonov 方法聚焦于区间多项式系统，在处理参数不确定性问题上独具优势；Lyapunov 方法从能量角度出发，利用 Lyapunov 函数判定系统稳定性，理论基础深厚；矩阵范数及测度方法则借助矩阵范数和测度概念，量化系统的稳定性程度，为鲁棒分析提供量化指标。

B　性能鲁棒性（相对稳定性）

在实际工业生产场景中，不确定系统广泛存在，其特性给精确控制带来了巨大挑战。仅达成鲁棒稳定性，对于实现高精度控制而言是远远不够的。除了要确保系统在各种干扰下不会失去稳定性，还必须保证受控系统的暂态响应与稳态指标都能达到既定标准。例如在化工生产过程中，反应温度、压力等参数易受外界因素影响而波动，若暂态响应不佳，可能导致生产过程出现短时间的剧烈波动，影响产品质量；稳态指标不达标，则可能使产品长期处于不合格状态。按理论模型设计的控制系统，在面对扰动时仍需满足一系列性能指标，这便是性能鲁棒性的要求。然而，多数传统设计方法在复杂扰动情况下，难以有效保证性能鲁棒性。因此，对不确定系统进行性能鲁棒性检验至关重要。

性能指标鲁棒性分析方法，如同稳定性分析方法一样，主要分为频域和时域两类。具体选用哪种方法，通常依据性能指标所在的领域来确定。例如，若性能指标侧重于系统的频率响应特性，如带宽、增益裕度等，频域分析方法更为适用；若关注系统在阶跃输入、脉冲输入等时域信号下的响应，时域分析方法则更能准确评估。性能鲁棒性在不同的研究文献和应用场景中，也被称为相对稳定性、D-稳定性等。其中，D-稳定性要求在扰动发生时，系统闭环特征值始终保持在特定区域 D 内。这一特定区域 D 的设定，与系统的性能要求紧密相关，合理的区域设定能确保系统在各种扰动下，依然维持良好的控制性能。

7.1.2.3　模糊控制

在传统控制领域，控制系统动态模式的准确性如同精密仪器的校准刻度，直接决定着控制效果的优劣。以化工生产中的连续反应釜为例，生产过程中的温度、压力、液位、流量等动态信息越是详尽完备，控制算法就越能像精准的指挥家，引导系统达成预期目标。然而，当面对电力系统负荷调配、航空航天飞行器姿态控制这类变量繁多、相互耦合的复杂系统时，想要完整且准确地描述其动态特性，就会困难重重。

工程师们曾试图通过线性化近似、降阶建模等手段简化系统动态，期望以“化繁为简”的策略实现有效控制。例如在热交换器控制中，将非线性传热过程简化为线性模型，但实际运行中，这些简化处理往往导致模型与真实系统存在显著偏差，控制精度大打折扣，甚至引发系统振荡。传统控制理论，无论是经典的 PID 控制，还是现代状态空间方法，在处理结构清晰、参数确定的系统时，能够凭借严谨的数学推导与稳定的控制性能大放异彩。但一旦遭遇工业过程中的时变性、大延迟等不确定性，或是社会经济系统的模糊边界，这些基于精确数学模型的控制方法便如同陷入泥潭的车辆，难以施展拳脚。正是在这样的技术困境下，模糊数学作为一种全新的理论工具，被敏锐的控制领域研究者引入，为突破复杂系统控制难题开辟了新路径。

一般模糊控制系统包含定义变量、模糊化、知识库、模糊推理及去模糊化 5 个主要部分，如图 7-5 所示。

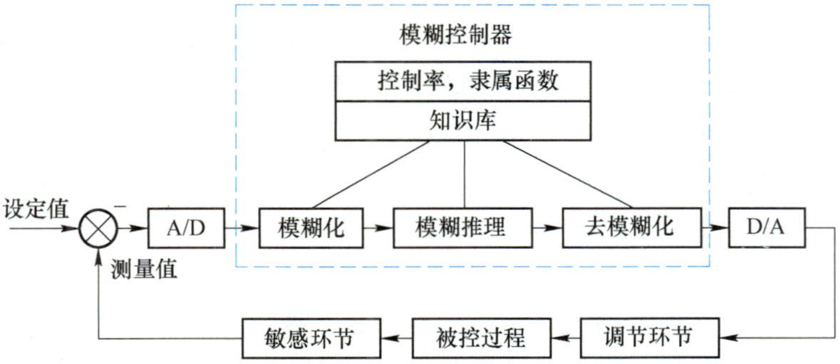

图 7-5 模糊控制系统示意图

（1）定义变量：在复杂的工业过程控制场景中，精准确定需观察的系统状况和控制动作是实现有效控制的关键前提。以常见的控制问题为例，系统通常选取输出误差 E 和输出误差变化率 CE 作为输入变量，前者反映当前系统输出与目标值之间的偏差，后者则表征该偏差的变化趋势，二者从静态和动态两个维度为系统状态提供了量化依据。而控制变量则被设定为下一状态输入 U，用于根据输入变量的反馈信息对系统进行动态调节。这 3 个变量在模糊控制系统中扮演着核心角色，因此被统称为模糊变量，它们之间的逻辑关联与动态响应机制，构成了模糊控制策略的基础框架。

（2）模糊化：在实际操作中，我们会先把传感器采集到的原始输入值，按照一定的比例关系，换算成适合系统处理的论域数值。比如，把温度传感器传来的 0~100 ℃，换算成 0~10 的数值范围。然后，用大家都能听懂的大白话变量，像“温度高”“温度低”“压力大”“压力小”，来描述这些测量到的物理量。接着，根据设定的规则，给每个口语化变量确定一个相对隶属度，这个隶属度能反映当前物理量属于某个模糊概念的程度。最后，这些口语化变量就组成了一个个模糊子集合，方便系统进行下一步的模糊运算和决策。

（3）知识库：包含数据库和规则库两大核心组件。数据库作为模糊数据处理的基础支撑，不仅定义了模糊集合的隶属函数、模糊变量的论域范围，还建立了数据转换与存储的标准化机制，确保输入的精确数据能够顺利转化为模糊语言变量。规则库则是实现智能控制的关键，它通过一系列以自然语言为载体的控制规则，将专家经验和控制目标转化为具体的控制策略。每条规则采用“if-then”之类的逻辑结构，前端描述系统状态或输入变量的模糊条件，后端对应输出变量的控制动作，通过规则的组合与推理，实现对复杂系统的精准调控。

（4）模糊推理：模糊控制器的核心在于通过模糊逻辑和推论法，深度模拟人类的判断过程。其运作机制首先将输入的精确数值（如温度、压力等物理量）通过模糊化模块转换为语言变量（如“低温”“中压”），这些语言变量基于预先设定的隶属度函数进行划分。接着，利用模糊规则库中存储的“if-then”规则（如“if 温度低 and 压力高 then 增加流量”），通过模糊推理引擎执行近似推理，将模糊化后的输入映射为模糊输出。最后，经过去模糊化处理，将模糊输出转化为可直接作用于被控对象的精确控制信号，从而实现对复杂非线性系统的有效调节。

（5）去模糊化：将模糊推理得到的模糊值通过重心法、最大隶属度法等算法进行去模糊化处理，将其转换为明确的控制信号。这些精准的控制信号一般会作为 DCS/PLC 系统输出驱动执行机构动作，实现对工业过程的动态调节与优化控制。

模糊控制在反应釜温度控制中应用广泛，通过检测反应釜内物料温度、反应速率等模糊变量，经模糊推理和去模糊化，自动调节加热功率、冷却水量和搅拌速度，实现精准且稳定的温度控制。

7.1.2.4 模型预测控制

模型预测控制（MPC）作为先进过程控制的核心技术之一，基于动态系统的数学模型进行优化控制。其核心机制是在每个采样时刻，以系统当前状态为初始条件，求解一个有限时域内的开环最优控制问题。不同于传统预设控制律的算法，MPC 将计算得到的最优控制序列中仅第一个控制量付诸实施，后续控制动作将根据下一时刻系统的实际状态重新计算优化。该方法虽以模型为基础，但控制思想具有通用性，能够适应不同类型的被控对象，通过滚动优化实现对复杂动态过程的精准控制。模型预测控制主要由预测模型、反馈校正、滚动优化和参考轨迹四大关键要素构成，各要素相辅相成，共同保障控制过程的高效精准。这四大关键要素相互协作，预测模型为控制提供未来趋势预判，反馈校正弥补预测偏差，滚动优化实现动态实时调整，参考轨迹保障系统平稳运行，共同构成了模型预测控制完整且高效的控制体系。

（1）预测模型。预测控制需具备预测功能，即依据系统当前控制输入和历史信息，预测过程输出未来值，因此需要描述系统动态行为的模型作为预测模型。

不同 MPC 算法采用不同类型预测模型，如模型算法控制（MAC）使用系统单位脉冲响应曲线，动态矩阵控制（DMC）采用系统阶跃响应曲线。这两种模型可相互转换，均属于非参数模型，在实际工业过程中易于通过实验测量获取，无需复杂数据处理。尽管精度有限，但数据冗余度高，抗干扰能力强。预测模型可展示过程未来动态行为，便于给出不同控制策略，比较控制效果优劣。

（2）反馈校正。在实际应用中，基于预测模型预估过程输出难以完全符合实际情况，因为存在非线性、模型失配和干扰等不确定因素。因此，MPC 通过比较输出测量值 $y(k)$ 与模型预估值 $Y_{\mathrm{m}}(k)$，获取模型预测误差，并据此修正模型预测值。

反馈校正使预测控制具备强大的抗扰动和克服系统不确定性能力，结合模型与反馈信息，形成闭环优化控制算法。在化工连续反应过程中，反馈校正能及时调整控制参数，应对原料成分波动等干扰，保证反应稳定进行。

（3）滚动优化。MPC 通过优化性能指标确定未来控制作用，该指标与过程未来行为相关，由预测模型和未来控制策略决定。但 MPC 的优化不同于传统离散最优控制算法，采用滚动式有限时域优化策略。

优化过程在线反复进行，每个采样时刻的优化性能指标仅涉及该时刻起的有限时域，下一个采样时刻优化时段向前滚动。因此，MPC 在每个时刻都有局部优化性能指标，能实时适应系统变化。例如，在电力系统负荷调度中，滚动优化可根据实时负荷变化和发电成本，动态调整发电计划，实现经济高效运行。

(4) 参考轨迹。考虑到过程动态特性，为避免输入输出急剧变化，MPC 要求过程输出 $y(k)$ 沿期望的平缓曲线达到设定值 r，这条曲线即参考轨迹 y_r，是设定值在线“柔化”的结果。参考轨迹能使系统平稳过渡，减少对设备的冲击，在锅炉温度控制中，参考轨迹可避免温度突变，保证设备安全稳定运行。

自适应控制、鲁棒控制、预测控制和模糊控制各有其独特的优势和适用场景见表 7-1。在实际应用中，需要根据具体的控制对象、控制要求和应用环境，选择合适的控制方法，或者将多种控制方法相结合，以实现更好的控制效果。随着控制理论和技术的不断发展，这些控制方法也在不断改进和完善，并且与人工智能、大数据、物联网等新技术相结合，为复杂系统的控制提供了更广阔的应用前景。

表 7-1 几种控制技术比较

技术类型	核心优势	适用场景	数据依赖	模型要求
自适应控制	时变参数在线调整	慢时变对象（如化工反应器）	输入输出数据	低（依赖辨识）
鲁棒控制	强抗扰与模型不确定性	高频扰动系统（如飞行器）	扰动界描述	中等（扰动）
模糊控制	专家经验直接转化	强非线性/无模型对象（如家电）	规则库	低（定性知识）
模型预测控制	多约束优化与滚动时域	大规模流程工业（如炼油、冶金）	历史数据/机理	高（预测模型）

7.2 和隆先控模型简介

7.2.1 先控模型简介

和隆优化先进控制模型（以下简称先控模型）集成了改良版 PID 控制、软伺服控制、重叠控制、扰动观测器模型、参数自适应模型等多项先进控制技术，能够在系统控制上实现稳定性、及时性、可靠性的最佳统一。对大时滞系统、时变系统无须精确对象模型，也可自动适应参数变化而实现长期稳定控制。同时模块在应用上具备简洁、方便、实用的特点，在控制过程调试完成后，先控模块可长期稳定工作而无需专业工程师维护。

先控模型中的 PID 功能模块是对传统 PID 的改良版模块。该模块除具备传统 PID 的功能外，还具备变比例、变积分、积分切除、防过调、防震荡、参数自整定/自适应等功能。改良版 PID 模型具有更快速、更稳定、更智能的控制特性，适合更多、更复杂的控制场景。

软伺服控制模块实际是改良并简化的模糊控制模型，该模型可实现对被控对象的快速粗调，再辅以 PID 细调功能可实现对被控对象的快速、精准调节。同时软伺服模块输出为阶跃输出且输出频次较低，相对传统 PID 调节，具有保护执行机构、延长执行机构寿命的功能。

重叠控制模块主要用于高精度控制场景，其核心思想是根据被控对象波动幅度及变化趋势，快速叠加相应的反向作用，使被控对象快速稳定在控制点附近。

扰动观测器模型主要用于抑制被控对象的快速波动，当检测到被控对象快速波动时，模型立即输出反向控制作用以使被控对象波动情况趋于稳定。

参数自整定/自适应模块可根据在线辨识模型的特性参数，自动校正控制参数的作用强度，可有效克服过程对象的非线性和时变性。

先控模型的各控制模块可自由组合，针对不同的被控对象可像搭积木一样自由组合并形成最适合的控制模型。先控模型不但可有效提高被控对象控制品质，而且相比较传统的 PID 控制，可有效降低执行结构的调节频度，延长执行机构的使用寿命。

7.2.2　先控模型使用说明

图 7-6 是和隆优化先控模型调试画面图。

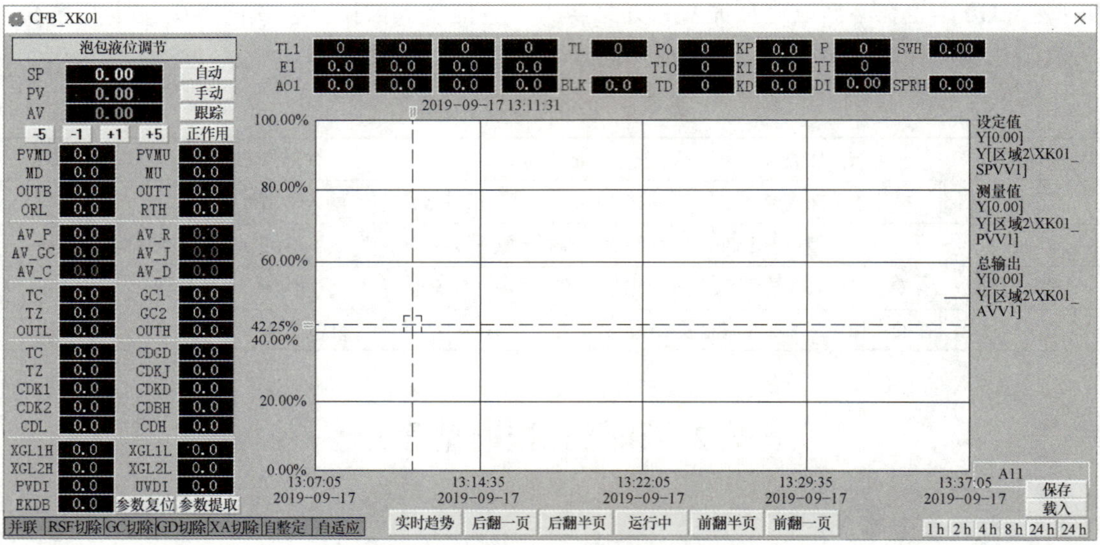

图 7-6　和隆优化先控模型调试画面

图中各参数意义及调试说明如下：

(1) SP：先控模型设定值。

(2) PV：先控模型测量值。

(3) AV：先控模型总输出。

(4) 正反作用：先控模块正反作用控制。

(5) PVMD：先控模型输入量程下限（根据实际仪表量程设置）。

(6) PVMU：先控模型输入量程上限（根据实际仪表量程设置）。

(7) MD：先控模型输出量程下限（根据实际仪表量程设置）。

(8) MU：先控模型输出量程上限（根据实际仪表量程设置）。

(9) SVL：PID 积分启动下限（PV 量程 * SVL%），实际偏差小于此下限，停止积分。

(10) SVH：PID 变积分启动上限（PV 量程 * SVH%），实际偏差大于此上限，启动变积分功能。

(11) OUTB：先控模型输出下限。

（12）OUTT：先控模型输出上限。

（13）ORL：先进控制模块输出下限，只有先控模块的每次累积输出大于该值时，输出才发生一次变化（为 mu-md 的百分比）。

（14）RTH：先进控制模型输出变化速率限幅（为 mu-md 的百分比）。

（15）AV_P:PID 模型输出值。

（16）AV_R：软伺服模型输出值。

（17）AV_GC：扰动观测器模型输出值。

（18）AV_J：扰动观测器静态部分输出值。

（19）AV_D：扰动观测器动态部分输出值。

（20）AV_C：重叠控制模型输出值。

（21）TC：扰动观测器扫描时间。

（22）TZ：扰动观测器专家时间。

（23）GC1：扰动观测器静态系数（正数）。

（24）GC2：扰动观测器动态系数（正数）。

（25）OUTL：扰动观测器输出下限。

（26）OUTH：扰动观测器输出上限。

（27）CDGD：重叠控制拐点。

（28）CD_TC：重叠用扰动观测器采样时间。

（29）CD_TZ：重叠用扰动观测器专家时间。

（30）CDKJ：重叠控制扰动观测静态系数（正数）。

（31）CDKD：重叠控制扰动观测动态系数（正数）。

（32）CDBH：重叠控制扰动观测输出。

（33）CDH：重叠控制扰动观测输出上限。

（34）CDL：重叠控制扰动观测输出下限。

（35）CDK1：重叠控制启动输出系数（正数）。

（36）CDK2：重叠控制退出输出系数，可正可负，为正数时，表示恢复时按照相同方向恢复，为负数时，表示按照相反方向恢复。如为 0.2 时，假如拐点设置为 1，作用时是加 1 的，在返回时，由原来加 1 的，变为加 0.2，整理到 PID 输出上，比 CD 没起作用时增加 0.2。相反如果为-0.2 时，假如拐点设置为 1，作用时是加 1 的，在返回时，返回为-0.2，比原来还要减少 0.2 的量。

（37）“自整定”按钮：该按钮用来使能自整定功能的使能，该按钮为绿色时，功能启用，在手动的情况下，采集过程变量值和控制变量值，在采集达到 5 组后，会自动计算对象的增益、响应时间、滞后时间，但需要手动提取。

（38）“自适应”按钮：该按钮用来使能自适应寻找参数。当该功能不启用时，不再继续学习参数，但保持之前学习的参数值。

（39）TL1：软伺服小周期时间参数。

（40）E1：软伺服小偏差量参数。

（41）AO1：软伺服小幅度输出参数。

（42）TL2/E2/AO2，TL3/E3/AO3，TL4/E4/AO4 意义相同。

（43）TL：软伺服防抖时间。

（44）BL_K：（之前为 ZF_K）软伺服保留功能，该参数为 0~1 之间的数，当该参数不为 1 时，折返功能起作用，当该参数功能为 1 时，折返功能切除。功能描述：当偏差在 E1 时，输出 AO1；当偏差在 E2 时，输出变为 AO1+AO2-AO1，即 AO2；当偏差由 E2 转为 E1 时，在 BL_K 为 1 时，输出不改变。直到偏差反向后做与当前相反的输出。在 BL_K 不为 1 时，偏差从 E2 降到 E1 时，输出为 AO2+(AO1-AO2)×(1-BL_K)。

（45）PO：PID 参考比例参数。

（46）KP：PID 变比例系数。

（47）P：PID 修正后比例参数。

（48）TI0：PID 参考积分参数。

（49）KI：PID 变积分系数。

（50）TI：PID 修正后积分参数。

（51）TD：PID 微分时间。

（52）KD：PID 微分增益。

（53）SP_RH：先进控制模型设定值变化速率，每个扫描周期的变化量（为 pvmu~pvmd 的百分比）。

7.2.3 先控模型实战应用

本节以和隆优化热水云端仿真为例进行先控模型实战训练。进行本实战训练之前应具备如下基本知识或技能：

（1）熟练使用 Codesys3.5 软件。

（2）熟练使用 Heroview 上位监控软件。

（3）熟练使用 DB 通信软件。

（4）熟悉和隆先控模块功能及各参数含义。

7.2.3.1 热水仿真工艺简介

热水仿真系统主要通过蒸汽调节阀调节饱和蒸汽的流量，通过换热器，将冷水加热成温度恒定的热水，然后供用户使用。该系统通过 RASO SIM 仿真平台进行机理建模实现，控制方案通过先控系统实现，两个系统之间通过 OPC 通信协议实现数据传输。图 7-7 是和隆优化热水仿真系统架构示意图。

图 7-8 为热水仿真系统的主画面，左侧方框区域为工艺流程和过程参数的显示，右侧框内为主要运行参数、统计参数、考核参数以及操作切换区域。

工艺流程中有 5 个可操作的阀门和一个工频水泵（控制启停），其中 4 个阀门可常规手动操作，从左向右依次为控制热水温度（蒸汽阀）、用户流量（热水阀）、水箱水位（补水阀），排污阀为固定排污模式。

“运行参数”区域主要显示由机理模型计算出来的过程量，以及工况保持和调取功能，具体内容见图 7-8。

“统计参数”显示的是天气温度、热水温度和室内温度一段时间的平均值、最高值、最低值。

“考核参数”分别显示的是一段时间内先控自动时间占比 A_1（当自控占比小于 50%

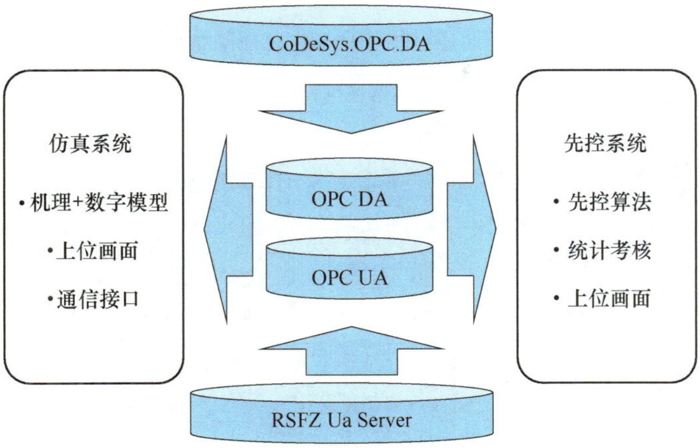

图 7-7 和隆热水仿真系统架构示意图

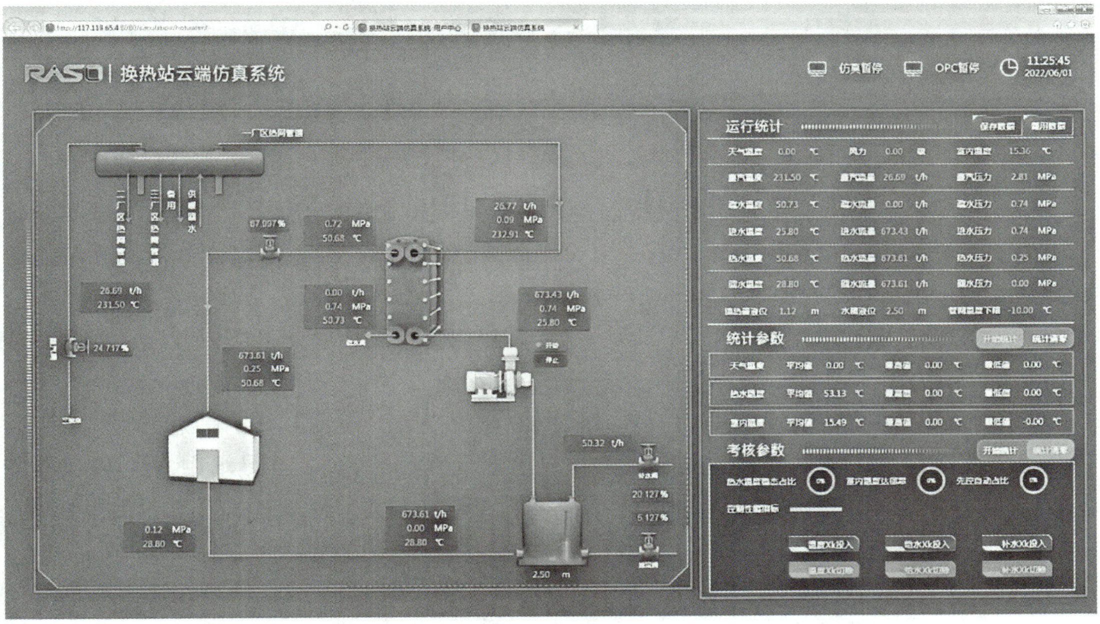

图 7-8 热水仿真系统主画面

（扫描书前二维码看彩图）

时，在综合指标中该项记为零分）、热水温度稳态（控制偏差小于±2 ℃）时间占比 A_2、供暖达标（室内温度大于 18 ℃）时间占比 A_3。

“操作切换”中体现了温度控制、给水控制，以及补水控制状态（先控是否投入），以及先控投入/切除操作按钮，以便对使用者进行操作考核得分。

7.2.3.2 系统对接

实现仿真系统与先控系统无扰切换。

7.2.3.3 控制方案简介

主画面中所涉及的控制回路有 3 个：热水温度控制回路、用户流量控制回路、水箱液位控制回路，如图 7-9 所示。

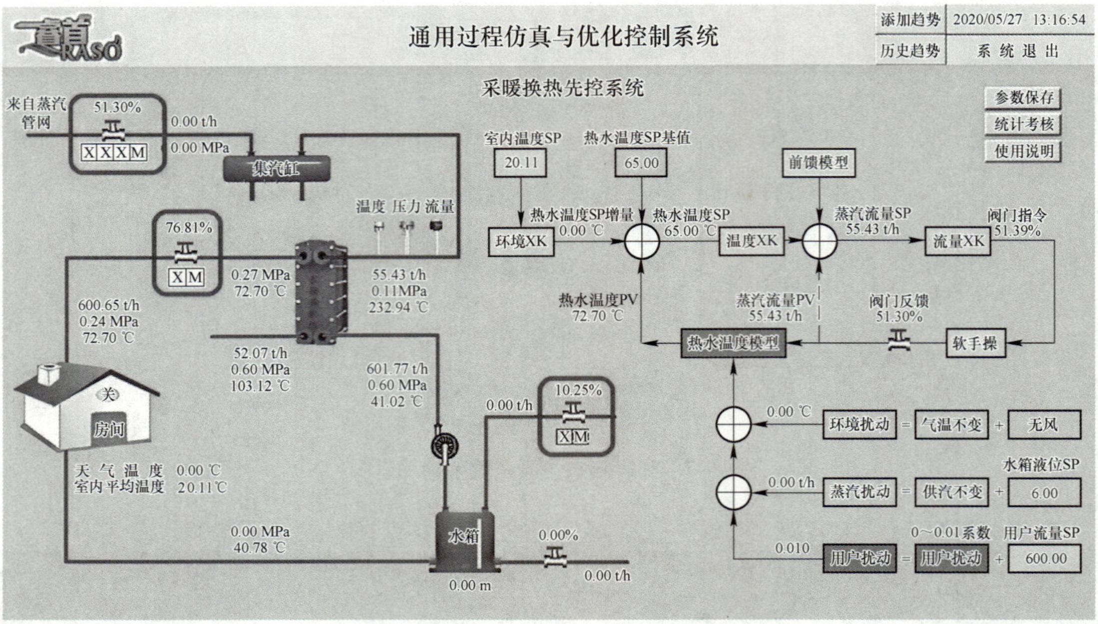

图 7-9 热水温度控制框图

图 7-9 中热水温度回路采用串级控制模式，热水温度设定值会跟随着室内温度的变化而调整，即热水温度设定值为随动值，它的增量通过“环境 XK”模块计算得到，最终的设定值= SP 基值 + 增量。

串级控制：通过“温度 XK” + “流量 XK”模块，不断调整蒸汽阀门开度，控制热水温度达到设定值。

串级控制方案中，热水温度为外环，蒸汽流量为内环，前馈算法的构建方式为：“蒸汽压力”扰动作为内环扰动，加入内环控制输出上（阀门输出），“热水用户”和“环境温度”扰动作为外环扰动，加入外环输出上（蒸汽流量 SP），具体方案如图 7-10 所示。

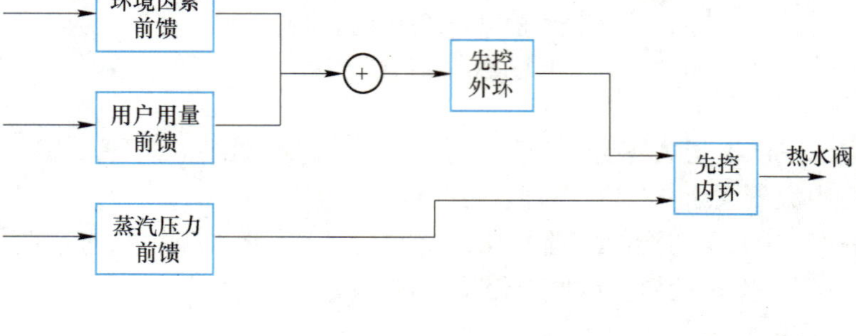

图 7-10 热水系统前馈方案

用户流量控制回路为单回路控制模式，用户流量设定值可以通过主画面修改，如图 7-11所示。

水箱液位控制回路采用单回路控制模式，水箱液位设定值可以通过主画面修改，如图 7-12 所示。

图 7-11 用户流量

图 7-12 水箱水位设定

7.2.3.4 参数调试

（1）打开热水云端仿真。

（2）恢复热水仿真上下位程序“RSFZ. project”“RSFZ. PCZ”并运行上下位程序。上位运行画面如图 7-13 所示。

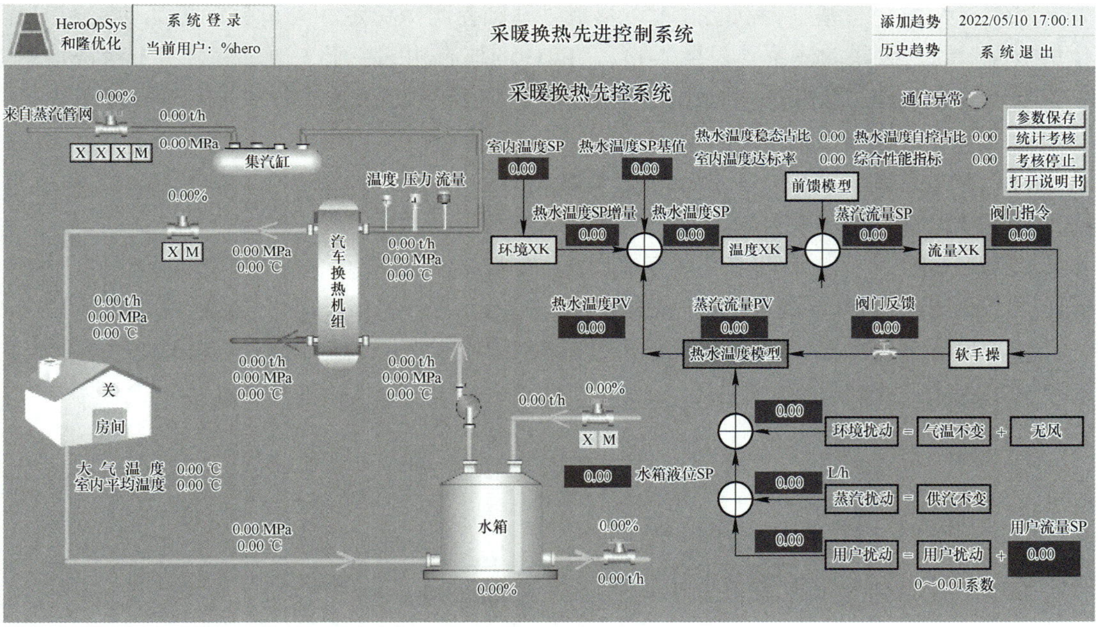

图 7-13 热水仿真运行画面

（3）图中“X”图标即先控模块调试窗口，点击“X”图标，先控的使用参照 7.2.2 节“先控模型使用说明”进行参数粗调并将先控投入自动运行。

（4）根据先控响应曲线细调参数，逐渐将各回路控制精度控制在如下目标：

1）水箱液位控制精度±0.2 m；

2）供水流量控制精度±1 t/h；

3）室内平均温度控制精度±1.5 ℃；

4）热水温度控制精度±1 ℃。

（5）上述训练完成后可调整“房间温度模型”“蒸汽流量-热水温度模型”“蒸汽阀门模型”等模型参数，修改被控对象特性，并重复上述调试过程。

7.3 实时在线优化 RTO

7.3.1 RTO 概述

在工业生产领域，装置运行的核心目标可归结为安全、产品质量、生产效率三大维度，且三者呈递进关系：安全是生产的前提基础，唯有确保生产安全无虞，企业方能进一步聚焦产品质量提升与生产效率优化。随着工业自动化进程加速，众多企业管理者积极探索将生产自动化与经营管理深度融合的路径，旨在通过创新解决方案，将企业的经营目标精准转化为生产操作层面的具体目标。具体而言，即依据市场动态变化与设备实际运行状况，自动确定控制器的最优设定点，并将海量生产数据转化为高价值生产信息用于反馈调节，从而实现企业经营战略与生产操作的有机协同。

实时优化(real-time optimization，RTO）在企业自动化系统架构中占据关键层级，位于先进控制（APC）与基础控制层之上，形成“基础控制保稳定、先进控制提品质、实时优化增效益”的三级联动体系（见图 7-14）。RTO 的核心功能在于，通过综合考量经济信息、装置物理约束条件、装置操作自由度三大要素，以经济效益最大化为目标进行动态优化。其运行逻辑可拆解为三大核心环节：

（1）状态感知：实时采集装置运行参数（如温度、压力、流量），原料与产品市场价格，设备健康状态等多维数据，精准刻画系统当前运行状态。

（2）寻优计算：基于机理模型与数据驱动算法，求解满足各类约束条件下的最佳生产操作点，例如确定最优原料配比、装置负荷。

（3）路径规划：设计从当前操作状态到最佳操作点的安全、高效过渡路径，避免因参数突变导致装置波动或安全风险。

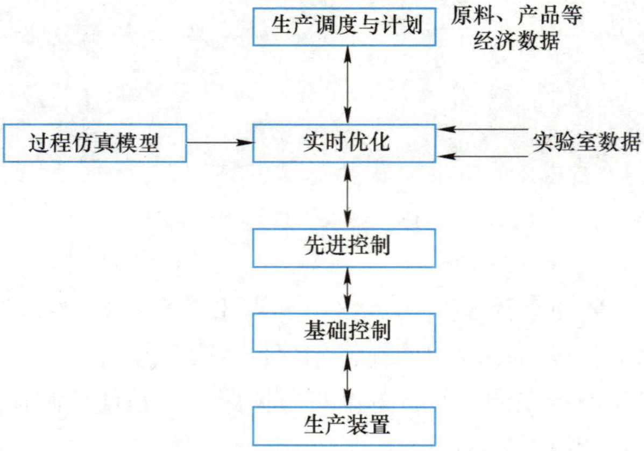

图 7-14 RTO 系统在自动化系统架构中位置

RTO 系统的有效运行，能够帮助企业在保障安全生产与产品质量的基础上，显著提升资源利用效率与经济效益，已成为现代工业实现精细化管理、应对市场竞争的核心技术手段。

7.3.2　RTO 核心技术

实时优化（RTO）技术依据建模与求解方式，可划分为稳态优化、动态优化、非机理模型实时寻优三大类。各类技术因原理差异，在应用场景、实施成本与维护难度上各有特点：

（1）稳态优化：依托稳态机理模型，借助方程求解技术，属于传统 RTO 方案。

（2）动态优化：采用动态机理模型或数据分析模型，精准适配动态生产过程，但实现复杂、成本高昂。

（3）非机理模型实时寻优：无需深度机理建模，凭借强适应性与低运维需求，近年在工业场景中广泛落地。

尽管技术路径不同，所有 RTO 技术均围绕状态感知、状态寻优、动态路径规划三大核心过程展开：

（1）状态感知：工业生产受原料波动、设备老化等因素干扰，呈现强动态性。单一时刻数据难以完整反映系统状态，需融合历史数据构建全局视图，并预测未来趋势。例如，炼油装置的温度、压力变化存在滞后性，需结合前序工况数据才能准确判断当前状态。

（2）状态寻优：通过代数方程建模结合线性代数与优化理论求解最优操作点，或利用智能算法动态搜索最佳参数组合，如确定化工反应的最优进料配比。

（3）动态路径规划：由于生产变量间存在耦合关系，从当前状态到最优状态的路径并非简单线性过渡。例如，在调整精馏塔温度时，需同步协调压力、回流比等参数，避免引发系统振荡。

7.3.2.1　稳态实时优化

优化（steady-state real-time optimization，SSRTO）作为 RTO 核心技术体系的关键环节，依托高性能计算机系统，按照预设的时间周期（通常为分钟至小时级）自动触发优化计算流程。该技术深度融合了非线性过程模型，通过建立涵盖反应器动态特性、传热传质过程等复杂工业流程的数学模型，精准刻画生产系统运行机理；同时集成生产约束条件，包括设备负荷上限、物料平衡限制、环保法规要求等硬性边界条件，以及产品质量标准、能耗限额等软性约束；并实时接入市场价格、原料成本、能源费用等经济数据，构建起动态优化决策框架。

在运行机制上，SSRTO 通过迭代算法求解非线性规划问题，搜寻满足多重约束条件下的全局最优解，并将优化后的工艺参数（如温度、压力、流量、配比等）同步至先进过程控制（APC）系统，作为控制器的目标设定值。该技术以提升产品收率、优化产品质量均一性、降低单位能耗和物耗为核心目标，本质上是稳态仿真技术在动态生产环境中的进阶应用。通过持续优化生产运行参数，SSRTO 不仅能够实现生产过程的精细化管控，还能有效平衡生产效率与经济效益，助力企业在复杂多变的市场环境中保持竞争力。

典型的稳态实时优化执行过程（见图 7-15）包括：

（1）稳态判断：判断装置是否处于稳态，确保工艺数据可用于构建初始状态。

（2）数据校正与参数估计：剔除仪表故障或泄漏导致的异常数据，利用质量与能量平衡方程修正随机误差，生成“精练数据”。

（3）优化求解：基于处理后的数据求解模型最优解。

（4）一致性检查：验证优化结果与初始状态的匹配度，保障生产安全。

图7-15是典型稳态实时优化执行过程示意图。

Aspen Tech的RTO、Invensys的ROMEO及Honeywell的Profit Max是该领域的代表性软件，凭借成熟的算法体系和行业适配性，在工业优化场景中占据重要地位。然而，这类稳态实时优化技术存在显著局限性，制约其在复杂工况下的广泛应用。

（1）状态感知困境：传统稳态实时优化对工况的严格稳态匹配要求，使得系统需等待生产参数长时间稳定后才能触发优化计算，往往产生数小时甚至数天的等待周期，严重削弱了实时性。若放宽稳态判定标准，又会引入大量非稳态数据，导致数据校正算法失效，使得优化模型输入参数失真，最终降低优化结果的可靠性。例如，某石化企业因放宽稳态阈值，导致优化后能耗反而上升5%。

（2）状态寻优风险：稳态优化本质上是基于历史数据构建的静态模型，难以应对突发的外界干扰。一旦生产过程中出现原料品质波动、设备故障或市场需求突变，已生成的优化方案不仅可能失效，还可能因系统机械执行错误指令，引发连锁反应。某制药厂曾因电网电压波动未被及时感知，导致优化方案错误调整温控参数，造成整批产品报废。

（3）路径规划缺失：现有技术缺乏动态路径规划能力，无法根据实时工况变化自主调整优化策略。实际应用中，工程师需预先将生产目标拆解为小步幅参数调整指令，手动输入系统执行。面对精细化工批次生产中频繁的配方切换、反应条件骤变等场景，这种“预设-执行”模式响应速度远低于工况变化频率，导致优化方案与实际需求脱节，难以实现真正意义上的实时优化。

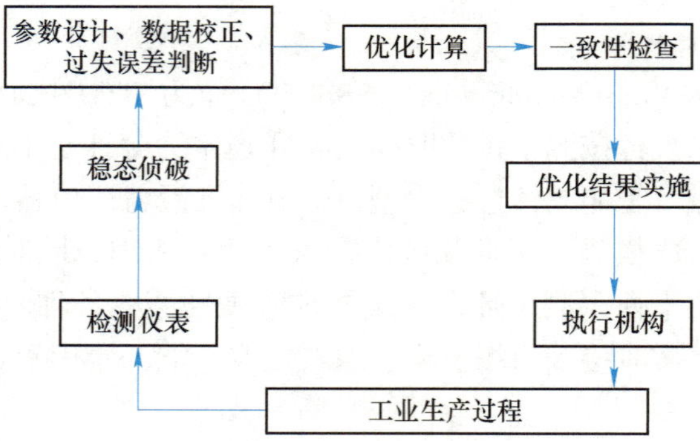

图7-15 典型稳态实时优化执行过程示意图

因此，稳态实时优化技术更适用于生产流程稳定、外部干扰可控的场景，如连续运行的化肥生产线、基础化工原料制备装置等。而在精细化工批次生产、电厂锅炉等工况波动频繁的领域，其优化效果和实用性大打折扣。

7.3.2.2 动态实时优化

在实际工业生产场景中，设备老化、原料批次差异、能源供应波动等因素，使得生产参数始终处于动态变化过程。这种持续波动意味着稳态运行仅为理想化特例，动态实时优化技术正是为适应复杂多变的工业环境而生。该技术以实时监测数据为驱动，基于安全阈值与质量标准构建约束条件，通过数学模型动态调整生产操作点或运行轨迹，最终实现生产效率、能耗成本、产品质量等多维度效益的最大化。

其核心实现路径是利用微分代数方程精确刻画系统动态特性。微分代数方程将时间序列数据、设备状态变量、操作参数等因素纳入统一框架，构建包含微分方程与代数方程的混合模型，从而完整描述系统在不同工况下的响应特性。通过设定关键性能指标，如单位时间产量、单位能耗产出等，优化算法可实时计算并输出操作变量的最优调节方案，确保生产过程始终保持在高效运行区间。动态实时优化常用方法如下：

（1）解析法：基于经典数学理论推导解析解，适用于系统结构简单、模型线性化程度高的场景。例如，在理想流体管道输送系统中，通过连续性方程与伯努利方程可直接求解最优流速。但在实际工业中，由于设备耦合性强、过程非线性显著，解析法常面临维数难题，难以获得精确解。

（2）数值离散法：采用同步策略将连续时间域划分为离散时间步长，结合控制变量参数化技术，将复杂优化问题转化为可求解的离散规划问题。典型应用如模型预测控制，通过滚动时域优化策略，将未来有限时间内的控制问题分解为多个子问题求解，在化工反应釜温度控制、电力系统负荷调度等领域取得显著成效。

（3）迭代动态规划与智能算法：这类方法突破传统梯度优化的局限，通过模拟自然进化或群体协作机制寻找全局最优解。以遗传算法为例，通过模拟生物进化中的选择、交叉、变异操作，在解空间中并行搜索多目标优化问题的帕累托前沿。在钢铁冶炼过程中，该算法可同步优化炉温控制、原料配比、能耗成本等多个目标，相比传统方法效率提升30%以上。此外，强化学习算法通过智能体与环境的持续交互学习，在复杂动态系统中展现出强大的自适应能力，成为当前动态实时优化领域的研究热点。

尽管高阶动态优化方法理论性能优异，但因实现复杂度高、部署难度大，在实际工业应用中仍存在挑战，需结合企业具体需求谨慎选择。

还有很多更高阶的动态实时优化解析方法，但这些方法实现原理过于复杂，不在本培训讲解范围内，此处略过。

7.3.2.3 非机理模型实时寻优

非机理模型实时寻优是在不依赖对象内在机理（如物理、化学规律推导的模型）基础上，借助数据驱动等手段，对系统参数、控制策略等进行动态优化搜索，以适配实时变化工况的技术。

A 模型构建：从数据到关联

采集系统全量数据（如工业过程的温度、压力、流量，风光电站的出力、气象数据），经清洗、特征工程（提取时序、关联等特征），用机器学习（如随机森林、神经网络）、深度学习（如 LSTM 处理时序数据）挖掘输入-输出关联，构建非机理预测/映射模型。

模型迭代更新：因系统工况、外部环境动态变化，需实时/定时用新数据微调模型（如在线更新神经网络权重），保障模型对实时场景的适配性。

B 寻优算法：动态搜索最优解

（1）遗传算法：将寻优参数（如控制变量、运行阈值）编码为“染色体”，通过选择、交叉、变异操作，模拟自然进化搜索最优解，适合多变量、多约束的寻优场景（如 AFDX 虚拟链路路径寻优，用遗传算法优化路径配置）。

（2）蚁群算法：模拟蚁群觅食路径选择，通过信息素正反馈机制，迭代搜索最优路径/

参数（如求解风电场出力延时时间，用蚁群算法在解空间寻最优延时）。

（3）强化学习：智能体（如控制策略）与环境（系统运行状态）交互，以“奖励/惩罚”反馈优化策略，实现实时动态寻优（如电力系统实时调度，依据电网状态动态调整发电计划）。

（4）实时性保障：通过算法轻量化（如简化遗传算法迭代步骤）、并行计算（多线程/GPU 加速），压缩寻优时间，适配“实时”需求。

总之，非机理模型实时寻优以“数据为基、动态适配”，破解复杂系统实时优化难题，虽面临挑战，但随技术迭代，将在更多场景释放价值，推动各行业智能化、高效化升级。

7.4 和隆 RTO 技术简介

7.4.1 趋势优化技术

优化系统自动跟踪并分析热风炉因自身扰动而引起的工况变化，自动筛选最佳运行工况并将风燃配比钳位于最佳运行工况，和隆定义这种优化技术为趋势优化技术。

以高炉热风炉为例，热风炉实际运行过程中受煤气压力波动影响不可避免地会造成实际风燃配比波动，实际风燃配比的波动也必然会造成热风炉实际燃烧效果和燃烧效果表征信号 η 的波动，跟踪并分析燃烧效果表征信号 η 的波动情况，当燃烧效果表征信号 η 增大，即燃烧效果变好时，对应的实际风燃配比也应该是朝着较最佳风燃配比更合理的方向变化，反之则预示着风燃配比恶化。也就是说，燃烧效果表征信号 η 的增大或减小的趋势可以表征实际风燃配比是否更加合理，进而可以对寻找最佳风燃配比控制点提供依据。图 7-16 为趋势优化原理示意图。

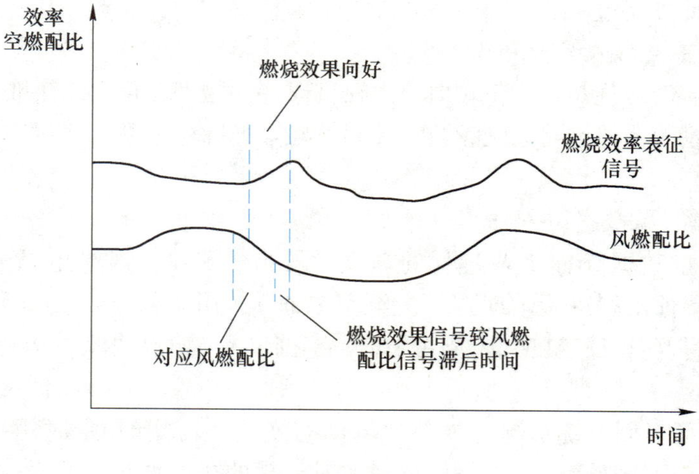

图 7-16　趋势优化原理示意图

优化系统运行时可建立一个先进先出模式循环数据队列，队列长度为 m，每秒向队列存储一个实时风燃配比信号并周期执行。当检测出燃烧效果表征信号 η 有确切增大趋势且持续时间 t_1 以上时通过如下方式实现趋势优化：

$$m = t_1 + t_2$$

$$\mathrm{SP} = \mathrm{SP} \times k + \sum_{i=t_2}^{m} (D_i/t_1)(1-k)$$

式中，t_1 为趋势优化周期，s；t_2 为燃烧效果信号较风燃配比信号滞后时间，s；SP 为风燃配比控制点；k 为风燃配比修正系数；D_i 为循环数据队列中第 i 个数值。

调整公式中的参数，实现热风炉每个烧炉周期完成 5~10 次以上趋势优化过程，可将热风炉风燃配比控制点快速靠近动态变化的最佳风燃配比，从而实现风燃配比寻优。

7.4.2 通用燃烧优化控制技术

通用燃烧优化控制技术（简称 BSC）立足于最基本的测控仪表，采用先进的软测量技术、多变量解耦技术、过程优化控制技术、故障诊断与安全控制技术、智能调节技术及科学的数据分析与统计技术来实现燃烧装置的全自动优化控制，从而达到其安全运行、稳定运行和经济运行的所有目标。BCS 技术已通过科技成果鉴定，具有国内领先水平。

BCS 通用燃烧优化控制技术是北京和隆优化科技股份有限公司的核心技术之一。该技术起源于著名数学家华罗庚《优选学》中的盲人爬山法。盲人爬山法的核心思想就是“试探”，盲人要爬山但不知道山顶在何处，但他可以不断地试探，尝试走出一步，然后依靠感觉判断自己的位置是不是更高了，如果高了则再走一步，否则尝试其他方向，重复这个过程盲人就可以爬到山顶。

盲人爬山法的思想也可以应用在寻找最佳控制点的寻优过程中，以燃烧装置空燃配比寻优为例：首先尝试改变空燃配比控制点，等待燃烧效果信号较风燃配比信号滞后时间后判断燃烧效果表征信号 η 是否比改变前有所改善，如果有改善则继续同方向改变空燃配比控制点，直至燃烧效果达到最佳；如果第一步改变空燃配比控制点后燃烧效果表征信号 η 变差，则尝试反方向改变空燃配比控制点并重复上述过程。利用燃烧效果表征信号 η 结合自寻优及滚动优化技术即可实现燃烧装置空燃配比优化控制，控制程序框图如右图所示：

BCS 通用燃烧优化控制技术已有近 20 年的发展历史，目前该技术不仅仅用在燃烧装置风燃配比寻优上，实际上，该技术应用范围已拓展至所有具有局部极值特点的控制参数寻优上。图 7-17 是 BCS 技术自寻优框图。图 7-18 是风量优化实际曲线。

7.4.3 两种寻优技术融合

趋势优化技术的优点在于无需对寻优对象运行施加扰动信号，完全利用寻优对象自身扰动实现寻优操作。显然该技术存在一定缺陷，即当寻优对象自身扰动很小，寻优效果表征信号 η 波动不太明显时无法实现寻优操作。

BCS 通用燃烧优化控制技术的优点在于可主动进行寻优操作，不受寻优对象自身工作情况的限制。但该技术的缺点在于每次优化实际是对寻优对象施加了一个外部扰动信号，而且这个外部扰动不一定会改善实际运行效果，有可能在短时间内恶化实际装置运行效果。

将两种优化技术融合，充分发挥两种优化技术的优势是个理想选择。即，寻优对象自身扰动足以能够使趋势优化技术发挥作用时屏蔽 BCS 通用燃烧优化功能，减少 BCS 通用

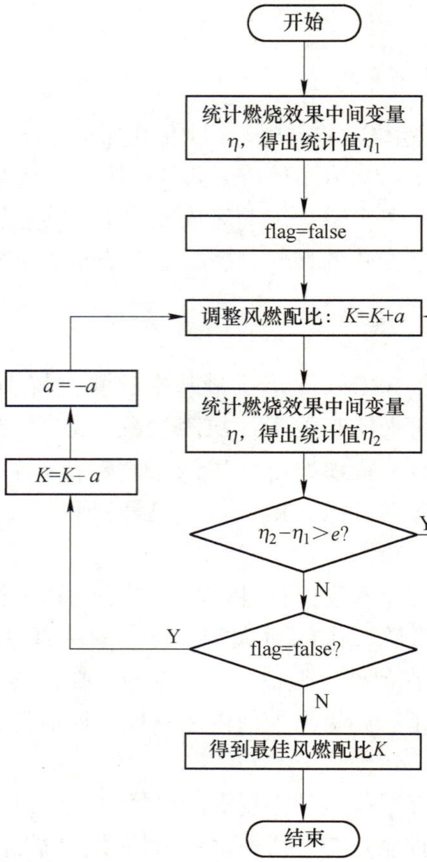

图 7-17　自寻优框图

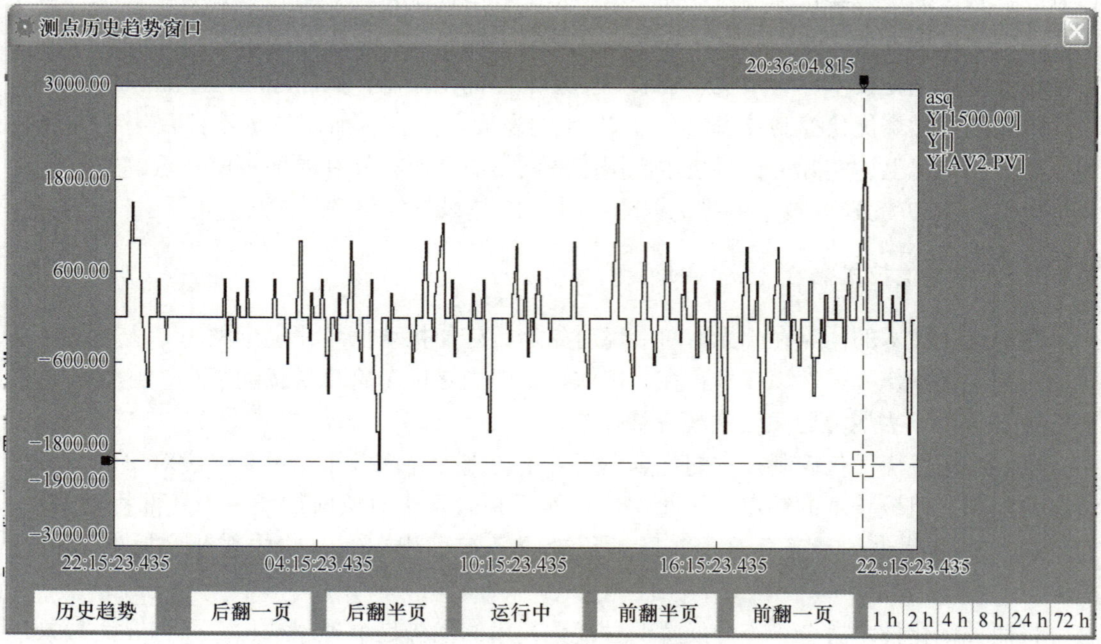

图 7-18　风量 24 h 优化曲线

燃烧优化操作带给寻优对象的扰动。仅当一段时间内趋势优化技术始终无法发挥作用时才启用 BCS 通用燃烧优化功能，以实现寻优对象自身扰动较小时依然能够进行寻优的目的。

7.4.4 和隆 RTO 技术实战应用

本文以和隆优化 BCS 通用燃烧优化控制技术为例进行 RTO 实战训练。进行实战训练之前应具备如下基本知识或技能：

（1）熟练使用 Codesys3.5 软件。

（2）熟悉《通用燃烧优化软件使用手册》。

（3）“BCS 通用燃烧优化控制技术”已被加密保护，使用该技术需首先在测试机上插上配套加密狗并运行相应外挂软件。

具备上述基本知识、技能或条件后，按如下步骤开展实战训练：

（1）打开并运行下位测试程序“TYYH_TEST”。

（2）插入“BCS 通用燃烧优化”加密狗。

（3）打开“TYYH.exe”程序，并按照《通用燃烧优化软件使用手册》说明设置相应参数。

（4）打开下位“TYYH_TEST_TJ”程序，将“YHTJ_MANZU”变量置 1，即可使仿真测试程序自动满足“BCS 通用燃烧优化”优化条件，如图 7-19 所示。

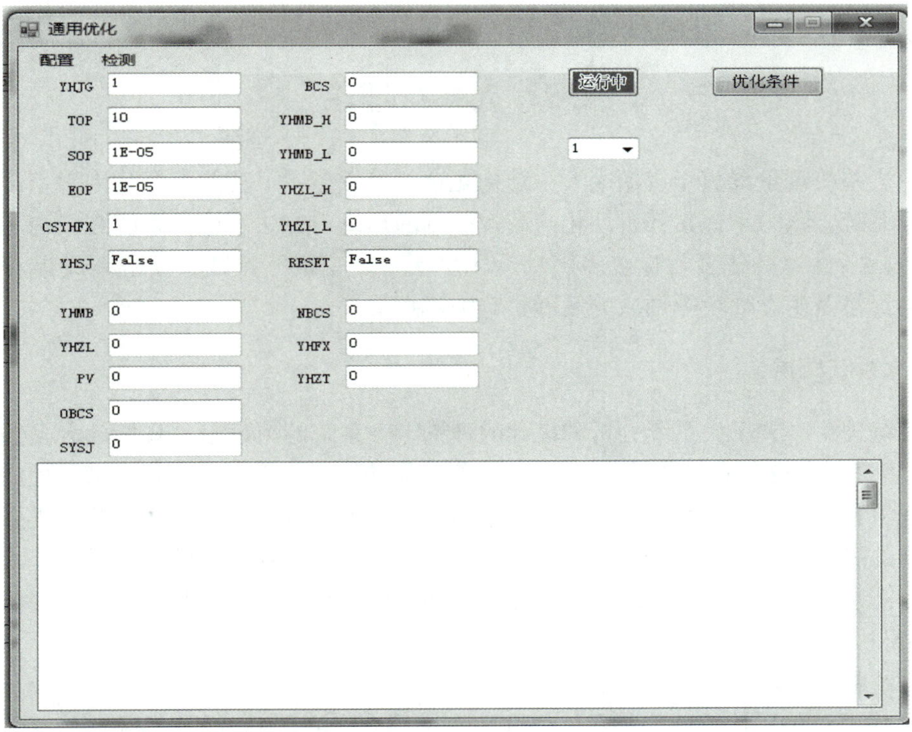

图 7-19 通用燃烧优化软件运行界面

（5）这时优化程序会自动启动优化并逐渐将“YHMB”寻优至 0.65（训练程序默认最佳空燃配比是 0.65）。

（6）修改“TYYHTEST1”程序中的下列数值（见图7-20，相当于修改要寻优的最佳空燃配比），并重复上述过程。

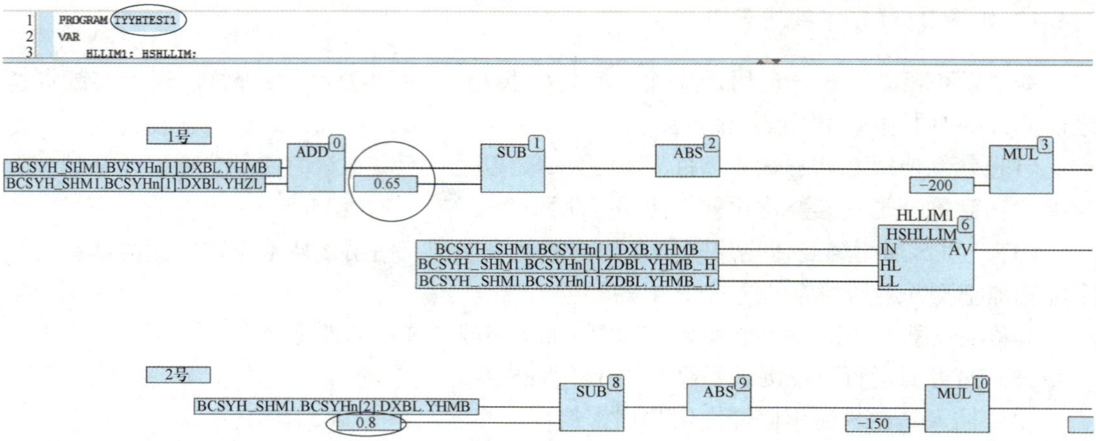

图7-20 YHMB数值修改示意图

（7）修改各组优化参数并重复上述过程，体验不同寻优参数设置对优化效果的影响。

（8）目标：任意修改默认最佳空燃配比后，优化程序能够将“YHMB”寻优至最佳风煤比。

7.5 大系统理论

工业大系统理论聚焦于规模庞大、结构复杂、目标多元、功能综合且因素繁多的工程与非工程系统，致力于探索其自动化与高效控制的理论与方法。这类系统在结构和维度上呈现显著复杂性，具备多目标、多属性、多层次、多变量等特征，其研究成果对现代工业、社会经济及生态环境等领域的发展具有关键意义。

7.5.1 大系统概述

大系统理论，关于大系统分析和设计的理论。大系统的特征是：规模庞大，结构复杂（环节较多、层次较多或关系复杂），目标多样，影响因素众多，且常带有随机性的系统。

随着科技进步与生产发展，大系统广泛涌现于各个领域，如电厂的多炉多机多管网系统、钢厂的煤气大管网系统、提升制造灵活性的柔性制造系统，以及生态系统、水源系统和社会经济系统等。这些系统的复杂性导致内部通信困难、成本攀升、可靠性降低，传统控制理论与方法难以有效应对。

大系统常见的两种结构形式如下。

（1）多层结构：依据功能将系统划分为多个层次，底层调节器直接作用于被控对象，上层依次承担优化与环境适应功能，通过分层控制实现系统运行。多层结构通过明确的层级分工，实现了对大系统复杂功能的有序管理，不同层次各司其职，底层专注于基础控制，上层负责更高层面的优化与调整，这种结构形式有效缓解了大系统内部通信压力，在电力、化工等流程性工业中得到广泛应用。

(2) 多级结构：在子系统局部控制基础上增设协调级，解决子系统间控制不协调问题，保障系统整体优化运行。多层结构与多级结构在实际应用中相互补充，共同为大系统的有效控制提供了多样化的解决方案。

在过程控制领域，无论是多层结构还是多级结构，其本质都是为了应对大系统的复杂性，通过结构化的组织方式降低控制难度。但在实际应用中，大系统的结构选择并非一成不变，需要根据系统的特性、运行目标以及成本效益等多方面因素综合考量，以实现系统控制的最优化。

大系统理论专注于系统分析、设计、自动控制及整体优化，涵盖建模、模型降阶、递阶控制、分散控制、稳定性分析、自动寻优等核心内容，研究对象广泛涉及工程、社会经济、生物生态、军事等领域的复杂系统。这些核心内容紧密围绕大系统的复杂性与多目标特性展开，各部分相互关联、层层递进，共同构成了大系统理论完整的知识体系，也为后续深入探究大系统的形成、发展及应用奠定了坚实的理论基础。

7.5.2 大系统的形成和发展

早期控制论与运筹学主要针对中小型非复杂系统，随着科技和生产活动规模不断扩大，复杂大系统、巨系统成为研究焦点，大系统理论应运而生。20 世纪，人们在系统研究中不断创新，基于现代控制理论和运筹规划技术，融合多学科知识，逐步形成大系统理论。

1959 年，我国秦元勋教授在飞机自动驾驶仪设计中提出大系统稳定性分解概念，刘永清教授将其应用于三门峡水电站闸门提升系统，成功分析系统稳定性。国际上，法国国家科学研究中心的研究小组将大系统递阶最优化理论应用于炼锌厂、太阳能电站等领域的控制，取得显著效益。罗马尼亚学者运用该理论构建经济数学模型，指导国民经济发展。这些早期的理论探索与实践应用，不仅验证了大系统理论的可行性与有效性，也吸引了全球范围内众多科研团队与学者投身其中，促使大系统理论研究逐渐形成不同的学术流派与研究方向。

随着研究的深入与拓展，大系统理论在全球范围内呈现出百花齐放的研究态势，不同国家与地区的学者基于自身研究背景和应用需求，逐渐形成了各具特色的学术流派，推动着理论不断向前发展。比如，以铁特里为代表的学派专注于实际系统模型研究；美国 Case 西部储备大学系统研究中心以 M. D. Mesarovic 为代表，基于集理论构建复杂决策模型；波兰科学院 R. K. Kulikowski 学派借助管理学、运筹学和泛函分析理论研究多级分解方法。

我国大系统理论研究虽历经波折，但自 20 世纪 70 年代末重新发展，在理论和应用方面不断取得成果。

(1) 在交通领域，智能交通大系统的应用成为典型范例。例如，深圳市构建的智慧交通管控系统，整合了全市的道路监控、公交调度、地铁运营等子系统，通过大数据分析与实时算法，实现了交通流量的智能预测与疏导，高峰期拥堵指数下降 25%。

(2) 在城市供水领域，上海某水务集团运用大系统理论，将水源监测、水厂处理、管网输送、用户终端等环节统筹优化，通过物联网传感器与动态调控模型，使供水漏损率降低至 8%，创历史新低。

(3) 在流程工业领域北京和隆优化构建的电力多炉多机多管网系统，通过智能调度与大系统协调优化，可有效提升电厂多台锅炉、多台汽机、多个蒸汽管网、除氧器群、环保岛等关键装置在内的大系统协调运行效率 3%以上；构建的冶金煤气大管网系统则实现了煤气管网产气装置、储气装置、用气装置的有效预测与协调控制，可大幅降低煤气管网波动率 50%以上，提升煤气综合利用率 5%以上。

(4) 在军事领域，大系统理论广泛应用于航空航天、火力控制与指挥自动化等系统。如通过优化卫星组网提升航天监测精度，构建智能火控网络实现精准打击，助力战场指挥的高效协同。

这些学术流派与实践成果极大地丰富了大系统理论的内涵，也促使研究者们进一步深入探索其核心内容与控制理论，从而推动大系统理论在更多领域实现突破与创新。

7.5.3 大系统控制理论

传统控制理论（经典控制与现代控制）均基于集中控制框架，假定系统信息可汇聚至单点处理并统一调控。这种控制模式在小规模、结构简单的系统中表现优异，能够实现精准高效的控制目标。然而，随着科技的飞速发展与社会的进步，越来越多规模庞大、结构复杂的大系统涌现，例如电力企业蒸汽管网大系统协调优化、冶金煤气管网大系统协调优化等。在这些系统中，集中控制暴露出两大核心缺陷。

(1) 信息汇聚瓶颈：以电力企业蒸汽管网大系统协调优化为例，其管网覆盖范围广，涵盖锅炉、发电、供热、除氧器、环保岛等多个环节及不同厂区。各节点的蒸汽压力、流量、温度等运行数据，需通过分散的传感器与复杂通信网络传输至控制中心。这使得数据采集与传输成本居高不下，且因传输路径长、设备众多，数据延迟问题突出。一旦某段管网出现蒸汽泄漏或压力骤降等突发故障，控制中心难以及时获取精准数据，无法迅速制订并执行优化调度策略，影响整个蒸汽管网系统的安全稳定运行。

(2) 计算复杂度爆炸：在大型化工园区中，包含众多生产装置、储存设施以及配套系统，每时每刻都在产生海量的运行数据，涵盖温度、压力、流量、化学成分等多个维度。若采用集中控制，将所有数据集中到一个处理中心进行分析和决策，需要超高性能的算力支撑。这不仅意味着巨大的硬件投资和运维成本，而且在工程实现上也面临诸多技术难题，如数据传输带宽限制、处理中心的可靠性与扩展性等。

大系统控制理论通过分布式架构与分层协同机制突破上述局限，核心包括递阶控制理论与分散控制理论。递阶控制理论将大系统划分为不同的层次，各层次具有不同的控制目标和功能，上层对下层进行协调和指导，下层在一定范围内自主决策，实现系统的整体优化；分散控制理论则强调各个子系统相对独立地进行控制，通过子系统之间的信息交互和协调，共同完成大系统的控制任务，有效降低了系统对集中处理能力的依赖。

7.5.3.1 递阶控制理论

递阶控制理论中，大系统主要存在以下两种结构形式。

(1) 多层结构：该结构依据功能将大系统划分为多个层次。最底层为调节器，直接对被控对象实施控制。调节器的给定值由上一层具有优化功能的层级，每隔 t_1 时间计算一次；而优化层中的环境参数，则由更上一层具有适应功能的层级，每隔 t_2 时间（$t_2>t_1$）进行计算更新。这种结构在一定程度上反映了工业联合企业的控制方式，但目前对其深入的理论研究仍有待加强。

（2）多级结构：该结构在各分散子系统局部控制的基础上，增设一个协调级，专门用于解决子系统之间控制不协调的问题。协调级配备协调器，其主要任务是为局部控制级的各控制器提供补充协调信息，确保各子系统在实现局部优化的同时，达成大系统的全局最优。

递阶控制的理念由来已久，在人类社会的管理实践中广泛应用，从国家治理到基层单位管理，都能看到递阶控制的影子。实践表明，对于庞大的系统，集中控制往往难以奏效，而完全依靠平行决策人协商控制效率又过低。只有通过递阶控制这种分等级、分层次的控制模式，才能有效克服上述难题，实现良好的控制效果。

在递阶控制系统中，协调变量的设置是关键所在，不同的协调变量会衍生出不同的算法，其中较为常见的有目标协调法、模型协调法和混合法。

（1）目标协调法：这是大系统控制理论中实现协调优化的重要方法，其核心思想是通过对子系统进行分解与协调，求解复杂系统的最优解。在实际应用中，该方法以求解子系统最优化非线性规划问题中的拉格朗日乘子作为协调变量。拉格朗日乘子作为联系子系统与整体系统目标的关键参数，能够反映各子系统间的耦合关系与资源约束条件。通过迭代调整拉格朗日乘子的值，促使各子系统在满足局部约束的同时，朝着整体系统的最优目标进行优化，最终实现大系统的全局协调与最优控制。在计算迭代过程中，每次迭代结果并不满足系统约束条件，只有当达到最优值时，才符合约束要求。

（2）模型协调法：作为大系统控制理论中的经典优化方法，模型协调法属于可行法范畴。该方法在迭代过程中，通过构建包含子系统模型和协调变量的统一数学框架，将全局优化问题分解为多个子问题并行求解。每一轮迭代时，都会依据协调变量的更新规则对各子系统进行调整，确保系统运行始终满足等式与不等式约束条件。这种特性使得模型协调法在处理能源调度、交通网络规划等强约束场景时，能够有效避免不可行解的产生，为实际工程应用提供稳健的解决方案。但该方法存在局限性，如果输出变量设置不当，可能导致子系统最优化问题无解，影响其适用性。

（3）混合法：其协调变量不仅包含拉格朗日乘子，还引入了各子系统之间的关联变量，综合了前两种方法的特点，但计算过程相对复杂。

在控制策略方面，递阶控制涉及离线与在线控制。

（1）离线控制：预先离线计算最优控制律，然后运用该控制律对子系统进行闭环控制。这种方法的控制质量在很大程度上依赖于模型的准确性。

（2）在线控制：以目标协调法为例，将基于模型计算得到的子系统控制指令施加到实际系统，获取子系统的实际输出，并将该输出反馈至协调器，用于计算拉格朗日乘子，从而形成闭环控制。此方法同样适用于以输出变量作为协调变量的情况，并且输出反馈还可作用于子系统的局部控制单元，进一步提升控制效果。

7.5.3.2 分散控制理论

分散控制理论是大系统理论的重要组成部分。在分散控制系统中，存在多个控制站，每个控制站构成一个子系统，大系统通过划分成若干子系统分别进行控制。分散控制与集中控制的核心区别在于信息结构不同：在分散控制系统中，各控制器无法像集中控制那样获取和利用系统的全部信息，只能掌握部分信息，这种信息结构被称为非经典信息结构。在非经典信息结构下，即使是简单的线性二次型高斯问题，其最优控制律通常也不是线性的，仅在某些特殊信息结构（如一步时延共享）下，才可能存在线性最优控制律。

分散控制理论的研究内容还涵盖镇定与极点配置、鲁棒控制设计、随机控制与分布式估计等方面。

（1）镇定与极点配置：通过为每个控制站引入动态补偿器，使闭环系统具备期望的动态特性。研究表明，在分散动态补偿条件下，确保整个闭环系统渐近稳定的充分必要条件是，系统的固定模全部位于开左半复平面内。

（2）鲁棒控制设计：主要研究在模型存在不确定性的情况下，如何设计分散控制器，以保证系统在面对各种干扰和参数变化时，仍能保持稳定运行并满足性能要求。

（3）随机控制与分布式估计：在集中控制理论中，若分离定理成立，最优随机控制问题可分为状态最优估计和确定最优控制两步求解。在离散的分散随机控制领域，学者们已论证了分离定理存在的充分条件。对于受高斯干扰的分散线性系统，基于随机变量空间正交投影定理的最优状态估计算法被提出，相较于整体卡尔曼滤波器算法，该算法能够显著节省计算机存储容量和计算时间，在实际工业应用中具有重要价值。

分散控制理论凭借其独特的优势，在智能交通系统、工业物联网等领域得到了广泛应用，并取得了良好的应用效果。

7.5.4 大系统控制理论与新兴技术的融合发展趋势

在数字化与智能化浪潮的推动下，大系统控制理论正与人工智能、数字孪生、边缘计算等新兴技术深度融合，催生出更高效、智能的控制策略，显著拓展了应用边界，为解决复杂系统控制难题提供了全新路径。

7.5.4.1 递阶控制与 AI 的深度融合：智能化升级

递阶智能控制作为融合 AI 与传统递阶控制的前沿领域，在人工智能、自适应控制、自组织控制及运筹学等理论基础上发展而来。与传统多级递阶控制系统相比，其核心差异在于采用智能控制器，通过模拟人类决策逻辑，实现系统的自主优化。

递阶智能控制理论包含以下两大典型架构。

（1）三级递阶智能控制：由组织级、协调级和执行级构成，遵循“自上而下精度渐增、智能渐减”的设计原则。组织级基于全局目标制定战略决策，协调级负责分解任务并协调子系统间协作，执行级则具体实施控制指令。例如，在冶金企业中，组织级根据经营规划、市场情况等制订生产优化策略，协调级将生产策略细化为各工序生产调控方案，执行级通过闭环控制相应生产装置完成自动化生产，通过最小化控制系统总熵，实现冶炼效率与质量最优。

（2）基于知识/解析混合多层智能控制：融合经验知识与数学模型，通过多层架构对复杂系统进行分层管理，提升系统对动态环境的适应能力。在实际应用中，三级递阶智能控制与基于知识/解析混合多层智能控制并非孤立存在，两者常相互补充、协同作用，通过整合不同层级的智能决策与控制逻辑，进一步强化系统对复杂任务的处理能力。

AI 技术的引入，赋予递阶控制系统强大的自适应与智能决策能力。借助机器学习算法，系统可自动分析海量运行数据，动态调整控制策略，在电力调度、工业生产线优化等场景中，有效应对负荷波动、设备故障等不确定性因素，显著提升系统运行效率与稳定性。

7.5.4.2 数字孪生赋能大系统控制：虚实协同优化

数字孪生技术通过构建物理系统的数字化镜像，实现物理世界与数字世界的实时交互与深度融合。在大系统控制领域，该技术为复杂系统的仿真、监控与优化开辟了新途径。

以化工炼油厂为例，利用数字孪生技术构建的虚拟模型，通过部署在关键装置上的传感器实时采集温度、压力、流量等运行参数，虚拟化模块同步生成对应数字模型状态。控制模块基于虚拟仿真结果优化控制策略，例如调整精馏塔的回流比或反应器的进料配比，并将优化指令反馈至物理系统执行。这种虚实协同机制不仅可实现装置的实时监控与故障预测，还能在虚拟环境中模拟原料成分变化、设备老化等不同工况，提前优化生产流程，避免因实际调试导致的原料浪费和安全风险，大幅降低试错成本。

当数字孪生与递阶控制结合时，虚拟模型可辅助上层决策，为多级协调提供精准数据支持。例如，在化工园区管理中，数字孪生模型可模拟各生产装置运行状态，帮助协调级制定更科学的物料调配与能源分配方案，显著提升控制策略的准确性与执行效率。

7.5.4.3 边缘计算与分散控制协同：实时性与可靠性提升

边缘计算作为一种将数据处理能力下沉至网络边缘的新型架构，与分散控制的非经典信息结构高度契合。在分散控制系统中，边缘计算节点可直接处理本地数据，减少数据传输延迟与云端依赖，提升系统响应速度与安全性。

以智能电网实时电压调控为例，基于边缘计算的分布式控制架构将算力部署于变电站与配电终端附近，实时分析电压波动数据并快速调整无功补偿设备参数，有效维持电网电压稳定，避免因长距离数据传输导致的调控滞后问题。这种模式尤其适用于监控节点多、数据流量大、同步要求高的场景，如化工生产、工业物联网，可大幅降低网络拥塞风险，增强系统可靠性。

7.5.4.4 安全技术创新：应对数字化挑战

随着工业互联网与 5G 技术的普及，大系统控制面临日益严峻的网络安全威胁。数据泄露、恶意攻击等风险可能导致系统瘫痪或生产事故，推动信息安全技术成为研究焦点。

区块链技术凭借去中心化、加密安全等特性，被引入分散控制系统。通过构建分布式账本与加密传输机制，区块链可确保数据完整性与不可篡改性，有效防范数据泄露与中间人攻击。同时，现场总线控制系统的发展，通过设备间直接通信减少对中心服务器的依赖，进一步提升系统安全性与可靠性，为大系统控制构建起坚实的安全屏障。

大系统控制理论与新兴技术的融合，正重塑工业控制、城市管理、交通运输等领域的发展格局。未来，随着技术的持续演进，大系统控制将朝着更智能、更高效、更安全的方向发展，为复杂系统的优化运行与可持续发展提供核心支撑。

7.6 大系统协调实践

7.6.1 某化工企业热电蒸汽管网大系统协调实践

7.6.1.1 实例背景

某集团公司煤制油动力车间共有 10 台煤粉炉、8 台发电机组和多达 9 个压力等级的蒸汽管网，其中 1~4 号锅炉为带再热系统的 600 t/h 锅炉，其余 5~10 号 6 台为不带再热的 640 t/h 锅炉，都是上海锅炉厂产品，母管制运行，锅炉、汽机、管网操作相互影响，母管压力温度波动大且频繁（压力波动范围 11.3~11.9 MPa，温度波动范围 524~534 ℃）；蒸汽管网系统压力等级多，常用的压力等级至少有 8 种，系统中还混入了余热回收蒸汽，减温减压操作非常复杂，各主要生产用气压力、温度皆不稳定，给后续化工生产装置的“安、稳、长、满、优”运行带来一定影响。

7.6.1.2 当前存在的问题

（1）手动操作回路多，工人劳动强度大。由于系统自控回路设计大多是简单的单回路控制（个别考虑了前馈控制和三冲量控制），没有解决系统间的耦合问题，造成部分回路无法投入自控，投入自控的回路也存在发生大的扰动时系统间相互影响。锅炉系统最为关键的给煤—负荷控制回路及给煤—鼓风经济燃烧回路等都是手动操作状态。管网绝大部分减压回路为手动，减温虽投入了单回路控制，但温度波动很大甚至震荡。据粗略统计，大概有 50%以上的回路是手动操作的。

图 7-21 为锅炉最重要的给煤系统，全部为手动操作。

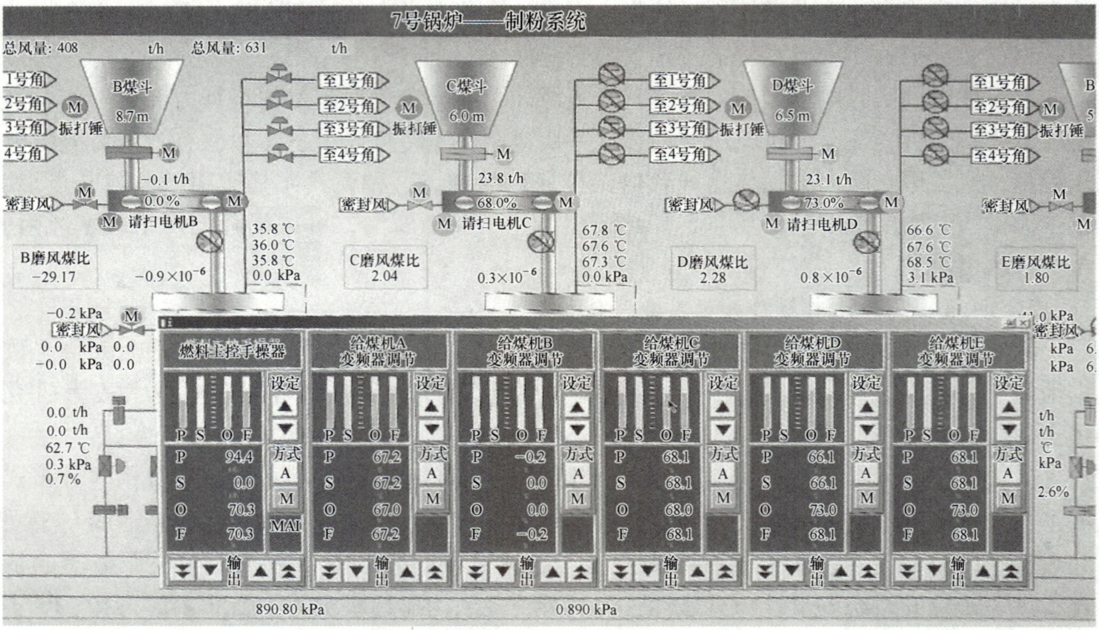

图 7-21 锅炉给煤系统

（扫描书前二维码看彩图）

（2）没有采用先进控制技术，生产稳定性差。

锅炉本身、锅炉炉群和蒸汽管网都是复杂的耦合系统，锅炉负荷、给煤、给风、引风、母管、汽机间高度关联，当系统发生扰动比如某一台气化炉跳车（这是经常发生的，全厂共有 28 台气化炉）或某个化工生产装置的升降负荷，都会造成这个多炉多机多管网大系统的波动，进而也影响到化工主生产装置的稳定运行，现有系统没有采用先进控制技术来解决这些问题。图 7-22 锅炉风烟系统图和汽水系统。

3 号锅炉在改造前的主要运行参数稳定性参见表 7-2。

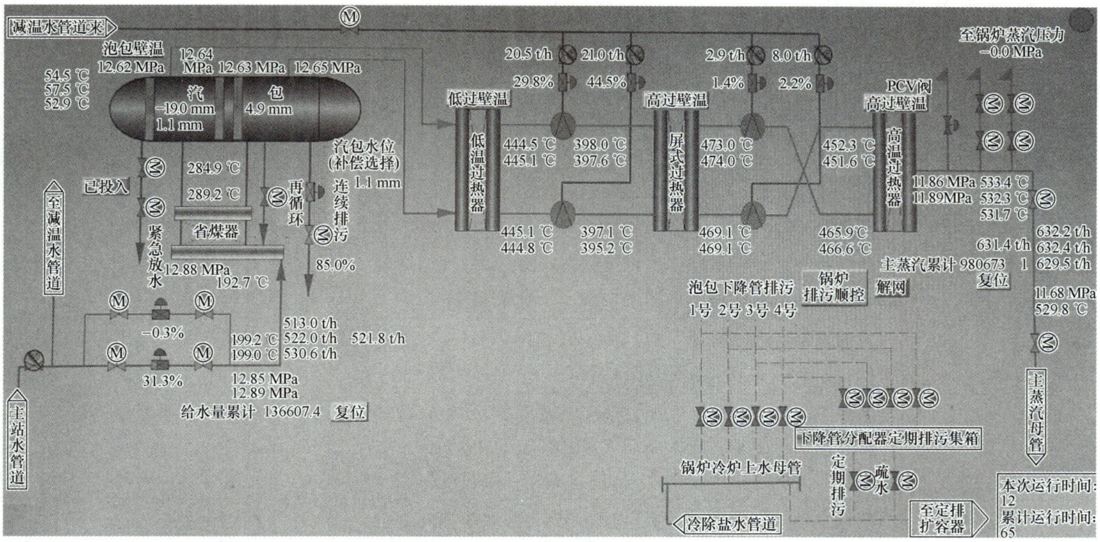

图 7-22 锅炉风烟和汽水系统

表 7-2 3 号炉改造前主要运行参数

序号	参数名称	运行现状（波动范围）
1	负荷/t・h^{-1}	542~622
2	给煤/t・h^{-1}	79~93
3	主汽压力/MPa	11.3~11.9
4	主汽温度/℃	521~535
5	废气含氧量/%	0.8~2.9
6	炉膛负压/Pa	-390~122

3 号锅炉改造前主要运行参数曲线，如图 7-23 所示。

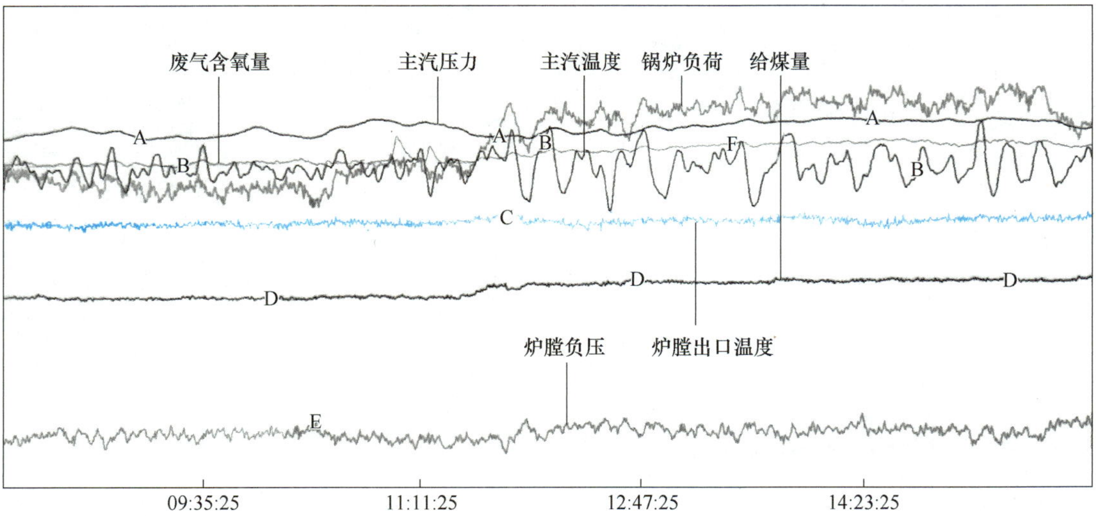

图 7-23 锅炉运行主要参数波动曲线

蒸汽管网各压力等级的运行参数见表 7-3。

表 7-3 蒸汽管网各压力等级运行参数

序号	压力等级/MPa	运 行 现 状
1	11.5→5.4	减温减压：自动，但温度波动很大：333~365 ℃，TR：350 ℃，尤其在小开度时阀门振荡严重
2	11.5→4.0	有两条线。减压自动，压力控制稳定，但余差较大，实际压力在 4.27~4，29 MPa；减温自动，温度波动较大：386~405 ℃，TR：400 ℃，在小开度时阀门震荡严重
3	11.5→2.8	有两条线。减温自动，温度波动大：228~237 ℃，TR：232 ℃，存在 1 号减温阀全开，2 号减温阀却还有余量的情况。减压手动，压力波动大：2.2~2.5 MPa，PR=2.8 MPa
4	11.5→2.2	减温自动，温度波动：317~333 ℃，TR：325 ℃，在小开度时阀门振荡严重。减压手动，压力波动：2.0~2.2 MPa，PR=2.0 MPa
5	11.5→1.0	两条线。第一条线：减温自动，温度波动大：190~208 ℃，TR：200 ℃，在小开度时阀门振荡严重。减压：手动，压力波动大：0.8~1.1 MPa 新增的一条线：减温手动，温度波动大：191~212 ℃。减压手动，压力波动大：0.9~1.11 MPa
6	5.4→5.4	减温手动，但温度波动大：343~355 ℃，TR：350 ℃
7	2.2→1.0	减温自动，温度波动：186~199 ℃，TR=198 ℃，在小开度时阀门振荡严重。减压手动，压力波动：0.9~1.1 MPa
8	1.0→0.5	无减温。减压手动，压力波动：0.51~0.54 MPa，PR=0.5 MPa
9	4.0→2.2	减温手动，温度波动大：309~353 ℃ 减压手动，压力波动大：2.06~2.26 MPa

图 7-24 是蒸汽管网总图。

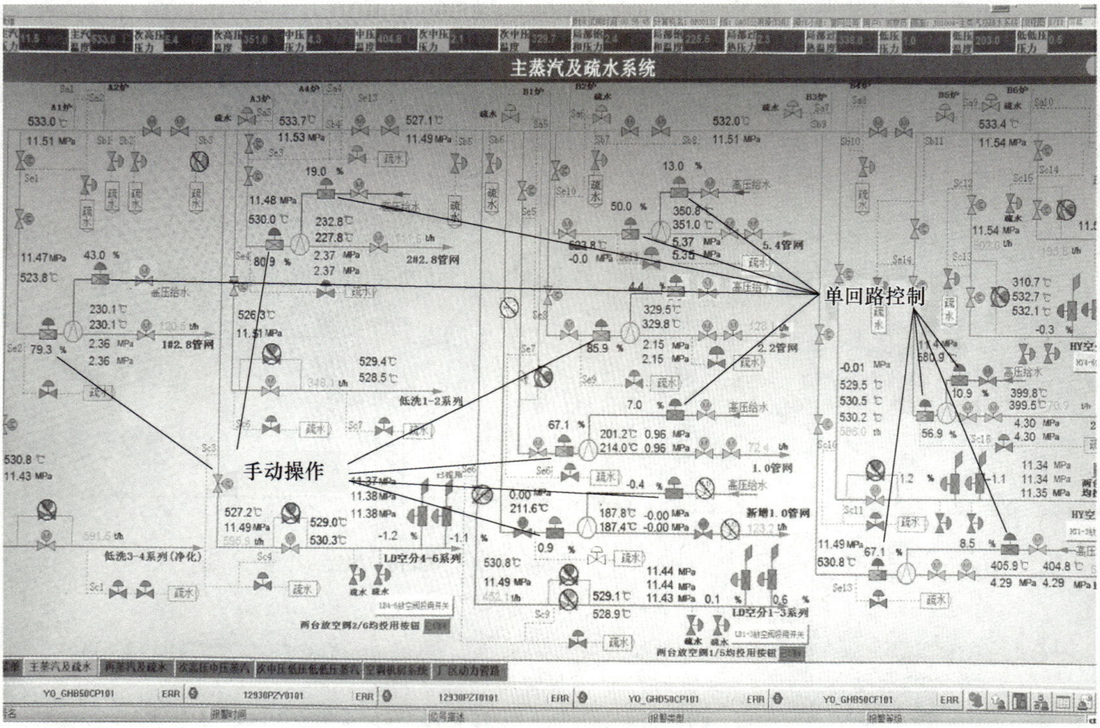

图 7-24 蒸汽管网总图

（扫描书前二维码看彩图）

图 7-25 是蒸汽分管网图（从 11.5MPa 分别减压到 5.4 MPa、4.0 MPa、2.8 MPa、2.2 MPa和 1.0 MPa）也可看出：有 6 个回路在手动状态，有 10 个回路投入了最简单的单回路控制。

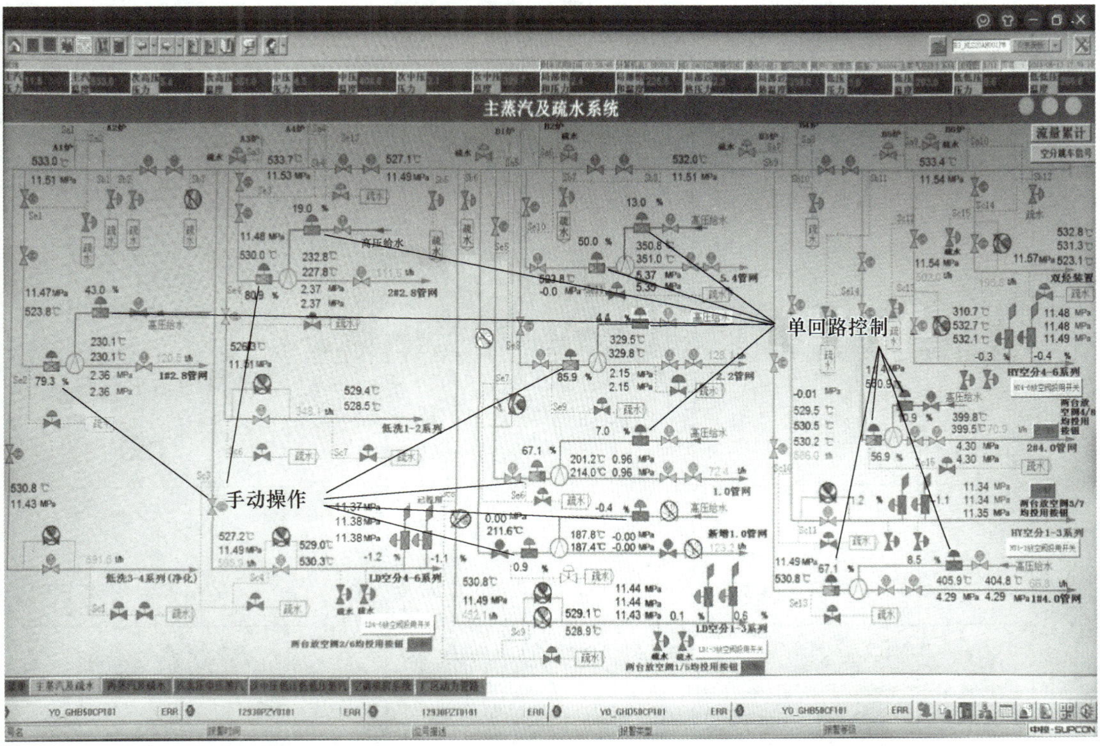

图 7-25 蒸汽分管网图

（扫描书前二维码看彩图）

投入单回路控制的温度、压力波动仍然很大，运行效果曲线如图 7-26～图 7-28 所示。

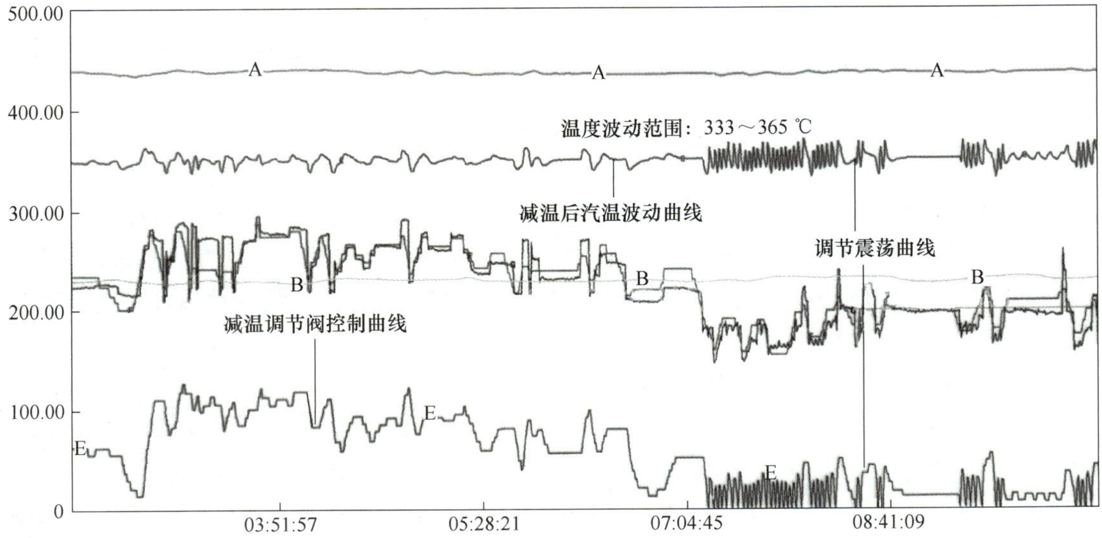

图 7-26 蒸汽管网控制效果不佳（一）

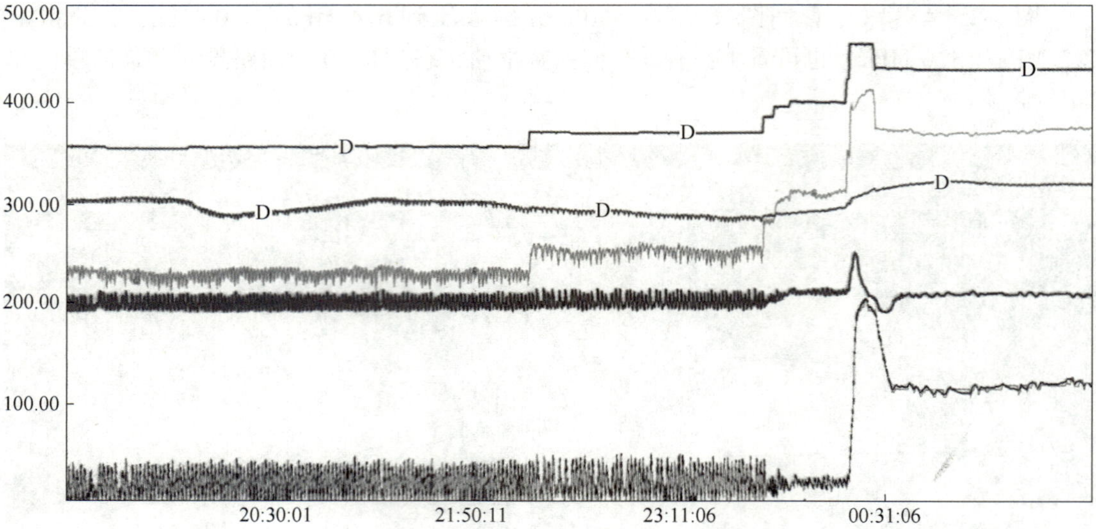

图 7-27　蒸汽管网控制效果不佳（二）

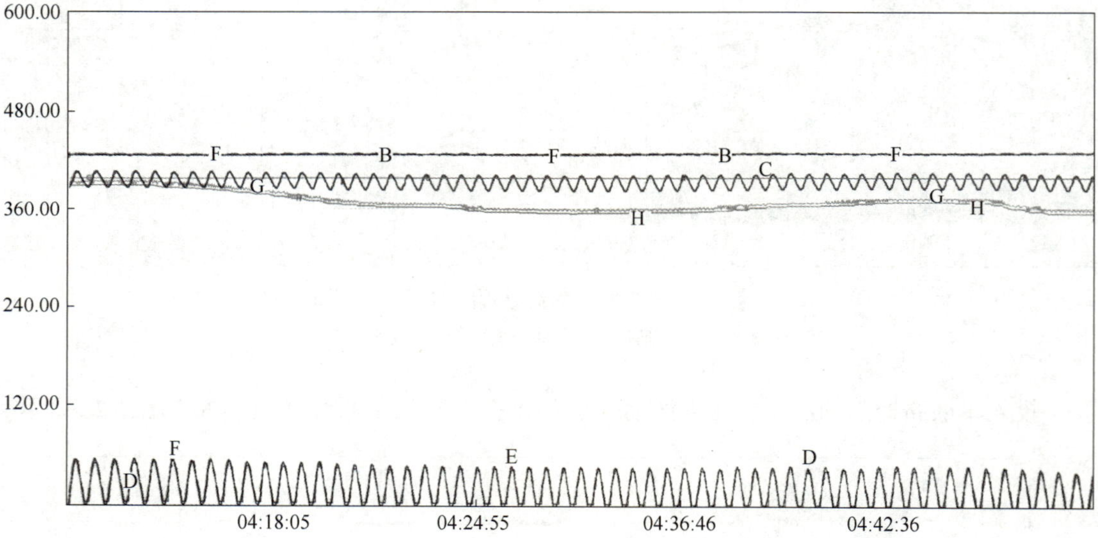

图 7-28　蒸汽管网控制效果不佳（三）

图 7-27 中可以看到高压到低压 11.5→1 MPa 回路（压力手动，温度自动）运行曲线可看出：负荷是振荡的，负荷提高时超调量太大，温度控制点为 200 ℃，但实际温度却冲到将近 250 ℃。图 7-28 图中可以看到高压到中压 11.5→4.0 MPa 系统始终是等辐振荡的，这对生产及设备都有很不利的影响。

（3）没有采用优化控制技术，生产经济性不好。每一台设备或生产装置在不同负荷、不同工况下都有一个最佳运行点或最佳运行工况。比如锅炉运行在 70% 负荷与 90% 负荷时，后者的废气含氧量就要低些，再如当煤质从 3500 kcal 变化到 3800 kcal（1 kcal ≈ 4.18 kJ）时，二次风量就要提高一些，否则将产生不完全燃烧。系统没有采用优化控制技术比如风煤配比的自寻优算法来始终寻找最佳风煤比，进而自动闭环控制给煤量、二次风量等，目前这些控制点的改变完全是手动的，这就造成了能源的浪费。

（4）没有实现多炉多机多管网复杂大系统协调优化功能。由于是母管制运行，所有与蒸汽相关的设备、生产线的工况变化都会影响整个大系统。目前的系统没有设计大系统协调优化功能，即不能实现当有不同强度的干扰发生时，如蒸汽负荷突降 100 t/h、500 t/h 时，系统不能自动地将 1 台还是多台锅炉的负荷进行调整，或者将 1 台或多台发电机组的负荷进行调整来稳定母管压力，更没有根据各个机组的最佳运行特性和最佳运行负荷来优化分配负荷调整量，然后再通过先进控制策略来快、准、稳地自动调整到位。

（5）没有实现计划性升降负荷全自动操作功能。有些负荷调整是计划性的，目前系统也是靠人工调度和人工操作来执行，尽管提前预知但调整过程也会造成主要工艺参数的较大波动。有一个可以输入目标负荷和调整时间然后一键启动、再通过先进控制策略来快、准、稳地自动调整到位的负荷优化管理模块也是必要的。

（6）安全控制功能低下。安全是最大的效益。当前系统在安全设计方面虽有报警功能和安全限幅设计，但基本是事后报警的消极处理类型，而且报警设计不全面不严谨，报警等级划分不科学，传统的声光、文本报警方式已显得比较落后。重新设计一套防患于未然、治病于未病的智能语音故障预警、容错控制和自愈控制系统，对装置的运行数据、工人的操作和仪表及 DCS 系统本身的安全性以及前面所说的先进与优化控制模型、大系统协调优化模型等的可靠性进行全方位、可预见性的监控及自动处理是极其重要的，没有这种安全系统的保驾护航，任何无人化运行、准无人化运行及黑屏操作都是危险的概念。

（7）没有实现装置级大数据挖掘功能。像煤制油动力厂这种多炉多机多管网复杂大系统是由数万台套各种各样设备组成的，这些设备的功能特性各不相同，而且都是慢时变的过程，它们组合在一起如何才能使整体运行到最佳状态？这绝非任何一个工艺专家、设备专家、控制专家、管理专家所能实现的。这需要借用大数据分析与处理技术，将海量的装置运行数据依据设定的最佳目标（如长周期运行、综合能耗最低、产品质量最好或综合效益最大等）进行分析与处理，得出可执行的操作规则并由先进控制系统来自动执行。

（8）没有实现装置的在线运行综合评价功能。装置运行水平的高低或一个操作人员操作水平的高低，在很多企业没有一个科学的评价体系。设计一个包含安全要素、产品质量要素、能耗指标要素和产能要素等若干评价要素的在线评价系统是很多企业领导所希望的。

7.6.2 多炉多机多管网大系统协调优化控制方案

多炉多机多管网协调优化控制功能，需在锅炉已经实现自动调节给煤的情况下才能使用，否则负荷控制不能实现优化控制的要求。

7.6.2.1 蒸汽管网减温加压的控制

（1）根据蒸汽用户总负荷、锅炉的燃料-负荷特性曲线和各炉炉况智能地动态确定各台锅炉的出力，并使锅炉在满足总负荷需求的前提下的总用煤量进一步减少。

（2）当某种干扰发生使蒸汽母管压力发生波动时迅速采取最佳控制策略，使一台或若干台调节炉的负荷、给煤、给风、引风同时动作以最快的速度稳定母管压力和各管网压力。这就是多炉协调优化算法所起的作用。

（3）锅炉侧的快速响应为实现发电机组 AGC 功能的长期可靠投用奠定坚实基础。

若干台锅炉运行产生 11.5 MPa 高压蒸汽汇入母管，母管蒸汽压力是时刻都在波动的，锅炉的运行变化、汽机发电负荷的调整、各个压力等级用气客户的负荷变化都会导致母管压力的波动。母管压力的稳定主要靠锅炉负荷以及汽机发电负荷的快速与精准调整来维持，本方案基于炉跟机运行模式来设计，即负荷优化分配模型根据干扰大小快慢以及各炉当前状态智能决策充当调节炉的锅炉的台数以及各自承担的最佳负荷调整量，各炉的先进控制与优化控制模型负责快、准、稳、优地把负荷调整指令执行到位。前面已经探讨了锅炉相关的先进控制与优化控制，下面再就煤制油动力厂的蒸汽管网的先进控制问题进行探讨。

将 11.5 MPa 减压到 5.4 MPa、4.0 MPa、2.8 MPa、2.2 MPa 和 1.0 MPa 的管网图与锅炉炉群关系图，简化成图 7-29。

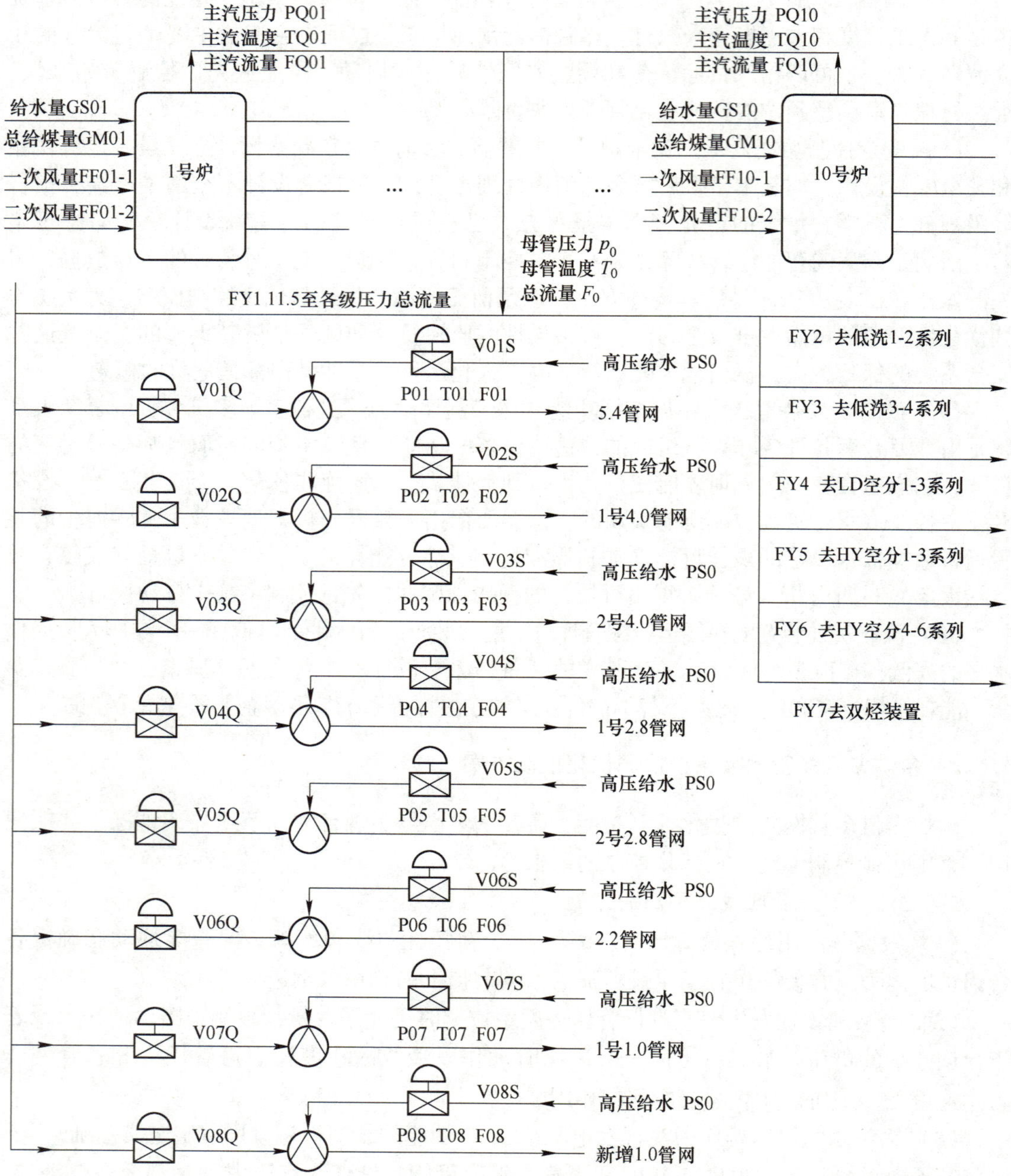

图 7-29　蒸汽管网关系

经过多炉协调优化算法和各炉负荷控制模型作用后的母管压力（p_0）会稳定很多，但在母管压力调节过程中已经对各压力等级的减温减压系统产生了不利影响，可用母管压力（p_0）、母管温度（T_0）设计两个扰动观测器作为减温减压控制回路的前馈即可。

图 7-30 是管网压力控制方案示意图。

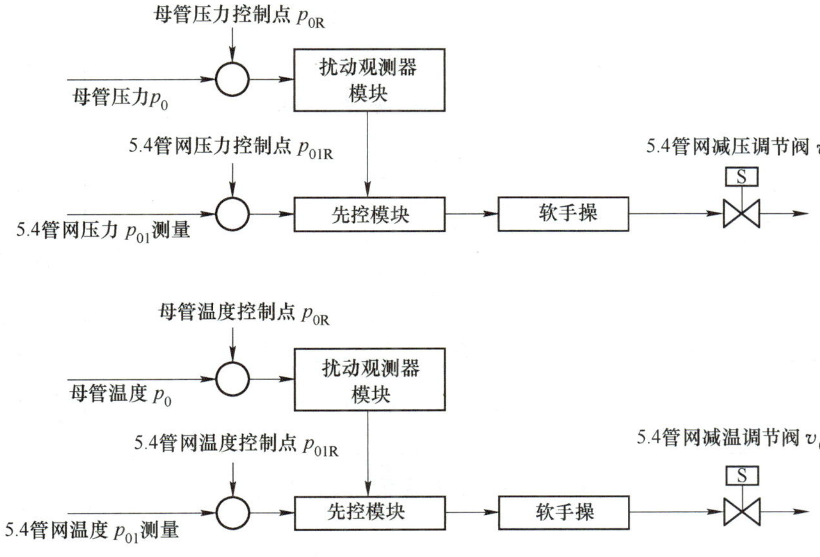

图 7-30　管网减温减压控制回路方案示意图

通过方案修改后实际控制效果有了明显提升，图 7-31 为主汽压力和温度控制曲线效果对比。

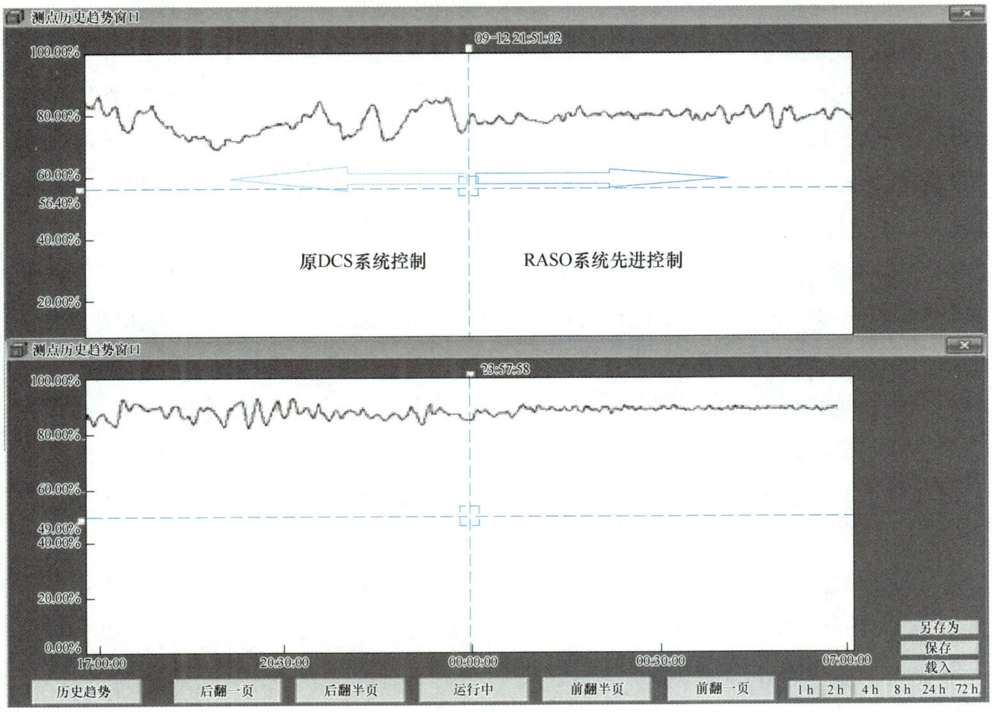

图 7-31　主汽压力和温度控制曲线效果对比图

7.6.2.2 锅炉负荷协调控制分配

蒸汽管网大系统协调优化模块主要采用能量平衡的方式对各级供汽管网及汽机管网负荷变化折算成统一能量的度量方式，再根据负荷分配技术，确定每台锅炉的负荷增量，通过锅炉的负荷自动调整技术，完成负荷的协调优化控制。图7-32是蒸汽管网大系统协调优化框图。

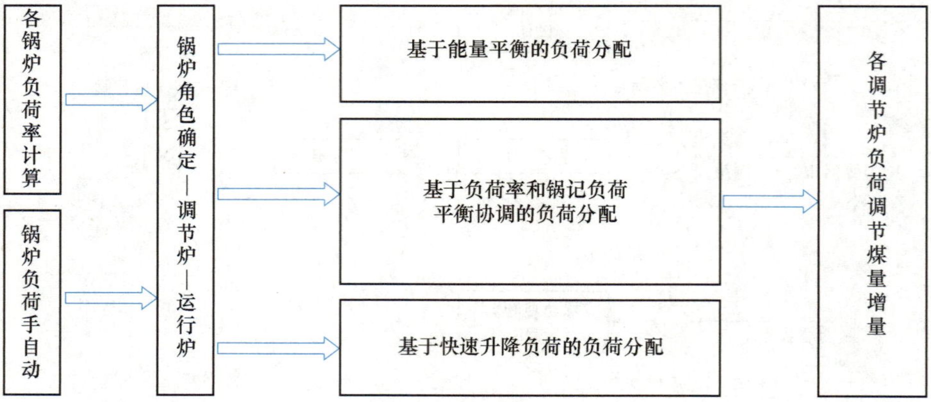

图7-32 蒸汽管网大系统协调优化框图

（1）运行炉和调节炉的设定。为满足调节需求，调节炉数量至少要占管网上锅炉总量的一半。运行炉和调节炉的角色设定首先根据管网中负荷控制投运自动调节炉的数量，如果负荷控制回路投运自动调节炉的数量大于管网在运行数量的一半，则再通过判断各锅炉的负荷率情况动态的划定，如选择锅炉负荷率较低的作为调节炉（负荷运行在设计负荷时，锅炉的热效率最高），其他锅炉处于运行炉的调节状态。

（2）总负荷增量的计算。

1）对于供汽管网负荷变化负荷增量的计算采用能量平衡算法，将各级管网的蒸汽流量采用逐级后退的方法，换算成蒸汽管网压力等级下的蒸汽流量。

2）对于汽机（备压式，抽凝式）负荷增量的变化，采用供汽负荷和发电负荷相结合的方式，通过能量平衡原理，进行负荷的折算。

（3）负荷增量分配的计算。充分考虑蒸汽管网内锅炉设计负荷能力的因素，计算各台调节锅炉负荷率，将总负荷的变化按照各锅炉的增加和减少相同负荷率的原则，分配各调节锅炉的负荷率增量，再根据负荷率的增量和各自设计能力，计算负荷的增量的实际值。

（4）快速升降负荷的负荷增量计算。根据快速升降负荷的负荷增量情况，将该负荷增量亦按照上述（3）的形式，将负荷增量分配到各调节锅炉，与上述（3）不同的是，该负荷增量将按照快速升降负荷的时间，按照不同的时间比例在升降负荷的时间内进行分配。

（5）锅炉间负荷平衡计算。这里的锅炉间负荷平衡是指调节炉间的负荷平衡协调。首先计算各调节炉的负荷率，进而计算各锅炉的平均负荷率，再根据各自锅炉负荷率与平均负荷率的偏差，修正各自锅炉的负荷量，进而转化为调节的燃煤量。图7-33为锅炉间负荷平衡模块运行画面。

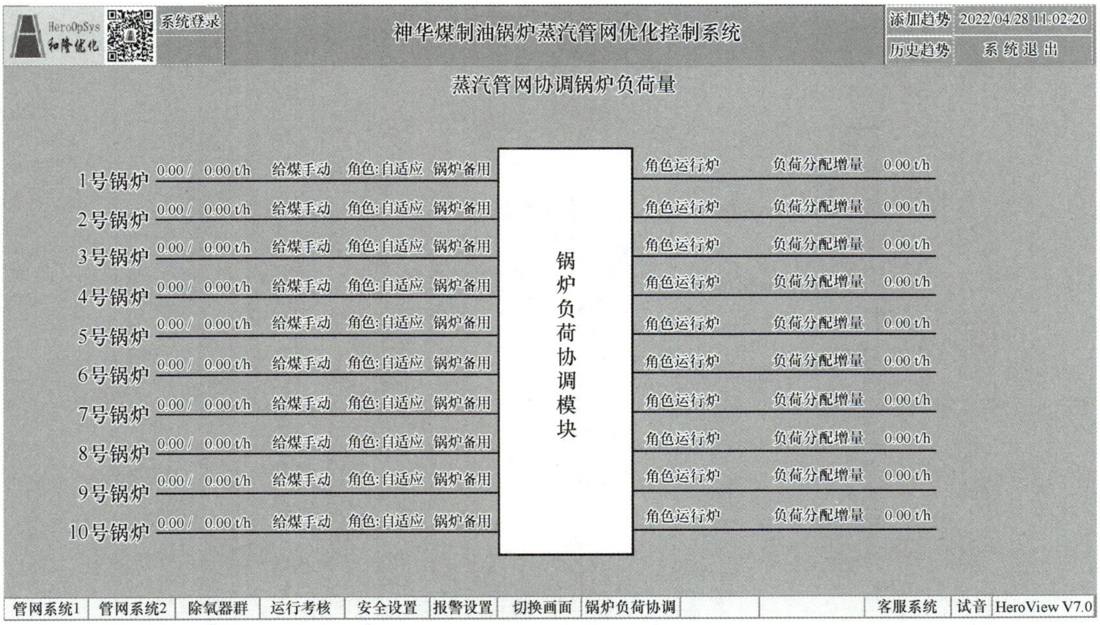

图 7-33 锅炉间负荷平衡模块运行画面

（6）特殊工况自动处理。该特殊工况的是指，由于现场的用汽设备出现非计划跳车的需要打开放散阀的情况。为保证运行的经济性，减少蒸汽的排空浪费，在打开放散阀后，锅炉应尽快调整，尽可能地快速关闭蒸汽放散阀门。

特殊工况自动处理功能，采用负荷变化的自锁功能，即在发生重大设备非计划跳车时，将该部分的负荷量锁死，锅炉侧快速降低该部分的负荷量，快速关闭放散阀门。图7-34是特殊工况自动处理方案示意图。

7.6.2.3 计划性升降负荷智能操作方案

在该模块中只要输入希望的目标负荷和期望完成负荷调整的时间，然后按启动键即可。如果不输入时间，系统将会按最小时间进行自动操作。该模块操作画面如图 7-35 所示。

当调整完成，该功能自动结束。可查看自动升降负荷曲线（见图 7-36），即在 650 t/h 锅炉上进行的提负荷 100 t/h 实测曲线。

对比一下在 DCS 上操作的手动提负荷曲线（见图 7-37），可以明显看出在自动升降负荷功能下的负荷调整过程更加平稳。

7.6.2.4 生产安全运行管控方案

安全是 RASO 系统开发设计的首要目标，既要保证 RASO 系统本身的可靠，又要监控与原 DCS 系统对接运行的可靠性；既要判断仪表信号的好坏，还要对装置运行的潜在故障进行分析和处理，又要防范操作人员的误操作等。众多安全功能设计如下：

（1）通信故障自动无扰切换功能。当 RASO 系统与 DCS 系统的 OPC 通讯出现异常且在一定时间没有自动恢复时，RASO 系统会自动将控制权无扰切换到 DCS 侧并报警。

（2）安全限幅功能。RASO 系统为每个控制回路都设计了锅炉正常运行的安全开度，避免出现测量异常导致模型计算错误或人为误操作造成的安全隐患。当然，模型本身也作了很多必要的安全限幅。

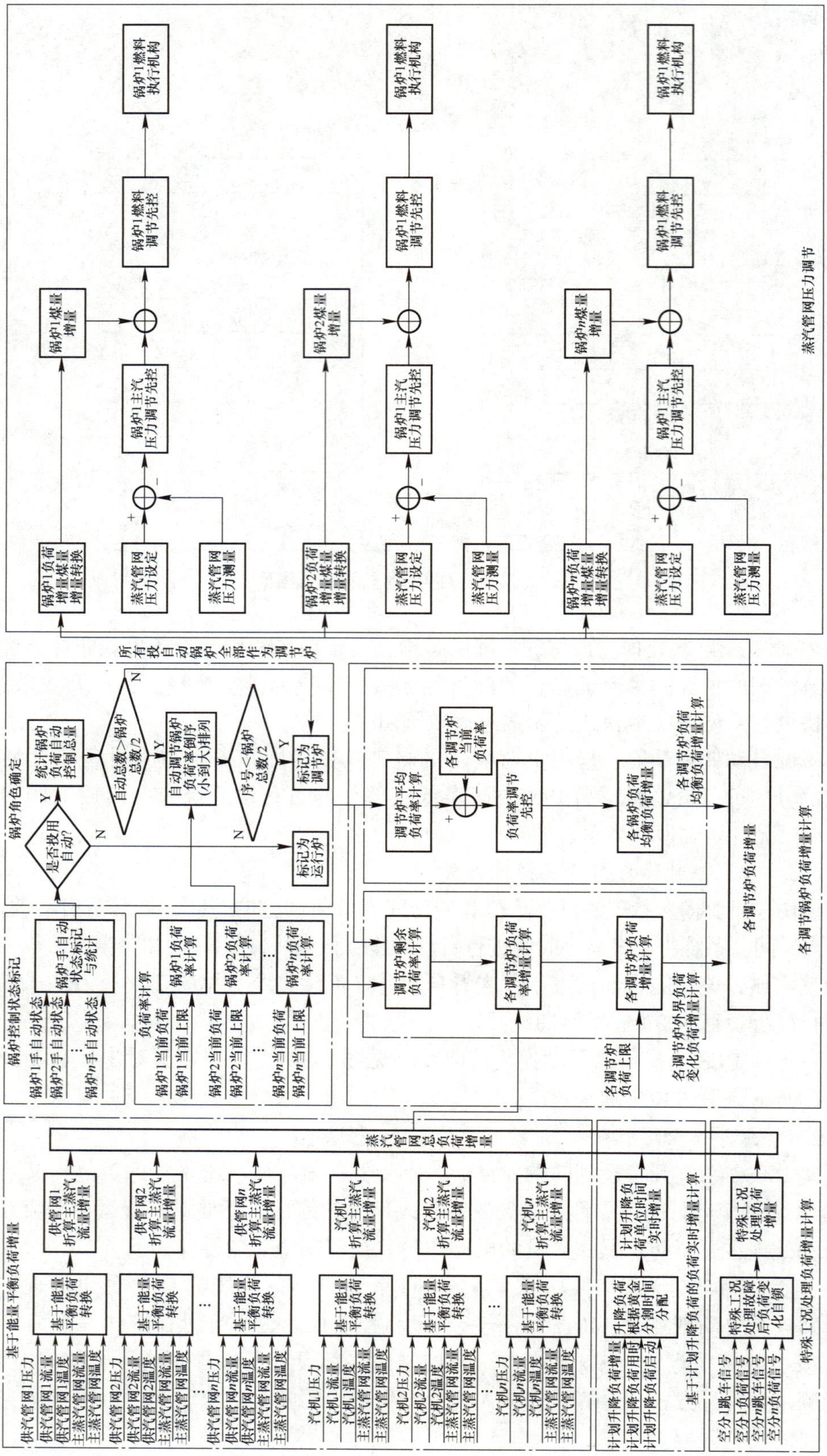

图 7-34 特殊工况自动处理方案示意图

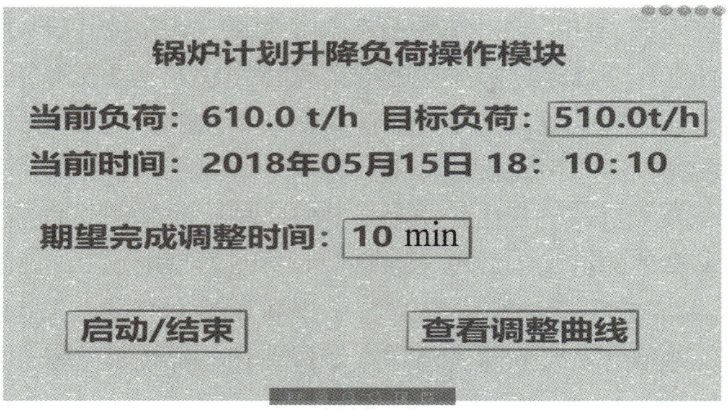

图 7-35 计划性升降负荷操作画面

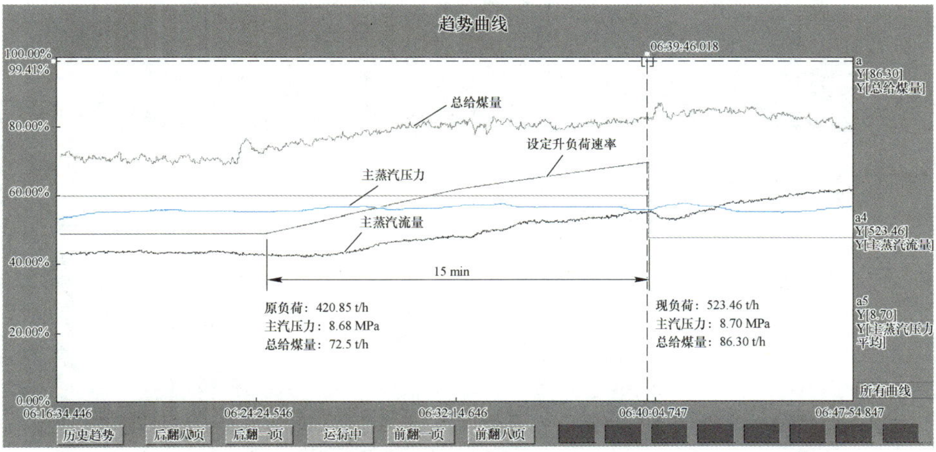

图 7-36 计划性升降负荷运行曲线

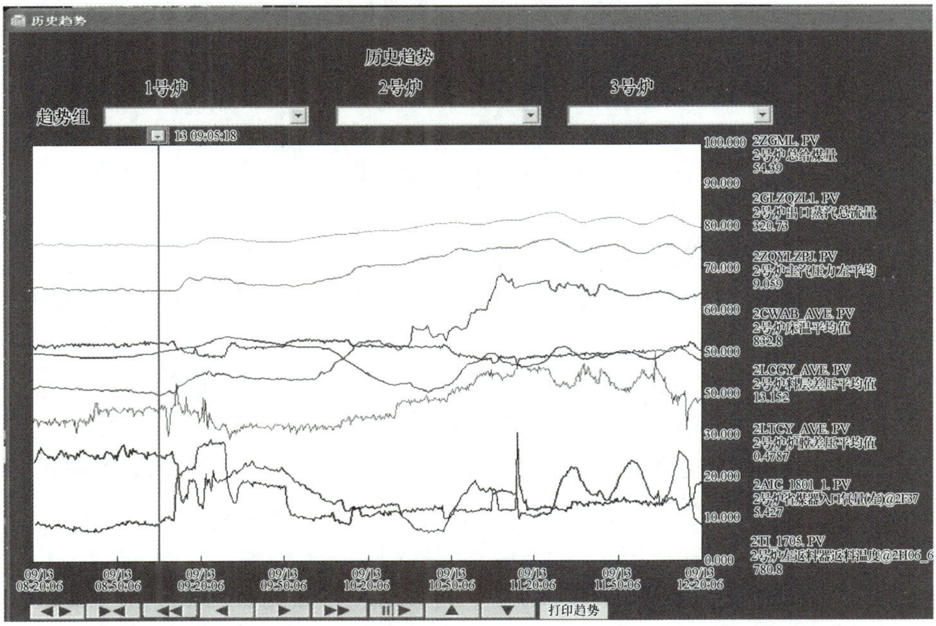

图 7-37 手动提负荷运行曲线

（扫描书前二维码看彩图）

（3）部分仪表故障的自动处理。主要有 3 种情形：一是测量仪表不准确，RASO 系统会根据其变化趋势实施基于趋势正确前提下的优化操作；二是 RASO 系统可以自动剔除完全损坏的仪表，如汽包水位仪表，并能自动消除由此带来的突变影响；三是设计了智能控制器用于对付那些特性不好的阀门或液力耦合器等。

（4）针对锅炉三大风机及其他大型电机，RASO 系统的算法库里还有“电机潜在故障预警”模块，它将采集到的电流、温度、振动等信号进行综合分析，例如，它记录了过去一段时间（如 8 h）某电机电流出现尖峰的大小和频率的大数据，以此判断该电机是否存在某种潜在风险而在真正出现故障前进行预报警以实现故障前预维护。

（5）部分工艺故障的自动处理。RASO 系统已完成了如下工艺故障的自动处理模型：一是断煤自动处理模型，二是烟道左右两侧氧含量不平衡处理模型。氧含量不平衡处理运行曲线见图 7-38。

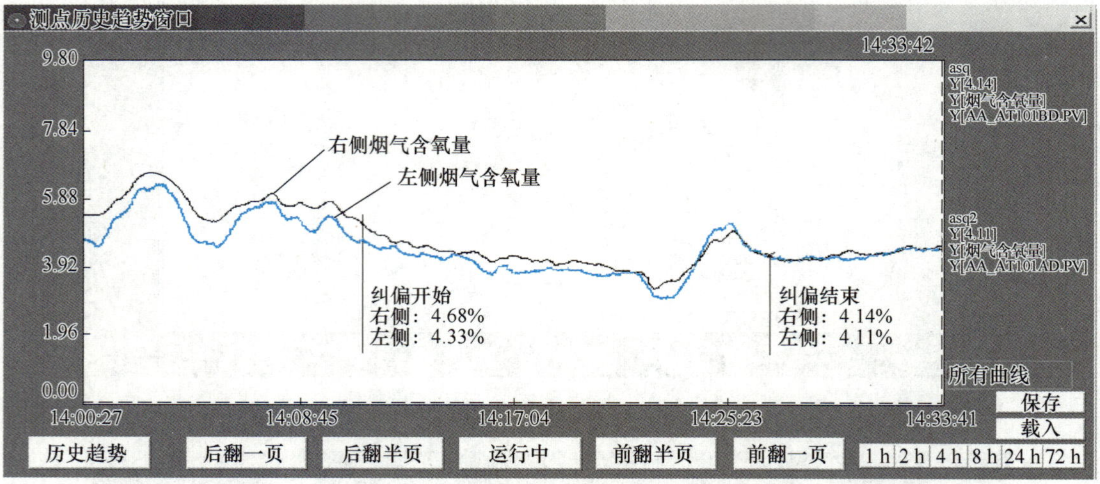

图 7-38　氧含量不平衡处理曲线

（6）智能语音报警功能。RASO 系统将 CFB 锅炉的主要运行故障都纳进了智能语音报警模型，当某种故障发生或将要发生，RASO 系统会以不同的模仿真人声音进行报警，直接定位到点，如“第四煤磨异常，可能发生断煤，请进行处理！”。

如果 RASO 系统处于全面自动优化状态，操作人员可以只在有报警出现时进行干预，这就是我们所说的“准无人化操作”。

7.6.2.5　基于装置级大数据技术的多炉多机多管网最佳工况挖掘方案

（1）最佳工况挖掘模块。图 7-39 是最佳工况挖掘模块主画面。

该功能模块可自动对装置运行历史数据及实时数据进行分析，筛选装置在不同条件及负荷下的最佳运行工况，并建立最佳运行工况模型，用于指导后续生产。

（2）最佳工况挖掘模块应用于本项目。

第一种应用：最低能耗工况挖掘。以各炉每天的吨汽煤耗数据最小为挖掘条件，不断搜索最小煤耗指标下的生产工况并将此时的上煤数据、负荷数据、蒸汽压力、蒸汽温度、上水压力、上水温度、风量数据、废气含氧量数据、炉膛压力数据、燃烧温度、排烟温度

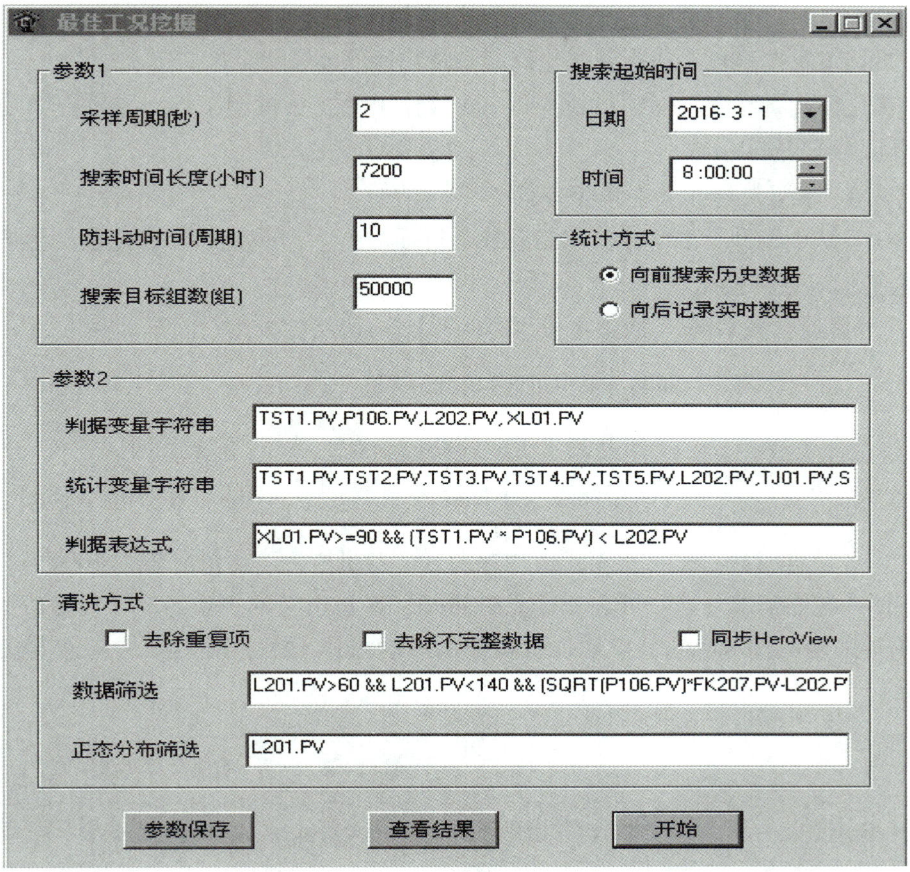

图 7-39 最佳工况挖掘模块主画面

数据等作为先进控制和优化控制模型新的控制点，然后运行一个周期后再进行挖掘实现锅炉运行的滚动优化。

第二种应用：一定负荷下的最低能耗工况挖掘。可以根据要求的生产负荷，挖掘最小能耗下的工况数据。最佳工况挖掘流程示意图如图 7-40 所示。

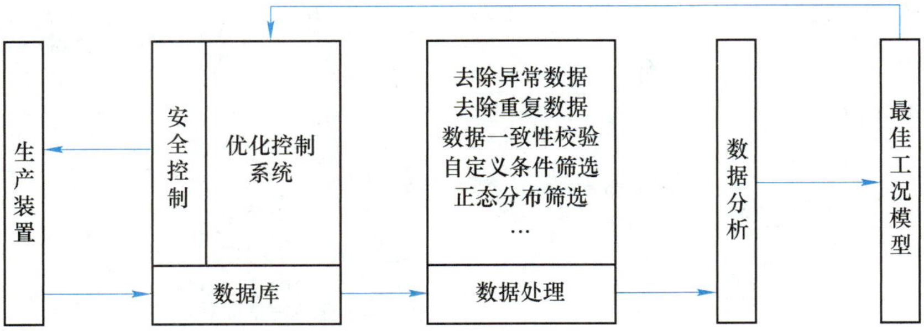

图 7-40 最佳工况挖掘流程示意图

1）可自动完成数据收集、处理、分析、建模等全部过程。

2）模块定时启动，可自动定时更新最佳工况模型。

3）最佳工况模型可在线指导优化控制系统快速调整装置至最佳工况。

4）优化系统备有安全保护机制，即使在最佳工况挖掘模型工作异常情况下也可保证装置安全运行。

7.6.2.6　装置运行质量在线评价模型

RASO 系统中设计了一些评价控制系统运行质量、生产装置运行稳定性、生产装置运行经济性指标等评价模型。

$$\text{班累计自控率} = [(\text{回路 1 投用时间累计} + \text{回路 2 投用时间累计} + \cdots + \text{回路 } n \text{ 投用时间累计})/(8n)] \times 100\% \tag{7-1}$$

$$\text{稳定性参数} = 1 - (|\text{回路测量 1} - \text{回路控制点 1}| > E_1 \text{ 的累计时间} + \cdots + |\text{回路测量 } n - \text{回路控制点 } n| > E_n \text{ 的累计时间})/(8n) \tag{7-2}$$

$$\text{经济性参数(kg/t)} = \text{本班所用煤总量} / \text{本班所生产蒸汽总量} \times 1000$$

RASO 系统能精确统计每班（或任意时间段）锅炉运行的主要经济、技术数据，还可以验证锅炉采用本技术后的效果或评价操作人员的操作水平。图 7-41 是系统运行考核主画面。

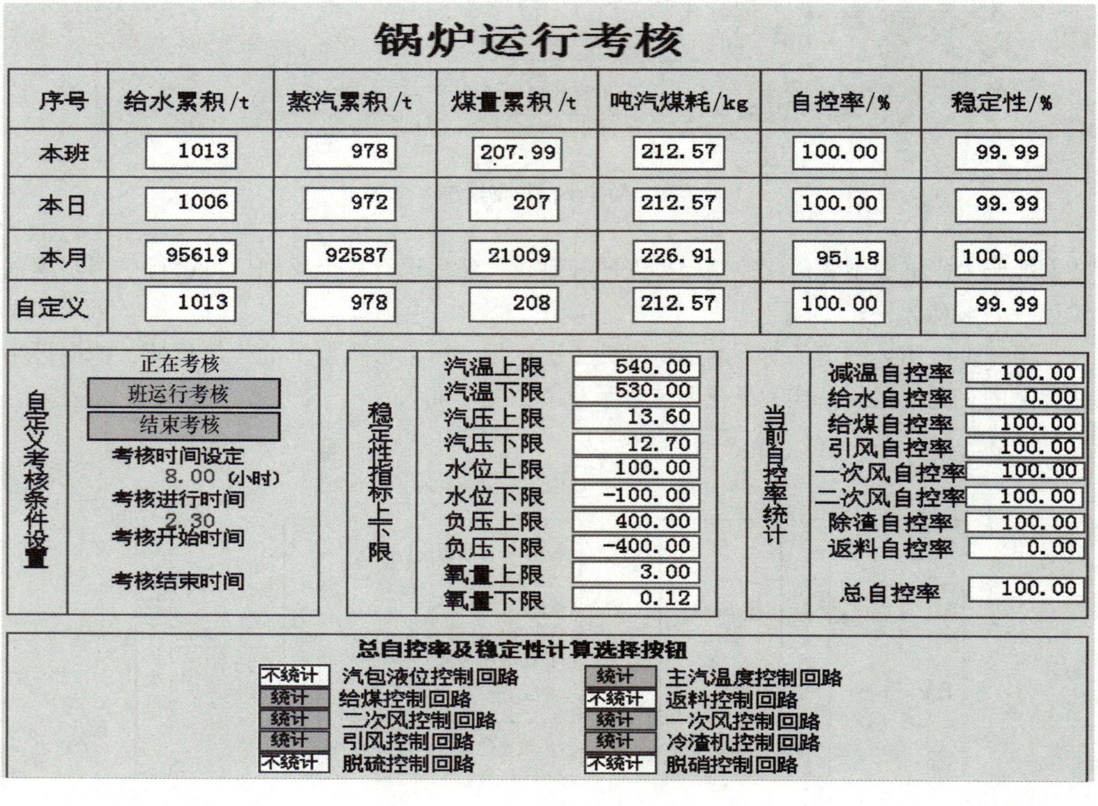

图 7-41　RASO 系统运行考核主画面

7.6.2.7 除氧器群智能优化控制

A 背景

当前在负荷较为稳定时，除氧器液位控制可以实现自动控制，但在负荷波动时，自动控制无法保证，仍旧需要人工干预或者人工操作。热负荷和电负荷时常变化，造成锅炉负荷和凝结水的变化、除氧器液位的变化，以及除氧器温度的变化。传统单回路的控制方式，只有在液位发生变化后，采取调整，调整的量是试探性的，不能快速稳定除氧器液位。在负荷波动稍大时，会造成控制回路的不稳定，需要人工干预或者人工操作。尤其是在补水能力受限的情况下，各除氧器出现抢水现象，不能保证除氧器液位的安全控制。

在手动操作时，对不断变化的工况调节不及时，造成锅炉汽包液位和汽机运行不是很稳定，比如负荷波动时，除氧器水位跟不上，造成汽包液位的大起大落。这些问题的存在对整个机组的安全运行、经济运行都会带来不同程度的影响，运行的安全性和稳定性得不到有效保证。

另外，现有技术多是从单台除氧器出发，对单台除氧器的液位进行控制，多是单回路控制。这样，除氧器间都是孤立控制，每台除氧器的调节能力有限，在负荷波动加大时，不能有效协调各除氧器的出力。

将除氧器单独控制，通过对除氧器液位设定，通过进水阀门调节除氧器液位，但在负荷波动较大，或者在负荷较高，补水能力受限的情况下，除氧器就会出现抢水现象，不会顾及其他除氧器的实际情况，一味地根据单台设备进行阀门的操作，会造成其他除氧器可能补不上水的情况发生，受管道布局的影响，阀门虽然开大，但进水量可能不会增大，距离补水侧较近的除氧器补充水位就便利一些，造成除氧器液位高低不齐，液位低的会造成除氧器的安全隐患。

B 总体技术方案思路

将除氧器群看作一个整体，即看成一台除氧器。将除氧器群的平均液位作为表征这个整体除氧器的液位；根据各除氧器液位偏差率与除氧器群平均液位偏差率的偏差情况，协调各除氧器间液位的平衡。即通过除氧器整体液位的控制，实现除氧器群的整体出力与外界需求达到平衡；通过单台除氧器基于液位偏差的调节，协调各除氧器的液位的均衡。

C 控制方案

（1）整体除氧器水位调节。整体除氧器群平均液位控制方法采用串级控制，主调节为平均液位的调节，副调节为补水和上水偏差调整。主调节回路通过平均液位LV_avg_SP 与平均液位预测值 LV_avg_yc 的偏差情况，通过先进控制模型输出补水和上水偏差的补偿，该回路采用预测控制、超前控制的平均液位计算与预测模块。副调节回路通过主调补偿后的上水补水偏差设定值 PC_ss_bs_SP 与上水补水偏差计算值 PC_ss_bs 的偏差情况，通过先进控制模块同时调整除氧器群的所有补水阀门，以保证上水补水偏差的稳定。

（2）除氧器协调控制。通过平均液位偏差率与单台除氧器液位偏差率的差值，调节单台除氧器补水阀门，使单台除氧器的液位偏差率与平均液位偏差率相同，从而控制除氧器群的每台除氧器的液位差不多，避免因为抢水问题，造成有的液位一直很高，有的液位一直很低的情况。除氧器群协调控制方案示意图见图 7-42。

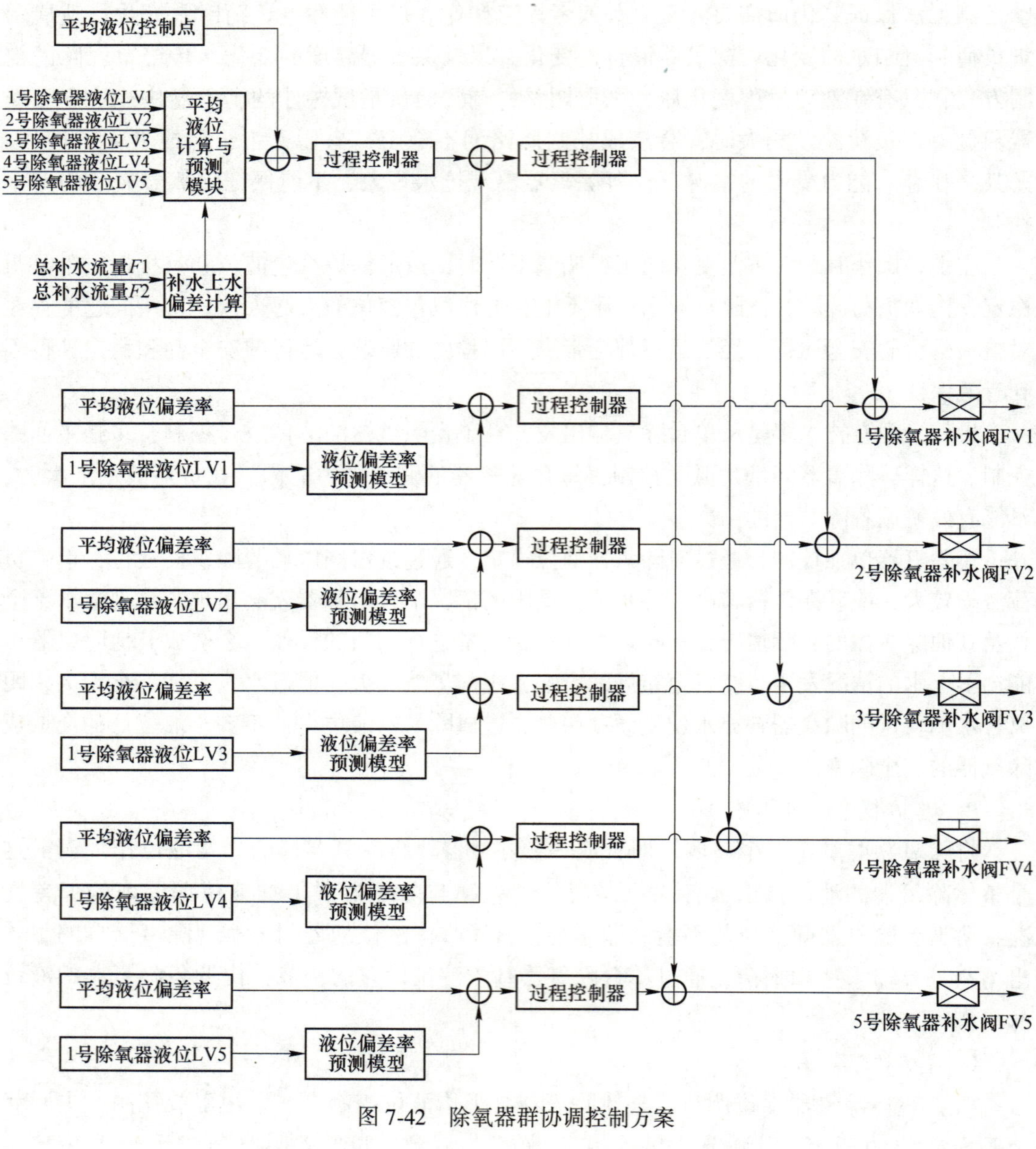

图 7-42　除氧器群协调控制方案

7.6.3　有机尾气处理协调优化方案

7.6.3.1　工艺流程

图 7-43 是有机尾气处理流程画面，其中 H、E、B、G、D、C、生化及 MVR 车间产生的有机废气通过风机送到母管上后，进入分配台，有分配台进入 RTO 燃烧炉焚烧。RTO 炉有两台，采用一用一备的方式运行。

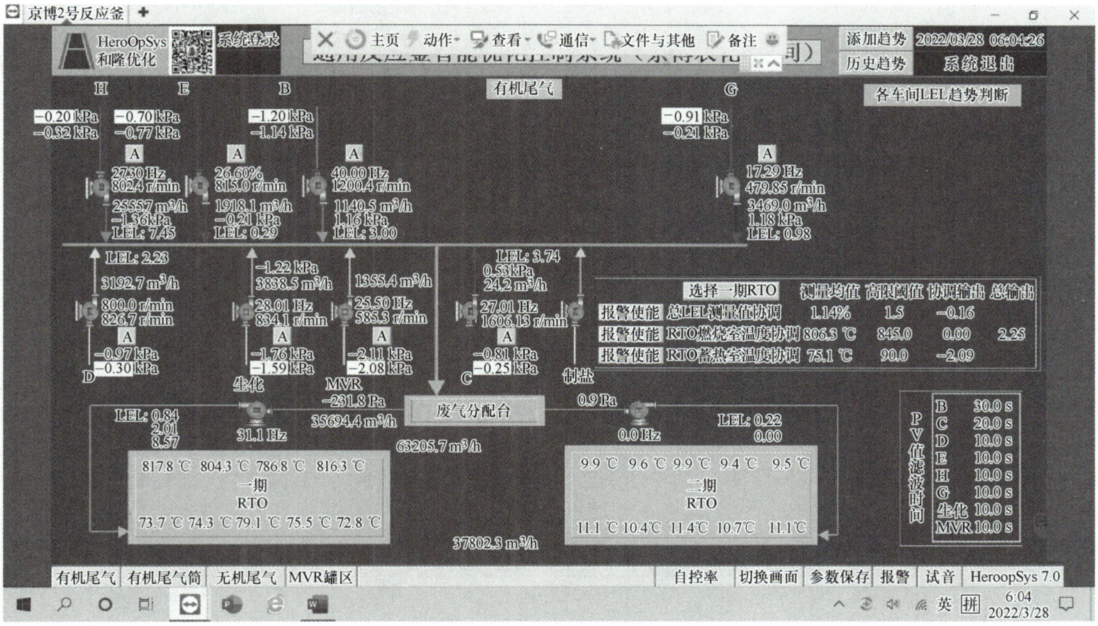

图 7-43 有机尾气处理操作主画面

（1）运行分析。这是一个典型的耦合生产过程：风机入口压力代表装置生产所需，尾气或废气产生车间相对位置差异造成管道阻力各不相同；总管压力波动对所有车间及 RTO 均产生影响；RTO 的燃烧状态有运行约束问题等。

从图 7-44 可以看出，在 RTO 进口尾气流量、压力、风机频率都看似相对稳定的工况下，蓄热温度仍从 77.5 ℃波动到 115 ℃，分析细节是 MVR 风机频率从 26 Hz 调到了 30 Hz，尾气量从 1500 m^3/h 调到 2000 m^3/h 造成。这说明任何车间的风机调整在影响其他车间出力的同时都会影响 RTO 的运行工况。

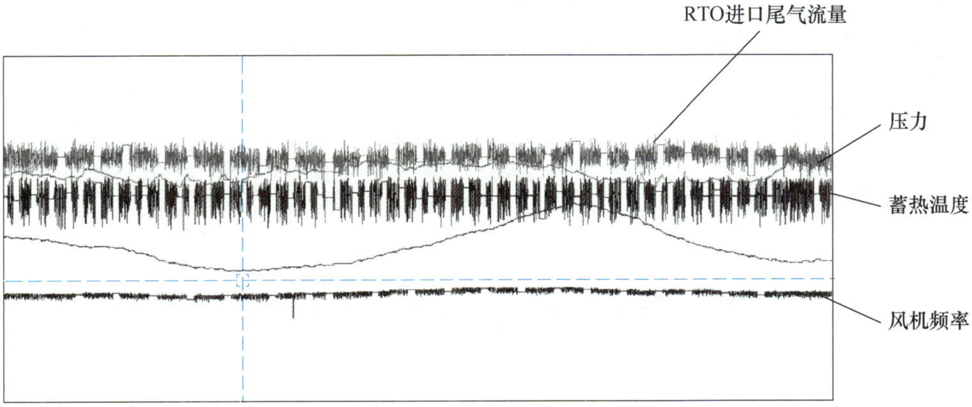

图 7-44 RTO 典型运行曲线

（2）存在的问题。

仪表问题：尾气流量及部分压力波动大，给闭环控制造成不利影响，如图 7-45 所示。

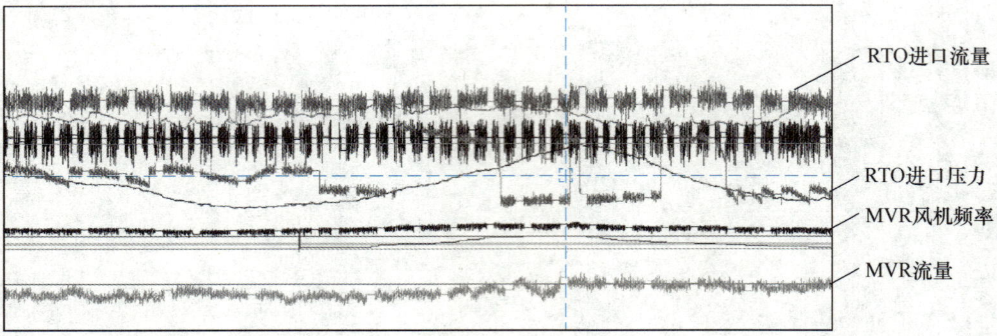

图 7-45 仪表问题给控制造成不利影响

图 7-45 中除特别标注的曲线外，其他曲线为各车间风机频率曲线。流量曲线组如图 7-46 所示。

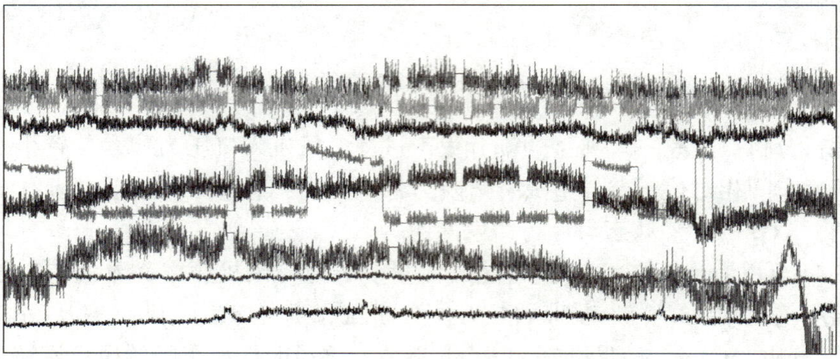

图 7-46 流量信号噪声严重

可见流量测量信号噪声严重，准确性也难以确定，故流量信号不能直接用作控制，但可以经过智能滤波后酌情使用。如图 7-47 所示，经过智能滤波后流量（波动小的曲线）可用性明显增强。

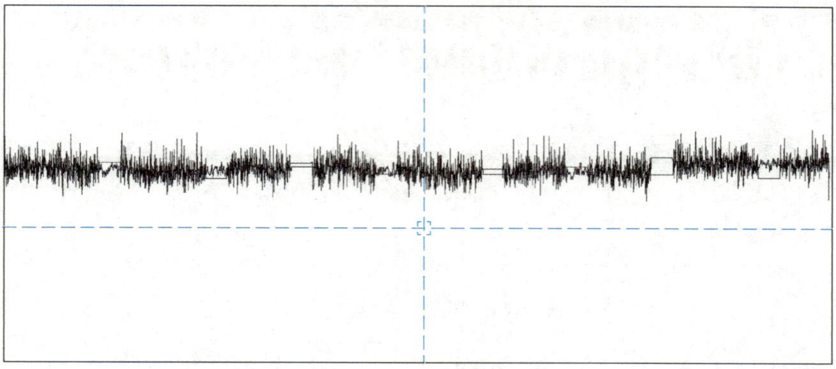

图 7-47 原始流量与智能滤波后流量对比

压力信号除 RTO 进口总压力测量（图中最下面一条曲线）有问题外，其余均正常，见图 7-48。

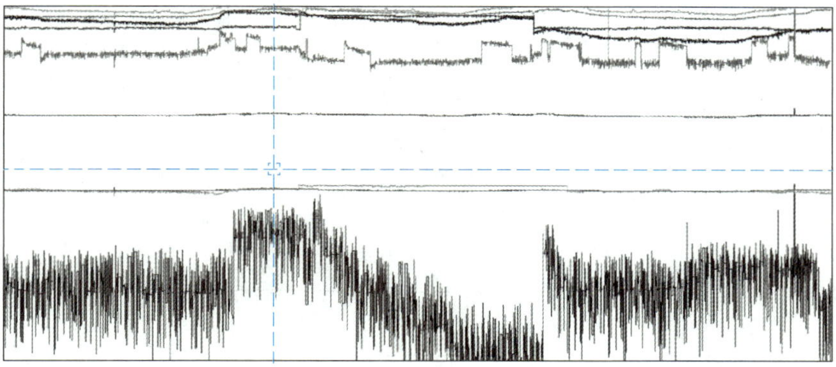

图 7-48 压力信号运行曲线

图 7-49～图 7-57 是各车间风机变频（转速，最上面平直曲线）-流量（有抖动的曲线）-压力（中间较平直曲线）-RTO 蓄热温度（波动较大曲线）关系图。

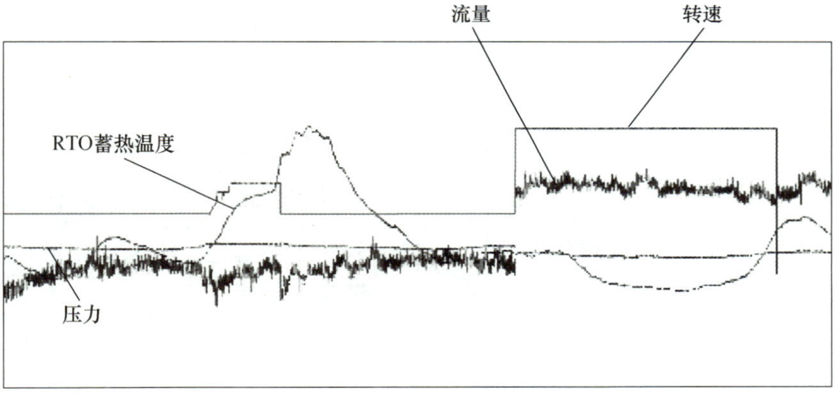

图 7-49 B 车间

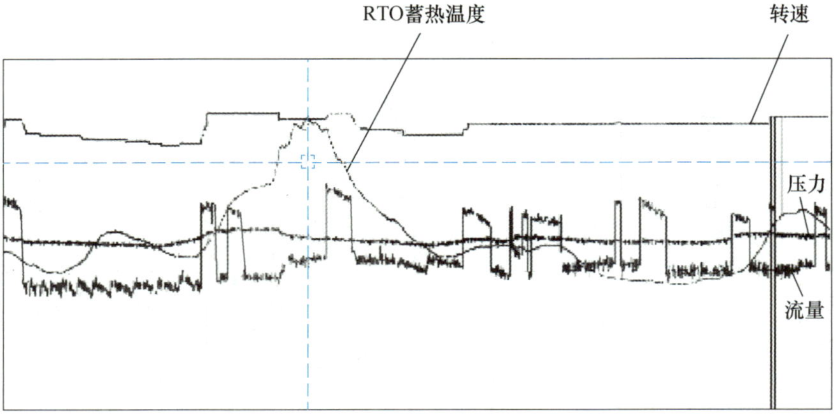

图 7-50 C 车间

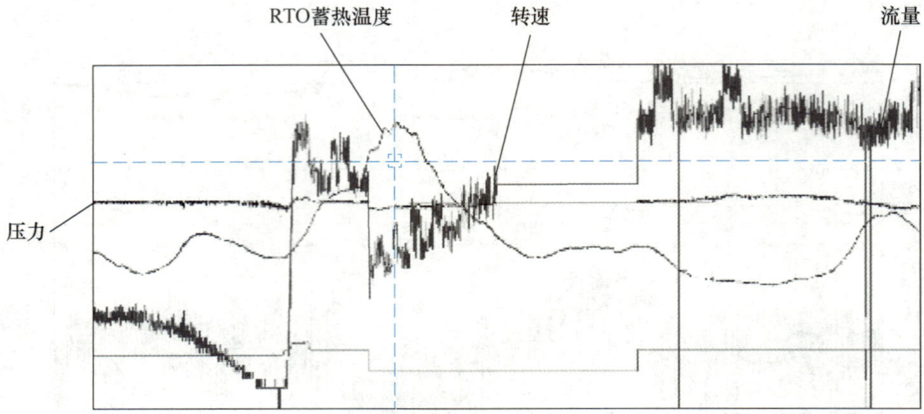

图 7-51 D 车间

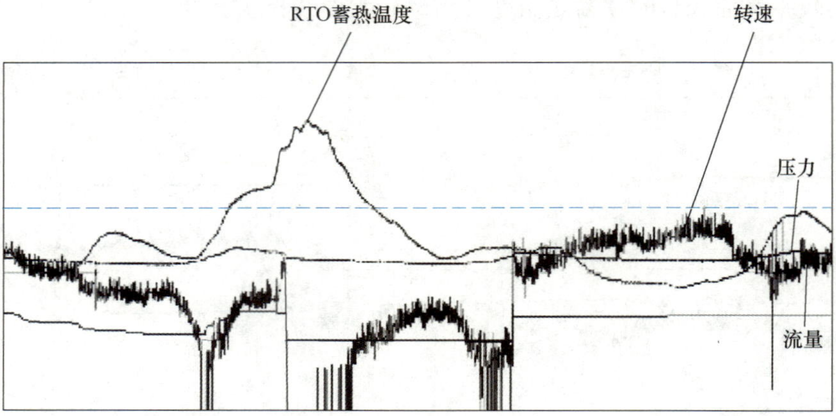

图 7-52 E 车间

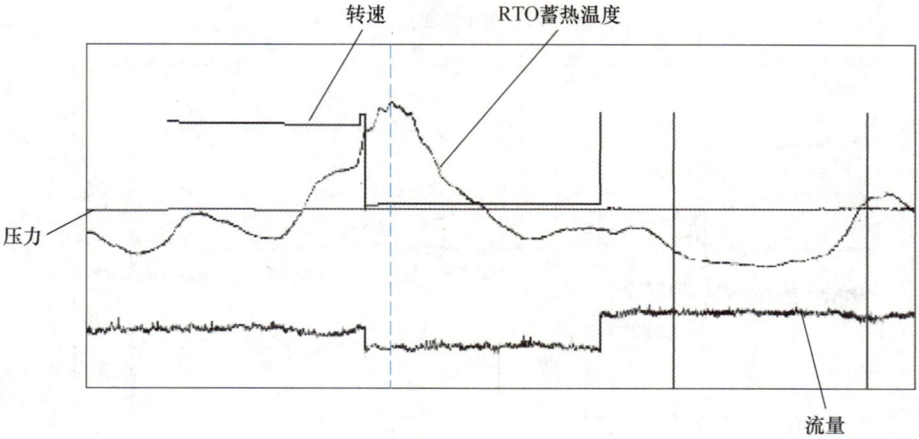

图 7-53 G 车间

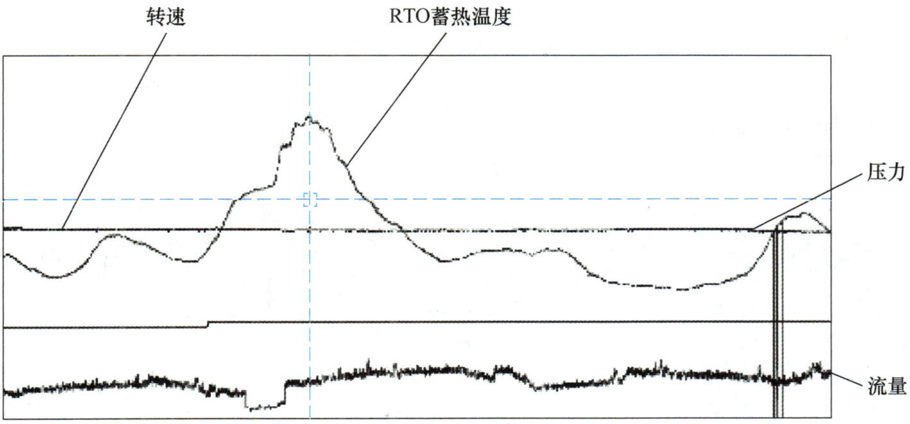

图 7-54 H 车间

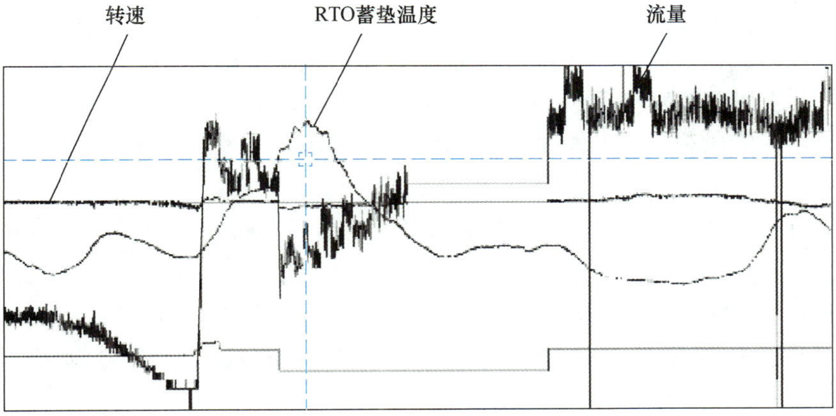

图 7-55 生化车间

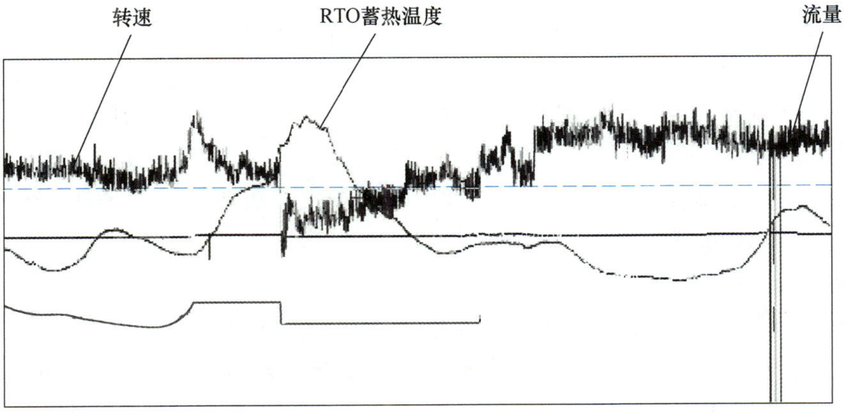

图 7-56 MVR 车间

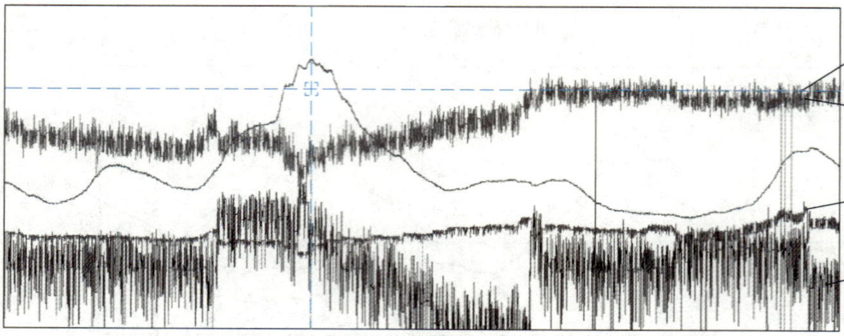

图 7-57 F 车间 RTO

当蓄热温度升高时，对各车间风机均同步进行了操作，只不过有的快些有的慢些，有的幅度大些有的幅度小些。这里要确定好各车间风机一般可调整的区间：

1）B 车间：风机频率上下限 35~42 Hz（风机进口压力设定-1.2 kPa），正常频率为 U_b，权重为 K_b；

2）C 车间：风机变频上下限 15~40 Hz（风机进口压力设定-0.1 kPa），U_c，K_c；

3）D 车间：风机转速上下限 600~800 r/min（风机进口压力设定-0.3 kPa），U_d，K_d；

4）E 车间：风机频率上下限 25~27.6 Hz（风机进口压力设定-0.7 kPa），U_e，K_e；

5）F 车间生化风机：风机频率上下限 25~30 Hz（风机进口压力设定-1.6 kPa），U_{f_1}，K_{f_1}；

6）F 车间 MVR 风机：风机频率上下限 25~30 Hz（风机进口压力设定-2.0 kPa），U_{f_2}，K_{f_2}；

7）G 车间：风机频率上下限 15~32 Hz（风机进口压力设定-0.17 kPa），U_g，K_g；

8）H 车间：风机频率上下限：20.5~28.3 Hz（风机进口压力设定-0.2 kPa），U_h，K_h。

注意：各车间压力设定是根据 3 天手动平均值考虑的，操作人员只有转速或变频大小概念；U_b~U_h 的设定与各车间最佳运行有关，将影响各车间的物耗（过大）或环保（过小）。

RTO 燃烧室温度 T_1：报警大于 850 ℃、停炉大于 900 ℃、正常 750~850 ℃，正常控制点为 T_{R_1}，暂为 800 ℃。

天然气补烧小于 750 ℃，天然气停止补烧大于 800 ℃，正常不用补天然气，设计补烧和停烧天然气报警。

RTO 燃烧蓄热室温度 T_2：报警大于 100 ℃、停炉大于 250 ℃、正常 80~100 ℃，正常控制点为 T_{R_2}，暂为 90 ℃。

（3）天然气消耗情况。

图 7-58 是天然气流量曲线，RTO1 燃烧室温度低于 750 ℃时补烧天然气，10 天数据显示低于 750 ℃有 6~7 次，这意味着 10 天之内最少要补烧天然气 6 次。采用优化控制 T_R = 800 ℃，±40 波动的话，可以减少天然气的消耗，不但降低能耗，最直接地降低生产成本，保证 RTO 装置的稳定运行。

因 RTO 控制系统不开放，无法形成完全协调功能，根据生产车间负荷波动来精准调

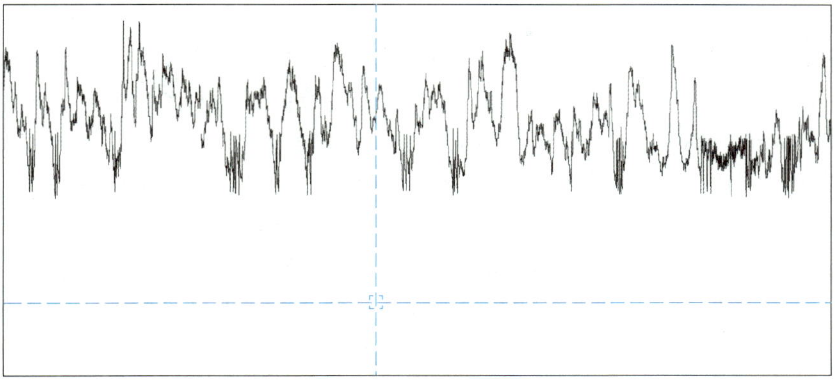

图 7-58 天然气消耗情况曲线

节 RTO 运行负荷（目前 RTO 侧是根据入口负压调整进 RTO 风机频率，但调节精度不佳），只好通过协调各车间风机频率来保障各车间环保指标及 RTO 的安全和稳定运行。

7.6.3.2 协调优化方案

（1）最优化目标。

1）在保证各车间环保指标达标（无有害气体散入大气）的前提下让风机频率运行最小；

2）使 RTO 燃烧温度在（800±40）℃，蓄热室温度运行在（90±10）℃，且尽可能少补天然气。

（2）方案粗框图。RTO 协调优化方案如图 7-59 所示。

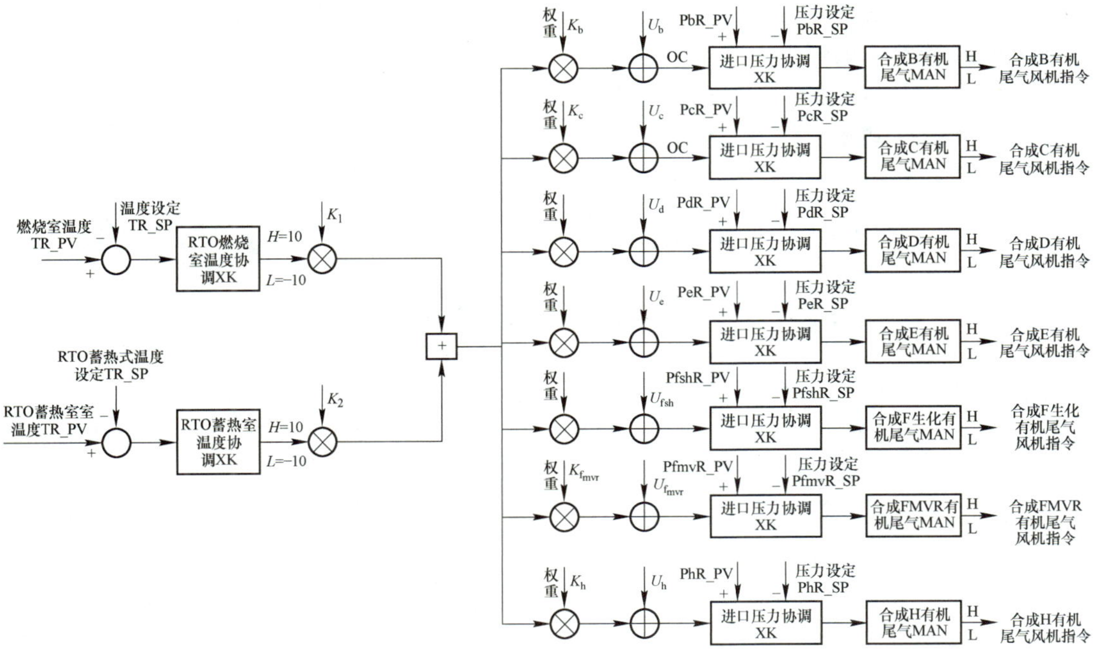

图 7-59 RTO 协调优化方案框图

7.6.3.3 CEI模型设计

（1）MVR罐区。

1）自控率：所有4个阀门中，每个处于自动控制状态的阀门可得2.5，否则为0分；4个阀门得分相加并以“班”为周期计算均值，均值为9~10显示A，均值为7~9显示B，均值为5~7显示C，均值为2.5~5显示D，均值小于2.5显示E。

2）稳定性：G12、G15的pH值与控制点差值低于0.2显示A，在0.2~0.3显示B，在0.3~0.4显示C，在0.4~0.5显示D，大于0.5显示E。

3）经济性：可以4个酸水泵和碱水泵开的时间来评价。

4）安全性：可以G12、G15的pH值与控制点差值大于0.5的时间占比来评价。

（2）B、F车间。

1）自控率：8个风机回路中，每个处于自动控制状态的回路可得1.25分，否则为0分。8个风机回路得分相加并以“班”为周期计算均值，均值为9~10显示A，均值为7~9显示B，均值为5~7显示C，均值为2.5~5显示D，均值小于2.5显示E。

2）稳定性：RTO燃烧温度在±10 ℃内显示A，±(10~20) ℃内显示B，±(20~30) ℃内显示C，±(30~40) ℃内显示D，超出±40 ℃显示E。

3）经济性：T_1<750 ℃的时间小于0.5 h显示A，大于0.5 h且小于1 h显示B，大于1 h且小于1.5 h显示C，大于1.5 h且小于2 h显示D，大于2 h显示E。

4）安全性：T_1大于850 ℃且T_2大于100 ℃的时间为0显示A，大于0且小于0.5 h显示B，大于0.5 h且小于1 h显示C，大于1 h且小于1.5 h显示D，大于1.5 h显示E。

习题与思考题

1. APC的技术特点有哪些？
2. APC的核心技术包括哪些？
3. 和隆优化的先控模型包括哪些功能？
4. RTO的核心技术有哪些？
5. 为什么实现了APC还要RTO？

8 工业互联网及大数据应用

导语：本章将深入讲解工业互联网及大数据应用这一前沿领域。先纵览发展现状，洞察产业态势、典型场景与挑战；再探究相关能力基础，剖析边缘计算、云计算等技术与工业互联网的融合奥秘；而后了解发展趋势，把握行业走向；最后通过 Hero 案例，解锁工业互联网的应用密码。让我们一同开启这场知识盛宴，探索工业变革新动能。

在数字化浪潮席卷全球的今天，传统化工行业正经历着前所未有的变革。工业互联网的兴起，如同为化工行业插上了智慧的翅膀，而大数据应用则为其注入了精准决策的强大动力。这两股力量交汇融合，正催生出“智慧化工”这一全新的产业形态。智慧化工以工业互联网为基石，以大数据应用为引擎，推动着化工生产向更安全、更高效、更环保的方向迈进。三者之间紧密的联系与协同作用，不仅重塑了化工行业的生产模式，更为其未来的可持续发展开辟了崭新的道路。

2008 年金融危机爆发后，全球经济遭受重创。以美国为代表的发达国家开始重视实体经济的重振，纷纷出台再工业化战略，旨在通过再工业化重返全球工业第一梯队。再工业化不是原有工业化的重复，而是将高新技术与制造业相结合，优化产业结构，实现工业数字化升级，以提升制造业产品质量。

当前，我国经济社会发展处于新旧动能转换的关键时期，经济下行压力增大，工业经济面临着全新的挑战与机遇。纵观世界经济发展史，当初级生产要素优势丧失后，能否依靠知识和技术等高级生产要素发展工业是避免一国掉入“中等收入陷阱”的关键。

2018 年底中央经济工作会议上首次提出“新型基础设施建设”概念，提出加快 5G 商用步伐，加强人工智能、工业互联网、物联网等新型基础设施建设，随后工业互联网连续三年被列入国务院政府工作报告之中。2020 年 3 月，中共中央政治局常务委员会会议明确提出加快新型基础设施（简称“新基建”）建设，新基建包括 5G 基站建设、大数据中心、人工智能、工业互联网、特高压、城际高速铁路和城市轨道交通、新能源汽车充电桩等七大领域。同月，工信部印发的《关于推动工业互联网加快发展的通知》，明确提出要加快网络、平台、标识、大数据中心四大基础设施建设，拓展融合创新应用，培植壮大创新发展新动能，支撑制造业实现高质量发展。

在此背景下，我国将工业互联网纳入新型基础设施建设范畴，以希望把握住新一轮科技革命和产业革命，推进工业领域实体经济数字化、网络化、智能化转型，赋能中国工业经济实现高质量发展。

工业互联网是互联网和新一代信息技术与工业系统全方位深度融合所形成的产业和应用生态，是工业智能化发展的关键综合信息基础设施，其本质是以机器、原材料、控制系统、信息系统、产品以及人之间的网络互联为基础，通过对工业数据的全面深度感知、实时传输交换、快速计算处理和高级建模分析，实现智能控制、运营优化和生产组织方式变革。

从工业视角来看，工业互联网主要表现为从生产系统到商业系统的智能化。生产系统自身通过采集信息技术，实现设备之间、设备与系统之间、企业上下游之间的智能交互，并带来商业活动的优化。从互联网视角来看，工业互联网表现为从营销、服务、设计等环节的商业系统变革引起生产组织方式的变革。

8.1 发展现状

企业是工业互联网发展的主力军。制造业企业、自动化企业、IT企业都积极参与工业互联网建设与推广当中。老牌工业企业在巨大的数字化转型压力之下率先推动工业互联网发展，IT企业凭借其在软件服务和平台建设等方面的优势也占据一席之地，同时工业互联网领域也涌现了一批初创企业，他们借助其各自的竞争优势，积极推动工业互联网的改造升级、快速发展和应用落地。

通过几年来的理论和实践探索，工业互联网网络已经从概念形成普及金融到应用实践推广的新阶段，业界对工业互联网的发展方向已有高度的共识。在这一过程中，国内外均形成了大量的探索实践，工业互联网改造已经涵盖了工业的多个行业、大中小各类企业乃至实体经济的各个领域，为进一步创造新的生产力和发展动能奠定了基础。

8.1.1 工业互联网产业

我国工业互联网经过起步期的发展，取得了显著成效，在各行业的应用逐渐走向纵深。工业互联网作为实现工业经济全要素、全价值链、全产业链全面连接的新型基础设施，其在万物互联、信息汇聚、优化调度、异地协同、远程服务等方面的优势得到了充分凸显。

我国工业互联网产业增加值规模再创新高。根据中国工业互联网研究院发布的《中国工业互联网产业经济发展报告（2024年）》显示，2024年我国工业互联网产业增加值规模总计达5.01万亿元。其中，核心产业增加值规模达到1.53万亿元，较2023年增长10.65%；渗透产业增加值规模为3.48万亿元，较2023年增长4.70%。工业互联网产业增加值较2023年增长6.45%，占GDP比重为3.81%，对经济的带动作用稳中有升，成为促进我国经济高质量发展的重要力量。

就业规模持续扩张，高技能岗位占比提升。2024年工业互联网核心产业增加值达1.53万亿元，直接带动技术研发、平台运维等岗位需求。尽管尚未有官方统计的直接就业人数，但从产业规模与就业的关联关系看，工业互联网核心产业每增长1个单位，可带动其他行业增加值增长约4个单位，这意味着产业链上下游的生产、研发、运维等环节将同步创造大量岗位。工业互联网在进一步缓解就业压力、优化就业结构上做出了突出贡献。

2024年，我国工业互联网在促进行业发展和转型升级方面取得显著成效，核心产业规模与应用深度同步突破，形成多维度、全链条的赋能效应，工业互联网与5G、AI、数字孪生等技术深度融合、覆盖，形成40个典型应用场景。国家工业互联网大数据中心汇聚工业数据，初步构建工业模型语料库。煤炭行业大模型训练中心使算法识别精度提高

10%，制造业通过 AI 动态调控实现工艺优化，能耗降低 19%。深圳市宝安区建成“1+N”标识解析二级节点，覆盖锂电、机床等行业，标识注册量超 21 亿，解析量超 25 亿，支撑产业链协同效率提升 25%。

绿色转型与可持续发展成效显著。工业互联网推动制造业向绿色化、低碳化转型，形成全链条节能降碳路径，国家级绿色工厂达 6430 家，绿色工业园区超 370 家，工业固废综合利用率超 55%。

综上，2024 年工业互联网通过技术创新、场景拓展和生态构建，已成为推动我国产业高端化、智能化、绿色化发展的核心引擎。未来，随着“5G + 工业互联网”工程升级版的推进，其对实体经济的赋能作用将进一步释放，为新型工业化注入强劲动力。

8.1.2 典型场景

工业互联网有着广泛的应用，几乎可以涵盖所有的工业领域。工业互联网围绕工业企业的生产制造流、产品生命周期流和价值创造流三大业务流，主要应用场景主要包括资产智能化、生产智能化、产品全生命周期管理及网络化协同四大类。这四大类应用场景涵盖了工业领域的原材料、产品、设备、运营、售后等制造相关的全要素、全价值链和全系统。

资产智能化是工业互联网的典型应用场景之一。工业互联网通过对资产智能化管理，帮助企业提高设备服务的可视化和可靠性，减少维修成本和非计划性宕机。资产智能化管理主要包括四类：一是设备健康管理：通过设备健康度模型对设备健康度进行判断和预测，从而合理备件，计划生产，减少计划外设备停机时间，也即“可靠性分析”；二是预测性维护：通过在关键领域嵌入传感器和网络设备来获取关于资产的位置、质量和状态的关键实时数据，结合设备历史数据，构建数字孪生系统，及时监控设备运行状态，提前预知设备的异常状态，从而最小化设备停机的可能；三是能耗管理：主要通过提供综合能源（电、水、油、气）的用能监控，基于现场能耗数据和分析，对设备、产线能效进行优化配置，提高能源使用效率，实现节能减排；四是远程运维：在设备地理位置分散的企业，人工巡检、运维的成本高，一旦出现设备故障很难第一时间发现，而远程运维通过物联网技术对偏远地区的设备进行实时数据监测，发现问题并及时处理，尤其在航空航天、船舶、轨道交通、工程机械、能源等行业，能大幅降低设备宕机带来的损失。

生产智能化是工业互联网最为常见的应用场景之一，也是目前落地较多的场景。其实施的难度和价值偏中等水平。主要包括生产管控、工艺优化、质量管理和自主操作。生产管控是通过在工业生产现场部署传感器、控制器等智能设备，全面掌握机器、设备的运行情况，并利用大数据模型分析生产现场，提供工厂的完整运行情况，实现对生产现场的实时管控；工艺优化是利用传感器、仿真建模等，实现工业真实生产状态的可视化，有效帮助操作人员更合理地操作，降低运营成本。其在钢铁和轨道交通行业有较多应用案例；质量管理是利用传感器来监控最终产品的质量，同时自动化反馈最终产品是否合规的相关活动。通过实时数据采集和仿真，根据历史数据的比对分析，对潜在的质量问题进行分析；自主操作是通过物联网技术、网络化设备直接处理收集来的数据，并自主采取诊断措施，无需人工手动操作。如智能设备可以识别其电池过热的情况，自动改为低强度运行，以便在等待更换部件的同时控制温度上升。

产品全生命周期管理是指从产品的需求开始，到产品淘汰报废的全生命历程管理，包括产品设计、制造、操作和服务等环节。具体到应用场景包括以下四种：产品溯源是以条码技术为手段，对产品的物料、半成品、成品实行自动识别、生产过程监控，实施全透明的管理，事后可对产品进行溯源，实现供应链相关环节的实时可见性性和可追溯性；产品设计反馈是利用工业互联网平台，产品传回数据帮助企业了解消费者需求，快速响应市场，并将相关信息反馈到设计部门进行设计改进，提升设计研发速度以实现柔性生产和个性化定制；用户体验反馈是借助工业互联网平台，将用户使用的体验反馈到平台，从而改进产品方案，加速创新迭代；供应链管理场景中，工业互联网平台可以实时跟踪现场物料消耗，结合库存情况安排供应商进行精准配货，优化库存管理，有效降低库存成本和物流成本，提高物流系统整体效率。

网络化协同是指制造商、零部件供应商、销售商乃至消费者可相互交换商品和业务信息，共同执行业务流程。协同既包括组织内部的协作，也涉及产业链上下游组织间的协作。具体包括产业链协同和企业资源动态配置和优化。产业链协同场景中，工业互联网平台通过有效集成企业内部、企业与供应链上下游、跨供应链的设计、生产、物流和服务等不同环节，由串行制造转变为并行制造，降低了产品研发设计和生产周期，大大降低成本。具体包括协同设计、协同生产、协同物流及共享服务等。目前协同设计在轨道交通、航空航天、船舶、汽车等垂直行业已经有较多成熟案例。在企业资源动态配置和优化场景中，工业企业通过工业互联网平台对外开放空闲制造能力，动态配置原材料、资本、设备等生产资源，实现制造能力的在线租用和利益分配。

8.1.3 工业互联网面临的挑战

相比于传统的工业运营管理和信息化技术，工业互联网复杂程度更高，部署和运营难度更大，其建设过程中需要持续的技术、资金和人员投入，在商业应用和产业推广中也面临着基础薄弱、场景复杂、成效缓慢等众多挑战，工业互联网的发展将是一项长期、艰巨、复杂的系统工程。当前工业互联网行业仍处于发展初期，这一过程中所遇到的问题更多是产业爆发前期在技术、应用、商业方面的不断摸索、试错和修正。

技术层面：工业设备种类、通信协议、数据格式繁杂，尚缺乏有效的技术手段降低成本、便捷地实现链接；数据种类少、标准各异、质量较低、有效性不足，企业对数据共享开放的意愿不强；融合创新型技术的应用有效性有待验证、场景挖掘有待强化。

应用层面：工业企业信息基础设施建设水平参差不齐，多数企业数字化基础薄弱；标准化通用解决方案数量有限；缺少既懂信息技术又懂专业知识的复合型专家人才。

商业层面：部署工业互联网前期投入多，投资回报周期长；市场参与者仍处于摸索阶段，现阶段盈利模式相对单一；碎片化需求与规模化供给存在矛盾。

产业层面：服务商企业单打独斗较多，协同创新合作不够；开放、创新生态体系建设尚不成熟；服务商对工业企业痛点理解不足，工业知识、历史数据沉淀不够；工业企业对工业互联网价值链了解不足。

8.2 工业互联网的相关能力基础

工业互联网核心既包括融合形成的两类全新产业子领域，即工业自动化、工业网络向边缘计算延拓形成的边缘计算子领域，以及汇聚工业数据、机理模型和创新应用形成的工业互联网平台及软件子领域，也包括工业软件、工业自动化、工业网络、工业装备、工业安全等传统产业的智能化升级部分，如数字化性能不断提升的工业互联自动化子领域，支撑泛在互联并融入新型网络技术的工业互联网网络子领域，强化综合防护与深度应用的工业互联网安全子领域，强化数据分析与应用创新的工业软件子领域，以及工业装备叠加数据采集和智能分析功能形成以设备感知连接、数字化控制、数据智能分析部分为主的工业数字化装备子领域等。

从工业互联网的狭义范围来看，工业互联网的基础能力包括：边缘计算技术、云计算技术、5G 技术、工业软件、工业大数据技术、人工智能技术等融合创新带来的全新产业领域；从广义范围来看，工业互联网包含工业数字化的相关产业，基于传统制造支撑体系，融合了数据感知、互联互通、先进计算、智能分析等能力，驱动传统制造业的升级和新产业的诞生。

8.2.1 边缘计算与工业互联网

工业互联网连接对象种类多、数量大，存在大量异构的总线连接，场景复杂。因此，工业设备之间的连接需要边缘计算提供“现场级”的计算能力，实现各种制式的网络通信协议相互转换，能够应对异构网络协同部署与高效运维、工业智能按需配置与就近服务等挑战。边缘计算的实施架构贯穿整个工业互联网体系，从部署的角度看，在产线、车间和工厂内均能够部署边缘计算节点，逻辑节点形态可以分为边缘控制器，边缘网关和边缘云。对应的形态包括控制器、网关设备、边缘智能服务器、边缘一体机等。

对于工业互联网来说，边缘计算是不可或缺的关键环节，工业互联网的核心是基于全面互联而形成数据驱动的智能，而边缘计算可以协同调度计算、存储、网络等资源，实现企业内各层数据的纵向集成及实时高效处理，充分释放数据价值；另外，边缘计算可承担数据预处理工作，云端进行数据的再处理和深入分析，包括共性和常用数据的存储和调用等，从而以云边协同的方式有效支撑工业生产网络化协同、智能化交互等新模式。

不同领域内的边缘计算技术的侧重点有所不同，工业互联网对系统的确定性、实时性和安全性有着很高的要求。边缘计算是在靠近物或数据源头的网络边缘侧就近提供边缘智能服务，满足行业数字化在敏捷连接、实时业务、数据优化、应用智能、安全与隐私保护等方面的关键需求。

从图 8-1 工业互联网架构图上可以看到，工业互联网的边缘计算应用场景十分复杂。边缘层并不是传统意义的只担任数据搜集转发的网关，边缘层需求提供智能化运算才能，而且能产生可操作的决策反应，用来反向控制设备端。过去，这些运算只能在云端完成。如今需求将云端的计算框架经过裁剪、兼并等简化手段，迁移至边缘层，使得能在边缘层上运转云端锻炼后的智能剖析算法。因而，边缘层需求一种技术在单台计算机或者少数几台计算机组成的小范围集群环境中隔离主机资源，完成分布式计算框架的资源调度。

从商业角度看，边缘计算可以节省传输资源，尤其针对视频类存在大量数据传输需求的应用，数据能够实现在本地存储和运算，既节省了边缘到核心网和 Internet 的传输资源开销和商业成本，同时也缓解了中心云的计算负载与带宽压力。

边缘计算要落地，特别是在工业中，“应用”才是最为中心的问题，IT（信息技术）

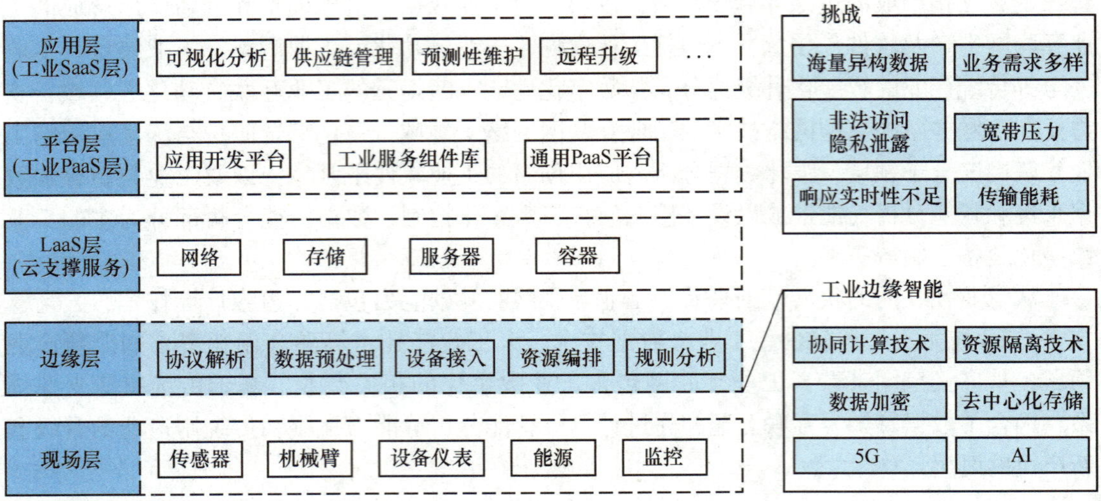

图 8-1 工业互联网架构图

与 OT（运营技术）二者的融合（IT/OT 融合）是工业互联网、智能制造等新一代信息技术与制造业深度融合的核心方向，在融合的过程中更应强调在 OT 侧的应用，即运营的系统所要实现的目的。

8.2.2 云计算与工业互联网

2006 年 8 月 9 日，Google 首席执行官埃里克 · 施密特（Eric Schmidt）在搜索引擎大会（SESSan Jose 2006）首次提出“云计算”（Cloud Computing）的概念。云计算提出的愿景，是要像用水和用电那样使用 IT 服务。建立了水厂和发电厂集中提供水和电，家庭不再需要挖水井和买发电机，只要通过水管和电线便可享受专业的更高水平的水电服务，且按需付费，若短期突然要大量用水用电，也无须担心资源不足，用多用少可自主决定。类比到 IT，便是云计算服务提供商建设好大规模的 IT 基础设施，通过互联网（网线或无线）为企业提供服务器（虚拟机）、存储、应用程序等的租用，企业无须自己再建设 IT 基础设施，便可享受专业的更高水平的 IT 服务，且按需付费，若短期内业务访问量暴增需要更多的计算资源，也无须担心云计算服务提供商的资源不足，资源的租用可根据使用情况自动伸缩，企业只需按实际使用量付费即可。

云计算是一种分布式计算，通过网络解决任务分发，并进行计算结果的合并。指的是通过网络“云”将巨大的数据计算处理程序分解成无数个小程序，然后通过多台服务器组成的系统进行处理和分析这些小程序得到结果并返回给用户。通过这项技术，可以在很短的时间内（几秒钟）完成对数以万计的数据的处理，从而达到强大的网络服务。

狭义上讲，云计算就是一种提供资源的网络，使用者可以随时获取“云”上的资源，按需求量使用，并且可以看成无限扩展的，只要按使用量付费就可以。“云”就像自来水厂一样，我们可以随时接水，并且不限量，按照自己家的用水量，付费给自来水厂就可以。广义上说，云计算是与信息技术、软件、互联网相关的一种服务，这种计算资源共享池叫作“云”。云计算把许多计算资源集合起来，通过软件实现自动化管理，只需要很少的人参与，就能让资源被快速提供。也就是说，计算能力作为一种商品，可以在互联网上流通，就像水、电、煤气一样，可以方便地取用，且价格较为低廉。

简单地说云计算是一种基于虚拟化技术的一种资源交付使用模式，从而提高硬件资源的使用率，并且可以通过将巨量数据分解成若干块进行处理返回结果，从而达到计算的高效性，主要提供的是一种算力的支持。

从图 8-2 云计算构架图可以看到，工业互联网以云计算为基础为工业企业提供服务，使工业企业的社会资源实现共享的一种新型的网络化制造服务模式。其本质是以工业互联网为载体，以工业系统为基础，融合先进制造技术以及互联网、云计算、物联网、大数据等新一代信息技术和产品，通过汇聚分布式、跨领域的制造资源和制造能力，根据用户需求，以云化的方式提供优质、及时、低成本的服务，实现制造需求和社会化制造资源的高质高效对接。

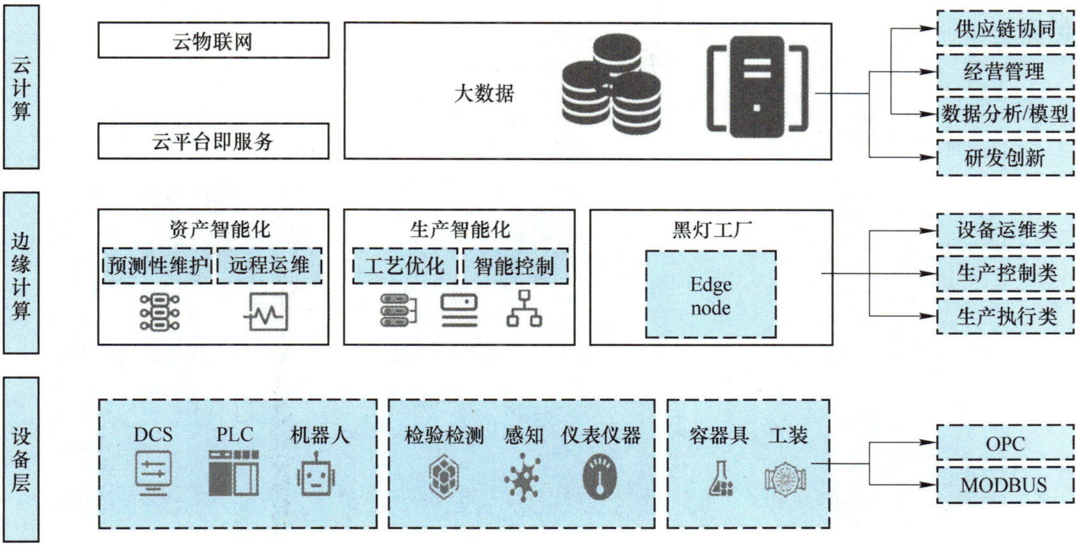

图 8-2 云计算构架图

8.2.3 5G 技术与工业互联网

伴随着工业互联网的推进，工业互联网对网络基础设施提出了更高的要求，工厂内网络将呈现出融合、开放、灵活三大趋势，这对工业场景的网络设施提出了较高的要求。5G 因其各自的高带宽、低延时以及实现“同一”网络的数据传输特性，将成为下一代工业网络的演进方向。

工业互联网具有连接的工业设备种类繁多、数据类型多样化、数据实时性要求高的特点，而 5G 具备大带宽、低时延、多连接的特性，成为工业连接的全新网络替代方案。依靠全新的网络架构，提供高于 4G 的峰值速率、毫秒级的传输时延、超过 500 km/h 的移动性能和千亿级的连接能力，实现人、机、物的全面互联。

在工厂内部，5G 使制造流程更加便捷，包括：提高生产线的效率（如在流程管理中应用机器视觉、高清视频）、连接工厂中的自动搬运车辆（如自动驾驶），以及利用高可靠低时延通讯低于 5 ms 的时延实现机器控制。在工厂外部，5G 能够帮助制造业改进产品生命周期管理，比如：预测性维护、产品响应式设计。企业间的沟通也将更便利，可以实现低成本、端到端的货物跟踪，或者在模拟场景或协同设计中实现数据交换。

从图 8-3 可以看到，在 5G 的三大应用场景中，超高可靠低时延通信（uRLLC）达到了工业控制对网络时延和可靠性的极高要求，海量大规模连接物联网（mMTC）满足了在工业互联背景下对海量设备的数据采集需求，增强移动宽带（eMBB）则可支撑如工业环境中超高清视频的应用。工业上会有 eMBB、uRLLC、mMTC 等多种业务并发的场景，同时部分工业应用需要数据在靠近现场的近端进行处理，另外出于机密数据的敏感性考虑，企业不希望数据进入公网，因此需要针对性地设计网络架构以确保多样化场景下的网络性能保障，切片网络架构和边缘计算网络架构应运而生。5G 技术的出现和演进显著地增强了工业互联网的服务供给能力，为工业互联网快速发展提供坚实的技术保障。

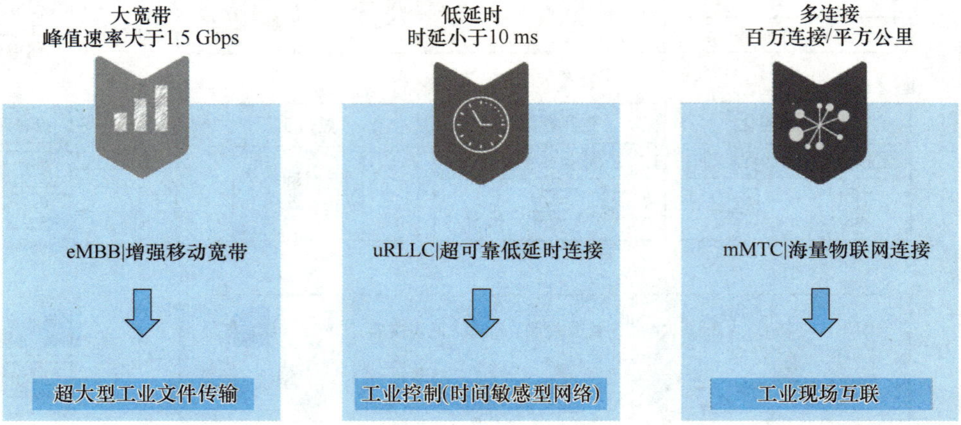

图 8-3 5G 的三大应用场景

8.2.4 工业软件与工业互联网

工业软件作为工业与信息产业的结合体，是智能制造高质量发展的重要基础和核心支撑，工业软件的创新、研发、应用和普及已成为衡量一个国家制造业综合实力的重要标志之一。随着新一代信息技术的不断涌现和发展，工业软件正从本地部署的复杂系统软件向云化轻量化应用软件转变，基于工业互联网平台与工业数据、工业知识、工业场景深度融合，催生了工业互联网下新形态工业体系中的新形态工业软件——工业 APP。

工业互联网平台通过“低代码+云开发+开源+开发者社区”的方式，吸引大量专业技术服务商和第三方开发者基于平台进行工业 APP 创新，以往需要大投入、长周期的软件研发方式正在向低成本、低门槛的平台应用创新生态方式转变，不但研发周期能够缩短数十倍，而且也能够灵活地满足工业用户个性化定制需求。

然而工业 APP 不是对传统工业软件的替代，反之不仅可以打通企业现有的各种异构工业软件之间的数据和逻辑关系，实现工业软件的集成和互联互通，还可通过其承载的工业技术知识驱动传统工业软件更高效地执行。同时操作简便以及对工业软件或产线设备所产生数据的深度挖掘和加工能力正使得工业 APP 成为促进工业企业数字化、智能化发展的关键环节。

从图 8-4 工业发展和 IT 进程关系图可以看到，工业软件和应用是工业互联网发挥效能的最为直接和重要的抓手，工业软件的发展离不开最重要的也是最核心的汇集了工业生产过程中关键技术、流程、知识、工艺及数据的工业知识数据库支持，传统工业软件厂商经过几十年的产品开发和企业服务，在工业数据与知识、开发经验以及客户资源等方面已经拥有了深厚的积累。在发展自身工业互联网业务时，软件厂商基于原有产品和知识经验的沉淀，打造平台级的 SaaS 产品和服务，而后将更多精力聚焦于平台与生态体系的搭建与培养，产品和服务的核心在于“平台化”属性，形成软件带动平台搭建，平台带动整体解决方案成型的发展路径。通过构建先进的平台生态业务模式，建立完善 ISV 服务体系，通过“Saas+ Paas+ISV 云生态”一体化运营，完成从工具型的云化软件厂商向工业互联网平台型企业的转型。

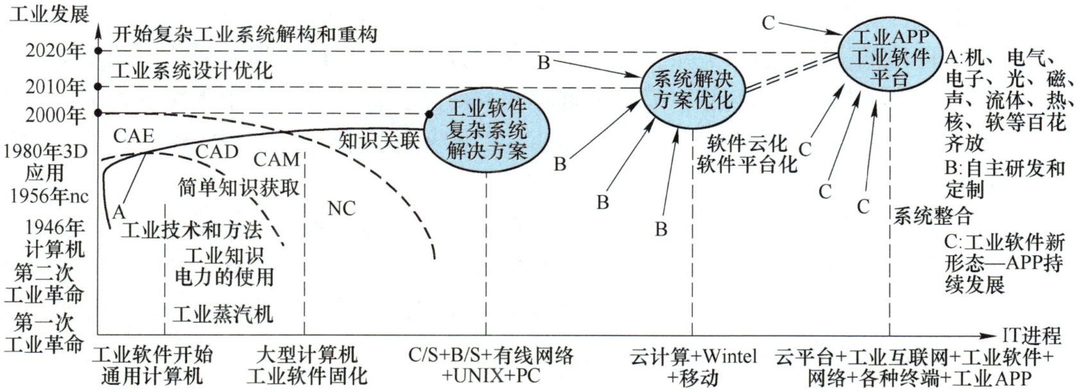

图 8-4　工业发展和 IT 进程关系图

面对工业互联网带来的工业软件发展契机，国内软件厂商已经瞄准工业 APP 这一发展工业软件的新路径，力图缩小一直以来与国际一流厂商的巨大差距，进而赢得更多的市场份额。

8.2.5　工业大数据与工业互联网

工业大数据指在工业领域中，围绕智能制造模式，在数据采集集成、分析处理、服务应用等各类工业制造环节所产生的数据，同时包括工业大数据相关技术和应用。在工业互联网平台功能架构中，工业大数据是工业互联网实现全要素互联之后的核心价值创造者，借助工业大数据技术，可以对海量数据进行高质量存储与管理，进而支撑应用层各种分析应用的实现。

工业大数据与工业互联网的其他能力基础之间是相辅相成的，5G 网络能够有效满足数据传输实时性与稳定性的要求，借助边缘计算、AI 分析等技术深化数据分析能力，是工业大数据和工业互联网应用实现的重要技术基础；云计算技术则是支撑广泛、分散、大量的工业大数据采集、聚合、处理、分析的关键技术；工业软件企业将软件能力转化为平台 PaaS 及 SaaS 服务，借助 PaaS、SaaS 核心技术提升数据采集及分析能力以更深层次挖掘工业数据价值。

在国家政策的推动下，借助云计算、5G、AI 等技术的不断成熟，工业大数据市场进入到快速增长阶段，也为工业互联网带来更多的增量需求。

实际上，工业数据有三个特点：

第一个特点是多模态。在以往的非工业场景下简单地将数据分成结构化数据、半结构化数据、非结构化数据，但工业企业不是这样的。在工业企业看到的很多格式不一样的、非结构化的工程数据，与以往的分类都不相同。非结构化数据的使用效率取决于结构化的程度，只有结构化才可以被高效利用。

第二个特点是高通量。很多设备是不停机的，所有的数据是不间断连续产生的，量非常大。

第三个特点是强关联。在工业的不同行业，数据关联遵循不同的规律而非简单地聚合。

工业数据本身的特点带来了非常多的挑战。除了数据获取的挑战，随之而来的就是数据分析、应用的挑战。

这里边最大的限制是因果关系，即数据驱动的方法只能告诉我们关联性，而不能告诉我们因果性。比如淘宝推荐商品，只知道推荐相关商品，却不关心这个事情的因果——为什么用户是这样的人。但这在工业上是行不通的，尤其是控制方面，因此模型需要长时间的分析和验证。

目前阶段，工业互联网的功能和生态都还在高速发展和完善中，基于此的大数据应用及其管理问题、协同问题、共享问题和安全问题还比较突出，各种数据资源仍存在标准不统一、存储分散、系统封闭等诸多障碍，众多宝贵的数据资源由于管理和技术等制约而处于冷冻睡眠状态，未能够充分有效地被加以利用。

8.2.6 人工智能与工业互联网

工业互联网的建设促进了企业 IT 系统的云化迁移，实现了 ICT 系统与 OT 系统间要素的流转，打通了数据孤岛，企业得以获取灵活便捷、高效率、低成本的信息化、网络化、数字化基础，但要想实现真正的数字化和智能化则必须借助人工智能技术对工业数据价值进行充分挖掘。

数据是工业互联网的核心资产，也是其价值创造的来源，对数据分析和挖掘的深度在很大程度上决定了工业互联网实际应用价值的高低。目前对数据挖掘价值依赖程度高的生产管控类及设备管理服务类应用是我国工业互联网的高热度场景，结合深度数据分析的设备健康管理、生产质量管理、生产工艺优化、能耗与排放管理等应用为工业企业创造了运维成本及能耗成本降低、产品质量及服务价值提升等显著的直接优化价值。

8.2.6.1 人工智能是实现工业互联网价值的前提

工业互联网之于工业企业而言，是企业实现数字化、网络化、智能化转型的工具，人工智能的加入是在数字化、网络化的基础上实现真正的智能化。从图 8-5 工业互联网发展阶段图可以看到，工业互联网为工业企业提供通用的算力-工业云计算和边缘计算、算据-

工业大数据以及算法-工业人工智能，其中大数据作为人工智能技术发挥作用的必要燃料，其背后价值的挖掘深度决定了工业互联网价值呈现的合理逻辑是从网络化、数字化转而最终实现智能化，这也正是工业企业实现降本增效、升级优化的必经之路。

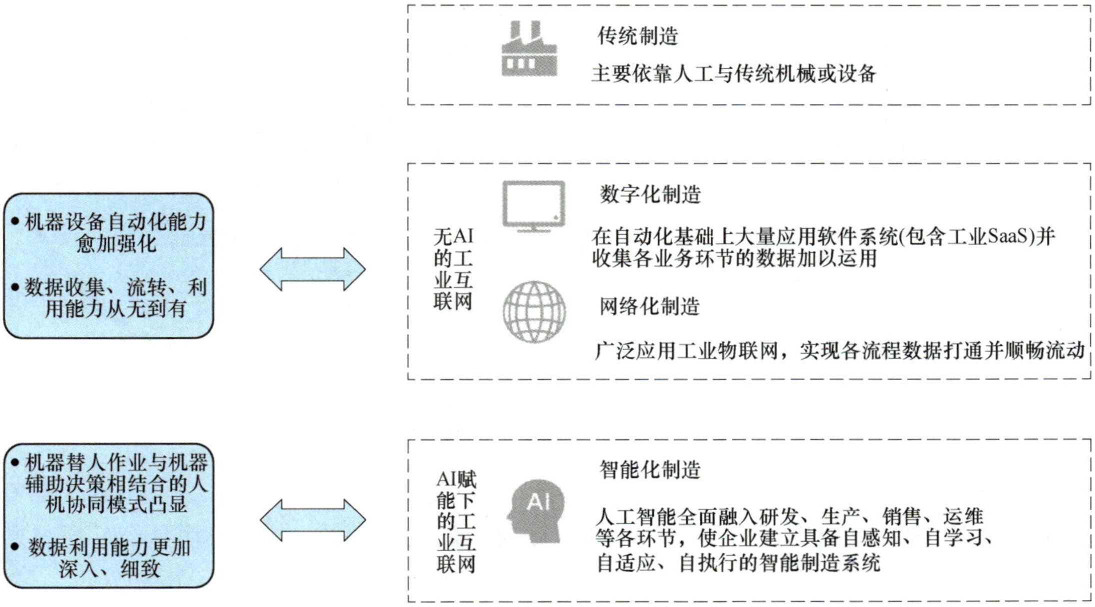

图 8-5 工业互联网发展阶段图

8.2.6.2 人工智能在工业互联网中的价值

工业互联网的核心是数据驱动的智能分析与决策优化。如图 8-6 人工智能赋能区域展示图所示，人工智能技术从广义上来看正是一种通过算法模型对数据的处理方式，人工智能技术因此开始进入工业互联网产品建设方的视野，成为服务商拉高产品价值的落脚点。以深度学习和知识图谱为代表的人工智能技术从根本上提高了系统建模和处理复杂性、不确定性、常识性等问题的能力，显著提升了工业大数据分析能力与效率，为解决工业各领域的诊断、预测与优化问题提供得力工具，进一步扩大了工业互联网平台可解决工业问题边界的深度和广度。人工智能驱动的工业数据智能分析支撑工业互联网实现数据价值深度挖掘，强化了工业企业的数据洞察能力，成为打通智能制造“最后一公里”的关键环节。

8.2.6.3 人工智能在工业互联网中的应用

工业领域内存在着纷繁复杂的应用场景，产品研发设计、产品瑕疵质检、生产工艺优化、流程自动化等许多场景的工业机理复杂、数据分析能力需求较高，人工智能因此被视为是使能工业互联网形成数据优化闭环的关键。

目前以深度学习、知识图谱、自然语言处理为代表的人工智能技术（AI）正处于多方创新和突破的时期，通过与工业领域知识融合的不断加深，正逐渐加速向工业互联网渗透，在工业企业“研产供销管”业务链条下形成众多落地应用。

从工业 AI 技术角度来看，主要有声音、图像、知识图谱和自然语言方向的应用。声音和图像多用于质量检测与安全监管两个领域，是目前应用较多，经济效益较为明显的场

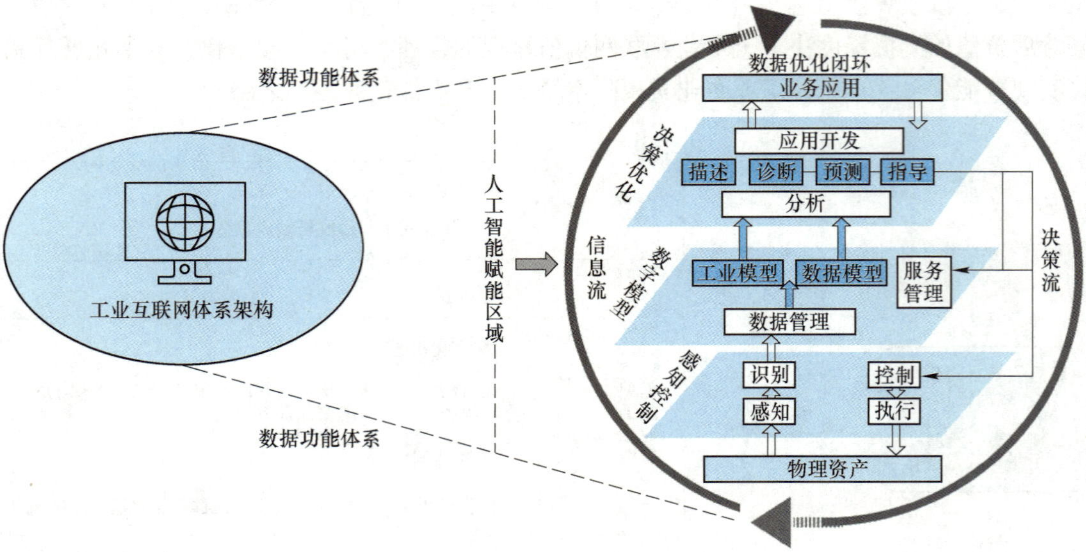

图 8-6 人工智能赋能区域展示图

景。自然语言处理更多用在智能助手。智能助手，有别于智能客服更加垂直和专业，如设备维修助手。知识图谱则擅长处理大规模、复杂、多点的问题，典型应用是产品质量回溯。图 8-7 为 AI 技术应用情况。

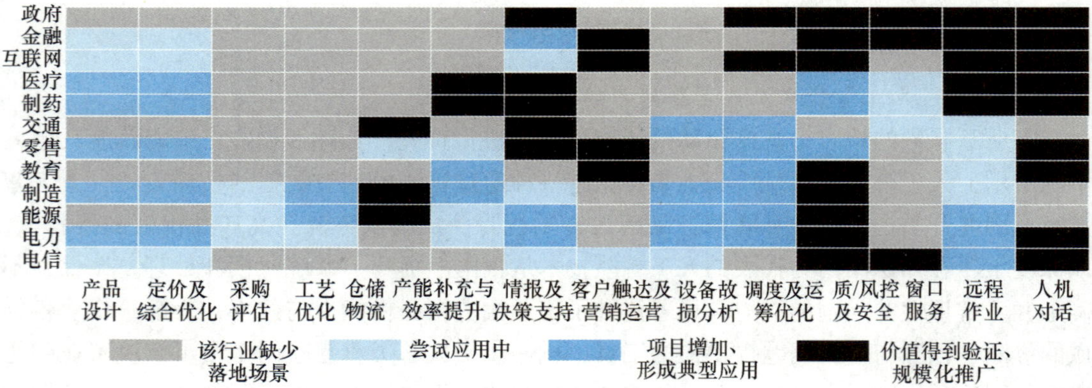

图 8-7 AI 技术应用场景

AI 在工业系统各层级各环节已形成了相对广泛的应用，其细分应用场景可达到数十种，正如前文所述工业领域不同细分行业对工业互联网类型与功能的需求各不相同，工业智能亦是如此。不同行业依托工业智能，获取解决通用型问题的能力的同时，基于行业特点、面向行业特性痛点问题延伸出差异化方向。图 8-8 是各个行业 AI 应用情况。

8.2.6.4 人工智能在工业互联网中的部署模式

当前人工智能在工业互联网中的部署模式主要有以下 3 种：

(1) 直接将 AI 算法或模型嵌入工业互联网平台层，以提升平台层数据分析能力。

(2) 提供工业 AI 软件系统，并通过云端部署形成标准化的工业互联网 SaaS 层应用。

(3) 提供一套工业互联网框架下包含软件和边缘侧硬件的完整系统。

行业	行业业务痛点	典型应用模式	应用路径	典型AI技术应用
电力	产业链较短、高价值设备多、流程管控要求高、产品价值低、安全风险大、能耗高、安全与环保政策压力大等	设备/系统状态监测与预警、智能诊断、新能源消纳、智能存储、负荷预测、需求侧管理与预测	应用场景集中在生产环节，由生产环节切入，从基础的描述、诊断走向预测、洞察，并逐步扩展至需求侧管理，实现全流程的高效管控，深化智能应用	机器人巡检，智能监控、AI图像识别，基于知识图谱的排放管理，自动识别智能控制，基于深度学习的设备监测、工艺与流程优化的智能辅助决策等
钢铁		安全监控、能耗管理、排放控制、作业流程与工艺优化、设备监测、物流管理		
航空船舶	缺乏系统性和智能化的设计工具、零件数量级大、工艺问题、产品结构复杂、产品价值高、工序分散、调度复杂、装配环节难度及复杂度高、产品运维难度大等	分析设计提升、材料分析、排程管理、工艺调优、预测性维护、服务运营改善生产优化、智能资源管理、预测性维护、供应链协同	应用场景分布较广，应用场景相对丰富，未来发展路径:一是从设计和生产环节切入，整体从诊断、预测走向洞察，同时与配套服务结合走向生产服务化；二是从不同主体应用实践切入，围绕各自业务拓展工业智能在服务环节的应用深度，走向服务洞察	基于机器学习/深度学习的材料分析优化、仿真设计优化、排程管理等，基于计算机视觉的质量检测
电子信息	个性化需求强烈、市场需求变化快、产品更新迭代要求高、产品同质化问题严重、后市场增值服务需求显现、流水线工人招工难且成本攀升	制造流程与方式优化、设备健康管理、产品质量检测	应用场景分布较广，在多个环节形成点状应用，未来发展路径：一是基于价值的分析深化，从设计和生产环节切入，整体从诊断、预测走向洞察，主要围绕产品价值聚焦设计和质检过程；二是围绕工业智能应用新领域如增值服务，从业务创新切入，探索未来服务新模式	基于计算机视觉的图像检测、工序检验，基于知识图谱的质量追溯，基于深度学习和知识图谱的设计仿真、预测性维护、用户需求分析等
汽车		设计仿真、质量检测、工序检验、规模化定制生产、质量追溯、服务化延伸		
家电		规模化按需定制、柔性生产、产品设计、定价与组合优化、服务化延伸		

图 8-8　各个行业 AI 技术应用

部署过程中会根据行业类别、产品相似度、场景条件、问题共性等因素对不同 AI 模型进行组合。对同一个行业来说，针对同一个环节，可将模型尽量标准化以实现移植应用。现阶段工业智能应用以平台侧为主，后期会向边缘侧发展，边缘侧的实时性要求需要 AI 模型产出的结论与产线或者设备形成控制闭环。目前我国工业企业自动化程度不一，现场数据质量不高，并且企业对于人工智能的应用较为保守，时下落地较多的应用无论是安全监管还是质量检测都主要集中于平台侧，而边缘侧工业智能的下一阶段发展需要配套基础设施和能力的共建。

8.2.6.5　基于人工智能的工业互联网的业务拓展

随着《互联网+人工智能三年行动实施方案》《新一代人工智能发展规划》《促进新一代人工智能产业发展三年行动计划》等多份国家政策文件的发布，开展人工智能与工业结合应用成为重要发展趋势。工业领域每个下游行业场景都有其原生的价值链条，同时各个行业的 Know-how 有着较高的壁垒，人工智能服务商在开展工业领域业务时，大多基于自身技术优势和特点去寻找适合实景落地的垂直细分行业或者某一共通性工业场景，在特定场景应用中持续打磨自身工业智能产品和服务。“聚焦”被大多数 AI 厂商视为优先的发展策略，通过与成熟的工业互联网平台型企业开展合作，以融入而非自主开发的方式获取平台能力，不仅极大地减少了自研开发的成本和风险，而且为迭代、优化、创新自身工业智能解决方案提供了丰富的资源储备。图 8-9 所示为互联网业务开展模式。

8.2.6.6　人工智能在工业应用中的痛点

人工智能技术本身的发展离不开数据的支撑，工业领域由于自身复杂、多样且专业性强的行业特性，缺乏理想的工业主题 AI 数据模型，也没有很好的工业标注数据集用于 AI 算法训练。

此外包括底层硬件、计算框架、开发平台等 AI 基础设施在工业领域的建设也较为落后，这直接限制了工业智能化的发展。

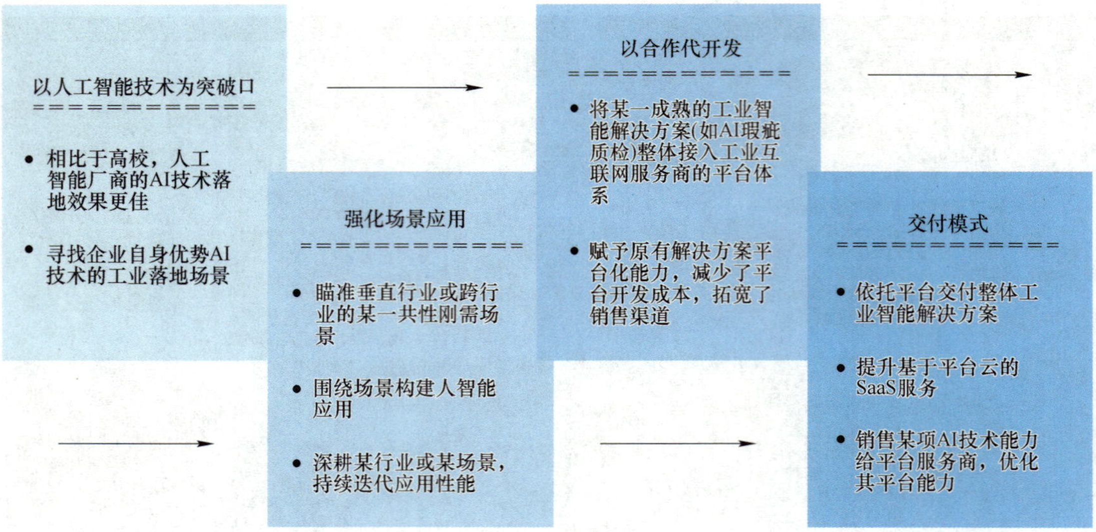

图 8-9　工业互联网的业务拓展图

数据、算法和算力的短板导致了当前 AI 技术在工业领域的应用场景主要呈现点状分布，普及范围有限。

（1）数据：工业数据量级大且复杂，标准不一；AI 算法训练的数据标注难度大，缺乏很好的工业数据集用于算法训练；比起专门的 AI 领域有数据标注公司，工业领域还没有类似产业链服务；工业领域的数据行业属性强，需要业务专家和深度学习的专家配合完成数据的采集、标注和模型的开发、训练，目前行业内合适的专家资源不足。

（2）算法：CNN、BP 等主流神经网络对新数据泛化性较差，导致其目前主要应用于产品缺陷检测、设备预测性维护等低危、辅助和以最终表现为评价标准的工业场景，缺少在高危场景中具有可靠性的深度学习模型。

（3）算力：在算法工程师针对数据集进行算法的开发和模型训练的时候，需要提供专业的 AI 训练和推理平台；相应的 AI 基础设施中涉及的 ICT 技术领域多，落地集成和实施复杂，维护成本高。

8.3　工业互联网发展趋势

（1）解构与重构。

工业互联网在解决实际问题时首先就要面对工业领域繁杂多样的细分行业与企业需求，当下服务商多采取为工业企业提供定制化的专有产品的服务方式，产品的低可复制性与移植性严重制约服务商的服务效率与商业回报。同时，工业企业也需要灵活便捷的数字化系统来平衡规模化生产与个性化需求之间的矛盾。针对上述问题，本身具备松耦合架构特点的工业互联网将进一步解耦工业软硬件、解构平台与软件，形成以功能模块和微服务组件为能力单元的平台构建基础。未来工业互联网平台与软件将由自己的一个个可复用的“模块”重构成为满足各类型企业和多样化需求的开放系统。

（2）构建应用生态。

作为驱动工业互联网赋能企业的核心板块，平台层的价值不仅在于汇聚和承载能力，更在于其提供应用的数量与质量，工业领域场景的复杂性及多样性正向平台型企业的应用服务发出挑战。构建丰富的平台应用生态成为各大平台型企业发力的重点，下一阶段应用的探索与推广将是工业互联网的发展主线。应用生态的完善也将牵引我国工业互联网与5G、边缘计算、人工智能等新技术的融合，加速技术创新与产业合作，在不断地“尝试-反馈-改进”迭代中寻找出更加贴合实际场景需求的应用，从而真正发挥出我国产业的综合性优势。

（3）业务主线由大到小、兼顾首尾。

如图8-10工业企业数量和工业互联网投入资金力度关系图所示，据统计我国中小企业占全部工业企业数量的90%以上。经过近三十多年的发展，中小企业已经成为我国国民经济和社会发展的重要力量，在繁荣经济、增加就业、推动创新、改善民生等方面发挥着越来越重要的作用。然而目前大部分工业互联网服务商还停留在如何服务好龙头企业的层面，忽视了数量更多的中小企业客户和其背后潜在的广阔市场空间。

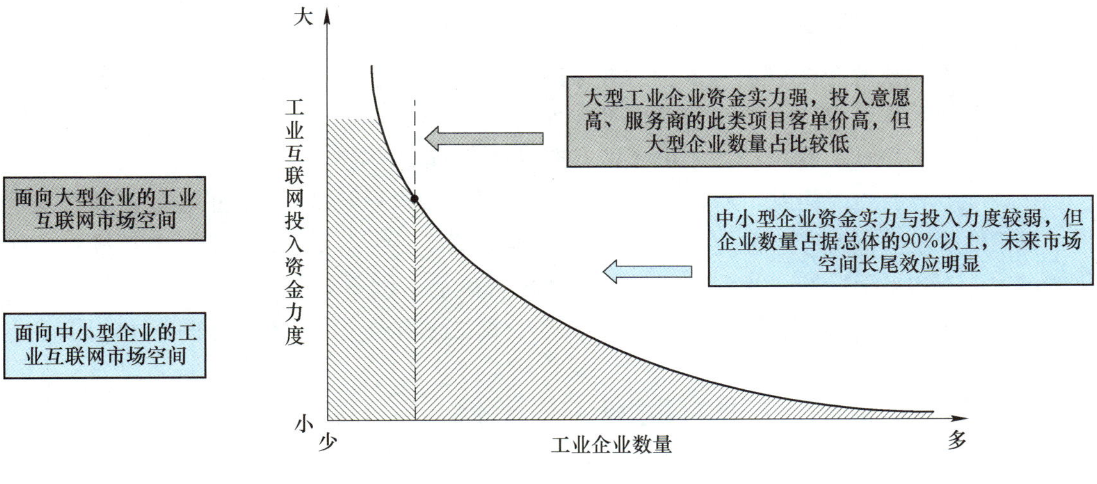

图8-10 工业企业数量和工业互联网投入资金力度关系图

2021年政府工作报告指出，要发展工业互联网，搭建更多共性技术研发平台，提升中小微企业创新能力和专业化水平。共性技术即打造在多个领域内普适的，对产业发展起到根基作用的基础技术，突出通用性、关联性和系统性的特点，切实降低中小企业在创新发展上所需要的资金、时间、试错成本，进而为创新链和产业链相互促进奠定基础。可见我国发展工业互联网不仅仅要着眼于大企业向着更高层次的提升，还要兼顾中小企业信息化、数字化普及，只有推动面向中小企业的工业应用发展，才能真正引领我国工业互联网产业的繁荣。

（4）针对性强、因地制宜。

虽然工业互联网市场主要面对的是企业级客户，却依然呈现出如同面对C端客户般的千人千面化的下游需求，其中原因除工业领域存在众多细分行业且行业间知识壁垒深厚外，各工业企业的信息化基础和业务诉求也是导致需求多样化的重要因素。

工业互联网服务商在拓展潜在市场时拿着全套产品与解决方案介绍手册的推广方式是缺乏针对性的，同时过多的信息也给企业主带来了专业困惑和决策困难，影响前期沟通过程中信息互通的有效性和全面性，即使工业企业决定使用工业互联网，上述问题最终很可能会导致产品和服务适用性不高、痛点解决效果不明显的问题。

因此，服务商要了解企业工业互联网的典型应用需求、业务痛点或诉求以及信息化基础，灵活配置产品组合并提供满足企业当下发展的解决方案，避免资源部署的不足或冗余，这样才可以真正解决企业最关心的问题，从而强化服务商与工业企业的供需关系。

（5）转变思维、精耕细作。

经过过去几年的探索和实践，我国工业互联网各方参与主体对行业的认知更加清晰、全面和深入，但对比既有共通性又有交叉关系的电子信息产业和消费互联网，工业互联网正刚刚走过萌芽期步入成长期，行业所面临的各种各样的困难与挑战是发展阶段的必然。

在接下来的阶段，工业互联网服务商应立足于理清工业领域的行业脉络和企业实际业务需求，在持续提升服务供给能力的同时加强自身商业模式的探索；工业企业则要充分发掘自身业务痛点，了解自身升级转型的具体需求，敢于出发，在过程中修正路径、解决问题、完善机制。

政策层面也要意识到部署工业互联网实施转型并非一蹴而就的，在此过程中需要企业上下基于一个明确清晰的发展愿景，对外保持与工业互联网服务商的密切沟通与合作，对内推动各部门协同联动，正视出现的困难和失败，从失败中优化解决方案进而寻找出更加贴合企业本身数字化、智能化需求的工业互联网应用模式。

全球工业界有一个共识：人类社会发展的阶段可以跨越，但是工业化的发展过程特别是技术积累的阶段是不可跨越的。工业互联网的发展必然是一个需要长期积累并且持续迭代优化的过程，未知多于已知。相信在新基建的浩荡长风下，只要保持定力，不断实践深化认知，我国工业互联网的行路者终将走出一条科学、高效、有质量的工业互联网应用之路。

8.4 工业互联网应用案例——HeroRTS

和隆优化 HeroRTS 系统的研发始于 2006 年 9 月，先后投入 1000 余万元，于 2011 年 6 月 24 日正式上线运行，它是我国优化控制领域的第一个大型物联网系统。它基于最优控制技术、过程建模与仿真技术、Internet 技术、3G 技术、大型数据库技术及分析技术、数据加密与安全控制技术、虚拟 VPN 技术等多项当今先进技术开发的具有远程设计、在线建模、过程仿真、远程调试、远程培训、数据分析、远程能耗评估、多媒体交互等多种功能的实时在线服务系统。

该系统主要由现场优化控制系统、和隆优化硬件仿真控制系统、和隆优化软件仿真控制系统、多媒体远程调试系统、优化项目远程设计与远程培训系统、和隆优化数据服务中心系统、和隆优化远程服务支持系统等系统或功能组成，是和隆优化进行优化控制相关技术研发、应用、推广及售后服务的核心工具。

图 8-11 为过程优化控制云服务系统（HeroRTS）实验室，HeroRTS 系统包含了工业大数据、人工智能、数据仓库、数据处理中间件、远程运维、终端应用、移动端展示等功能。

图 8-11　过程优化控制云服务系统（HeroRTS）实验室

图 8-12 所示为 HeroRTS 部署架构，各部分的介绍如下。

边缘计算站：通过网关+边缘服务器，满足设备数据的多种接入需求，实现对设备数据的统一采集。同时，边缘计算站提供边缘计算推理能力、数据接入能力、先进控制/优化控制/智能控制能力。

数据库服务器：提供实时数据和时序的数据的存储，数据转发等能力。

Web 服务器：丰富的生产过程数据可视化看板及灵活的组件选择，满足各类信息展示场景、运行看板、工艺流程图、数据可视化场景。

API 服务器：为前端管理、操作、展示提供数据接口支撑，根据实际业务实现数据的治理、加工和统计。

数据分析服务器：利用 API 接口服务器提供的数据接口，完成深度学习、机器学习、强化学习等数据分析建模，并将训练好的模型分发至边缘计算站用于模型推理。

从 HeroRTS 工业互联网云平台技术架构（见图 8-13）上可以看到其具有以下功能：

（1）HeroRTS 数据采集、近场控制、边缘智能（推理服务）、通信协议等均部署在边缘节点——边缘站；边缘站将采集到的数据发送至服务器；服务器承载存储、计算、安全、虚拟化等云服务能力。

（2）在云服务能力的基础上，HeroRTS 搭建设备接入服务、远程运维服务、云边协同服务、规则引擎服务等物联网平台服务。

（3）针对采集上云的数据，HeroRTS 具备集成/交换、异构融合、场景组态等服务能力，同时具备数据分析、AI 智能、资源调度等数据平台能力。

（4）依托于和隆优化数十年的技术和行业能力积累，HeroRTS 具备强大的工艺机理建模库、HeroLib 算法库，同时具备数字孪生、领域应用（工程实践、领域资源/信息整合、领域知识图谱、领域应用模板等）等能力。

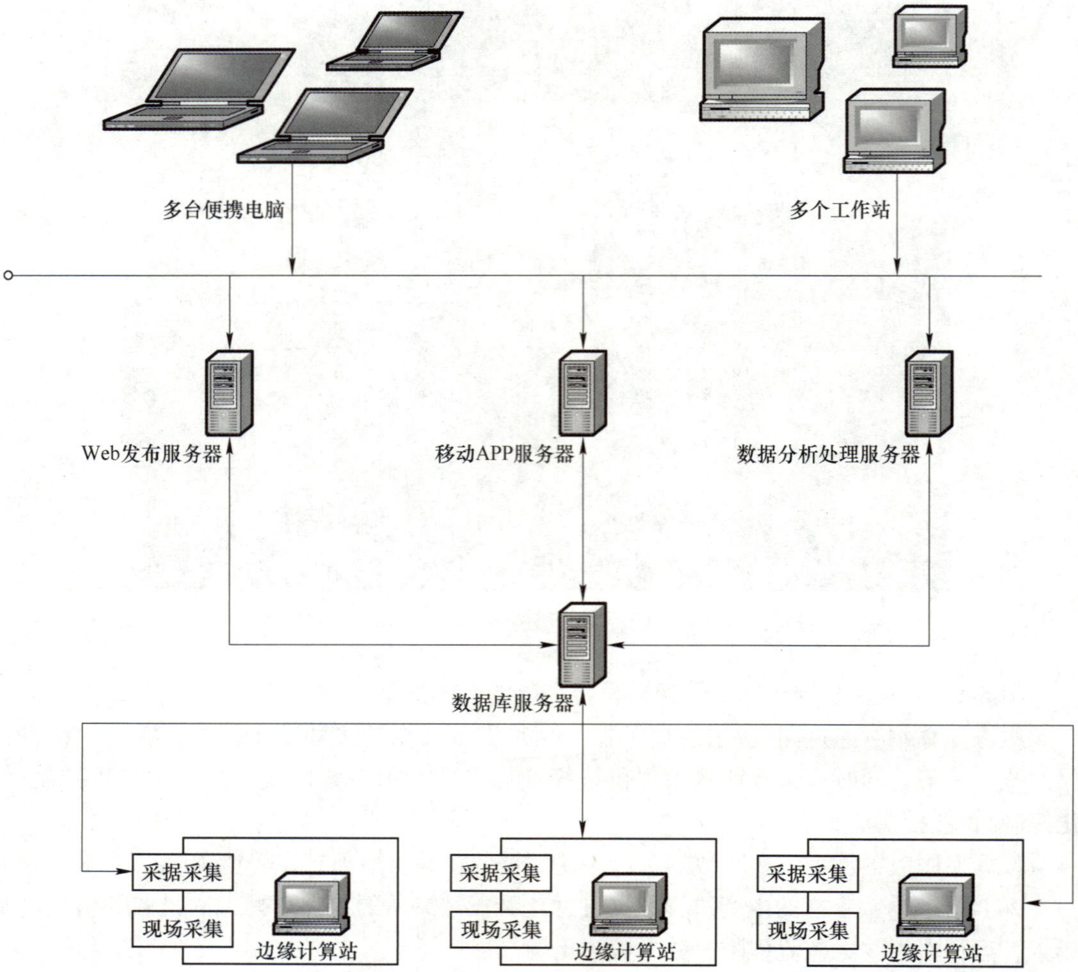

图 8-12 HeroRTS 部署架构

（5）HeroRTS 基于和隆优化多年的 OT 经验积累，具有实践性强、实用性强、可落地等特性，具备优秀的 IoT 平台能力。

（6）HeroRTS 在物联网平台、数据智能平台、HeroopSys 智能平台基础上，构建工业应用，能够灵活地根据不同工业场景，具备快捷部署、灵活组态、快速实施等特点。

（7）从整体上来看，HeroRTS 能够充分利用边缘节点的近场优势，为用户提供接入服务和边缘智能能力；同时，HeroRTS 能够充分发挥云平台的协同和整合能力，充分发挥云边端协同能力，为用户创造更大的价值。

8.4.1 功能介绍

HeroRTS 在线项目总览功能。用户在登录 HeroRTS 工业互联网平台后，可以在在线项目总览页面查看同时在线运行的边缘计算站节点列表，每一个节点都部署有优化控制服务、数据加工采集服务、边缘推理服务等，如图 8-14 所示。

边缘计算站带点信息列表功能。从图 8-14 可以看出，项目在线列表中明确展示出项

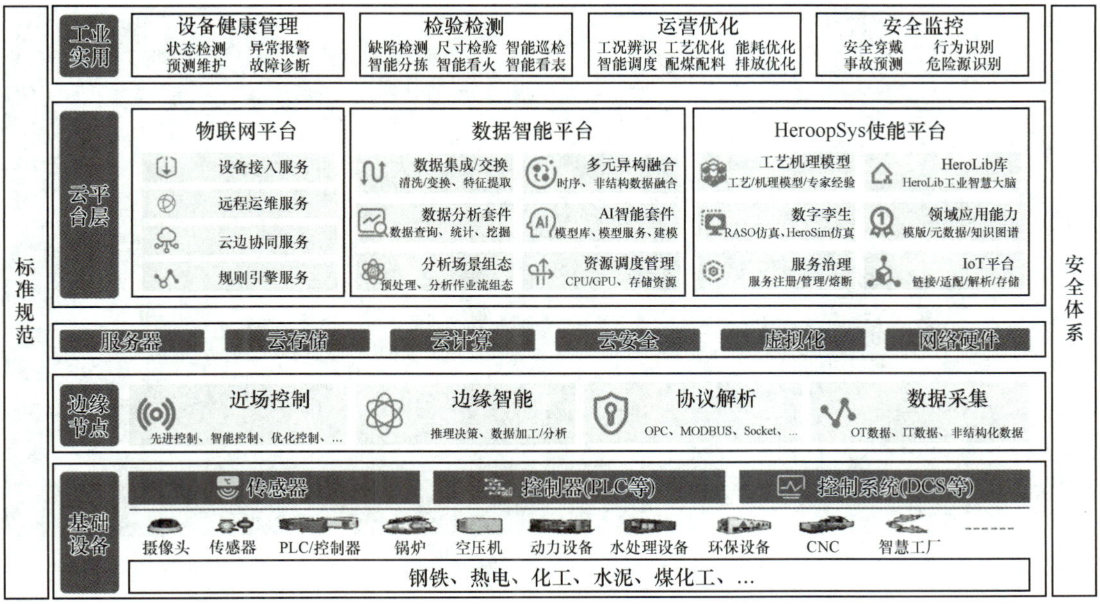

图 8-13 HeroRTS 工业互联网云平台技术架构

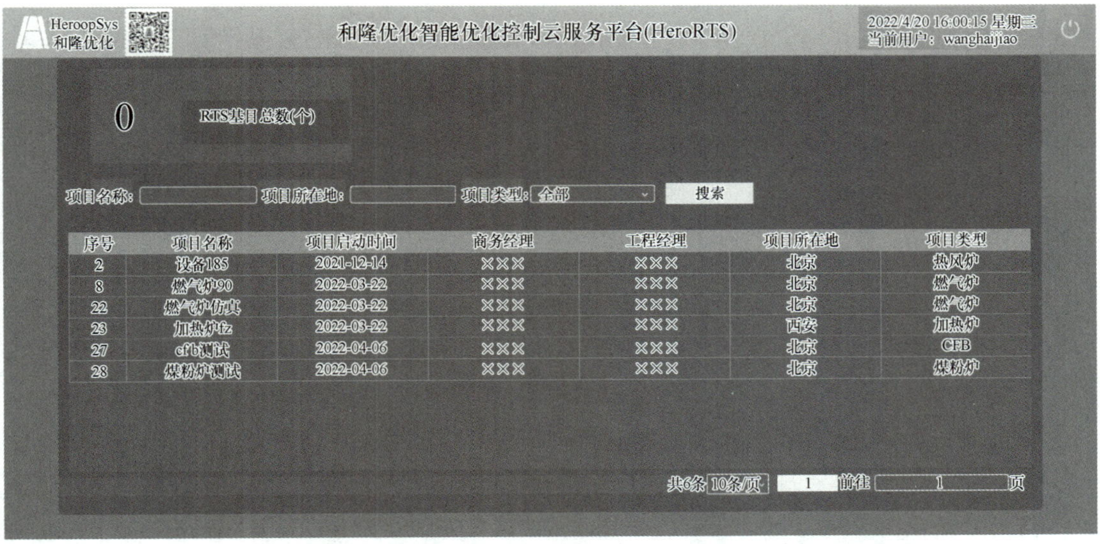

图 8-14 在线项目总览

目、名称、上线时间、工程负责人、商务负责人、项目所在地及类型等项目关键信息。

项目查询功能。可以按照项目名称、项目所在地、项目类型等关键词进行项目搜索，便于在项目数量多的时候快速找到项目。

云边协同控制功能。针对某一个具体项目，双击打开对应项目可以看到 HeroRTS 云边协同控制功能界面（见图 8-15）。该界面实时展示出边缘计算站优化控制系统的控制过程，用户或运维人员可以根据实时控制情况对控制参数、工艺设定等进行修正。修正的数据经过通信服务被下发至边缘计算站的优化控制服务，从而完成云边协同任务。

测点历史趋势展示功能。用户或运维人员可以自由查看各个关键测点的历史趋势和实

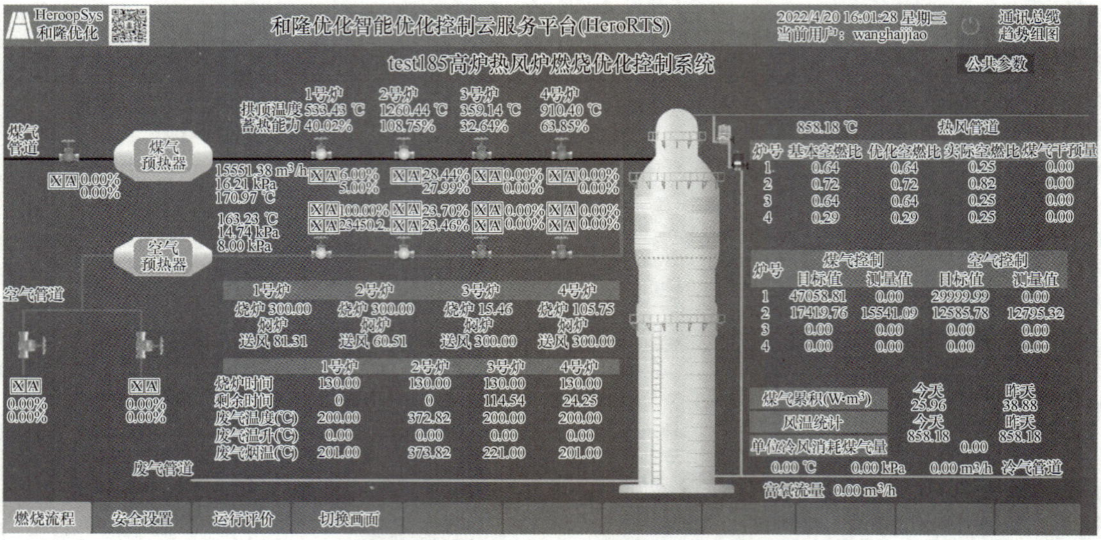

图 8-15　云边协同控制功能

时趋势，窗口同时支持翻页查询及跨时间查询功能，用户或运维人员可以根据自己的需要对测点趋势进行查看，如图 8-16 所示。

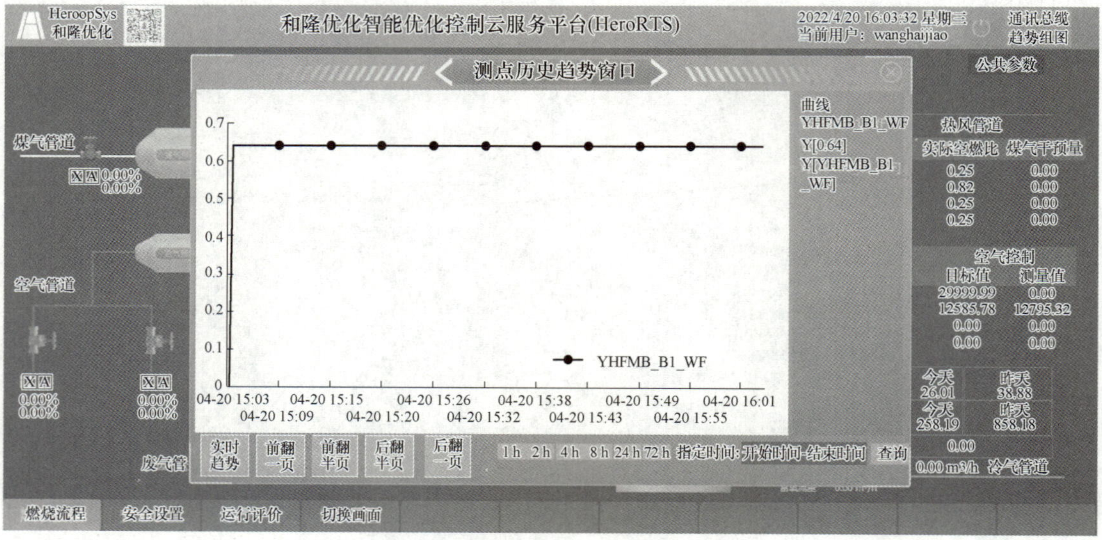

图 8-16　测点历史趋势展示

HeroRTS 远程运维调试功能。用户或运维人员根据生产系统实时运行状态对关键控制参数、工艺设定等进行修正，系统自动将修正后的参数和设定点下发至边缘计算站中的优化控制服务中，完成对远程生产系统控制服务的运维工作。图 8-17 为远程运维调试界面。

HeroRTS 生产系统运行评价功能。HeroRTS 可视化展示生产系统运行评级、运行经济性、自控率、运行稳定性指标等，用户可根据历史运行参数评价结果，快速、有效、全面掌握生产系统的运行状态和运行趋势。图 8-18 为运行评价展示。

HeroRTS 提供关键工艺参数设定画面及优化控制投切画面，如图 8-19 所示。用户或运

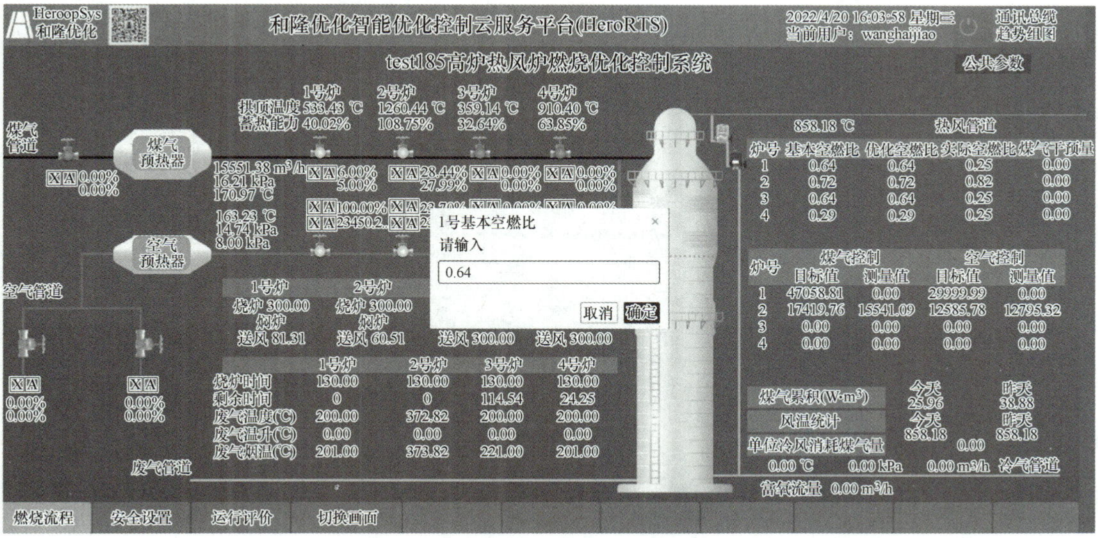

图 8-17 远程运维调试界面

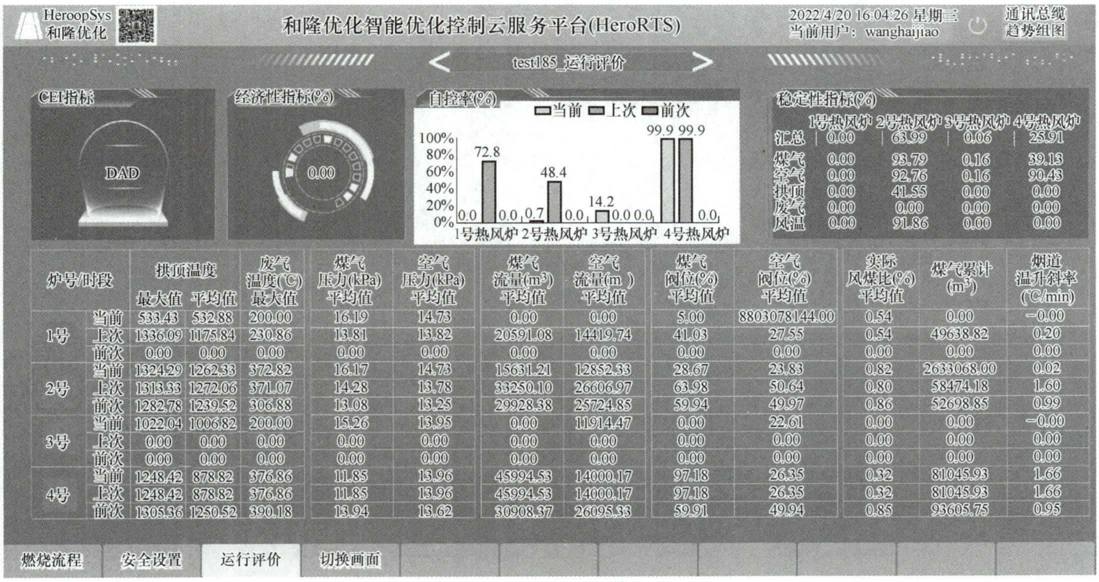

图 8-18 运行评价展示

维人员可根据工况工艺变更对关键工艺生产设定进行修正，可以根据工况或控制系统投用情况对控制回路进行投切操作。

HeroRTS 提供安全生产设置，用户或运维人员可以根据工艺生产要求设定关键生产边界，以保障生产系统安全运行，如图 8-20 所示。

HeroRTS 提供趋势组态功能。用户或运维人员可以根据需要对多个测点进行组合展示分析，如图 8-21 所示。

典型装置界面内置功能。HeroRTS 系统内置了多种典型生产装置的工艺流程图，如图 8-22 和图 8-23 所示。只需要将现场同类型装置的运行数据传至 HeroRTS 就可以形成不同

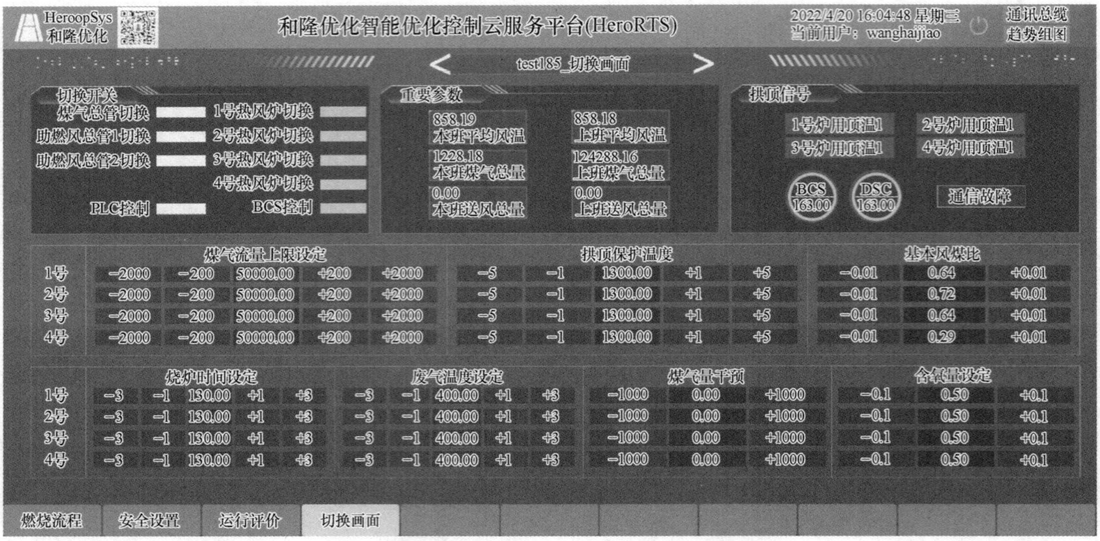

图 8-19　HeroRTS 投切画面

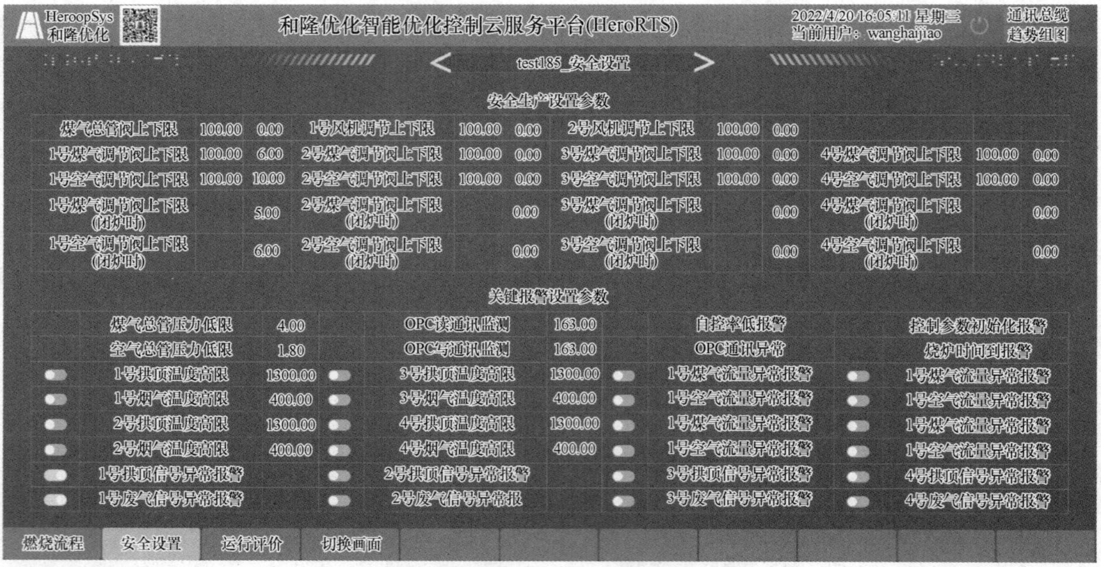

图 8-20　安全设定

现场的展示界面，易于使用和提高效率。

8.4.2　应用案例

8.4.2.1　CFB 锅炉主蒸汽压力预测

图 8-24 为 CFB 工艺流程图。CFB 锅炉通过煤粉燃烧释放热量将工质（水）加热汽化，产生高温高压蒸汽，高温高压蒸汽用于汽轮机发电或者给下游用户供热。

CFB 锅炉生产系统具有以下特点：

（1）高耦合：从工艺层面来讲，主蒸汽压力与系统内其他测点之间存在时滞关系，但

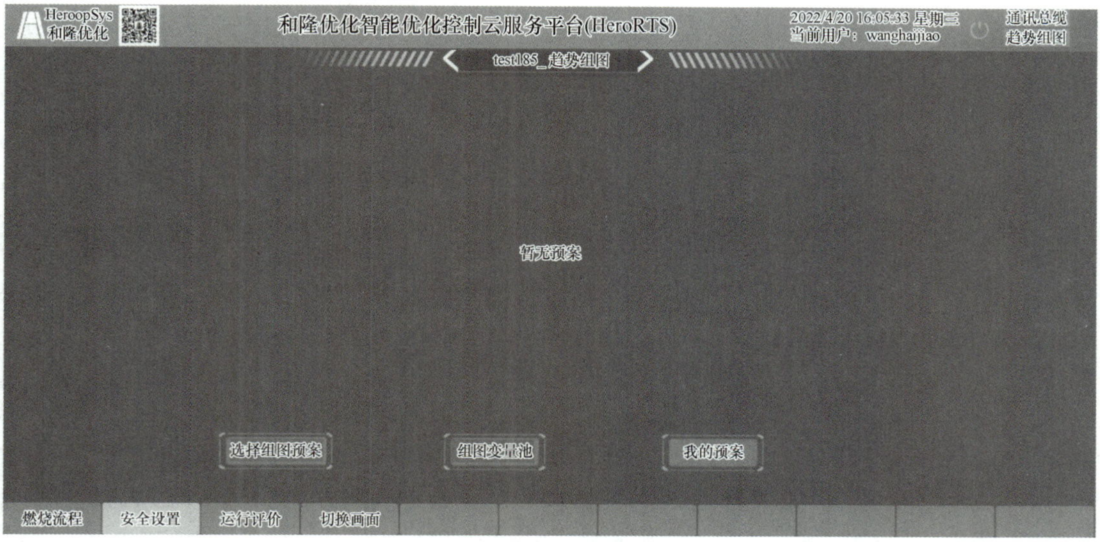

图 8-21 趋势组态

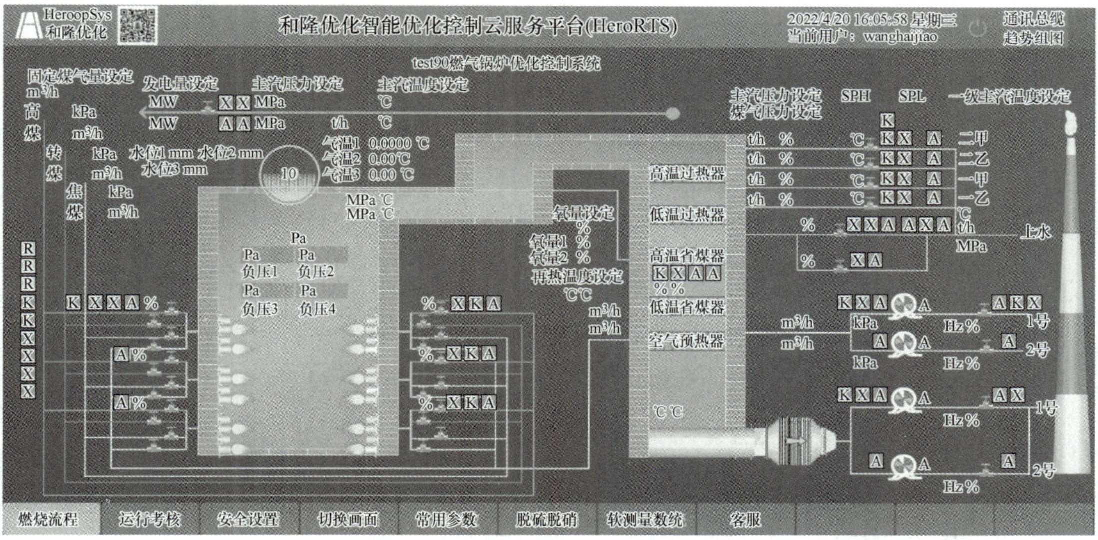

图 8-22 燃气锅炉现场流程界面

逐个分析各测点与最终主蒸汽压力，很难发现该分析测点与主蒸汽之间的时滞关系。

（2）大滞后：从燃料的加入到主蒸汽压力响应，大约需要 5 min，因此单纯从煤燃烧角度来看，系统滞后大致是 5 min。

（3）时滞参差：各测点主蒸汽压力影响大小不一、与之时滞关系也参差不齐。

一直以来，CFB 锅炉的燃烧优化控制一直是一个控制上的难点，其控制核心是：稳定控制主蒸汽压力（生产工艺要求）。当控制系统或操作人员观测到压力变化后再去执行控制调整，往往会造成系统的更加不稳定现象发生。

针对该系统高耦合、大滞后、时滞参差的特性，HeroRTS 提供大滞后预测工业应用，可以稳定预测 3~5 min 之后的主蒸汽压力变化情况，控制系统可以根据预测的主蒸汽压力

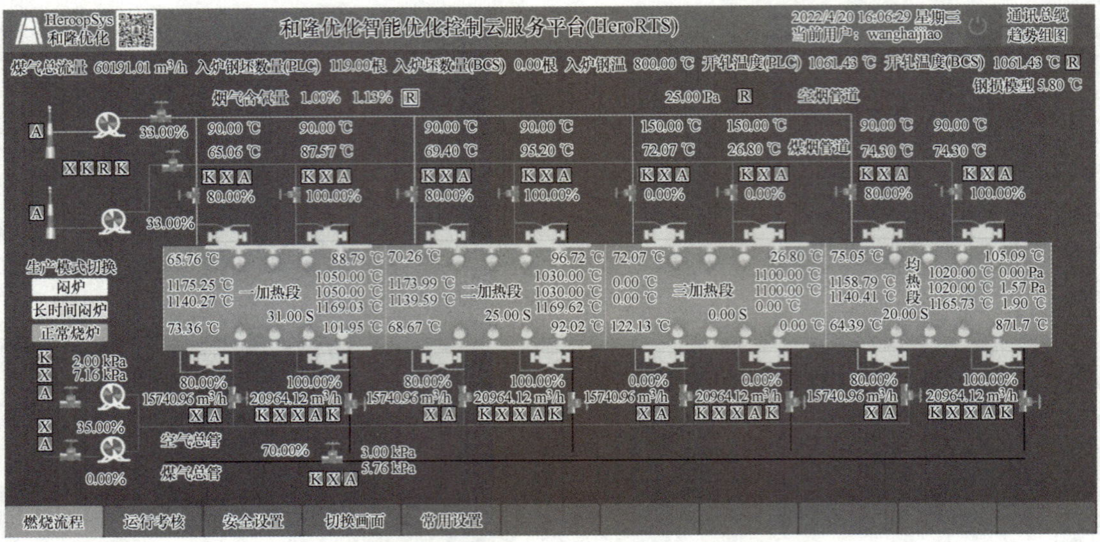

图 8-23 加热炉现场流程界面

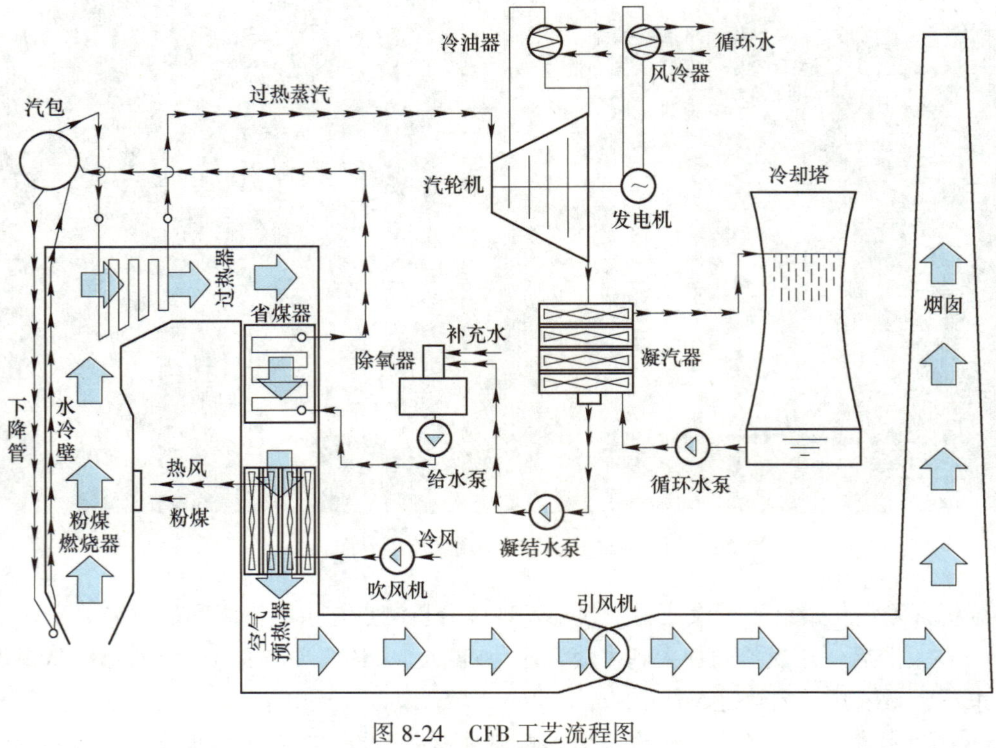

图 8-24 CFB 工艺流程图

（扫描书前二维码看动图）

提前及时进行控制调整，从而实现主蒸汽压力稳定控制的目的。

预测技术融合了热力学机理分析、数据驱动建模及智能算法，旨在通过解析蒸汽压力动态特性，实现对锅炉运行状态的提前预判，将锅炉主汽压力的变化看作是与燃料、送风、锅炉本体等不同系统的滞后环节，基于能量平衡和质量平衡机理，通过机器学习的线性回归和梯度提升树以及深度学习的循环神经网络和注意力机制对主汽压力进行预测。

从图 8-25～图 8-28 中可以看到，8 h 内主蒸汽压力预测曲线优先于实际运行曲线发生变化（上升或下降），即主蒸汽压力预测值提前于主蒸汽压力真实值变化。

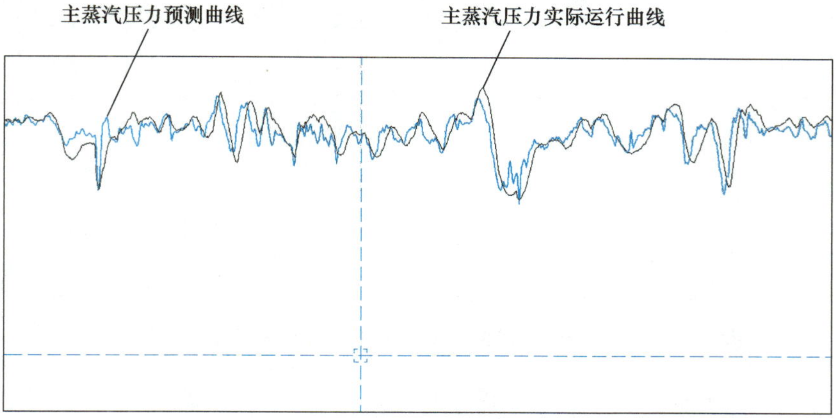

图 8-25 CFB 锅炉主汽压力预测应用效果展示（一）

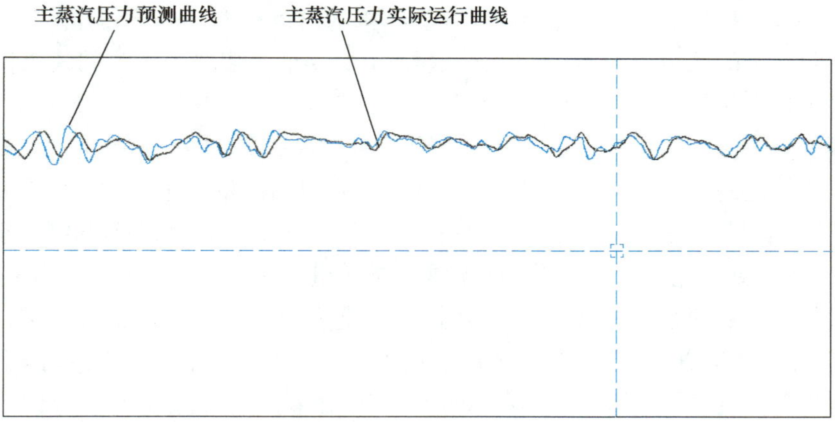

图 8-26 CFB 锅炉主汽压力预测应用效果展示（二）

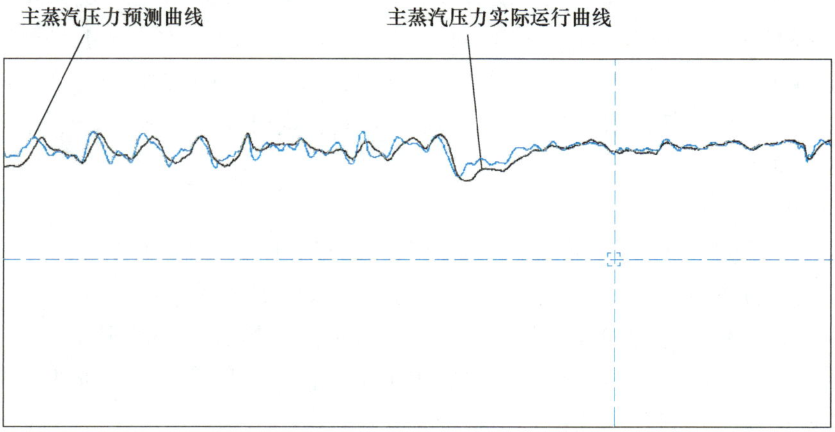

图 8-27 CFB 锅炉主汽压力预测应用效果展示（三）

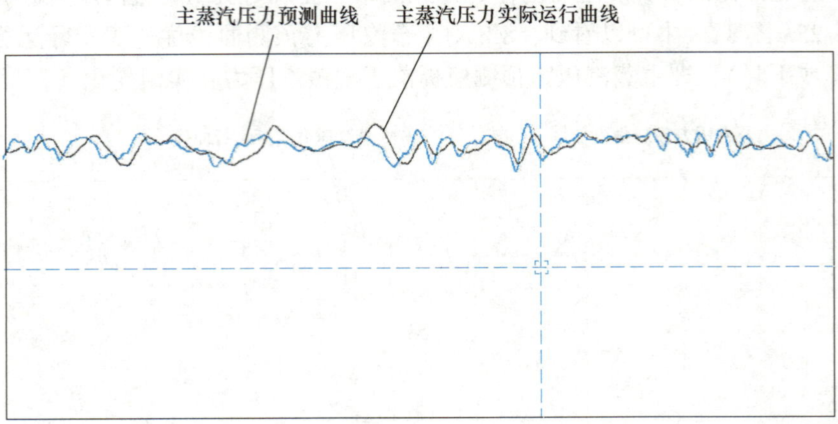

图 8-28 CFB 锅炉主汽压力预测应用效果展示（四）

8.4.2.2 PVC 干燥系统水分百分比含量预测

聚氯乙烯（Polyvinyl chloride），英文简称 PVC，是氯乙烯单体（VCM）在过氧化物、偶氮化合物等引发剂或在光、热作用下按自由基聚合反应机理聚合而成的聚合物。

聚氯乙烯是一种热敏性、多孔性的无定型结构的白色粉末，由于其孔隙结构，聚氯乙烯往往会吸附一定的水分。聚氯乙烯水分含量过高会导致结块，长时间还可能导致其霉变，这不仅影响产品外观颜色，而且也会给后续加工带来诸多困难；水分含量过低会导致产品外观颜色发黄，产品杂质含量升高，从而影响产品品质。因此，聚氯乙烯的水分含量成为生产厂家关注的重要工艺指标之一。一般地，聚氯乙烯生产过程中，其合格品挥发物（主要含水分）含量工艺要求不高于 0.5%；进一步一等品或优等品挥发物含量要求不高于 0.4%。因此，聚氯乙烯干燥是影响产品质量的关键工序之一。

生产过程中，从聚合釜排出的 PVC 浆料含水量为 80%，经离心机分大部分水分后得到的湿 PVC 含水量为 20%~25%，再经由输送器送入干燥系统，与干燥热空气充分接触，湿物料表面水分被空气气化带走、内部水分与 PVC 分离，从而达到干燥的目的。

影响 PVC 干燥的因素有很多，各因素对最终的水分含量响应不一，各因素之间相互耦合，干燥系统纯滞后大。现有生产过程中，操作人员/自控系统是通过人工经验或传统控制方法将 PVC 水分含量控制在一个相对“可控”范围，产品含水量波动较大、产品质量难以保障、负荷变化频繁不能最大化生产设备效率。因此 PVC 水分准确预测对于指导实际生产、改善自动控制效果、保障 PVC 质量品质、提升生产设备效率、增加生产厂家收益来说意义重大。

[解决方案]

基于深度学习的 PVC 水分百分比含量预测。预测流程如图 8-29 所示。

第 1 步：从 DCS 系统采集 PVC 干燥运行数据存入历史数据库中；

第 2 步：对所有历史数据进行预处理，根据数据的采集时间，对干燥系统运行数据进行排序和重采样，得到运行参数矩阵，然后根据 LSTM 算法的数据格式要求，对干燥运行参数矩阵进行重组，得到样本集；

第 3 步：随机选取样本集中样本量 80%的样本作为训练数据集，剩余 20%作为验证数据集，并以训练数据集、验证数据集为输入，构建 LSTM 深度循环神经网络初始 PVC 水分含量预测模型；

第 4 步：对 LSTM 深度循环神经网络 PVC 水分含量预测模型中超参数进行优化，以优化后的超参数作为控制量，对 LSTM 深度循环神经网络 PVC 水分含量预测模型进行训练，得到 PVC 水分动态预测模型；

第 5 步：对于实时生产过程数据，按照模型输入要求进行变换和整理，输入 PVC 水分百分比动态预测模型，获取未来水分百分比含量。

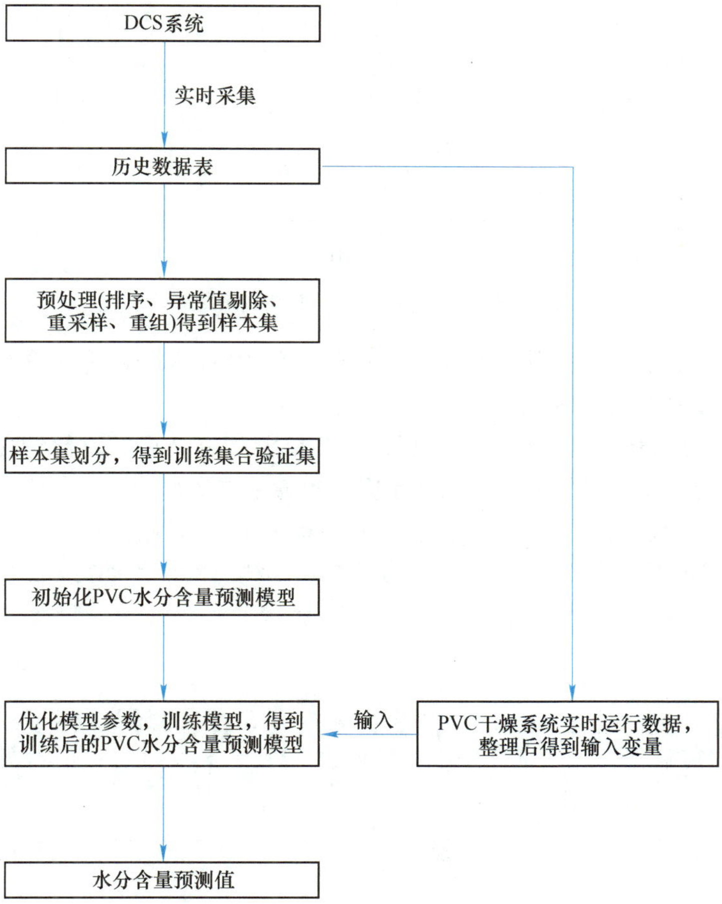

图 8-29　PVC 水分百分比含量预测流程

[实例]

项目企业设计两线 PVC 能力合计 30 万吨/年，目前生产能力已达到 40 万吨/年。此设备采用四川宜宾江源化工机械制造有限公司制造的 NRGZ-18 型内热式流化床干燥器。该装置由日本智索株式会社进行工艺设计，适用于干燥含水质量分数不大于 26%的 PVC 树脂。PVC 树脂采用内热式流化床进行干燥，该过程是一个大惯性、纯滞后、多变量耦合、参数时变的非线性过程。目前采用传统的 PID 控制器对干燥过程进行控制，仅仅对流化床不同段温度进行了相对独立的有效控制，没有实现干燥系统的闭环控制。

图 8-30 为现场 48 h 历史趋势，水分平均范围在 0.18%左右，床温波动幅度偏大，说明干燥床控制稳定性不足，干燥所需热量远远供大于求。追求水分控制的稳定会导致了操作人员为保证产品品质达到优等品采取偏高床温的控制点设定方式，大滞后与强耦合因素同时也导致现场操作人员无法确定当前生产成品水分达到优等品的最佳床温控制点。

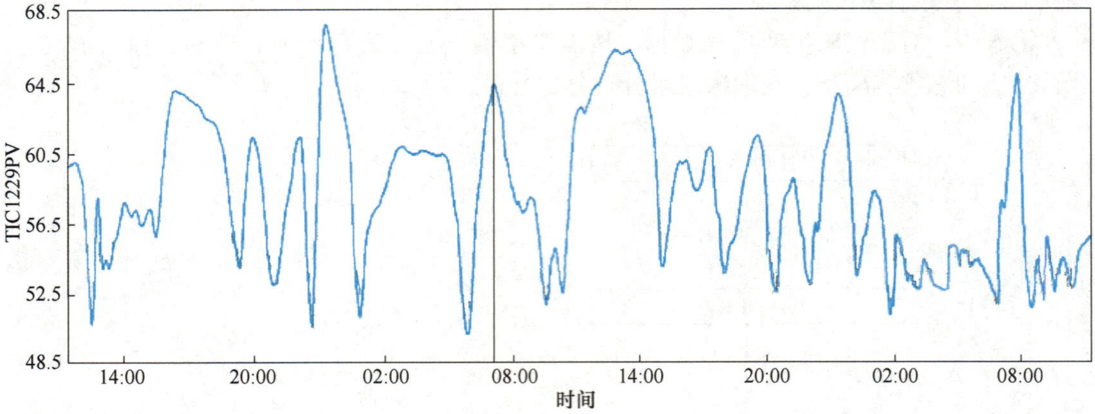

图 8-30 生产现场 48 h 水分历史趋势

PVC 水分干燥优化控制系统结合基于深度学习的 PVC 水分百分比含量预测技术，应用于该现场取得了良好的应用效果。

图 8-31 所示为 20%的验证数据集数据样本与模型训练结果的对比情况。从图中可以看出，预测部分与真实部分紧密贴合，几乎完全覆盖了真实部分，在很大程度上具备预测提前量。可见模型通过对数据的学习，已经能够预测 PVC 树脂干燥含水率的趋势，这进一步说明了基于 LSTM 模型的 PVC 水分百分比含量预测达到了预期需求。

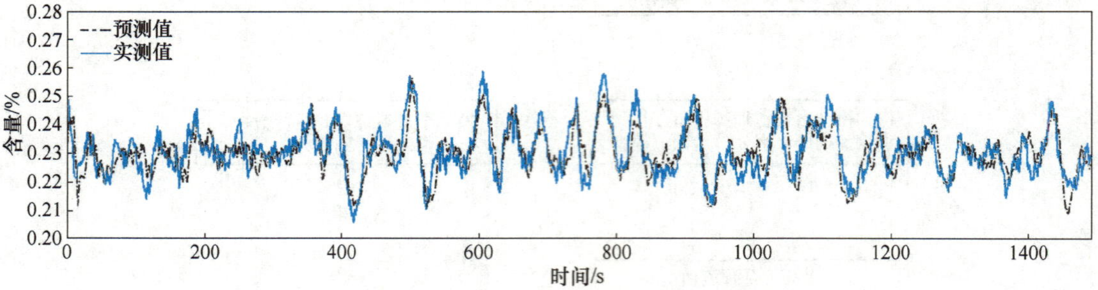

图 8-31 PVC 水分百分比含量预测

查看 10 天控制点 0.25%时的运行曲线，自控率在 99.8%，一次切除原因是烘干破碎机跳车引起联锁触发切除，其他均保持正常投入，水分范围 90%以上在 0.23~0.25 区间，基本符合“宁干勿湿”原则，从 0.25%±0.05%控制要求尽可能地落实在 0.25%±0.05%区间。图 8-32 为 10 天 PVC 含水控制效果历史趋势图。

8.4.2.3 6D 实验室工业互联网平台

6D 实验室工业互联网平台是北京和隆优化科技股份有限公司设计、建造的集多装置、多系统、多场景、多专业、多维度、多平台（简称“6D”）于一体的通用化工工业互联网平台。该平台是以六套实物生产装置、四套 DCS/PLC 控制系统、两套综合化验检测装置、

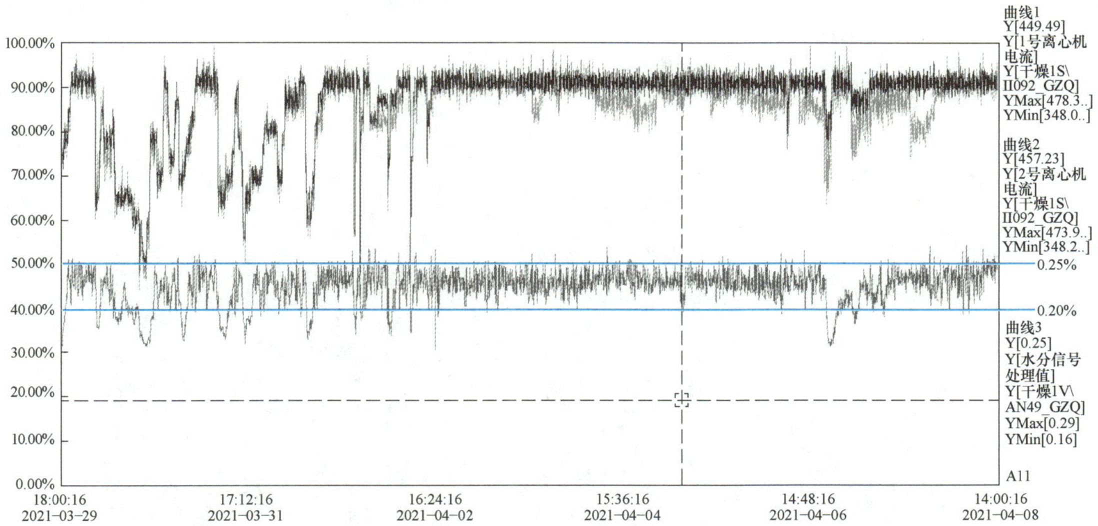

图 8-32 PVC 含水控制效果图
(扫描书前二维码看彩图)

一套安全联锁系统、一套工业大数据系统、多个支持远程音视频教学的智慧教室等物理设备/设施为基础，以机理建模仿真技术、3D 仿真技术、云端仿真技术、工业大数据为核心，以多家企业的实际化工生产实践和多所高校的理论教学实践为依托开展对典型化工生产过程全专业、全方位、虚实结合的综合性实验、实训及教学任务。

如图 8-33 所示，6D 实验室工业互联网平台以工业互联网为核心，集成 HeroRTS 服务器集群、仿真服务器集群、远程音视频培训系统、HeroOpSys 系统、实物装置等，以机理

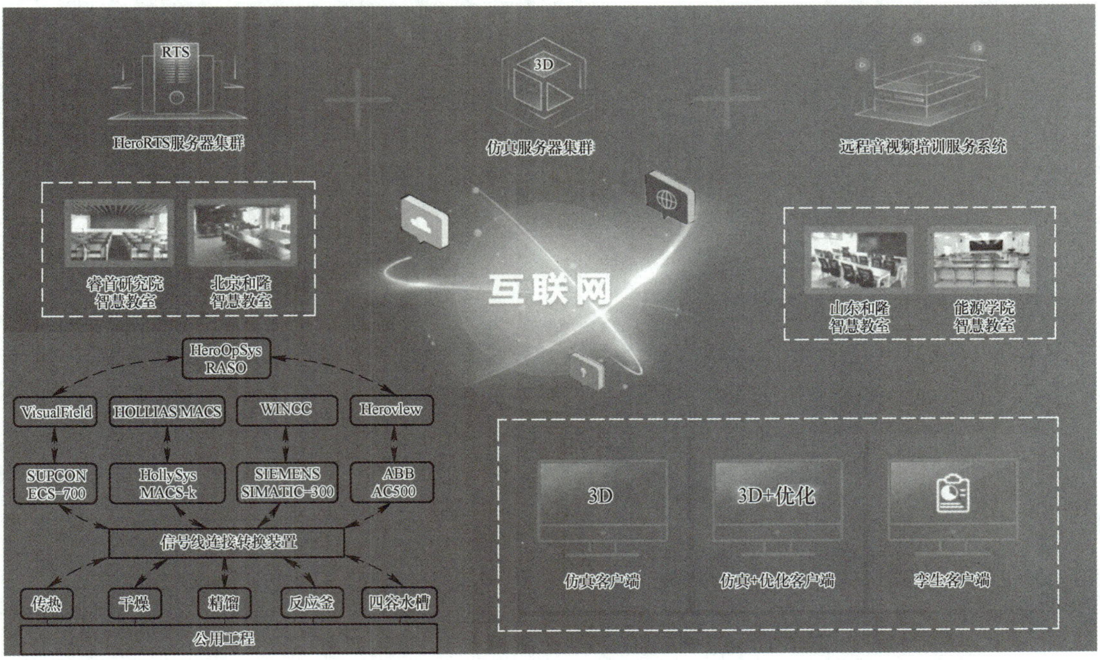

图 8-33 6D 实验室工业互联网平台架构

建模仿真技术、2D/3D 仿真技术、云端仿真技术、工业大数据技术为核心，为用户提供虚实结合的实验及实训服务。

图 8-34~图 8-39 为实验室各种装置和控制系统实物图。

图 8-34　6D 实验室工业互联网平台实物装置（实物实验室）

图 8-35　6D 实验室工业互联网平台实物装置（精馏）

图 8-36 6D 实验室工业互联网平台实物装置（反应釜）

图 8-37 6D 实验室工业互联网平台实物装置（干燥）

图 8-38 6D 实验室工业互联网平台实物装置（换热）

图 8-39 6D 实验室工业互联网平台实物装置（控制系统）

图 8-40~图 8-44 为数字孪生实验室装置图。

6D 实验室工业互联网平台架构如下（见图 8-45）：

（1）平台配有精馏塔、反应釜、干燥、传热、四容水槽、公用工程等六套实体生产装置及三套 DCS/PLC 控制系统、两套综合化验检测装置、一套安全联锁系统、一套优化控制系统、一套数据分析/机器学习演示系统。

（2）平台配有 n 套与实物一致的 2D/3D 仿真软件，支持开展仿真教学，支持仪器仪

图 8-40 6D 实验室工业互联网平台数字孪生实验室（数字实验室）

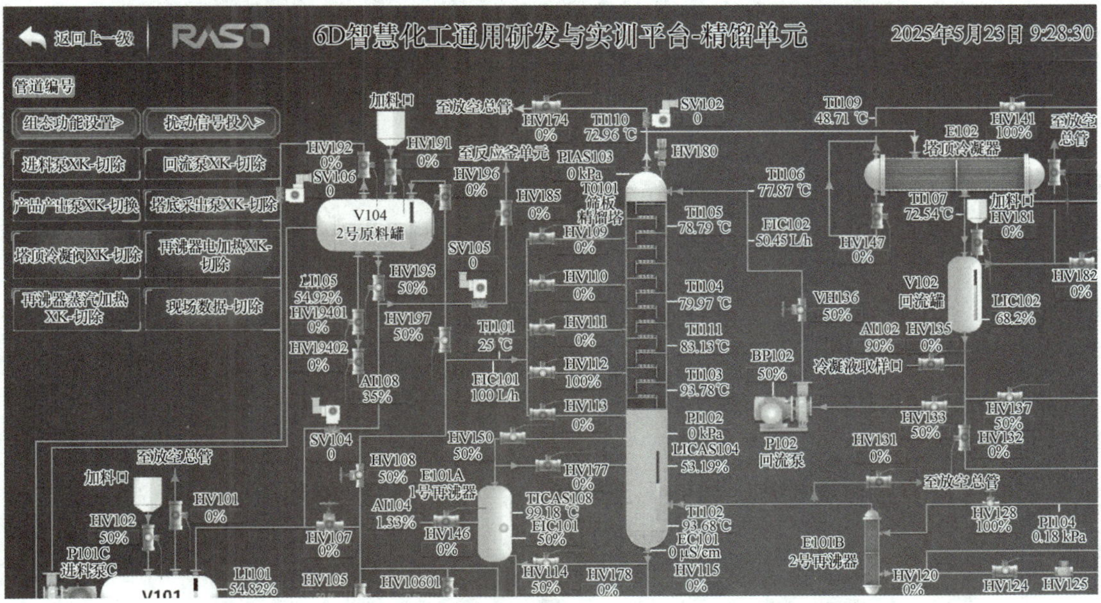

图 8-41 6D 实验室工业互联网平台数字孪生实验室（精馏仿真局部）

表拆装，支持主要设备运行原理培训，支持各装置工艺及操作培训。

（3）平台配有 n 套“软 PLC”“软 PLC”可与仿真软件对接并可编程控制仿真装置运行。

（4）平台配有智能控制及安全控制功能，支持一键启停（黑灯工厂）及自动生成生产报表，支持先进控制、优化控制、智能控制技术试验及培训，优化控制系统既支持与实际控制系统对接也支持与仿真系统对接（控制仿真装置）。

（5）平台实体装置支持投料生产，支持多种运行场景和工艺模式。

（6）平台支持开展自动化控制技术及仪器仪表培训。

（7）平台支持开展工艺/配方实验，支持化学分析、化验；支持实验、小试、中试。

（8）平台支持工业数据分析/机器学习技术研发、试验及培训。

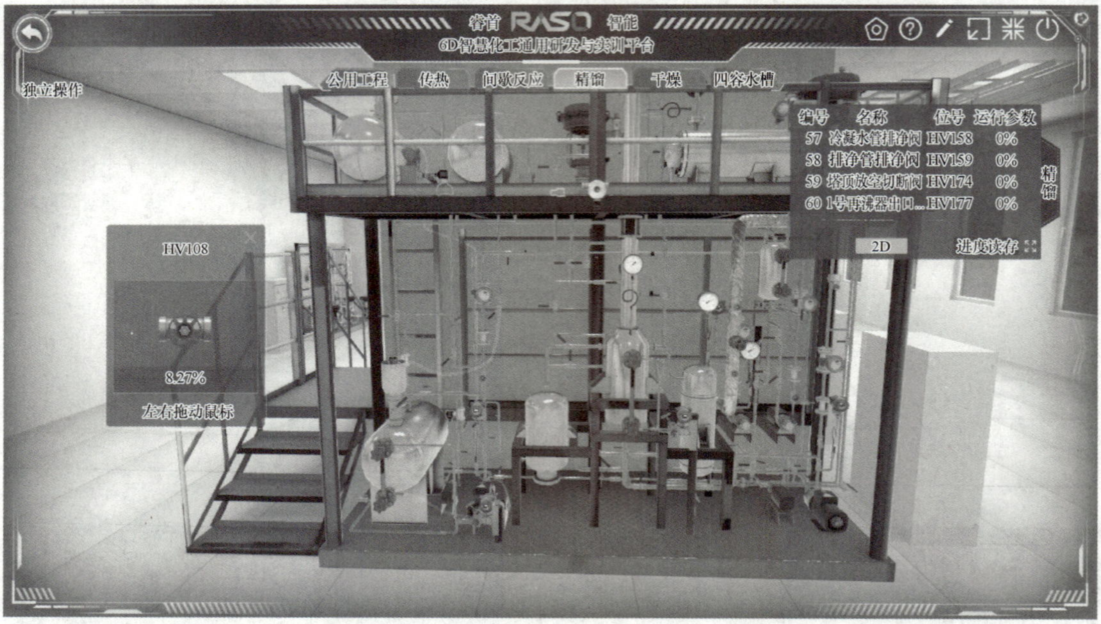

图 8-42 6D 实验室工业互联网平台数字孪生实验室（精馏数字孪生演示）

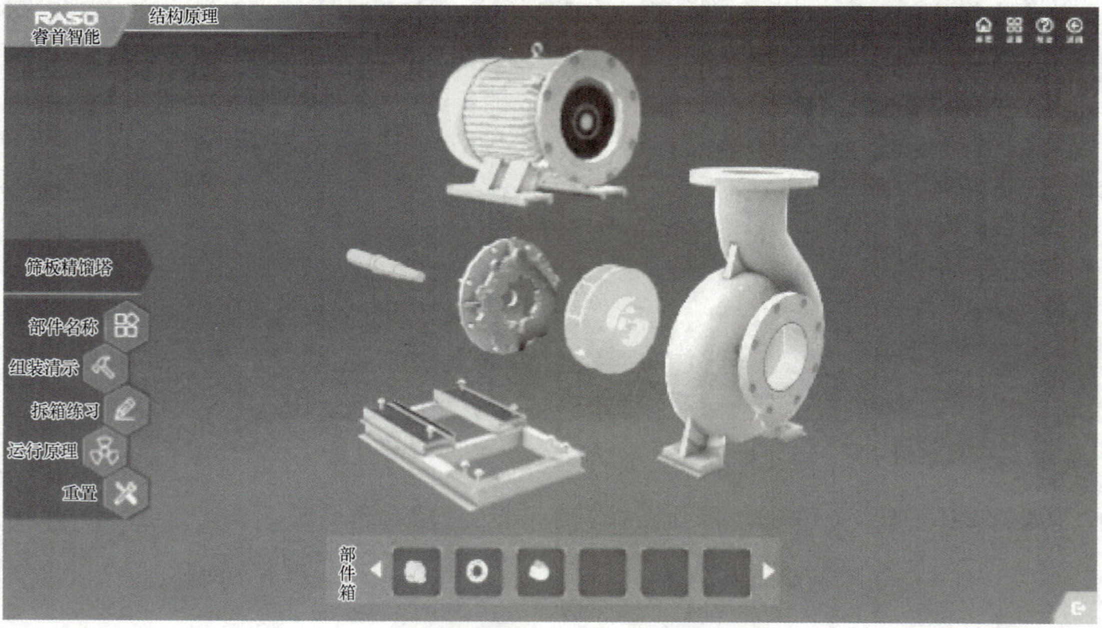

图 8-43 6D 实验室工业互联网平台数字孪生实验室（仿真实训）（一）

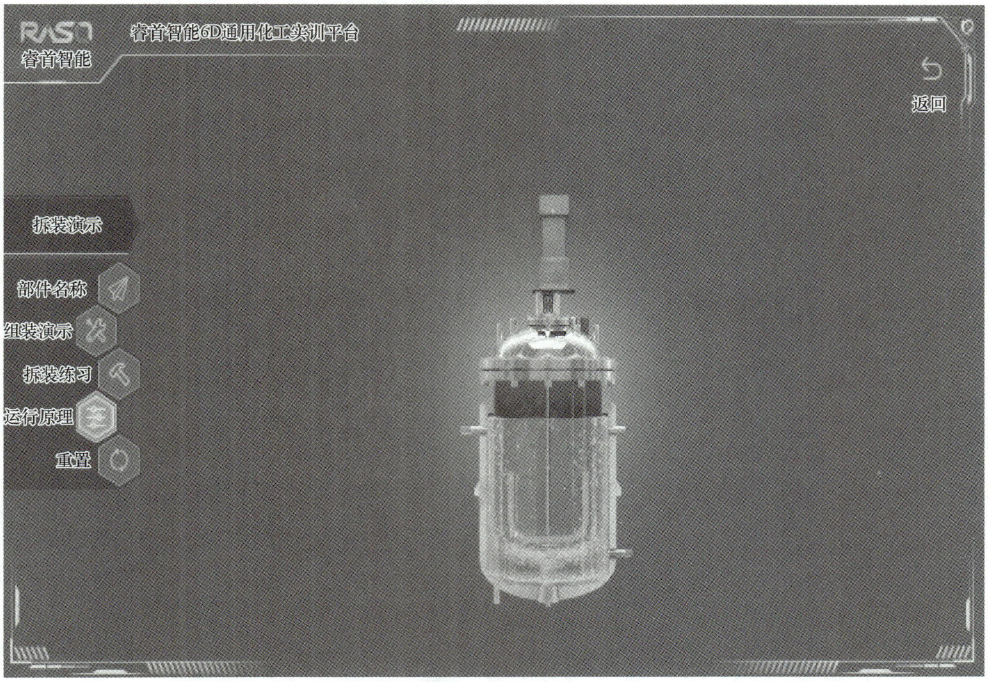

图 8-44 6D 实验室工业互联网平台数字孪生实验室（仿真实训）（二）

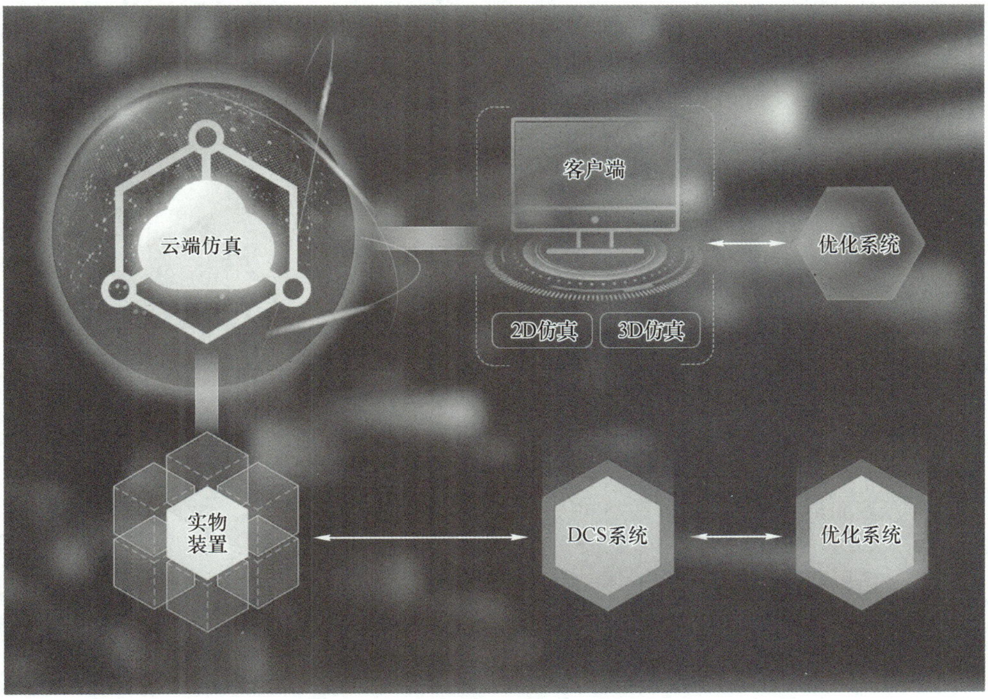

图 8-45 6D 实验室工业互联网平台部署架构

习题与思考题

1. 工业互联网是什么，它如何影响工业经济？
2. 边缘计算在工业互联网中的作用是什么？
3. 云计算的主要优势？
4. 5G 技术在工业互联网中的应用场景？

9 数字孪生技术介绍

导语：数字孪生技术作为工业数字化转型的核心驱动力之一，在智慧化工领域展现出巨大的应用潜力，其通过构建物理工厂的虚拟镜像，实现全生命周期管理、实时监控优化、安全风险预警及智能决策支持，显著提升生产效率、安全性和可持续性，为化工行业的高质量发展提供更强大的技术支撑。

本章将系统介绍数字孪生的基本概念、主要特征、体系架构、关键技术及其在化工行业中的应用，帮助读者建立对数字孪生技术的系统性认知。

9.1 数字孪生概述

9.1.1 数字孪生的概念

数字孪生是一种数字化理念和技术手段，它以数据与模型的集成融合为基础与核心，通过在数字空间实时构建物理对象的精准数字化映射，基于数据整合与分析预测来模拟、验证、预测、控制物理实体全生命周期过程，最终形成智能决策的优化闭环。其中，面向的物理对象包括实物、行为、过程，构建孪生体涉及的数据包括实时传感数据和运行历史数据，集成的模型涵盖物理模型、机理模型和流程模型等。

随着经济社会数字化转型的持续推进，数字孪生逐渐成为产业各界关注的热点技术。数字孪生起源航天军工领域，近年来持续向智能制造、智慧城市等垂直行业拓展，实现机理描述、异常诊断、风险预测、决策辅助等应用价值，已成为助力企业数字化转型、促进数字经济发展的重要抓手。

9.1.2 数字孪生的起源与发展

数字孪生的理念可追溯到 1969 年，起源于美国国家航空航天局的“阿波罗计划”，即构建两个相同的航天飞行器，其中一个发射到太空执行任务，另一个留在地球上用于反映太空中航天器在任务期间的工作状态，从而辅助工程师分析处理太空中出现的紧急事件。当然，这里的两个航天器都是真实存在的物理实体。

数字孪生其明确的概念则普遍认为是在 2003 年由美国密歇根大学的 Michael Grieves 教授提出的，当时被称为“与物理产品等价的虚拟数字化表达”，但由于当时技术和认知上的局限，数字孪生的概念并没有得到重视。数字孪生在 2003—2005 年被称为“镜像的空间模型”，在 2006—2010 年被称为“信息镜像模型”。美国空军研究实验室与 NASA 在 2011 年开展合作，提出了飞行器的数字孪生概念，数字孪生才有了明确的定义。2012 年，

NASA发布“建模、仿真、信息技术和处理”路线图，数字孪生概念正式进入公众视野。2013年，美国空军发布《全球地平线》顶层科技规划文件，将数字线索和数字孪生并列视为“改变游戏规则”的颠覆性机遇，并从2014年起组织洛马、波音、诺格、通用电气、普惠等公司开展了一系列应用研究项目。就此，数字孪生理论与技术体系初步建立，这一概念被对外推广。

国内北京航空航天大学数字孪生小组在2017年提出了数字孪生车间的概念，阐述了数字孪生车间的关键技术，探索了数字孪生与大数据、云计算、人机交互、信息物理系统等技术的关系，开展了数字孪生在设计、制造、服务领域的应用研究，并与国内12家单位共同发起了数字孪生会议。此外，为实现数字孪生在工业领域的推广应用，北航数字孪生小组提出了数字孪生五维模型，并结合企业实际应用需求，与合作企业共同探索了数字孪生五维模型在卫星/空间通信网络、船舶、车辆、飞机、发电厂、制造车间、复杂装备、医疗、智慧城市等十多个领域的应用。

美国Gartner公司认为数字孪生体技术目前正在进入主流应用。它从2017年到2019年，连续3年入选Gartner十大战略技术趋势。根据Global Market Insights（GMI）预测，数字孪生市场在2024年至2032年间以33%的复合年增长率持续扩张，预计到2032年市场规模将达到1250亿美元。

9.1.3 数字孪生的五维模型

数字孪生是一种将现实世界中的物理实体和虚拟实体相互连接、共同构建的数字化模型。数字孪生的五维模型涵盖了数字孪生所需要的主要元素，包括物理实体、虚拟实体、连接、孪生数据和服务等5个方面。

(1) 物理实体（PE）：数字孪生所模拟的现实世界中的物理实体。它们可以是任何东西，从工厂和机器到城市和建筑物，甚至是一个人的身体。物理实体通过各种传感器收集数据，并将其传输到数字孪生中，以便进行分析和优化。

(2) 虚拟实体（VE）：数字孪生中的虚拟模型，用于模拟和预测物理实体的行为和状态。这些模型可以是三维模型、仿真模型或其他形式的模型，它们通过对物理实体进行建模和模拟，帮助我们了解和预测其行为和状态。

(3) 连接（CN）：数字孪生中物理实体和虚拟实体之间的连接。这些连接可以是物理连接（如传感器和数据线），也可以是虚拟连接（如网络和云服务）。通过这些连接，物理实体和虚拟实体之间的数据可以实时交换，并在数字孪生中进行分析和优化。

(4) 孪生数据（DD）：数字孪生中收集和分析的所有数据。这些数据可以来自各种来源，包括物理实体和虚拟实体中的传感器、社交媒体、天气预报等。数字孪生通过对这些数据进行分析，帮助我们了解物理实体的行为和状态，并提供实时反馈和预测能力。

(5) 服务（Ss）：数字孪生中提供的各种服务和应用程序。这些服务和应用程序可以根据不同的需求进行开发和部署，例如实时监控、故障诊断、预测维护、优化和控制等。数字孪生的服务和应用程序可以帮助企业和组织更好地管理和优化其物理实体，提高效率和生产力。

9.1.4 数字孪生的特征

数字孪生是数字化时代的重要产物，它是通过数字技术对真实世界进行模拟和优化，以实现精准预测和优化决策的过程。数字孪生具有以下特征：

（1）高度还原真实世界。数字孪生是将真实世界中的实体、设备、过程和环境高度还原到数字环境中，以便进行模拟和优化。数字孪生技术通过采集和处理现实世界中的数据，创建数字模型，从而实现对真实世界的高度还原。

（2）实时感知和响应。数字孪生技术需要能够实时感知真实世界中的状态变化，并快速响应。通过实时采集和处理现实世界中的数据，数字孪生可以保持与真实世界同步，并及时进行相应的调整和优化。

（3）高精度的数据收集。数字孪生技术需要收集高精度的数据，以便对真实世界中的状态进行精确地建模和仿真。数据的质量和精度对数字孪生的建模和仿真效果至关重要。

（4）智能分析和决策。数字孪生技术需要具备智能分析和决策能力，能够快速分析和处理收集到的数据，并根据结果做出合理的决策。这可以帮助企业优化生产流程、提高效率，降低成本和风险。

（5）多维度的交互和协作。数字孪生技术需要支持多维度的交互和协作，包括设备之间的交互、人机交互、设备与环境之间的交互等。这可以帮助企业更好地管理设备和过程，实现优化决策。

（6）高度安全的保障。数字孪生技术需要具备高度安全的保障能力，包括数据隐私保护、信息安全防护、系统安全性保障等。数字孪生技术处理的数据涉及机密信息，安全保障至关重要。

（7）持续发展。数字孪生技术需要具备可持续发展的能力，包括可扩展性、可升级性、可维护性、可重用性等。这可以帮助企业长期使用数字孪生技术，不断提升企业的竞争力和创新能力。

9.1.5 数字孪生体系架构

数字孪生的体系架构通常包括以下几个层次：

（1）感知层：是数字孪生的第一层，负责收集实际物理系统的数据。这些数据可以来自各种传感器、设备和系统，如温度传感器、湿度传感器、压力传感器、视频监控系统等。感知层通常需要进行数据预处理和清洗，以便将数据传输到下一层。

（2）数据层：在感知层之后，数据需要进行存储和管理。数据层负责存储、处理和管理各种数据，如历史数据、实时数据、结构化数据和非结构化数据等。数据层通常使用数据仓库、数据湖和大数据技术来管理数据。

（3）模型层：数字孪生的核心是建立物理系统的数字模型，模型层负责构建和维护这些模型。数字模型可以基于物理模型、统计模型或机器学习模型等建立，模型的复杂程度取决于需要仿真的真实系统的复杂程度。

（4）仿真层：在模型层建立好数字模型后，仿真层负责将数字模型转化为可运行的仿真模型，并进行仿真和优化。仿真层可以使用各种仿真工具和技术，包括计算机模拟、虚拟现实和增强现实等。

（5）分析层：仿真层产生的仿真结果需要在分析层进行分析和解释，以便更好地理解真实系统的运行情况和找出优化方案。分析层可以使用各种数据分析和可视化工具，帮助用户快速识别系统中的问题并提出改进方案。

（6）功能层：是数字孪生的基础层，负责提供各种基础功能。例如，可以使用功能层来实现数据可视化、数据存储和处理、模型训练和推理等功能。功能层还可以提供各种工具和库，以便支持数字孪生的开发和部署。

（7）应用层：是数字孪生的最上层，负责将数字孪生的成果应用到实际系统中。例如，可以使用数字孪生来进行故障诊断、预测维护、过程优化和智能控制等任务。应用层需要将数字孪生的结果转化为实际操作，如发送控制信号、自动调整参数等。

9.1.6 数字孪生关键技术

9.1.6.1 建模与仿真

建模和仿真技术是指使用计算机软件对实际物理系统进行建模和仿真的一种技术。它通过将物理系统的结构、行为和性能等特征抽象为数学模型，并利用计算机软件进行仿真和验证，从而实现对物理系统的预测、优化和控制。

在数字孪生中，建模和仿真技术是非常重要的。它可以将实际物理系统的特征抽象为数学模型，并将这些模型集成到数字孪生系统中，以构建数字孪生模型。通过数字孪生模型，可以对实际物理系统进行仿真和预测，并进行故障诊断、优化和控制等操作。

具体来说，建模和仿真技术在数字孪生中的作用包括：

（1）实现精细化建模：通过建模和仿真技术，可以将实际物理系统的各个方面进行精细化建模，并将其融合到数字孪生模型中。这可以帮助数字孪生系统更加真实地模拟物理系统的各个方面，并提供更加准确的预测和优化。

（2）支持多场景仿真：数字孪生系统可以在多个场景下进行仿真，例如不同工况、不同时间、不同环境等。这可以帮助数字孪生系统更好地模拟实际物理系统的变化和演化，并提供更加全面的分析和预测。

（3）支持数据驱动建模：通过数字孪生系统采集实际物理系统的数据，可以对建模和仿真模型进行实时更新和校准，提高数字孪生模型的准确性和可靠性。

（4）支持故障诊断和优化：通过数字孪生系统对实际物理系统进行仿真和预测，可以实现对系统的故障诊断和优化。这可以帮助企业快速发现和解决问题，提高系统的稳定性和可靠性。

9.1.6.2 虚拟现实

虚拟现实技术是一种计算机技术，它利用计算机生成的图像和声音等多种感官输入，为用户创造出一个仿真的虚拟环境，使用户感觉到自己仿佛置身于真实世界中。虚拟现实技术可以通过头戴式显示器、手柄、传感器等装备来与用户进行交互，以获得更加真实的体验。

在数字孪生中，虚拟现实技术可以将数字孪生系统与用户进行互动，使用户可以直观地观察数字孪生系统中的物理过程和系统动态。例如，虚拟现实技术可以将数字孪生系统中的机械设备、工厂生产线等物理系统以 3D 虚拟形式呈现给用户，用户可以通过虚拟现实技术来操作数字孪生系统，检查系统的运行情况和各项指标。

9.1.6.3 物联网

物联网技术是指利用各种传感器、通信技术和计算机技术等手段将普通物品与互联网相连接，并实现物品间的信息交换和协同工作的一种技术。物联网技术可以将传感器和控制器等物理设备与云计算等后端系统相连接，实现对物理设备的实时监控、数据分析和决策控制等功能。

在数字孪生中，物联网技术可以实现数字孪生系统与实际物理系统的连接。通过物联网技术，数字孪生系统可以实时采集物理系统中的各种数据信息，并进行数据分析、建模、仿真和优化等处理，以提高物理系统的运行效率、降低成本和风险。此外，物联网技术还可以通过数字孪生系统将物理系统中的实际控制指令反馈回去，实现对物理系统的远程监控和控制。因此，物联网技术是数字孪生系统中至关重要的一项技术，它可以为数字孪生系统提供大量的实时数据信息和决策支持，实现数字孪生系统与实际物理系统的紧密结合，从而推动数字孪生技术的广泛应用。

9.1.6.4 云边协同计算

云边协同计算是指将云计算和边缘计算结合起来，通过将计算和存储资源分布在云端和边缘设备中，实现数据处理和决策控制的协同工作。云边协同计算可以将边缘设备中的传感器、控制器等设备与云端服务器相连，将设备产生的数据信息上传到云端进行处理和分析，同时将处理结果反馈到边缘设备中进行控制和优化。通过云边协同计算，可以实现数据处理和决策控制的实时性和准确性，同时可以减少数据传输和存储等方面的成本和延迟。

云边协同计算可以提供数字孪生系统所需要的实时数据分析和处理能力，同时可以实现数字孪生系统与物理系统的实时连接，从而为数字孪生系统提供更加准确、实时、高效的数据支持。

9.1.6.5 大数据

大数据技术是指处理和分析海量、复杂和多样化的数据的一种技术。它包括数据采集、存储、处理、分析、挖掘等多个环节，利用各种数据处理和计算技术，从大数据中提取出有用的信息和知识，并支持对大数据的快速查询、分析和可视化等操作。

在数字孪生中，大数据技术可以实现对实际物理系统的数据采集、存储、处理、分析和建模等功能。通过大数据技术，数字孪生系统可以将物理系统中的大量数据信息进行实时采集，并进行清洗、整合和存储等处理，从而构建物理系统的数据仓库。然后，数字孪生系统可以通过各种数据挖掘和分析技术，从数据仓库中提取出有用的信息和知识，建立数字孪生模型并进行仿真和优化，实现对物理系统的精细化管理和控制。

此外，大数据技术还可以实现数字孪生系统与多种业务系统的集成和交互，为数字孪生系统提供更加全面、精准和可靠的数据支持，同时可以实现数字孪生系统的实时监控和预测等功能。因此，大数据技术在数字孪生中扮演着至关重要的角色，它可以为数字孪生系统提供强大的数据处理和分析能力，推动数字孪生技术的广泛应用。

9.1.6.6 人工智能

人工智能技术是一种模拟和模仿人类智能的技术，它使用计算机算法和模型来模拟人类智能的思考、决策和行为。人工智能技术涉及很多方面，包括机器学习、深度学习、自然语言处理、计算机视觉等。

在数字孪生中，人工智能技术也发挥着重要的作用。具体来说，人工智能技术在数字孪生中的作用包括：

（1）数据分析和处理：人工智能技术可以处理和分析大量的数据，帮助数字孪生系统更好地理解物理系统的运行状态和变化趋势。例如，利用机器学习算法对传感器数据进行分析，可以帮助数字孪生系统更好地了解设备的健康状态和故障概率。

（2）预测和优化：人工智能技术可以基于历史数据和当前数据进行预测和优化。例如，利用深度学习算法对历史数据进行分析，可以预测未来的设备故障概率，从而采取相应的维护措施。

（3）自主决策和控制：人工智能技术可以实现数字孪生系统的自主决策和控制。例如，基于机器学习算法和自适应控制算法，数字孪生系统可以实时调整设备的控制参数，从而提高系统的效率和稳定性。

（4）智能诊断和维护：人工智能技术可以实现数字孪生系统的智能诊断和维护。例如，利用计算机视觉技术和深度学习算法对设备进行图像识别和故障诊断，可以实现设备的智能维护和故障排除。

人工智能技术在数字孪生中具有广泛的应用前景，可以帮助企业实现数字化转型，提高系统的效率和可靠性，进而增强企业的竞争力和市场影响力。

9.1.6.7 第五代移动通信技术

第五代移动通信技术（5G）是一种新一代移动通信技术，与前几代移动通信技术相比，5G具有更高的速率、更低的延迟、更大的带宽、更高的可靠性和更广的覆盖范围等特点。5G技术在数字孪生中的作用主要体现在以下几个方面：

（1）支持大规模物联网：5G技术可以支持大规模物联网应用，实现设备之间的高速、低延迟通信和数据交换。例如，在数字孪生中，各种传感器和智能设备可以通过5G网络实现高效的数据采集和传输。

（2）提高传感器数据的精度和时效性：5G技术的高速率和低延迟特点可以帮助数字孪生系统更快地获取和分析传感器数据，提高数据的精度和时效性。这有助于数字孪生系统更准确地模拟和预测物理系统的行为和变化。

（3）支持远程操作和控制：5G技术可以提供更稳定和高速的网络连接，使得数字孪生系统可以实现对远程物理系统的实时操作和控制。例如，在制造业中，通过5G网络，工程师可以远程操作和控制工厂设备，从而提高生产效率和降低成本。

（4）支持增强现实和虚拟现实应用：5G技术可以提供更高的带宽和更低的延迟，使得数字孪生系统可以更好地支持增强现实和虚拟现实应用。例如，在建筑和设计领域，5G技术可以支持设计师使用虚拟现实技术进行实时的建筑设计和模拟。

9.1.6.8 区块链

区块链是一种去中心化的分布式账本技术，它能够记录交易信息并保证数据的安全性和完整性。在数字孪生中，区块链技术可以用于提高数据安全性和可信度，同时也可以用于建立数字孪生的信任机制。

具体来说，区块链技术可以通过将数字孪生中的数据记录在区块链上，从而确保数据不会被篡改或者丢失。此外，基于区块链的智能合约可以使得数字孪生中的设备和系统之间实现可编程的自动化交互，进一步提升数字孪生的效率和灵活性。同时，区块链还可以用于建立数字孪生中的信任机制，确保数字孪生的参与者之间的信任关系，从而促进数字孪生生态系统的发展。

9.1.7 数字孪生应用举例

化工行业：通过构建化工装置全生命周期虚拟镜像，深度赋能生产运营各环节。在设计阶段以虚拟仿真验证工艺流程可行性并优化设备布局，在建设期通过进度模拟与资源调配模型缩短工期，运维阶段依托传感器实时数据驱动虚拟模型同步更新，动态调整反应温度、压力等关键参数以实现工艺最优控制；同时基于极端场景模拟量化风险等级并生成可视化应急预案，辅助管理层在产能规划、原料采购及设备检修等决策中精准量化收益与风险，最终形成从设计验证到生产优化、从风险预判到战略决策的闭环管理体系。

离散制造业：数字孪生在离散制造业中的应用非常广泛，可以帮助企业实现全生命周期的可视化管理和优化生产流程。包括模拟产品设计和生产流程，从而可以预测产品的性能和生产成本，并优化设计和生产流程；实时监控设备和生产线的运行状况，及时发现和解决问题，提高设备的使用寿命和生产效率；实现产品的全生命周期追溯，从原材料采购到产品销售，以及质量控制和产品溯源等方面提高企业管理和服务质量。

建筑与城市规划：帮助建筑师和城市规划者模拟并预测建筑或城市规划方案的效果，从而优化设计方案，提高建筑和城市的效率和可持续性。

交通运输：帮助交通管理部门监控交通流量、预测拥堵情况、优化信号灯等，从而提高交通效率，缓解拥堵问题。

医疗保健：帮助医疗机构实现患者个性化诊疗和精准治疗，同时提高医疗服务的效率和质量。

9.2 数字孪生工业应用

随着工业4.0等智能制造概念的提出，新一代数字信息技术与工业制造深度融合，工业互联网成为推动工业生产转型升级、发展实体经济的主要发展方向。而工业互联网重要落地方向的数字孪生技术作为新兴前沿技术也得到越来越多的关注。为实现其在生产过程中的效能，发挥其促进工业数字化、智能化的优势，已有大量研究工作投入数字孪生系统的构建和应用中来。

化工行业是国民经济的重要支柱产业，为工业体系升级、民生保障及新兴战略领域提供关键基础材料支撑，也是衡量国家产业技术水平与高端制造能力的重要标志。其中，石油炼化、煤化工等核心工序是能源消耗与碳排放的重点领域，面临着“双碳”目标下深度脱碳、工艺提质增效、本质安全强化等多重挑战，存在原料成分动态感知与品质溯源难、多组分物料精准配比与反应控制难、复杂工况下装置稳定运行与故障预测难、全流程能量-物质协同优化难等技术瓶颈，亟须通过数字化手段突破传统生产模式的技术约束。

9.2.1 孪生体构建

现有的孪生体构建方法研究主要集中在离散工业。离散工业生产过程主要包括：切削、成型、装配等物理过程，产品生产主要通过位移、角度等参数信息进行加工，参数及设备间独立性强。而流程工业其生产过程包含复杂的物理化学变化过程，产品生产涉及温度、流速、压力等参数信息，参数及设备间耦合性强，因此相应的孪生体的建立上也存在着一定的不同。流程工业孪生体的构建可以包括5个维度基础模型的建立、模型融合集成以及模型更新。

数字孪生模型的建立是数字孪生系统构建的核心，流程工业虚拟模型包含几何模型、物理模型、化学模型、数据模型、规则模型5个维度。

（1）几何模型：包括尺寸、外观、位置等信息。几何模型的建立可结合现有测量方法或工程设计文档数据的读取，实现流程设备实体对象的几何结构、空间运动、几何关联等几何属性的获取。结合流程/设备实体对象的空间运动规律，利用3D重建工具，实现流程/设备空间几何模型的重建。流程/设备实体对象的空间几何属性错综复杂，常用的测绘建模方法有：采用基于CAD的制图测绘，根据流程/设备实体对象的真实几何属性，通过特定的度量手段，将实体对象的几何属性映射至二维空间；采用CCD成像技术，获取流程设备的图像信息，为流程/设备的实体空间几何模型提供素材。目前常用的3D重建工具有3ds Max、Maya、Solidworks等，其中3ds Max具备创建数字孪生体空间几何模型的诸多优势，其不但可以进行物理几何结构设计，同时拥有场景建模和运动模拟的能力。

（2）物理模型：包括材料、应力、流场、压力场、热力场、磁场等信息。物理模型建立可通过质量守恒、动量守恒、传热模型等物理原理建立相应过程的数学模型，也可通过ANSYS、ADINA等有限元分析软件实现。

（3）化学模型：包括物系物性、催化、传递、反应速率、反应限度等信息。通过研究生产过程相关反应物在各种条件下的物理化学变化中伴随的能量变化，完成对化学反应的方向和反应限度的准确判断。建立基元反应模型、分子反应模型或是根据实验数据拟合出经验模型，表达出各种物理化学因素对反应速率的影响以及相应的反应机理等。同时装置中流体流动与物料混合情况，温度浓度分布情况都直接影响反应进程，因此还须根据热量传递、动量传递、质量传递规律完成传递模型的建立。以此对生产过程化学反应形成准确的描述。

（4）数据模型：是指基于数据驱动建立的黑箱模型，实际上机器学习和数据挖掘，在某种程度上激活了数字孪生。流程工业过程的复杂性，使得全面而准确的机理建模十分困难，从当前的研究来看数字孪生模型的建立很难离开数据科学和人工智能等理论。事实上随着统计、计算机技术、数据挖掘和机器学习的发展，大量准确有效的数据模型被建立。常见的数据建模方法有：梯度提升回归（GBR）、支持向量机回归（SVR）、分类回归决策树（CART）、深度神经网络等都有着强大的建模能力。流程工业数据量巨大，凭借数据模型可充分分析挖掘数据价值，实现非线性、不确定性复杂工业过程建模。

（5）规则模型：描述的是因果推演规律规则，领域专家长期生产实践总结的操作、预测、诊断、修复、优化等相关知识经验，以及相关生产过程标准与准则等。结合前述数据模型，通过总结数据模型效果探索挖掘未知机理规则，形成新的知识规则，即从数据模型中获取知识。规则模型执行产生的生产数据促进数据模型的成长更新。相互激励学习，实现规则的丰富和模型的自学习自进化。

5个维度的模型必将是相互耦合的，几何模型中尺寸的变化可能导致物理模型中应力的改变，物理模型中流场的变化也将对化学反应中传递模型产生影响，物理模型所需的关键中间变量可利用数据模型回归预测来获取，数据模型训练提取的关联关系亦可用来丰富完善规则模型。因此只有各类模型协调工作有机融合才能实现对物理实体的高精度镜像。

模型通过模型间耦合参数进行融合，以参数为纽带实现模型间的信息传递，融合几何、物理、化学、数据、规则五维模型才能建立孪生模型。融合完成后的模型可通过定义接口实现封装，提高模型的安全性、稳定性及复用性，通过接口实现模型功能扩展。必须指出的是，流程工业存在大量的时变过程，因此模型的建立不能一蹴而就，应对虚拟模型数据及物理实体数据进行采集、存储、关联分析、集成融合，凭借孪生数据驱动模型不断更新优化，实现系统自更新。

9.2.2 数字孪生系统下的工艺参数优化

流程工业生产过程一般工艺流程长，反应机理复杂，生产规模大，影响因素多，是典型的非线性、大时滞、强耦合过程，这使得过程的精确数学模型无法建立。而工艺参数的优化可降低资源消耗、提高生产效率、降低生产成本及能耗、减少排放降低环境污染，因此流程工业工艺参数的优化有着重要意义。

基于数字孪生系统的工艺参数优化方法如图 9-1 所示。方法主要通过 4 个核心模块实现参数优化，包括孪生数据、优化算法混合模型、仿真验证和状态监测。

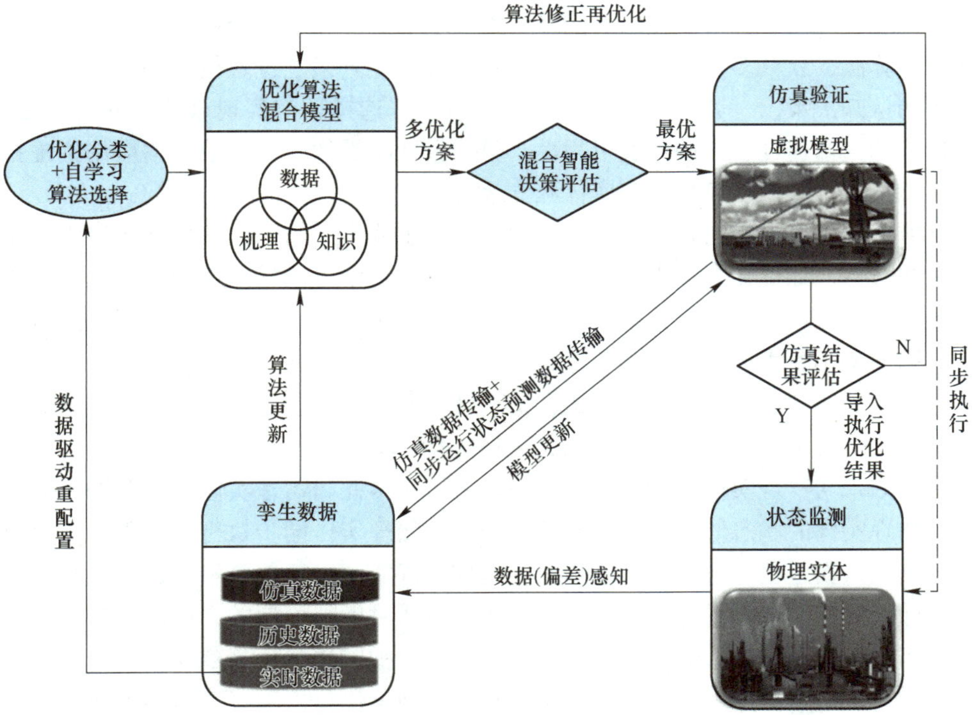

图 9-1　基于数字孪生系统的工艺参数优化流程图

（1）孪生数据包括实时数据、历史数据、仿真数据。通过对系统物理实体的状态监测参数感知，如温度、流量、压力、转速等，获取物理实体实时数据；通过对实时数据及关系数据（如物料配方、设备参数、生产成本等）进行云端存储积累形成历史数据；虚拟模型运行仿真则会产生大量的仿真数据；三者共同构成了孪生数据模块。

（2）优化算法混合模型是指凭借生产过程机理模型、经验知识规则、数据驱动模型三者单独或任意组合实现的优化算法，对工艺参数进行优化。常用的优化算法模型有遗传算法、蚁群算法、模拟退火算法、人工神经网络等以及它们的改进算法，如多目标模拟退火算法、多目标带精英策略的非支配排序遗传算法等。也可以根据质量守恒定律、动量守恒定律、流体力学、热力学等机理构建机理模型实现操作参数优化。流程工业工艺过程极端复杂，涉及各种物理化学变化及动力学特征，部分状态参数信息不可测，使得人们至今未能得到全面充分的认识。面对未知，前人在实际生产操作过程中积累了大量的经验知识规则，借此构成知识库同样可以实现参数的调整优化。现在的优化方法往往不再只利用其中一种进行优化，如通过基于数据的黑箱模型优化修正机理模型进而实现工艺参数的精确优化，如此形成混合优化算法模型。

(3) 仿真验证是通过将优化后的工艺参数作用到建立的系统数字孪生体（虚拟模型）上，虚拟模型独立于物理实体运行，得到仿真分析结果，检验优化效果。

(4) 状态监测模块指的是，经过仿真验证后的工艺参数在物理实体上真实执行，此时应密切关注其运行状态，感知其运行状态数据，判断其是否偏离预期。

参数优化流程如下：首先通过对历史数据、实时数据、仿真数据进行转换清洗集成，分析融合，用以建立/更新优化算法。根据感知到的实时数据自动判别需要优化的方向及类型，筛选优化方法，针对流程工业的复杂性、不确定性和高风险性，系统优化初期应采用多种优化算法，获取多种优化方案。然后对多种优化方案进行置信评估，当置信度较低时引入人的认知决策。一方面将决策结果反馈给算法选择环节实现该环节的自学习成长，提高再选择的选择速度、准确性及可靠性；另一方面将最优工艺参数方案应用到虚拟模型进行仿真验证，虚拟模型脱离物理实体独立运行。

优化方案不能直接在物理实体执行，因为流程工业生产过程，其生产环境常处于高温高压等极端条件，如优化方案不可行造成操作不当，轻则可能导致生产中断，重则可能会面临设备爆炸、火灾、有害气体泄漏等风险，不仅给生产带来巨大损失，而且严重威胁人身安全。因此基于孪生体的仿真验证是十分必要且有着重要意义的。

仿真结束后应评估仿真结果，当优化仿真结果不符合预期，则根据仿真结果进行算法修正及再优化，直至仿真结果符合预期，再将优化结果导入物理实体执行。考虑到干扰与波动，仿真结果与物理实体运行状况存在一定偏差，因此当物理实体运行新的工艺参数时应保持对物理实体的状态监测。此时虚拟模型应与物理实体同步执行，物理实体实时上传运行信息修正仿真过程，虚拟模型下达指令调控物理实体运行偏离量。针对流程工业系统的大时滞性，对控制动作反应十分缓慢的问题，可通过虚拟模型的高速超前计算，实现物理实体运行状态的异常或偏离量的预测。当物理实体被感知或预测到存在运行异常或状态偏离预期，可快速依据感知实时数据及仿真数据实现再优化再配置，最终形成一个闭环迭代优化过程。

习题与思考题

1. 简述数字孪生的概念。
2. 数字孪生的五维模型包括哪些方面？
3. 数字孪生的关键技术有哪些？

10 智能制造在化工行业应用

导语： 在化工领域不断创新发展的进程中，各类产品与技术犹如璀璨星辰，照亮行业前行之路。本章聚焦于和隆优化在化工核心单元装置反应釜、精馏塔、干燥等关键产品与技术，介绍每一种装置上的控制方案并用实际案例说明先进控制实施后的效果。同时简单介绍相关装置的工艺，使工艺和控制能够很好地结合起来。并延伸至化工行业公辅系统，涵盖动力厂工艺、锅炉智能产品等多方面。旨在引领大家掌握先进控制技术在化工行业的应用，培养学员学习、使用先进控制技术的能力和习惯，为化工领域的智慧化筑牢根基。

10.1 反应釜产品与技术

反应釜在化工生产过程中属于核心装置，数量较多，在反应升温过程需要密切监控，保持温度平稳慢速上升，以保证产品收率与质量。为确保控制指标，操作人员每人操作数量有限，且对操作人员的责任心、工作状态均要求很高。操作人员实际操作细节的差别也会导致产品收率、质量的不一致。

为消除反应釜设备操作的不一致性，避免由于操作不及时可能产生的安全问题、经济损失，同时提升产品总体质量、收率，降低人员劳动强度，对反应釜实施优化控制已成为挖掘效益，提升生产效率的极佳途径。

10.1.1 工艺设备知识

化工生产过程纷繁复杂，不同的产品有着不同的工艺过程，从原料到产品需要进行一系列的处理过程。

一个典型的化工生产过程大致由 3 个部分组成：(1) 原料预处理，即按化学反应的要求将原料进行净化等操作，使其符合化学反应器进料要求；(2) 化学反应，即将一种或几种反应原料转化为所需的产物；(3) 产物分离，以获得符合规格要求的化工产品。图 10-1 为化工生产过程示意图。

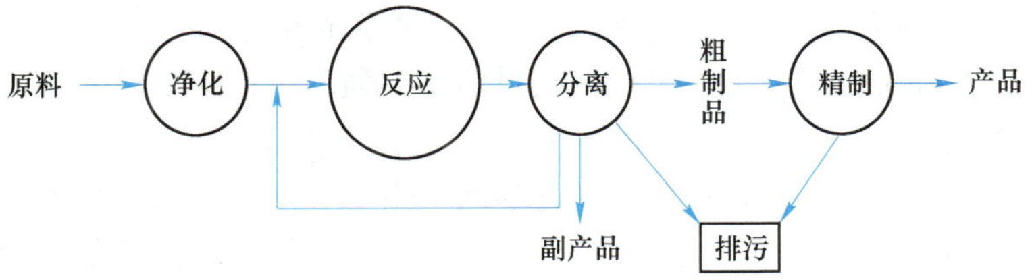

图 10-1　化工生产过程示意图

显然，化学反应是化工生产过程的核心。用来进行化学反应的设备称为化学反应器。化学反应器是化工生产装置中的关键设备。以下主要介绍釜式反应器，俗称反应釜。

反应釜应用广泛，其结构简单、加工方便，传质效率高，温度分布均匀，操作条件（如温度、浓度、停留时间等）的可控范围较广，操作灵活性大，便于更换品种，能适应多样化的生产。

10.1.1.1 反应釜的分类

反应釜按操作方式分类为间歇式、半连续式和连续式操作。图 10-2 为反应釜各种操作示意图。

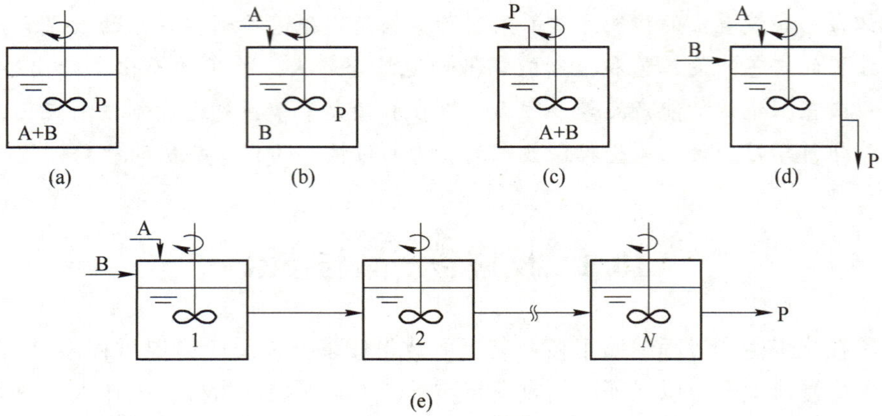

图 10-2 反应釜各种操作示意图

(a) 间歇式；(b)，(c) 半连续式；(d) 连续式；(e) 多釜串联

反应釜按材质分类可分为钢制（或衬瓷板）反应釜、铸铁反应釜及搪玻璃反应釜。

反应釜按操作压力分类可分为低压釜和高压釜。低压釜是最常见的搅拌反应釜。在搅拌轴与壳体之间采用动密封结构，在低压（1.6 MPa 以下）条件下能够防止物料的泄漏。高压条件下，常采用磁力搅拌釜，其主要特点是以静密封代替了传统的填料密封或机械密封。

10.1.1.2 反应釜的结构

反应釜主要由壳体、搅拌装置、轴封和换热装置四大部分组成，其结构如图 10-3 所示。

壳体由圆形筒体、上盖、下封头构成。上盖与筒体可采用两种方法连接，一种是直接焊死，构成一个整体；另一种是考虑拆卸方便用法兰连接。壳体材料根据工艺要求确定，最常用的是铸铁和钢板，也有采用合金钢或复合钢板。用来处理有腐蚀性介质时，需采用耐腐蚀材料来制造反应釜，或将反应釜内衬搪瓷、衬瓷板或橡胶。

搅拌装置由搅拌轴和搅拌电机组成，其目的是加强反应釜内物料的均匀混合，以强化反应的传质和传热。

轴封用来防止釜的主体和搅拌轴之间的泄漏，主要有填料密封和机械密封两种。

换热装置是用来加热或冷却反应物料，使之符合工艺要求的温度条件的设备。其结构类型主要有夹套式、蛇管式、列管式、外部循环式等，也可用直接火焰或电感加热，图 10-4 为各种换热方式。

10.1.1.3 反应釜的运行关键点

以下以聚合釜为例进行说明，控制好温度对于反应釜操作是最关键的。控制温度一般通过夹套冷却水换热。

聚合釜压力的控制，在聚合温度恒定的情况下，在聚合单体为气相时主要通过催化剂的加料量和聚合单体的加料量来控制，如聚合单体为液相时，聚合釜压力主要决定单体的蒸气分压，也就是聚合温度。聚合釜气相中，不凝的惰性气体的含量过高是造成聚合釜压力超高的原因之一，此时需要释放过多的气体，以降低聚合釜的压力。

聚合釜料位应该严格控制，一般聚合釜料位控制在70%左右，连续聚合时通过聚合浆液的出料速率来控制，连续聚合时聚合釜必须有自动料位控制系统，以确保料位准确控制。料位控制过低聚合产率低，料位控制过高，甚至满釜，就会造成聚合浆液进入换热器、风机等设备中造成事故。

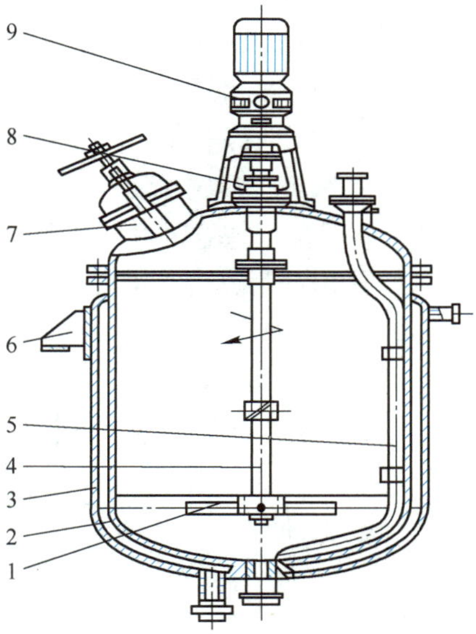

图 10-3 典型的反应釜结构

1—搅拌器；2—釜体；3—夹套；4—搅拌轴；5—压料管；6—支座；7—人孔；8—轴封；9—传动装置

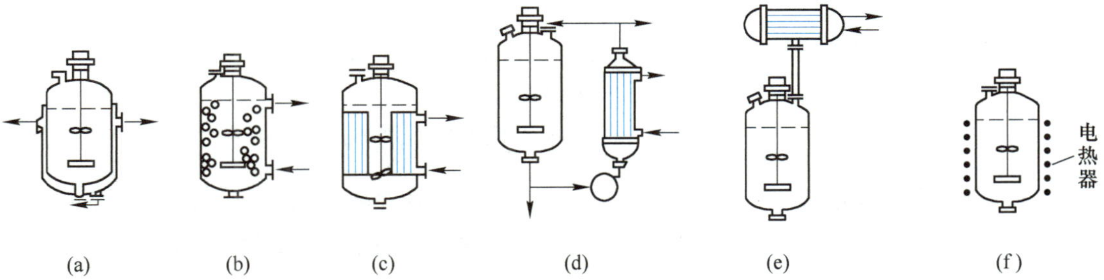

图 10-4 不同的换热方式

(a) 夹套式；(b) 蛇管式；(c) 列管式；(d) 外部循环式；(e) 回流冷凝式；(f) 电感加热式

控制聚合浆液浓度非常重要，浆液过浓，造成搅拌器电机电流过高，引起超负载跳闸，停转。这就会造成釜内聚合物结块，甚至引发飞温，爆聚事故。停搅拌是造成爆聚事故的主要原因之一。控制浆液浓度主要通过控制溶剂的加入量和聚合产率来实现的。聚合产率的高低，在聚合温度和单体加入量不变的情况下，主要通过催化剂加入量来调节。

在发生聚合温度失控时，应立即停进催化剂、聚合单体，增加溶剂进料量，加大循环冷却水量，紧急放火炬泄压，向后系统排聚合浆液，并适时加入阻聚剂。发生停搅拌事故时应立即加入阻聚剂，并采取其他相应的措施。

10.1.2 产品与技术简介

10.1.2.1 反应釜控制现状分析

目前反应釜的控制现状如下：

（1）几乎所有反应釜都使用 DCS 控制，但某些回路（特别是升温阶段）自动总是不能投用，即使投用效果也不好。

（2）操作人员水平不一，各班运行水平不一，人员劳动强度高，关键的运行参数波动很大，容易出现运行不稳、质量波动过大、能耗偏高、环保指标超标等一系列异常状况。

（3）实际生产参数与设计参数差别过大，难以运行在最佳状态。

具体体现在，每釜压力与温度控制一致性差，反应时间偏差大，对质量、产量造成不良影响。图 10-5 为反应釜手动控制模式下的温度压力曲线。

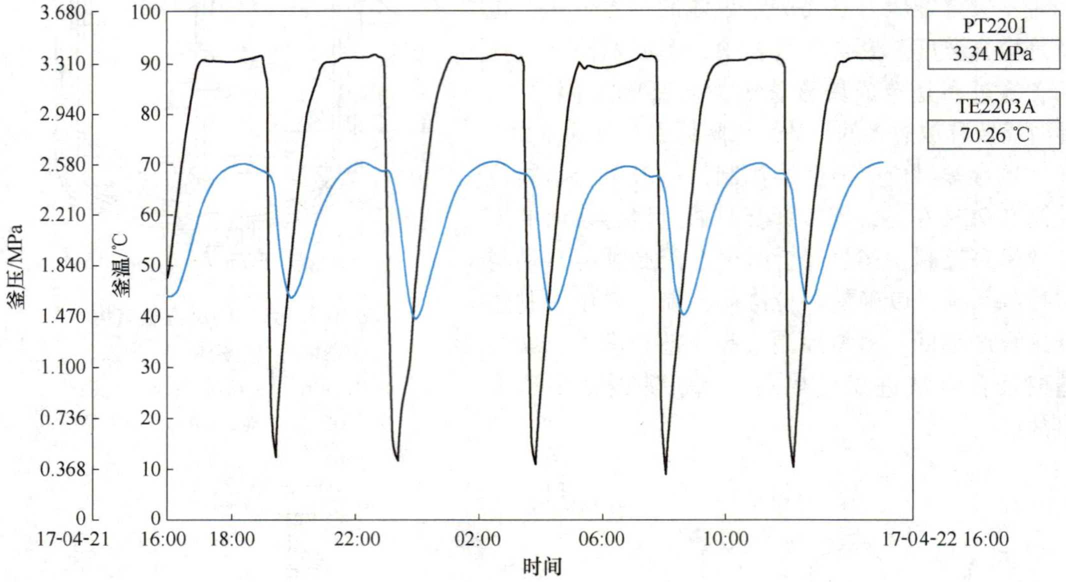

图 10-5 手动控制模式下温度压力曲线

人为操作为保证不超过考核指标，操作方式保守，升温效率未达到最佳。恒温过程中控制精度不佳，如图 10-6 所示，温度曲线基本没有稳定的时候。受反应釜带纯滞后二阶

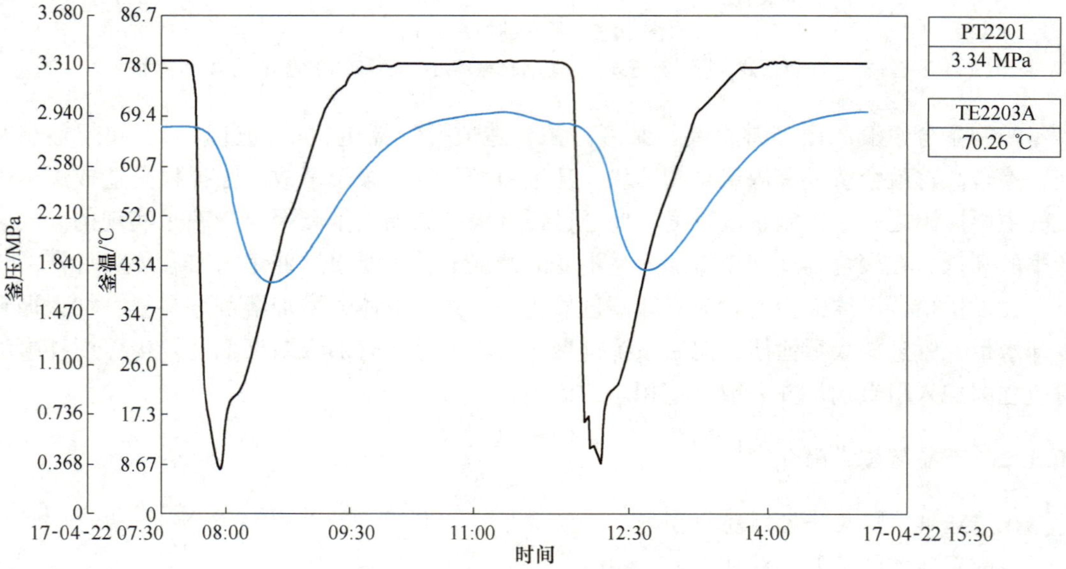

图 10-6 恒温阶段手动控制曲线图

过程的特性、测控仪表本身存在的测量滞后及控制滞后、先进控制理论与专家控制的工程化等问题影响，常规 PID 等普通控制算法无法正常在该环境下应用。

10.1.2.2 反应釜优化技术指标及经济效益

A 技术指标

经优化控制改造后，预期在常规反应釜装置上可达到如下技术指标：

(1) 长期自控率90%以上，实现反应釜升温（降温）过程的准无人化操作，极大降低操作工劳动强度。

(2) 升温（降温）过程温度控制精度提升30%以上，保证每釜过程的一致性。

(3) 缩短每釜的平均反应时间、增加每釜的平均反应收率。

(4) 具备可靠的系统语音预警及安全控制功能，提升生产安全性。

(5) 通过每釜过程的大数据，寻找最佳反应过程参数，对每釜控制进行持续优化改进，进一步提升反应釜效率。

B 经济效益

(1) 直接效益：

鉴于当前人工操作的收率差异在1%左右，在投入睿首（RASO）系统后，通过一致性的控制，至少可达到操作人员的最佳手动操作水平，即至少将收率提升0.5%。

此外，通过实现升温过程优化及其他操作自动化，将每釜总生产时间减少5%左右，即提升装置生产能力5%。

$$\text{直接经济效益1} = \text{当前产品年产能(吨)} \times 5\% \times \text{边际利润(元/吨)} \tag{10-1}$$

降低能源消耗，减少蒸汽、冷冻水用量，综合能耗降低1%~5%。

$$\text{直接经济效益2} = \text{当前年能源总消耗(吨)} \times (1\% \sim 5\%) \times \text{蒸汽价格(元/吨)} \tag{10-2}$$

同时还可提升质量的一致性，有利于下游的生产，在打造品牌的影响力上可起到巨大的推动作用。

(2) 管理效益：

在睿首（RASO）系统投入运行后，可极大地减轻运行人员的劳动强度，为“一人多装置”“减员增效”等管理手段提供先决条件。

系统可实现平稳操作，防止设备运行在超设计范围内，减少运行波动，延长设备寿命，同时可延长设备的维护周期，降低维护成本。

10.1.2.3 反应釜优化控制方案

由于反应釜本身的工艺在二阶过程控制方面存在一定的难度，基于经典理论的控制方案投运效果不理想，人为操作随意性及劳动强度较大，运行参数波动大，难以稳定运行在最佳状态，可采用优化控制替代现有人为操作，改善控制品质。在实现自动化的基础上，评估控制效果，再进行精确模型的建立，确定对测控仪表的追加安装、算法分析，以实现最佳智能化效果。

具体控制方案如下文所述。

(1) 优化控制系统架构：RASO 平台是和隆优化研发的优化控制领域的成熟产品，已经在化工、热电、冶金等多个行业数千套装置中得到成功应用。在本项目实施中，拟采用 RASO 边缘计算站最新版本进行，其系统结构如图 10-7 所示。反应釜现场 DCS 须支持

OPC 通信，满足以该种模式实施的条件。

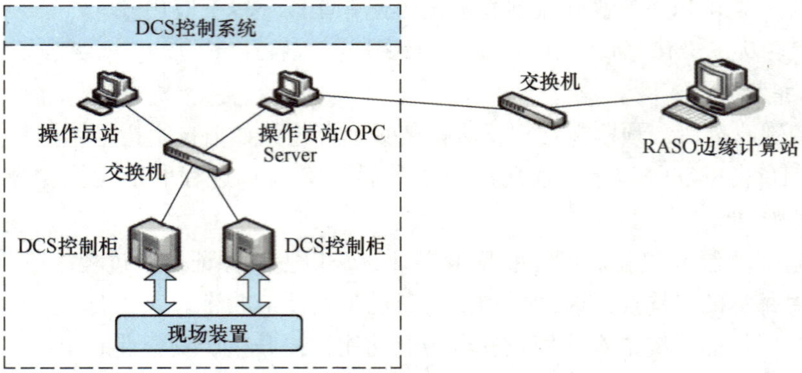

图 10-7 优化系统与原控制系统关系图

（2）优化控制技术方案：反应釜作为化工反应物质生成的重要设备，在控制方面，除加料卸料、分步加入添加剂等操作实现自动化外，更重要的是要实现反应过程各项参数如温度、压力等的精准控制，让反应过程最大程度地接近理想反应条件，从而实现产品质量最优、产量更高、节约能源，并保证生产过程的安全性。在精细化工有机反应中，对温度尤其敏感，然而反应过程中温度受到多方面因素的复杂影响，人工控制难度非常大，需要采用先进控制、优化控制等复杂算法来解决。

现场温度控制主要从以下几个层面解决：

1）反应釜升温保温优化控制模型。针对现场反映出来的问题——加热过程中无法快速升温至反应温度、恒温过程中无法使釜温稳定在较小区间内。在睿首（RASO）系统上运行和隆优化的升温优化控制模型，对于过程的传递函数为定常时，能够将升温曲线调节为图 10-8 中蓝色曲线所示。

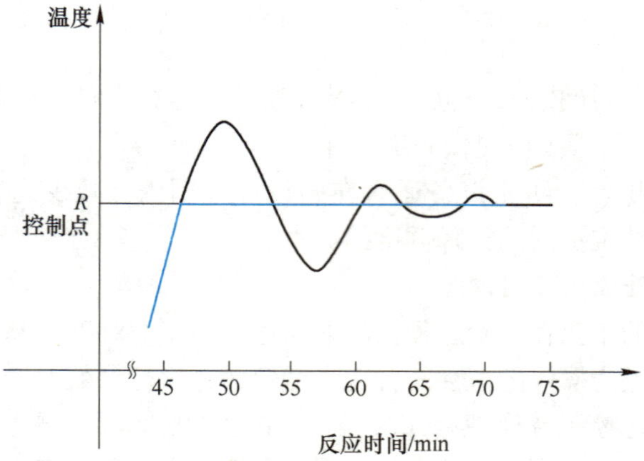

图 10-8 RASO 控制效果

要达到图中的理论效果，在应用的控制模型主要包括重叠控制理论，在响应还未显现时给予一个反方向的控制作用，图 10-9 中灰色区域即为重叠控制的作用。让冷却水阀产生一个反向的二阶过渡过程来抵消升温产生的釜内温度的二阶响应过程。但冷水阀开启的时机和开启的规律也需要建立数学模型来加以保证。在这里，动态拐点（冷水阀开启的时机）的选择至关重要。

在实际生产过程中，可以实现温度稳定在很小的区间内，为反应温度实现卡边操作创造了条件。同时，由于升温优化控制模型对升温速率、当前温度都在实时监控、预测，可以不再使用人为操作中存在的过于保守的操作策略，采用积极、实时的调节，从而缩短每釜的周期。

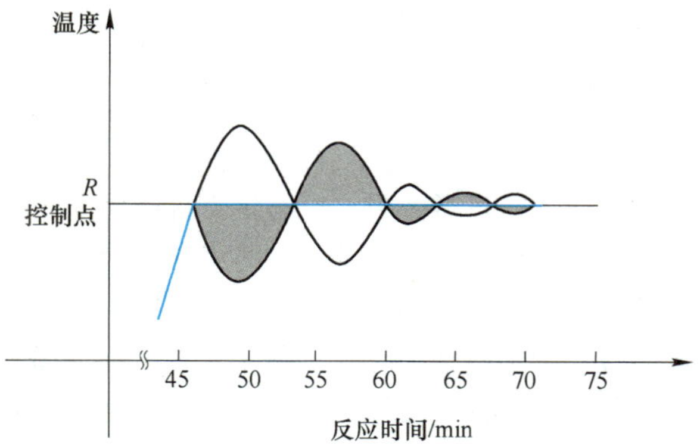

图 10-9 拐点理论示意图

缩短时间的原理图 10-10 所示，当升温过程更快，恒温过程更稳时，能够保证釜内物料以最快的速度反应完成，同时也能够保证每釜生产的一致性。

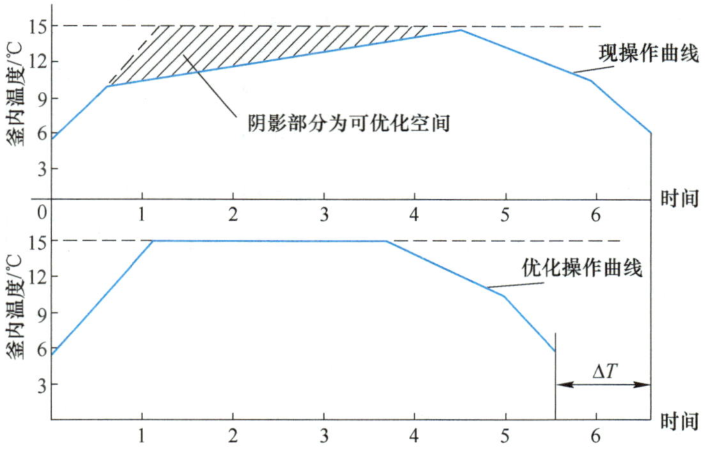

图 10-10 反应时间缩短示意图

ΔT—可减少生产时间

控制方案简图如图 10-11 所示。

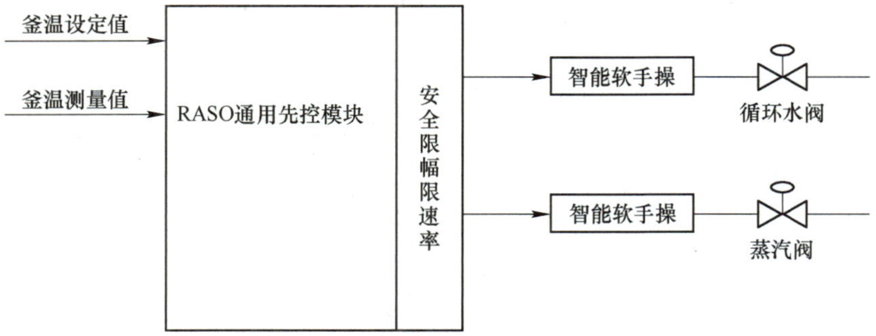

图 10-11 反应釜控制方案简图

2）专利技术中的先控模块解决，克服持续波动。针对反应釜控制中的两位式控制带来的随意性。采用扰动观测器技术、智能软伺服控制算法，可一定程度上模拟人工智能操作，并实时监测温度的细微变化，更为精确地控制冷冻水阀门。解决传统控制算法投运后持续波动的问题。即根据反应釜温度的变化实时调节冷冻水的流量以稳定该温度。常规PID算法是最常用算法，但无法克服大滞后的过程，通常PID调节要么过于频繁超调，在响应周期内进行过量调节，要么抗干扰能力太弱，对于扰动无法及时响应。

以某精细化工现场反应釜的温度控制情况为例，图10-12为两种模式控制效果曲线图，图10-12（a）为原有手动控制方式下运行曲线，图10-12（b）为投入优化控制后的温度曲线。图中横轴为时间，图10-12（a）时间长度为3 d，图10-12（b）时间长度为24 h；下部相近的两条曲线分别是温度设定值和实际值，上部是阀门开度反馈值。

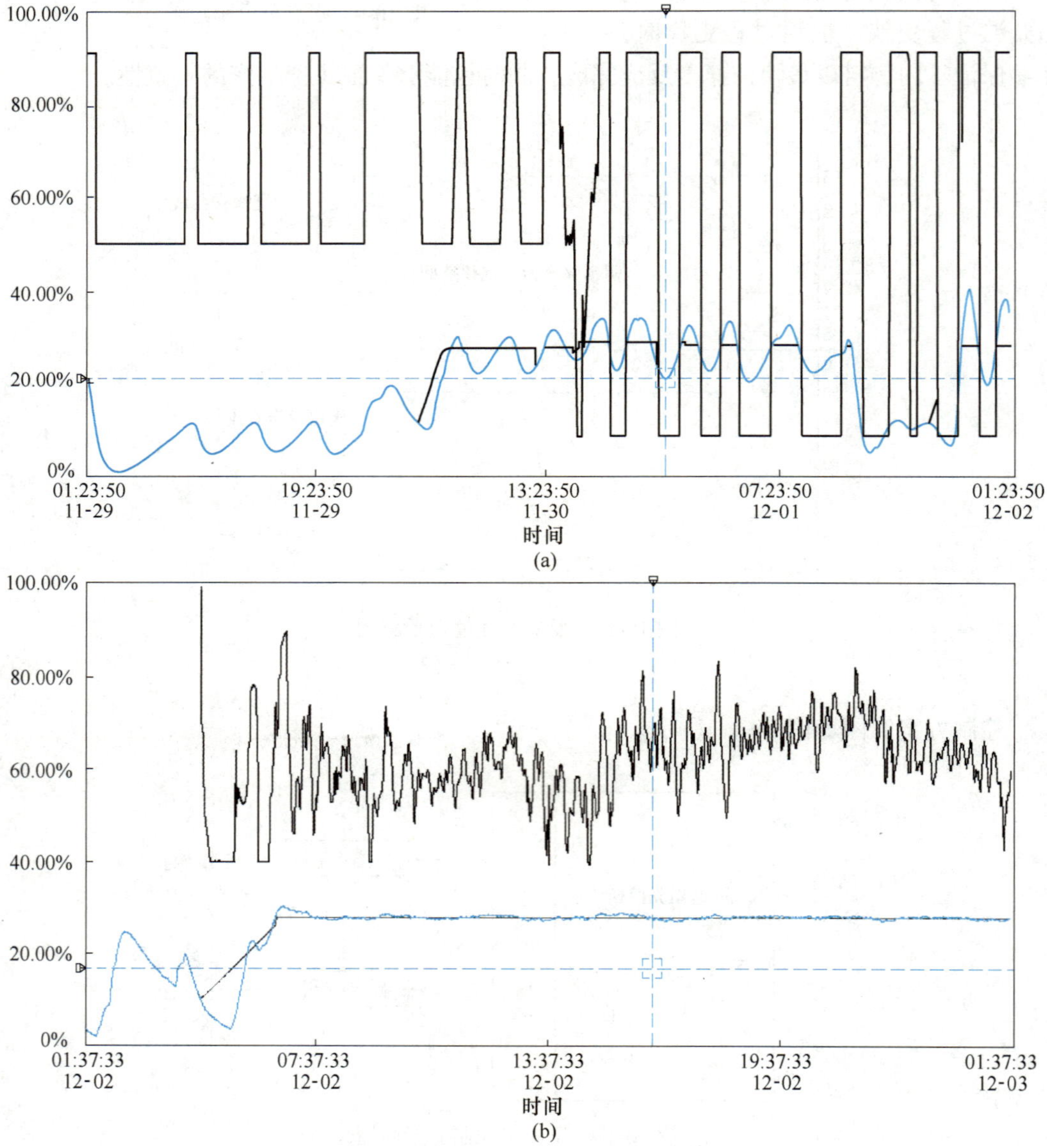

图10-12　手动（a）和优化（b）模式下控制效果对比

可以看到，手动控制时，由于人为对温度的观察不可能做到实时关注，于是不可避免地出现冷却水阀门开启不及时而温度大幅度波动。

在投入优化控制后，实现了连续调节，取代人工操作的两位式调节，同时控制精度得到了很大的提升。方案效果见表10-1。

表10-1 系统纯滞后解决方案比较

现场问题	传统PID效果	和隆优化解决方案
系统纯滞后大	传统自控PID模型无法适应装置的滞后环节。使用常规自动方案后，系统波动剧烈，甚至部分设备无法正常运转。因此目前大部分反应釜现场的复杂回路完全处于手动状态，产品实际品质来回波动，无法实现产品品质均一化	睿首的先进控制模块中主要包括两个子模块用于克服大滞后，即扰动观测器模型与智能软伺服模型 扰动观测器模型能够对测点反映的轻微变化做出反应，有效地捕捉测点的变化趋势，根据当前不同的温度变化率，以不同的采样周期作用到阀位输出上。能够最大程度地克服外界扰动带来的影响 智能软伺服模型属于人工智能类型的模型，该模型可自动建模判断过程的纯滞后时间与完全响应时间，进行拟人化的操作。当输出动作做出后，达到响应时间才做判断进行下一步的调节。在温度控制中可以很好地解决PID作用超调的难题

3）基于能量平衡控制实现严控边界条件。以釜内现有物料反应情况与冷冻水流量（先进行软测量取得）、温差建立能量平衡模型，计算冷冻水当前需求量。

基于能量平衡，从反应釜中带走的热量与冷冻水吸收存在相关性。

$$Q = c \cdot m(t - t_0) \tag{10-3}$$

比热容及密度均可认为是常量，基于能量平衡，釜内温度变化与冷冻水流量及温差存在定量关系。计算出冷量需求量后取±(5%~10%)数值（以建模数据进行修正）作为先进控制的上下限限幅，保证系统调整区间在合理范围以内。此处不以模型计算值作为最终控制指令，避免了模型偏差和奇异数据对控制的影响。

4）可测量前馈因素控制。当前可测量前馈因素主要有两个方面，即物料加入和排出的量及冷源的温度、压力的变化。

举例说明：当冷冻水母管温度降低了1℃，相应冷冻水流量应减少相应的量。由控制系统提前做出动作，未等釜内温度变化即进行调整，能够使釜内温度受其他扰动因素影响降到最低。

10.2 精馏塔产品与技术

精馏塔是流程生产过程中主要的耗能点，精馏过程变量多，被控变量与操控变量也多，过程动态机理复杂。随着当前生产对纯度、质量的要求不断提高，与此同时又不希望消耗太多的能量，对控制和优化提出了很高的要求。然而大多数行业内主流的人工操作和半自动的方式无法满足控制调整的及时性、精确性和稳定性的核心需求。

为消除精馏塔设备操作的不一致性，避免由于操作不及时可能产生的安全问题、经济损失，同时提升产品总体质量、收率，降低人员劳动强度，对精馏塔实施优化控制已成为挖掘效益，提升生产效率的极佳途径。

10.2.1 工艺设备知识

化工生产过程纷繁复杂，不同的产品有着不同的工艺过程，从原料到产品需要进行一系列的处理过程。

精馏装置在化工生产过程中承担分离与精制的角色，是化工、石油化工和炼油等生产中最重要的设备之一。它可使气（或汽）液或液液两相之间进行紧密接触，达到相际传质及传热的目的，利用混合物中各组分具有不同的挥发度，实现组分的分离。

精馏过程是一个复杂的传质传热过程。表现为：过程变量多，被控变量多，可操纵的变量也多；过程动态和机理复杂。

10.2.1.1 精馏塔的分类

精馏过程的实质是利用混合物中各组分具有不同的挥发度，实现组分的分离，可按照如下规则进行分类：

（1）按组分分类：二元精馏塔、多元精馏塔；

（2）按挥发度分类：一般精馏塔、特殊精馏塔；

（3）按结构分类：板式塔、填料塔；

（4）按操作的连续性分类：连续精馏塔、间歇精馏塔。

10.2.1.2 精馏设备结构

精馏设备主要包括精馏塔、再沸器、回流冷凝器三大部分，缺一不可。

（1）精馏塔。精馏塔是实现精馏过程的主要设备，从进料口以上称为精馏段，主要进行上升气部分冷凝过程，使轻组分（或轻关键组分）逐渐增浓，达到一定的要求；进料口以下称为提馏段，主要进行的是下降液体部分蒸发过程，达到重组分（或重关键组分）向塔釜逐渐浓缩，达到目标要求。上下两段的大小、高低、内容形式等可以相同，也可以完全不同。塔径大小决定于上升气量大小，塔盘数（或填料高度）取决于物料相对挥发度和回流比，由动力学计算得出；塔内件形式与物料特性相关，由水力学计算来选取。

（2）再沸器。供给精馏塔热能的设备是再沸器，一般再沸器采用管壳式换热器，大多数为立式布置（也有卧式或倾斜式），管内走塔釜液，便于热虹吸循环，也便于垢物清除；管间走热介质，除热虹吸循环外，还有强制循环方式。

（3）回流冷凝器。回流冷凝器向精馏塔提供冷量，在此，通过冷媒（水或其他介质）把上升气体从再沸器获得并逐板传到塔顶的热量带走，上升气全部（或部分）被冷凝为液体，除了应采出的产品外，其余返回塔顶作为回流。冷凝器的形式因介质不同而不同，用水为冷剂时，由于水侧无相变，一般用固定管板式或浮头式，传热面全利用，由水量改变引起温差改变实现对传热量的控制，进而控制釜温；若以液体冷媒气化方式传热，多采用锅形，自带气液分离空间，或在固定管板换热器配气液分离器，此方式是通过控制液面高度来改变传热面积以达到控制传热量，最后控制釜温。

10.2.1.3 精馏原理

精馏过程通过精馏塔、再沸器、冷凝器等设备完成。再沸器为混合物液相中轻组分的转移提供能量；冷凝器将塔顶来的上升蒸汽冷凝为液相，并提供精馏所需的回流。精馏塔是实现混合物组分分离的主要设备，通过反复的部分气化与部分冷凝，将混合液中沸点不同的各组分分离成产品。在保证产品质量合格的前提下，使塔的回收率最高、能耗最低，即使总收益最大，成本最小。图 10-13 为典型精馏装置示意图。

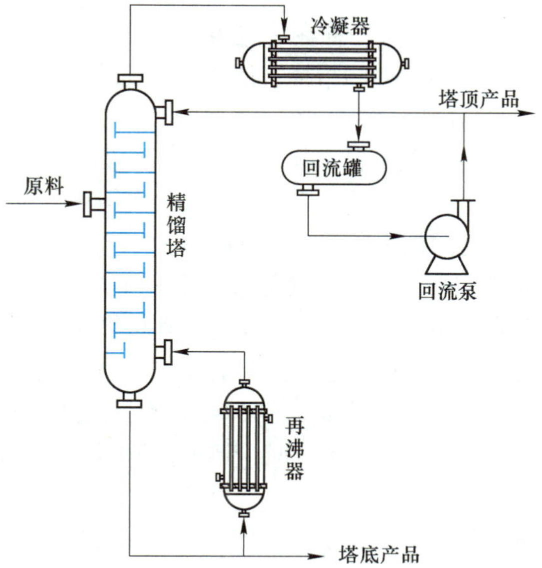

图 10-13 典型精馏装置示意图

10.2.1.4 精馏操作

精馏分离的过程伴随着物料平衡、气液相平衡和热量平衡。这 3 种平衡在操作中相互影响、相互制约，通常是控制物料平衡，相应地调整热量平衡，最终实现气液相平衡。精馏分离过程中的这种平衡关系，决定了精馏产品纯度、回收率和能耗间的相互关系。

精馏分离的过程是靠精馏塔重复地蒸发和冷凝维持的，本质上决定了精馏塔的热效率极低。塔釜加给精馏塔热能的 95% 被塔顶冷却水等介质带走，而真正用于分离的能量仅占 5%。精馏过程是化学工业中耗能最大的单元过程。化工生产中 40%~70% 的能耗来源于化工分离，而精馏的能耗又占分离能耗的 95%。

在保证产品质量的前提下，尽可能提高产量并降低装置能耗是工艺与控制所追求的目标。目前先进控制与优化技术是实现此目标的重要手段。图 10-14 为产品回收率与纯度关系曲线。

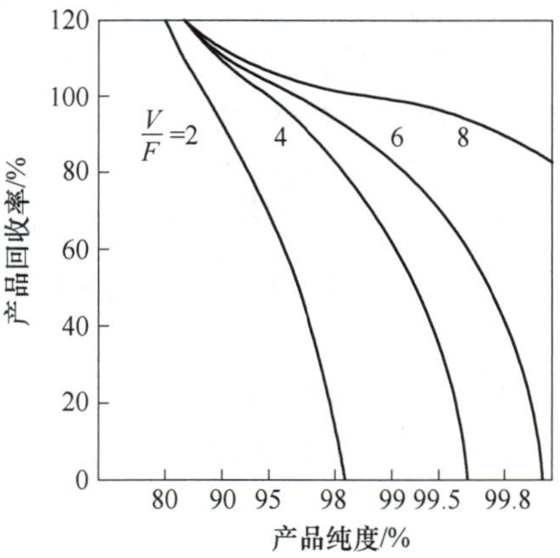

图 10-14 产品回收率与纯度关系曲线

10.2.2 产品与技术简介

10.2.2.1 精馏控制现状分析

精馏装置的控制存在着一些行业内共性的问题，不同程度地影响到了产品的质量、产能和能耗，造成装置的最大潜能不能得以发挥。这些制约装置达到最佳状态的控制因素主要表现在以下几个方面。

（1）自动化程度有待提升：目前现场涉及质量、能耗的关键回路基本上以手动操作为主，需人工手动调整，工人操作劳动强度较大；现场除蒸汽流量、进料流量等少部分基础单回路投入自动外，其他复杂回路和关键回路均处于手动状态。操作人员须观察及调整的内容繁杂，不仅操作质量下降，而且还存在一定的安全隐患。

（2）关键的塔釜温度、液位等控制指标有待改善：受前后工序参数影响，部分控制参数会呈现周期性的波动，如液位控制等回路。

（3）部分阀门、工艺参数设置不尽合理，指标在一个固定数值的情况较多，不利于进行装置优化运行调整。再沸器强制循环调节阀、热泵频率等值均设定为固定数值，失去了设定调节的初衷，本应具备的优化手段未能充分应用。

（4）多塔间工艺串联耦合严重，运行状态稳定性亟待提升，工况波动后的调节品质无法得到保证。塔之间基本无缓冲，前序塔的工况变化直接影响到后续塔，而目前常规自动只能进行反馈调节，无法对已知的扰动进行提前的动作与预防，容易引起整个系统持续波动。另外，平稳生产状态下生产参数基本处于不变的状态，但在进料或组分产生扰动后，调节频率急剧增加，不可避免地产生了不及时、调整依据不充分导致波动多个周期才能稳定生产等问题。

（5）人工经验操作的一致性难以保证。人工手动操作受到技能、经验、情绪、状态的影响，在控制过程的差异性非常明显。对于精馏塔调节过程的理解、塔况控制点的修改、各个调节阀的控制上，均存在较大的差异，这样难以保证每个班操作质量的一致性，拉低了设备的生产效率。

10.2.2.2 精馏塔优化技术指标及经济效益

（1）技术指标。

基于对现状的分析，经优化控制改造后，预计在精馏塔装置上可达到如下效果：

1）实现精馏装置全自动优化运行，降低工人劳动强度。

2）系统控制具有很强的适应能力，系统能够迅速地克服进料负荷、温度、组分等因素带来的扰动，对整体影响最小，提升质量。

3）实现量化技术指标：

各塔实现准无人化操作，优化控制系统投用率达到90%以上；

塔底温度、塔顶温度、塔顶压力等关键控制指标精度提升30%以上；

在实现上述目标后，在稳定的基础上实现卡边控制，产品质量在满足要求的前提下使吨产品综合能耗降低1%以上。

4）具备可靠的系统预警及安全控制功能，提升生产安全性。

（2）经济效益。

直接效益：以100万吨/年甲醇精馏装置为例，在投入睿首（RASO）系统后，通过平稳精准的控制，达到精馏反应的最佳工况，同时节约蒸汽用量。以加压塔蒸汽量85 t/h，预塔蒸汽量10 t/h，平均节约蒸汽2%计算，每年可节约蒸汽量：

$$(85+10)\times 2\% \times 8000 = 15200\ (\text{t}) \tag{10-4}$$

以每吨蒸汽200元计算，每年直接节约蒸汽效益为：

$$15200 \times 200 = 3040000\ (\text{元}) \tag{10-5}$$

期望节约蒸汽量可达5%，则直接节约蒸汽效益为760万元。

同时还可提高甲醇收率，减少杂馏整体出量，降低杂馏处理费用。

直接经济效益可达 300 万~760 万元/年以上，收益非常可观。

管理效益. 在睿首（RASO）系统投入运行后，可减少运行人员的劳动强度，为“一人多岗”“减员增效”等管理手段提供先决条件。同时系统可实现“压红线运行”，防止设备运行超设计范围，减少运行波动，延长设备寿命，同时延长设备的维护周期，降低维护成本。

10.2.2.3 精馏塔优化控制方案

针对精馏装置中存在的大滞后、多变量耦合、重要干扰因素不可测量导致的调节不及时、控制精度低等的问题，在现有的测控仪表、控制系统的基础上，应用先进控制、在线优化、人工智能加边缘计算等技术，实现精馏装置的准无人化操作，同时使装置运行更加稳定，同时降低能源消耗。

A 精馏塔通用优化控制技术简介

“精馏塔通用优化控制技术”的主要技术构成如图 10-15 所示。

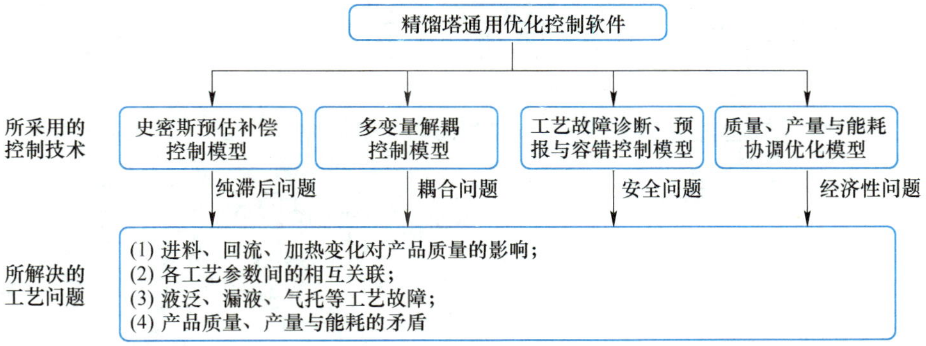

图 10-15 精馏塔通用优化模型

在“精馏塔通用优化控制技术”中有几个关键点：（1）将灵敏板和稳定板的温差作为扰动观测器并被广泛地引入控制算法的前馈通道；（2）将精馏段温差与提馏段温度之差作为被控变量，以回流量作为控制变量来保证最终产品的质量，实现了“双温差质量控制”；（3）把塔顶温度、压力等参数处理成一个整体质量模型，实现了在一定设定质量的情况下提高产量和在降低产量的前提下提高质量的协调操作。

采用先进的多变量解耦控制技术，提高精馏塔抗各种扰动的快速平衡能力，实现产品质量的精确控制；优化回流比，实现能耗最小优化控制并提升装置产能；实现工艺故障诊断（液泛、漏液、汽托）及自动处理。

B 精馏塔系统中扰动因素分析

（1）进料流量。精馏塔的处理量取决于前后装置的运行状态。即便是有中间储槽，但储槽的大小、料位高低，系统压力的波动都会造成塔进料量的扰动。这个被控对象是典型的多变量解耦系统，一是要充分考虑上一工序和下一工序处理量的变化，还要考虑精馏塔堵塞等问题导致的流量异常对系统的影响，二是提高精馏塔控制系统自身的自适应能力，对系统压力等变化响应需及时。

（2）进料成分和温度。进料成分和温度是不可控的，它的变化主要取决于前系统装置的生产状况，是难以避免的。

（3）加热介质的波动——蒸汽压力、温度。此干扰可控，可以通过总管压力调节或采用对蒸汽流量串级调节来克服。

（4）冷却介质的波动。冷却水或冷冻盐水等冷却介质的温度和压力的波动对精馏塔来说是不可控的，在控制过程中需要充分考虑该介质对被控对象的影响。

C 先进控制方案设计

（1）扰动观测器的设计。对精馏塔来说，最大的扰动来自进料流量、进料成分和进料温度的变化。为克服进料流量、组分及温度波动带来的扰动，取进料口附近塔板（灵敏板）的温度与塔釜温度之差 ΔT_1 作为扰动观测器。其原理是：当进料流量增大时，温差增大；轻组分增高时，温差增大；进料温度降低时，温差也增大；反之，则相反。同时，此两点的温差又不易受到系统压力的影响。实践证明，根据温差的变化能比较真实地反映进料流量、组分及温度的变化。

（2）提升回路响应及时性与稳定性的回路控制方案。控制方案框图如图 10-16 所示。

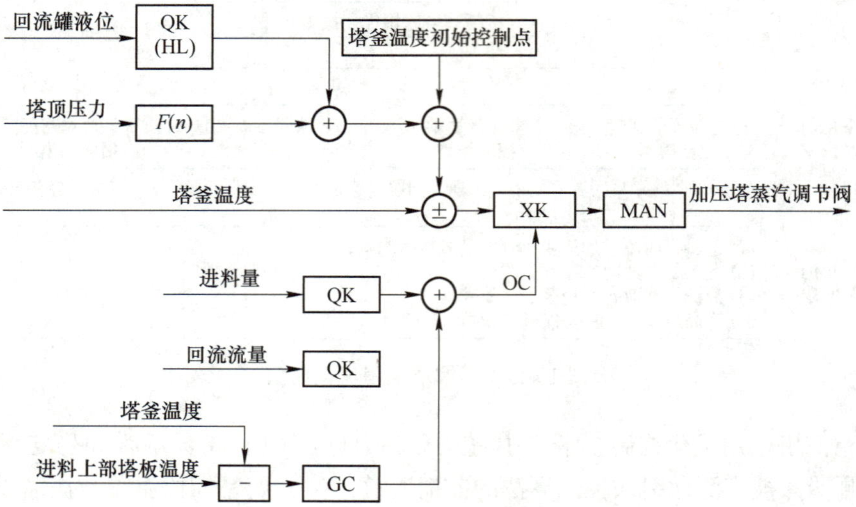

图 10-16 精馏塔控制方案示意图

（3）部分控制回路无法投入自动或波动过大的解决。当前回路投运不佳，基本是因为对于多阶滞后系统，PID 调节适应性差。为此，可用睿首系统中先控模块包含智能处理模块和软伺服模块、扰动观测器模块，可有效克服过程中的细微变化，提前进行调节。

对于液位等回路波动过大，常规控制系统单纯根据控制点实时进行干预调节，而未考虑系统本身的容错特性，在先控系统中可结合均匀控制思想，将液位与后端负荷的要求结合起来进行协调控制。

（4）回流比优化。对于单塔而言，回流比越小，则净功耗越小。为此，应在可能条件下减小操作的回流比。我们将华罗庚的“盲人爬山法”优化策略用在了智能优化控制器设计上。

回流比和产品纯度密切相关。为了确保得到纯度合格的产品，设计时有一定的回流余量，余量越大，能耗越高。在此以塔顶产品质量的化验值作为优化目标，以一定周期改变回流比，优化目标的变化作为是否继续寻优的依据。持续进行滚动优化，即可得到当前状态下在确保产品质量前提下的最经济回流比。

D 精馏塔的工艺故障诊断与处理

精馏塔不能出现液泛，某些类型的塔（如筛板塔等）也不应出现漏液现象。当塔出现液泛时，塔的压差将超过一个限值。当塔出现漏液时，塔的压差将降到一个下限值。

为防止液泛和漏液现象，可以把约束条件加在再沸器上，这可以通过对加热流量或阀位设置上、下限幅来实现。

E 精馏质量-产量-能耗协调优化控制方案

质量、产量、能耗这3个指标是相互制约、相互矛盾的，产品的质量要求越高，就意味着高回流量和高加热量，也就意味着低产量和高能耗。而解决矛盾的有效办法是基于利润最大化的协调优化策略。

（1）精馏塔装置生产利润模型：

$$M = \sum(Q_n \cdot D_n) - (m_1 + m_2 + m_3 + \sum E_n) \tag{10-6}$$

式中，Q_n 为该精馏塔装置单位时间所能生产的各产品的量；D_n 为各产品的售价，它隐含了产品质量指标；m_1 为单位时间的设备折旧费用，它可视为一个常数；m_2 为单位时间人力资源、销售等各种管理费用，它可视为一个常数；m_3 为单位时间内的生产损失，它可视为一个常数；$\sum E_n$ 为单位时间内的生产能耗总量。

设 $c=m_1+m_2+m_3$，则有

$$M = \sum(Q_n \cdot D_n) - \sum E_n - c \tag{10-7}$$

（2）利润最大化原则：

基于式（10-7）进行如下优化：

1）回流比优化：实施卡边控制使产品质量在满足用户要求（质量合格，同等售价）的前提下最佳、产量最大——使 $\sum(Q_n \cdot D_n)$ 项趋于最大；

2）能源优化：优化加热和冷凝操作，使能耗降至最低——使 $\sum E_n$ 项趋于最小。

根据气体状态方程：$pv=nRT$ 可知，对精馏塔来说在同样的塔顶压力下如果改变了塔顶温度的控制点也就改变了塔顶产品的成分 n，即产品的纯度，例如，提高塔顶温度，则意味着产品的纯度就低了，即高沸物含量就增加了，但塔顶所用的冷量就减少了，进而塔底再沸器的加热量也就减少了，这就起到了降低能耗的目的。

F 精馏塔在线闭环优化算法简介

基于精馏塔运行的历史数据，进行除噪、特征提取等数据处理，建立能耗预测模型，实现对各关联的塔工艺参数的平稳控制；针对优化目标和工艺约束条件要求，建立优化模型，根据状态变量具体数值求得最优的输入参数。

精馏装置通过工艺优化，通过深入分析精馏过程中各相的物料组成、温度及流量在塔中的分布情况，研究各种操作情况下精馏过程的变化规律和各变量之间的关联特性，并通过历史数据学习工艺工程师和操作人员长期的生产经验，建立大数据模型，并进行控制和优化计算，实现对精馏过程的安全、平稳控制，提高装置自动化水平，降低操作劳动强度。精馏塔能耗优化算法在 RASO 系统平台运行，直接给出最佳的操作指令输出到现场执行机构，将控制回路与在线优化结合起来，避免了优化算法和控制平台各自独立导致优化目标参数无法在实际控制回路中实现，从而减少装置运行振荡不稳定因素，降低精馏装置

的液位、温度、压力等参数波动，进而实现降低装置能耗，提升装置产品质量。最终可实现全局操作优化和协调控制。

(1) 装置安全性和稳定运行：充分考虑精馏塔装置冷却能力和塔釜再沸器加热能力，避免冷却、加热负荷不合适，而导致塔压偏高或加热负荷过大引起的设备运行安全问题。同时，克服内外部干扰因素和内部物料交叉换热耦合，实现冷、热物流的物料平衡和能量平衡，通过动态优化控制，可确保装置安全稳定运行。

(2) 平稳控制和优化：先进控制器需实现对过程关键工艺参数如灵敏板温度、塔底温度、塔顶温度、液位、压力、冷后温度等的稳定控制和优化，保持精馏系统内的物料平衡和能量平衡，稳定生产工况，同时适应上下游生产负荷的变化需求，实现工况的渐变调整，有效防止工况的大幅度波动，保证产品质量。在平稳控制的基础上，结合精馏原理和实际生产现状，对精馏塔的分离能力、节能潜力等进行评估分析，找到精馏塔最优的工艺参数，并对相关工艺参数、回流比等进行“卡边”优化，在一定程度上改善回流比严重过剩的现状，适当减小操作弹性，充分挖掘装置潜力，使各项工艺指标趋向低能耗、高收率的稳态工作点，在保证产品质量的前提下，降低能耗，实现装置经济效益最大化。

(3) 产品质量控制：针对精馏装置，基于自动化机器学习的预测算法，建立塔顶或塔釜采出馏分的组分含量与精馏塔运行数据的软测量模型，实时预测实际生产过程中组分含量随工况的变化趋势，实现自动调整相关参数，对塔釜、塔顶馏分组分含量的精细化控制，保证轻、重组分的分离效果，减少组分损失，为产品质量和产品收率提供保障。

10.3 干燥产品与技术

干燥过程一般是产品生产流程中的最后一道生产工序，干燥生产装置的运行情况也是决定最终产品质量和产品消耗的一个重要环节。悬浮法 PVC 生产工艺中，水和氯乙烯单体通过搅拌、分散剂强制分散混合后在聚合釜内反应，而且在反应过程中，通过不断向体系内补充无离子水来维持体系体积，保证其传热面积。因此聚合釜出料后为水和 PVC 颗粒的浆料混合物，离心干燥岗位主要是去除 PVC 浆料中的水分，控制成品水分不超过 0.4%（优等品控制指标），而且在干燥过程中，通过给 PVC 成品升温，也能达到降低氯乙烯含量的目的。

为消除干燥装置操作的不一致性，避免由于操作不及时可能产生的安全问题、经济损失，同时提升产品总体质量、收率，降低人员劳动强度，对干燥装置实施优化控制已成为挖掘效益，提升生产效率的极佳途径。

10.3.1 工艺设备知识

干燥设备选型主要是根据被干燥物料的形态来决定，物料形态不仅决定其干燥方式，同时对干燥机的干燥效率、干燥质量、干燥均匀性及进出料装置等都有很大的影响。

10.3.1.1 干燥设备的类型

按大类可分为机械干燥与物理干燥。

(1) 机械干燥：通过离心，甩干等方法去除物料中水分的干燥方法，一般采用离心机、板框压滤。

（2）物理干燥：在一定温度下，任何含水的湿物料都有一定的蒸气压，当此蒸气压大于周围气体中的水汽分压时，水分将气化。汽化所需热量，或来自周围热气体，或由其他热源通过辐射、热传导提供，国内干燥技术有气流干燥、旋风干燥、旋流干燥、流化床干燥、喷雾干燥。

10.3.1.2 干燥的原理

在此主要介绍离心干燥、气流干燥、喷雾干燥3种方法的干燥原理。

（1）离心干燥原理。离心机转鼓带动差速器外壳旋转，螺旋推料器以一定的差速与转鼓同向旋转。悬浮液经初步加速后经料盒出口进入转鼓。由于离心力的作用，转鼓内的悬浮液很快分成两相：固相沉积在转鼓壁上形成沉渣层；液相则形成内环分离液层。在螺旋推料器的作用下，沉渣和分离液向相反的方向运动，沉渣被推送到锥段进一步脱水后经出渣口排出，分离液从大端溢流孔排出或采用向心泵排出。

（2）气流式干燥系统原理。气流干燥器具有结构简单、品种更换、风量调节方便的优点，因此在多品种、小规模工厂应用较多，但多采用气流——气流双级干燥。其缺点是操作温度高、能耗高、死角积料后使物料分解影响产品质量。气流式干燥系中常用的是旋风干燥系统、旋流干燥系统。

1）旋风干燥系统。热气流夹带被干燥的物料颗粒以切线方向进入旋风干燥器内，沿热壁产生旋转运动，使物料颗粒处于悬浮旋转运动状态而进行干燥。器壁根据需要可设蒸汽夹套。干燥过程大为强化。此外，由于颗粒与器壁撞击而有所粉碎，气固相的接触面积增大，也强化了干燥过程。对于憎水性强、不怕粉碎的热敏性散粒状物料特别适用，但对含水量高、黏性大、熔点低、易升华爆炸、易产生静电效应的物料不适用。

2）旋流干燥系统。气流旋流干燥是利用气流旋转流动原理，在旋转流动中使热气体和固体颗粒充分接触，以达到干燥目的。高速热气流带着湿颗粒，从干燥器底部沿切线方向进入最下层干燥室，干燥室内有固定挡板形成气流通道，热气流与颗粒在室中高速回旋，离心力使气固分开，颗粒随着角动量减小，随气流进入上一干燥室，气体与颗粒重复第一干燥室运行过程中，小颗粒滞留时间长，使不同粒径的颗粒都能得到良好的干燥。

（3）喷雾干燥系统原理。喷雾干燥系统是用喷雾器将稀料液喷成细雾滴分散于热气流中，使水分迅速蒸发而达到干燥的目的。该系统优点为干燥时间短，适于热敏性物料；所得产品为空心颗粒，溶解性好，质量高；操作稳定；能连续、自动化生产；由料液直接获得粉末产品，省去了蒸发、结晶、分离和粉碎操作。其缺点为体积传热系数低；设备体积庞大；操作弹性较小，热利用率低、能耗大。

10.3.2 产品与技术简介

本书以PVC干燥装置为例进行说明。

10.3.2.1 干燥装置控制现状分析

A 干燥现场情况

干燥装置是典型的多输入、多输出、强耦合系统，受负荷调整影响、来料控制及蒸汽压力等影响，负荷调整又与浆料槽液位、换热器能力等有关。

旋风干燥当前控制方式分为3个回路：

（1）离心机进料回路：大部分采用手动操作，通过调节进料管线回流和离心机进料阀调节系统进料量。

（2）干燥管出口温度控制回路：干燥管出口温度直接控制热风换热器蒸汽阀，通过PID直接调节蒸汽阀，干燥管出口温度波动幅度较大。

（3）旋风床出口温度控制回路：干燥管出口温度不稳定，导致物料含水情况不一致，所需要的热量也不一致，因此旋风床中部温度也频繁大幅度波动。为确保产品质量达优级品（国标含水率0.4%内），人工操作一般控制产品含水率在0.2%内。

人工操作时，为防止水分超标，一般采用过度烘干的方式控制产品含水率在0.2%内，且存在绝干的情况，造成过多的蒸汽使用量。同时，干燥管底部温度出现下降又快速上升的过程，现场肯定存在物料浓度变化剧烈的情况。由于采用母管制供汽，蒸汽压力波动较大，现场为0.7~0.85 MPa，因此蒸汽压力波动肯定会造成整个装置波动幅度较大。

同时，干燥管及旋风干燥器为保证出口温度，分别分配了独立的循环冷却设备以及干燥器再加热设备，加重了控制系统的耦合程度。且在此设备的投入后，单从控制出口温度的角度来实现最终水分的稳定时，易出现过干及过湿的极端情况。为此，旋风干燥装置的水分控制精度还有很大提升空间。

B PVC干燥运行存在的主要问题及分析

旋风床干燥工艺存在着一些共性的问题，这也是行业内普遍存在的PVC过干问题，其根源在于PVC含水瞬时值难以稳定，主要表现在以下几点。

（1）PVC含水率不稳定，旋风床中部温度波动大。

从目前各大PVC生产企业的数据来看，PVC成品的综合含水控制在0.15%以内相对稳定。虽然产品总体质量是符合国标的，但从考察的其他带水分分析仪的现场来佐证，由于取样化验的是产品的混合样本，所以只能得到综合含水的化验值，对于瞬时的产品质量而言，在大多数时段是不佳的。虽然产品总体质量是符合国标的，但对于下游用户追求高质量产品的角度来说，是一项不利的影响因素。如果将产品的综合质量和瞬时质量都能控制在国标范围以内，无疑对增加产品竞争力有着重要的影响。

图10-17为一家已经安装水分分析仪的PVC生产企业。从曲线中可以看到，出口温度与含水量有着密切的相关关系，对于该水分测点而言，具有较大的滞后。该企业当前控制温度波动范围为±4 ℃，其PVC含水瞬时波动可达0~1%，可见含水瞬时波动剧烈。

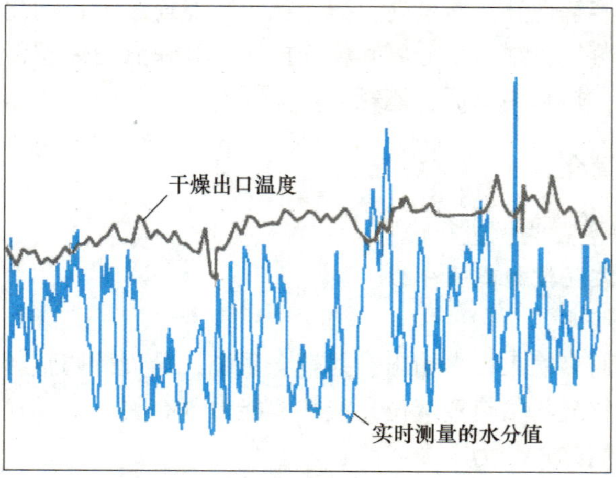

图10-17 某企业PVC含水实际曲线

（2）产品能耗较高。

由于 PVC 水分（旋风床出口温度）的难以控制，操作人员往往为了满足 PVC 水分控制指标，不得不牺牲蒸汽能耗以保证优级品率，造成蒸汽用量增大。平均含水远低于国标的规定上限 0.40%，在多消耗能源和物料的基础上，没有得到应得的经济效益。

（3）操作经验一致性差。

操作人员个人的操作不具备一致性，老员工与新人之间、各班组之间都存在差异，使得关键指标也随之频繁变化，即使出台相应的考核措施，也因操作理念和现场经验判断的差异，难以对实际产品质量的稳定产生作用。

10.3.2.2 干燥装置优化技术指标及经济效益

A 优化技术指标

基于对现状的分析，经优化控制改造后，预计在 PVC 干燥装置上可达到如下效果：

（1）实现 PVC 干燥系统长期自控率在 90%以上，显著降低操作人员劳动强度。

（2）实现干燥生产过程稳定，干燥床中部温度或水分控制精度（标准差）收窄 50%以上，PVC 质量稳定提高，在一定程度上实现产品含水率的“按需定制”，同时实现产品综合能耗降低。

（3）实现故障预诊断与精确报警功能，增强生产装置的安全性，确保生产安全。

B 经济效益

a 直接效益

以年产 20 万吨 PVC 企业为例计算：

PVC 树脂湿含量从 0.2%提高到 0.35%，年产 20 万吨，按照 7000 元/吨 PVC 计算，每年提升水分增产带来的经济效益：

$$M_1 = (0.35\% \sim 0.2\%) \times 20 \times 8000 = 240\ (\text{万元}) \tag{10-8}$$

产品含水从 0.2%提高到 0.35%，还意味着少用蒸汽 0.05 t/t 以上，蒸汽价格以 200 元/吨计，则节能效益至少为：

$$M_2 = 20 \times 0.05 \times 200 = 200\ (\text{万元}/\text{年}) \tag{10-9}$$

20 万吨/年 PVC 生产线进行干燥优化干燥的总效益可达 440 万元/年。

b 管理效益

在睿首（RASO）系统投入运行后，可减少运行人员的劳动强度，为“一人多岗”“减员增效”等管理手段提供先决条件。同时系统可实现“压红线运行”，防止设备运行在超设计范围内，减少运行波动，延长设备寿命，同时延长设备的维护周期，降低维护成本。

10.3.2.3 干燥装置优化控制方案

“PVC 干燥通用优化控制技术”的主要技术构成如图 10-18 所示。

在“PVC 干燥通用优化控制技术”中有几个关键点：一是将离心机电流与扭矩作为扰动观测器并被广泛地引入控制算法的前馈通道；二是将干燥管与干燥器温度作为被控变量，以进料量与蒸汽流量作为控制变量来保证最终产品的质量；三是把浆料槽液位、蒸汽压力等参数处理成一个整体质量模型，实现了在一定设定质量的情况下提高产量和在降低产量的前提下提高质量的协调操作。

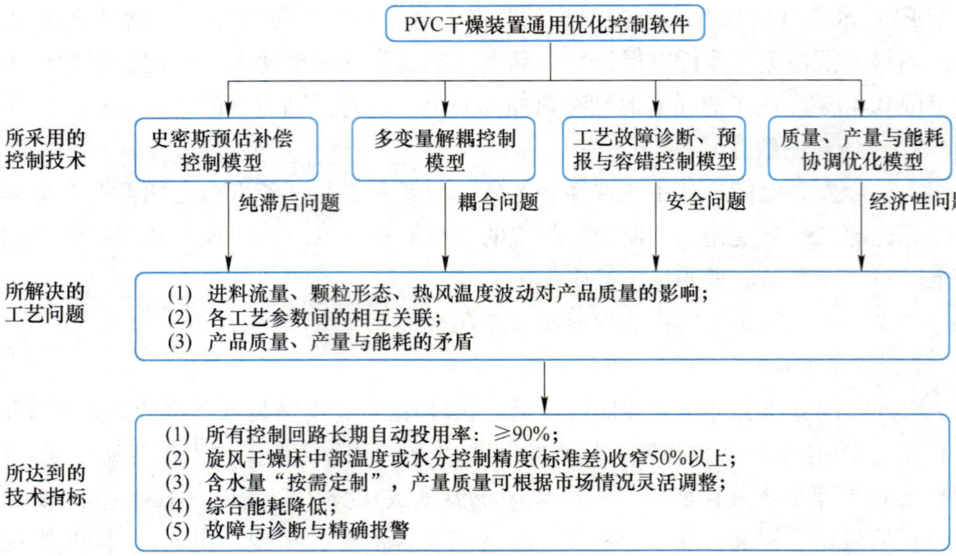

图 10-18 PVC 干燥通用控制模型

采用先进的多变量解耦控制技术，提高 PVC 干燥装置抗各种扰动的快速平衡能力，实现产品质量的精确控制；优化进料量，实现能耗最小优化控制并提升装置产能；实现工艺故障诊断及自动处理。

A PVC 干燥系统中扰动因素分析

（1）进料流量。PVC 干燥装置的处理量取决于前后装置的运行状态。即便是有浆料槽，但储槽的大小、料位高低，系统压力的波动都会造成进料量的扰动。这个被控对象是典型的多变量解耦系统，一是要充分考虑上一工序和下一工序处理量的变化，还要考虑大块料等问题导致的干燥进料异常对系统的影响，二是提高 PVC 干燥控制系统自身的自适应能力，对系统压力等变化响应需及时。

（2）进料成分和温度。进料成分和温度是不可控的，它的变化主要取决于前系统装置的生产状况，是难以避免的。

（3）加热介质（蒸汽压力）的波动。此干扰可控，可以通过总管压力调节或采用对蒸汽流量串级调节来克服。

（4）自然环境的波动。本现场只需考虑环境温度的影响即可，在不同的环境温度下提前改变风机变频的转速与蒸汽流量。

B PVC 干燥先进控制方案设计

以旋风床中部温度或水分为核心控制点，充分考虑到进料、热风波动对于床温的影响，通过 RASO 技术对于突变、时变、趋势等考虑，稳定干燥床温度。这需要控制好进料和总的蒸汽需求之间的匹配问题，同时解耦各蒸汽调节阀的相互关系。

具体各控制功能实现如下：

（1）水分优化控制模型。进料的调节关系到整体产量的实现，同时严重影响着 PVC

产品质量，由于进料对于系统的影响更为迅速，因此多数情况下应作为随动控制，随产品水分、风温、风量、离心机负荷等变量的变化而进行实时调节，要充分考虑进料阀门调节的滞后性。在此采用睿首系统中的通用先进控制模块即可综合各限制条件进行智能调节，用来稳定产品水分控制方案框图如图 10-19 所示。

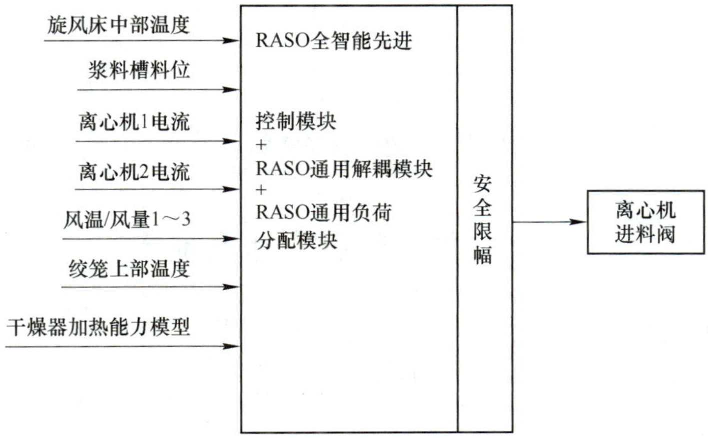

图 10-19 PVC 干燥水分控制方案

（2）干燥管底部温度的控制。目前 DCS 上所做的 PID 单回路控制，无法适应蒸汽压力的变化，无法对蒸汽压力进行解耦，因此一旦有扰动产生，蒸汽阀频繁调节很难回到稳定的状态，底部温度波动较大，也会影响系统整体负荷的稳定性。睿首系统中的通用先进控制模块和解耦算法能够很好地解决以上问题，其控制示意图 10-20 所示。

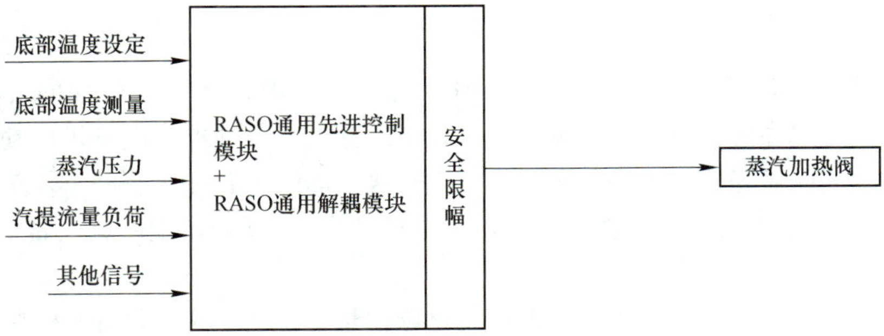

图 10-20 PVC 干燥管底部温度控制框图

（3）生产负荷协调优化控制模型。在水分优化控制模型的协调下，水分精度已经有了一定的保障，但是由于系统生产负荷的变动，会打破原有的正常平稳生产状态，因此生产负荷协调模块就十分必要了。如何提升对于整个生产负荷的及时响应对水分控制精度影响极大，同时也对于实现系统平稳生产具有极大的指导意义，防止出现剧烈的提降负荷操作，有利于降低产品杂质产生的可能和水分的波动。其控制简图 10-21 所示。

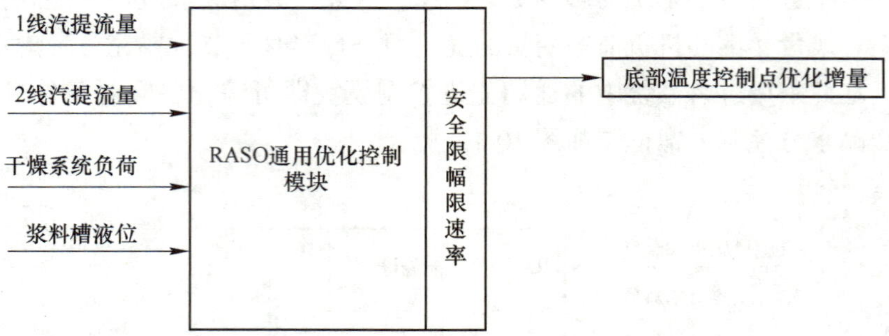

图 10-21 PVC 干燥管底部温度控制框图

10.4 化工行业公辅系统

一般化工企业根据产品的工艺要求，会用到各种不同压力的蒸汽，因此都会建有动力厂，为化工生产提供所需的蒸汽，同时也配置有汽轮机进行发电，减少从电网购买电的量。

由于动力厂生产模式为供热和发电并存，受化工装置用汽的影响非常大，再加上煤质的变化影响、设备性能不佳的影响等不利因素，普遍存在着自控率不高，操作人员劳动强度大，煤耗高的问题；同时由于环保的要求越来越严，排放指标越来越高，脱硫脱硝受锅炉负荷变化、煤质变化等影响难以实现靠排放指标上限运行，增加了物料的消耗，有时还存在超指标排放，被罚款的现象。

随着国家碳达峰、碳中和的“双碳”目标的实施，智能化、清洁化、绿色化生产是必由之路。

10.4.1 动力厂基本工艺

动力厂基本工艺可以用机、炉、电、化、热代表，由化水车间处理的合格水进入锅炉，吸收锅炉燃烧煤炭释放出的热量，变成合格的蒸汽，蒸汽进入汽轮机推动汽轮机带动发电机发电，同时做完工或者部分做工的蒸汽排放至热网或者抽至热网，供给用热单位使用；做完工的蒸汽（或水）再输送至化水车间循环利用；锅炉燃烧的烟气需要经过脱硫脱硝除尘处理合格后排放至大气。

化工行业动力厂主要以煤粉炉和循环流化床锅炉为主要炉型。图 10-22 为发电通用工艺流程。

10.4.2 燃烧难以实现自控的原因分析

（1）燃烧过程高度复杂：燃烧过程本身就是一个很复杂的过程，它有着多相流、耦合严重、时变性、纯滞后大、反特性、系统有内循环等诸多不利于实现优化控制的困难因素。升降一次负荷要涉及给煤调节、送风调节、引风调节、给水调节、减温减压调节等多个控制回路；燃煤进入炉膛燃烧前首先要吸热、汽包进水加大时也会出现液位降低的虚假液位现象；热电联产锅炉负荷波动频繁；燃煤的发热量、挥发分等参数不稳定也同样要影

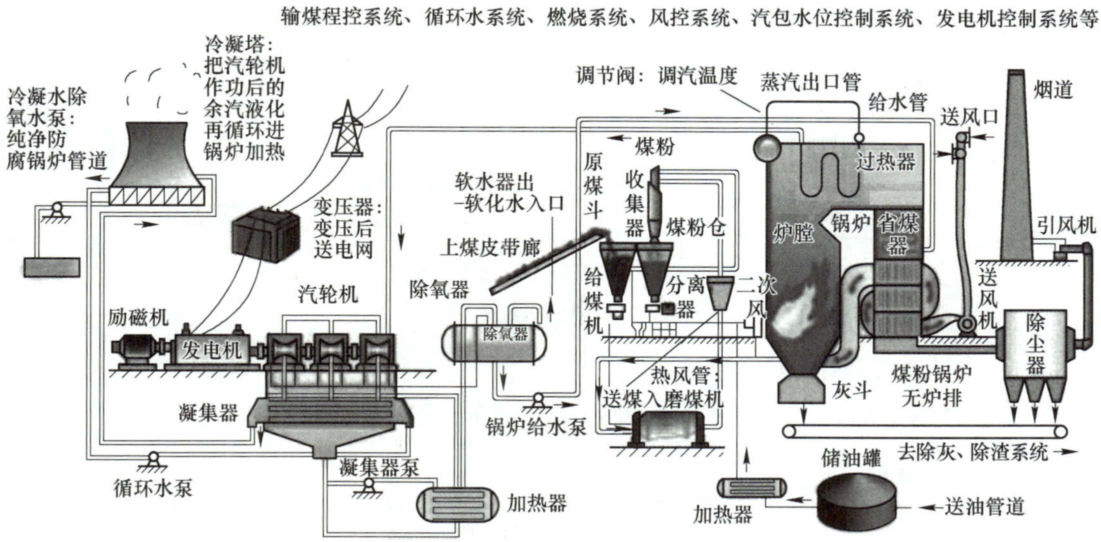

图 10-22　发电通用工艺流程

响这一系列的调节回路；循环流化床锅炉磨损严重，运行故障多，工人的操作水平参差不齐、现场管理水平不高等，这就造成了我国 CFB 锅炉 80% 以上都处于手动操作的状态，尤其是燃烧系统。

（2）测控仪表所存在的问题：在有些企业，某些仪表或因为贵重或因为仪表本身不可靠而没有安装，如燃料热值测量、废气含氧量测量，甚至有的企业空气流量的测量仪表也没有安装，这造成用常规的控制方案根本无法实现自动控制。另外，即便是这些信号都有，但控制回路所涉及的氧含量、热值表的精度差、滞后大及其不可靠性；手操器、伺服放大器本身的仪表精度过低、调节阀过大的死区以及仪表特性的偏移等都增大了以上各种控制方案在实施中失败的可能性。

（3）先进控制理论的工程化问题：先进控制理论固然可以解决某些过程的特殊控制难题而获得很好的控制质量，但将它们用于现场实际还有很多细节性的处理，例如，模糊控制的 E、DE 的取值一般都要经过适当的放大或缩小再进入模糊控制集；自寻优算法必须具有识别虚假极点的能力及避免掉入陷阱的措施等。一味机械地套用先进控制思想只能得到一个比常规控制系统还糟的控制效果。

10.4.3　锅炉公共部分方案和功能

10.4.3.1　控制方案

A　汽包水位控制回路

汽包水位控制回路控制方案框图如图 10-23 所示。

该回路采用三冲量串级控制方案，利用 BCS 的先进控制算法，提高了该回路的抗干扰能力和汽包水位的控制精度。

水位扰动观测：通过计算汽包水位的变化趋势、幅度等来提前调整给水量，提高水位的稳定性。

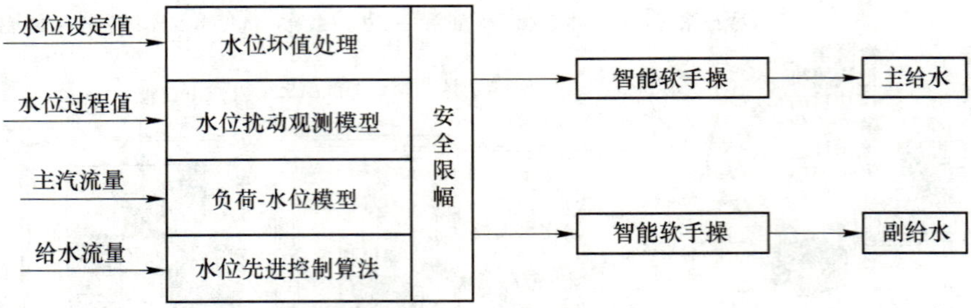

图 10-23 汽包水位控制框图

B 主汽温度控制回路

主汽温度控制回路控制方案框图如图 10-24 所示。

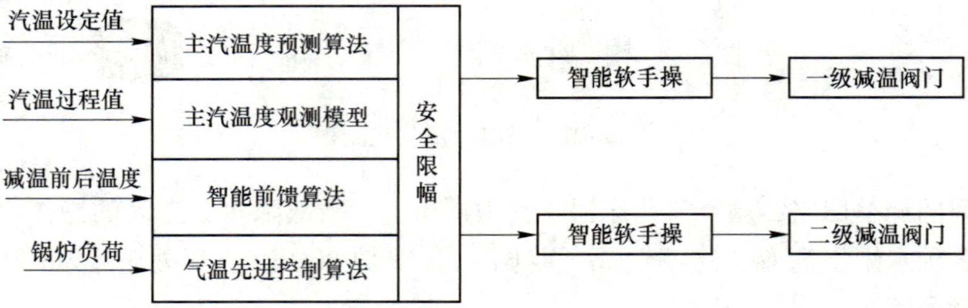

图 10-24 主汽温度控制框图

该方案可根据现场设备以及工艺情况，可选择前馈+串级模式或者前馈+单回路控制模式，以适应不同的控制环境。

智能前馈算法：减温前温度、锅炉负荷作为控制系统的智能前馈，能较快地响应变负荷状态下的温度改变，提前动作减温水阀门，减小回路超调，提高控制系统的快速响应能力。

温度预测、观测模型：针对主汽温度的滞后性进行提前预测，以及抑制常规控制算法中的过调现象，提高系统的控制精度。

C 炉膛负压控制回路

炉膛负压控制回路控制方案框图如图 10-25 所示。

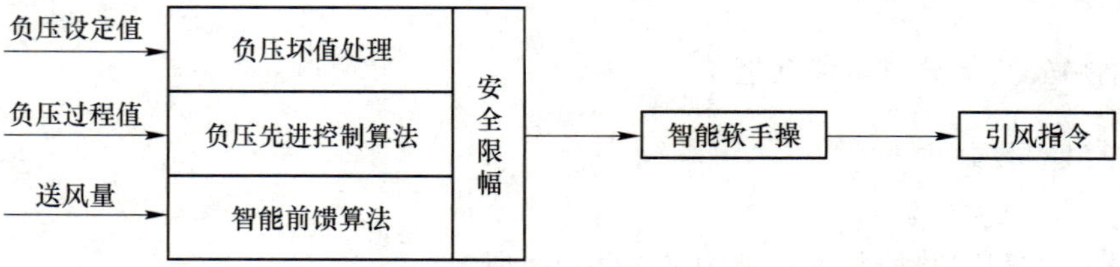

图 10-25 炉膛负压控制框图

负压坏值处理：对于多负压测量的现场使负压控制算法得到一个经过处理的测量值，同时对于坏掉的测量值进行剔除。

智能前馈算法：送风智能前馈，能较快地响应变负荷（煤量、风量）条件下的负压改变，提前动作引风机（挡板），减小回路超调，提高控制系统的快速响应能力，提高系统的稳定性。

D 管网智能控制回路

管网智能控制回路控制方案框图如图 10-26 所示。

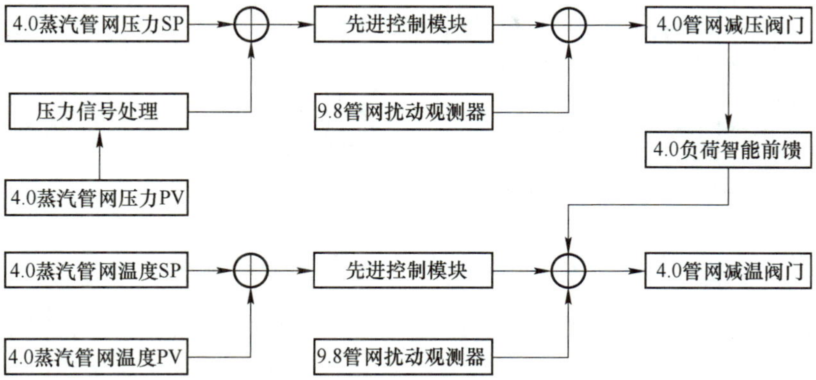

图 10-26 蒸汽管网控制框图

本方案基于炉跟机运行模式来设计：即当蒸汽管网用汽负荷发生改变时，通过调整减温减压器来稳定用汽管网的压力和温度，并解耦该调整对其他压力等级管网的影响。

10.4.3.2 解决的问题

(1) 解决了因燃煤热值变化对锅炉正常生产造成不利影响的问题。

(2) 解决了因测控条件不佳（仪表不全、不准、不稳）对操作的不利影响问题。

(3) 结束了手动控制的历史，解决了工人劳动强度大的问题，显著提高生产效率。

(4) 解决了生产安全性差的问题，降低了产汽煤消耗和发电煤消耗。

10.4.3.3 实现的功能

(1) 实现了长期可靠的全自动优化运行。

(2) 实现了多炉多机协调优化功能，保证各炉的均衡稳定运行。

(3) 实现多种安全控制功能（安全限幅、防错处理、自愈控制、智能语音报警等），使生产安全性大大提高。

(4) 科学而丰富的生产统计和报表功能。

10.4.4 循环流化床锅炉智能产品

10.4.4.1 循环流化床锅炉主要控制方案

A 一次风、二次风控制方案

一次风、二次风控制回路。流化床锅炉一次风、二次风控制方案的框图如图 10-27 所示。

二次风量的控制点包含 5 个部分：基本二次风量（实际一次风量乘以优化二次风率）、氧量补偿风量（在优化不启动时以固定氧含量控制二次风量，氧量控制点是经过优化而浮动的）、床温保护二次风量、煤量修正二次风量增量、二次风优化风量（在煤质、负荷、仪表精度等发生变化时自动计算出风量的增量来修正二次风量，从而达到经济燃烧）。

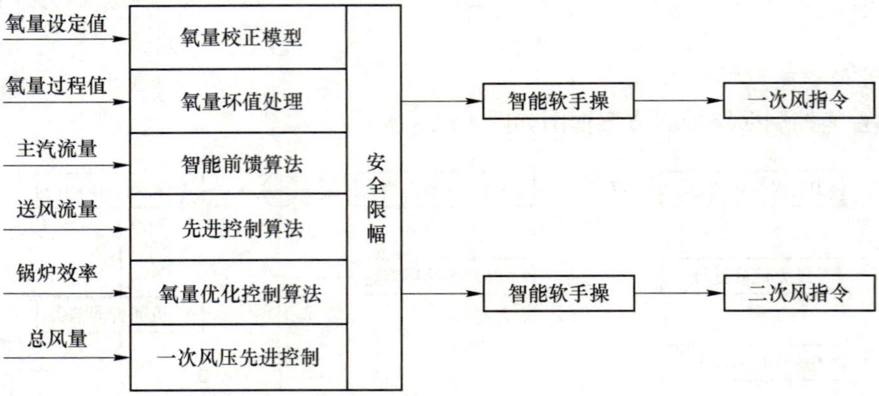

图 10-27 送风（一次风、二次风）控制框图

该模型的氧量控制具有快速修正和防止积分饱和功能以及在优化时的氧量安全防护功能。

一次风量的控制点包含 4 部分：临界流化风量（随负荷不同有自动微调）、负荷修正一次风量增量、床温异常处理风量（床温正常时为 0）和优化风量（在煤质、负荷、仪表精度等发生变化时自动计算出风量的增量来修正一次风量，从而达到经济燃烧。该方案还设计一次风压先进控制，该控制是一次风量控制的边界约定，包含了风量和料层差压相关影响下的一次风压限定。

该回路还设计了断煤后对一次风量的处理功能（如断煤瞬间风量不变）和煤量软测量功能以应对煤量测量仪表的失效。

B 料层差压控制回路

料层差压控制方案的框图如图 10-28 所示。

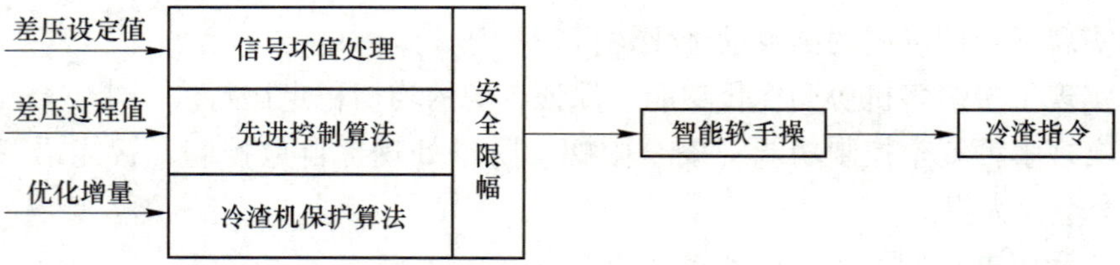

图 10-28 料层差压控制框图

该回路通过控制冷渣机变频来实现锅炉料层差压的控制要求，以达到给煤输入与煤渣输出的动态平衡。通过当前炉内料层差压与料层差压设定值的比较计算（在有些用户现场选用风室压力作为被控变量），得出变频的最佳开度，使锅炉料层差压稳定在燃烧需要的范围之内。另外，该回路还设计了当冷渣出口水温过高而自动降低冷渣机转速以保护冷渣机的功能，同时还设计了用于匹配系统阻力的偏置设置功能。

C 负荷控制回路

负荷控制回路控制方案框图如图 10-29 所示。

该回路通过控制给煤变频、一次风、引风开度的调整，来实现对负荷与床温的控制。其中，负荷控制点模型中间包含了运行炉/调节炉的转换功能，即当母管压力超过设定范

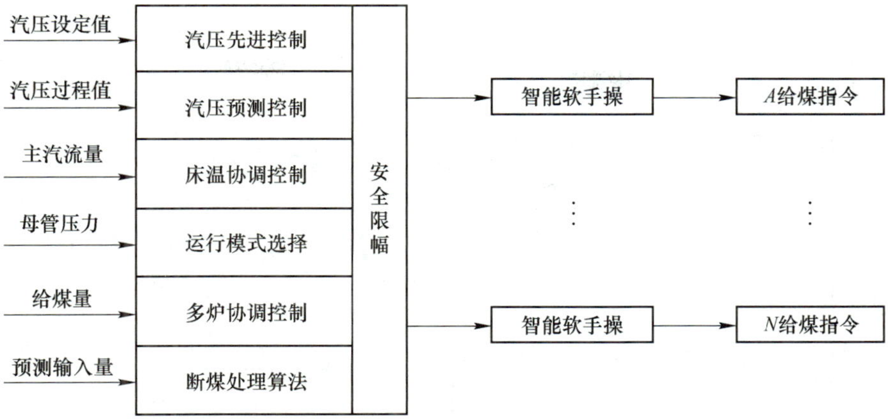

图 10-29 负荷控制框图

围，该炉的角色就会从运行炉自动转换为调节炉。运行炉和调节炉的区别在于调节炉最先解决的问题是应对母管压力和温度的变化，然后才是自身稳定运行和经济运行的问题。床温协调控制模型保证了当床温异常升高时快速加风减煤的应急处理能力和左右半床温度不平衡和左右两侧氧含量不平衡时的自动纠偏功能。该回路还具有断煤判断、报警、自动处理、断煤处理后自动恢复等功能，当给煤量小于某个值时系统发出断煤语音报警，并自动将发生断煤的变频器的煤量按一定规则分摊到没有断煤的给煤机上，使断煤后的锅炉给煤量保持断煤前的煤量，既要保证锅炉负荷的稳定，又要保证锅炉两侧氧含量、两侧床温不跑偏。当然，断煤后被分配到其他给煤机的煤量以不超过其承受的上限为限幅。

10.4.4.2 经济效益计算

实时燃烧优化控制后与改造前比较，以单台 220 t/h CFB 锅炉为例计算如下。

假设吨汽标煤耗 110 kg/t，标煤价格 1000 元/t，节煤率以最低 1.5%计算，年运行 330 天，全年平均负荷按 90%，则年节约燃料量为：

$$220\ (\mathrm{t}) \times 90\% \times 0.11 \times 24\ (\mathrm{h}) \times 330\ (\mathrm{d}) \times 1.5\% = 2585\ (\mathrm{t}) \tag{10-10}$$

则年节能效益为：

$$2585 \times 1000/10000 = 258.5\ (\text{万元}) \tag{10-11}$$

10.4.5 煤粉炉智能产品

10.4.5.1 控制方案介绍

A 负荷-给煤控制回路

负荷-给煤控制回路控制方案框图如图 10-30 所示。

该回路通过控制各煤磨给煤变频的开度来实现对锅炉负荷的控制。操作人员可以根据当时运行情况选择当前锅炉的控制模式（压力模式、负荷模式）。压力模式以单炉压力控制为主，当前锅炉负荷作为补偿输出，进行负荷区间控制即可；负荷模式以单炉负荷控制为主，为解决外扰的瞬时影响，增加汽包压力前馈。

以上两个方案均考虑到蒸汽管网负荷协调。压力模式下，管网负荷协调以给煤增量模式参与调整；负荷模式下，管网负荷以单炉负荷增量设定值方式参与给煤的调整。

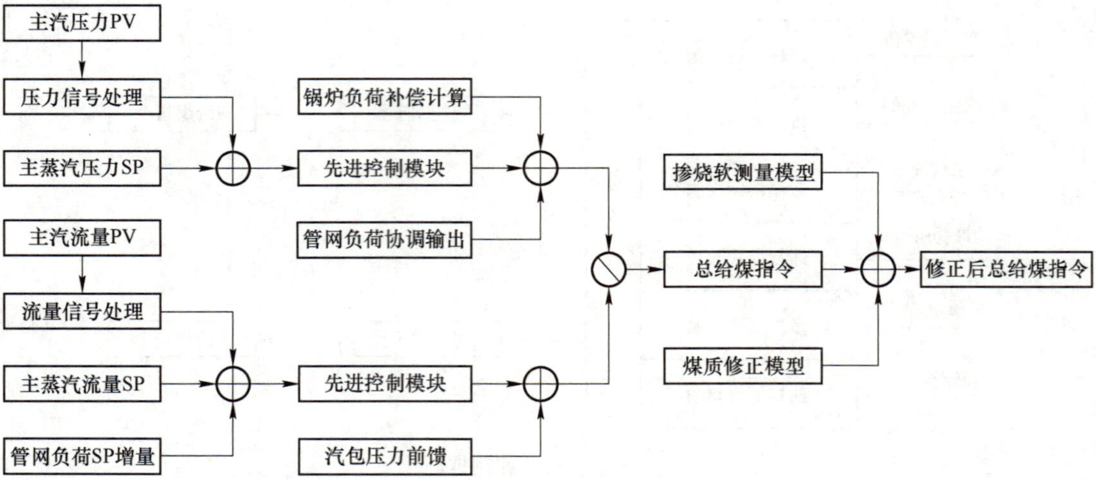

图 10-30 负荷-给煤控制框图

该方案还设计了“掺烧软测量模型”和“煤质修正模型”。“掺烧软测量模型”，以适应其他燃料的掺烧对负荷的影响，提前修正给煤量指令，减小其他燃料燃烧对系统的扰动；“煤质修正模型”，根据统计的吨蒸汽煤耗实时修正总给煤指令，提高燃烧系统的自适应能力。

B 送风控制回路

送风控制回路控制方案框图如图 10-31 所示。

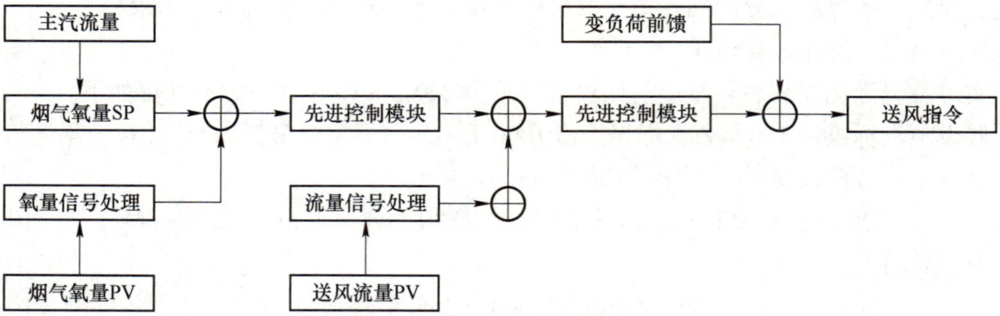

图 10-31 送风控制框图

该回路通过控制送风变频（或其他控制设备）来实现锅炉烟气含氧量在各种工况下的控制点浮动和精确控制，从而保证锅炉的经济燃烧。

二次是送风中的一部分，二次风主要起助燃作用，二次风量的控制点模型包含三部分：基本二次风量、氧量补偿风量（在优化不启动时以固定氧含量控制二次风量，氧量控制点是经过优化而浮动的）、燃煤风量（在煤量发生变化时自动计算出风量的增量来修正二次风量，从而达到快速响应，经济燃烧）。

C 磨煤机一次风压控制回路

磨煤机一次风压控制方案的框图如图 10-32 所示。

该回路通过调节一次增压风机（与热风协调）来实现锅炉各煤磨风压控制。

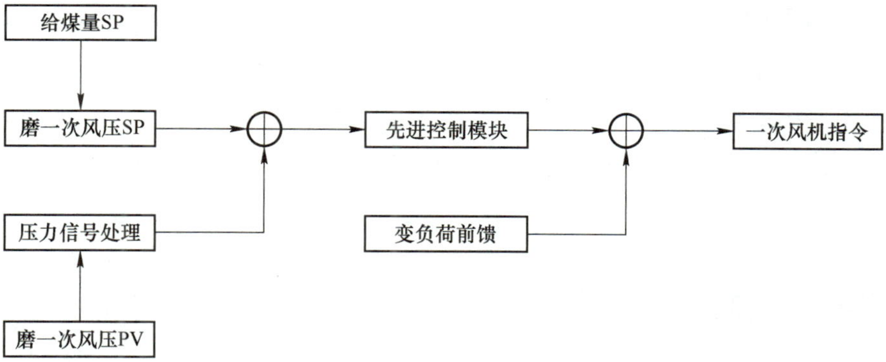

图 10-32 磨煤机风压控制框图

D 磨煤机一次风量、磨出口温度控制回路

磨煤机一次风量、磨出口温度控制方案的框图如图 10-33 所示。

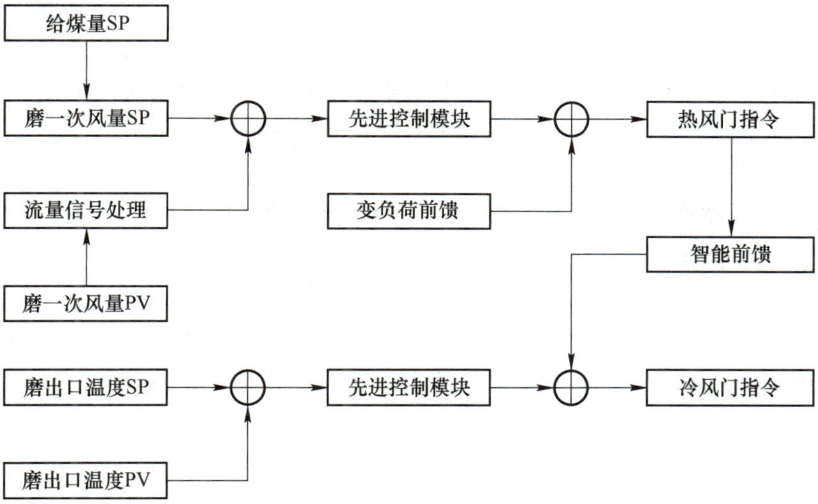

图 10-33 磨煤机风量和风温控制框图

各磨一次风量的控制点随各给煤负荷的变化而变化。一次风测量信号中还包含了为控制磨出口温度而混入的冷风量。

10.4.5.2 经济效益计算

以某厂 4 号煤粉炉为例，当前的负荷平均为 400 t/h，给煤量 60 t/h，按照节煤 0.5%，锅炉年运行时间 330 天来计算。

节约煤量：

$$60 \times 24 \times 330 \times 0.5\% = 2376\ (\mathrm{t}) \tag{10-12}$$

则年节能效益为：

$$2376 \times 1000 = 238\ (\text{万元/年}) \tag{10-13}$$

其他的经济效益如环保效益、设备正常运行寿命的延长、节电等不计算在内。

10.4.6 环保岛智能协同产品

10.4.6.1 控制方案介绍

A 氨法脱硫控制回路

氨法脱硫控制回路控制方案框图如图 10-34 所示。

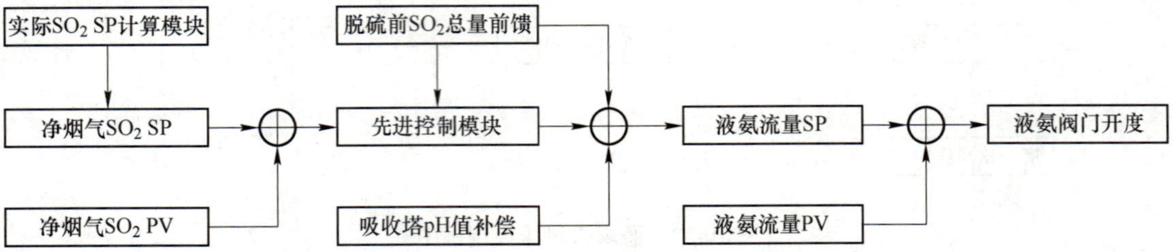

图 10-34 氨法脱硫控制框图

（1）先进控制模型：由于脱硫控制系统复杂，耦合性、时变性和非线性严重，执行机构性能差等原因，常规 PID 算法是无法让人满意的。智能控制器的设计则充分考虑了这些因素，把人的操作经验和现代控制理论结合在了一起，达到了非常理想的控制效果。先进控制模型融合了专家控制、预测控制、模糊控制、重叠控制、自适应 PID 等功能，被控变量的变化趋势、幅度以及干扰来源进行智能计算，作为智能控制器的输入而很好地提高了控制品质。

（2）前馈控制模型：根据干扰源的变化趋势，提前作用被控变量，起到了超前调整的目的，避免了大滞后对系统造成的影响。

（3）卡边控制点补偿模型：由于环保要求只对一个小时内的均值进行考核，通过实时统计计算每个小时内的均值，根据实际均值与环保考核上限修改二氧化硫控制回路的控制点，实现卡边控制。控制指标既能满足环保要求，又能将指标控制在环保要求的上限，从而节约脱硫剂。

B 半干法脱硫温度控制回路

半干法脱硫温度控制回路的控制方案框图如图 10-35 所示。

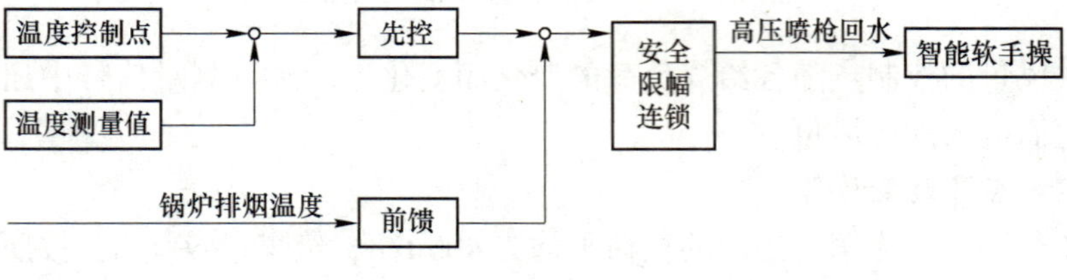

图 10-35 半干法脱硫温度控制框图

通过调节高压水枪的回水，控制进入脱硫岛内的水，保证脱硫岛内温度的控制。一般控制在 75 ℃左右，太低的温度，会造成脱硫岛内湿度过大，影响脱硫效果。

脱硫岛温度控制回路的根据实际温度与设定的差值，通过先进控制模块调节，实现自动控制。同时将锅炉排烟温度作为前馈，对脱硫岛内的温度实现超前补偿，使控制效果更加平稳。

C 半干法脱硫控制回路

半干法脱硫控制回路的控制方案框图如图 10-36 所示。

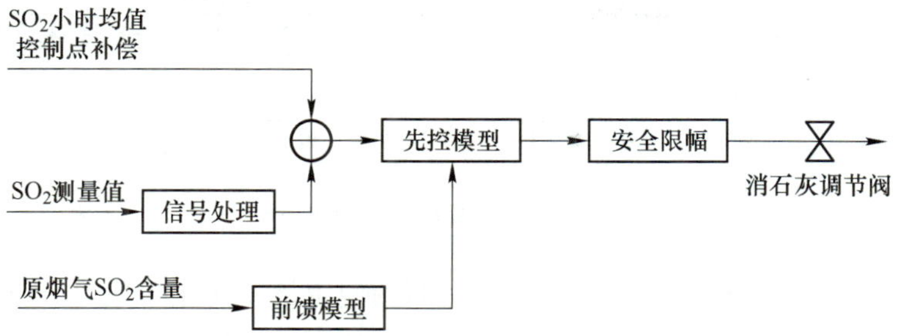

图 10-36 半干法脱硫控制框图

控制点补偿模型：由于环保要求只对一个小时内的均值进行考核，通过实时计算统计每个小时内的均值，根据实际均值与环保考核上限修改二氧化硫控制回路的控制点，实现压边控制。

实际实时 SO_2 控制点的计算过程如下：

根据设定的最终小时均值设定值，计算已过时间 SO_2 累计的浓度总量，扣除已累计的 SO_2 浓度总量，小时剩余时间的实时计算值作为实际实时 SO_2 的控制点。

注：由于环保是按照固定时间进行采集数据，所以边缘计算侧的系统时间一定要与 DCS 系统时间一致。

D 湿法脱硫控制回路

湿法脱硫控制回路的控制方案框图如图 10-37 所示。

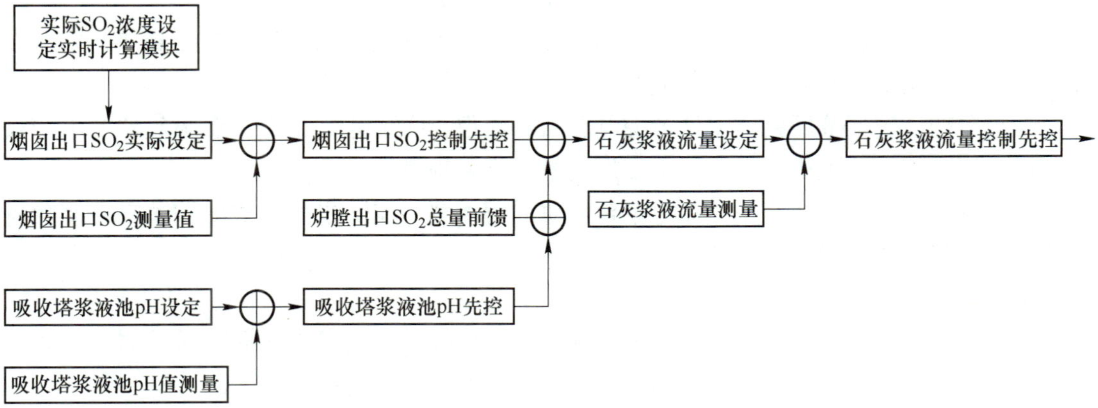

图 10-37 湿法脱硫控制框图

该回路通过浆液池的 pH 值和 SO_2 的浓度通过调整进入浆液池的石灰浆液流量，控制排出的 SO_2 满足控制要求，并利用炉膛出口 SO_2 的总量（浓度和锅炉负荷）作为前馈。

E 脱硝控制回路

脱硝控制回路的控制方案框图如图 10-38 所示。

脱硝系统的喷氨优化控制采用精细化的卡边优化控制方案。

对于现场具有两个脱硝反应器的烟道脱硝系统，可能存在总的排放标准是达标的，但

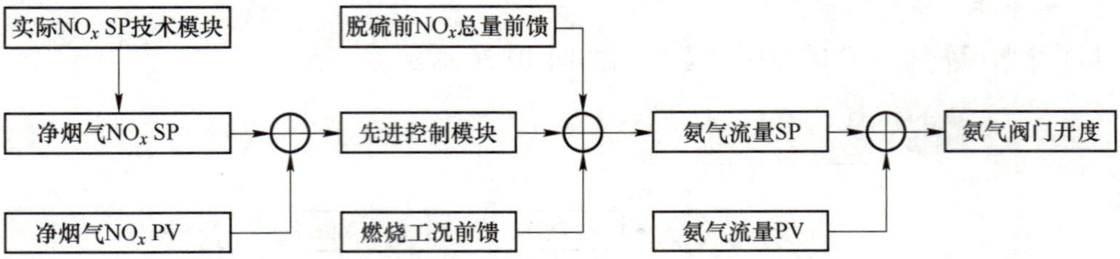

图 10-38 脱硝控制框图

单个反应器排放可能是不达标，造成两侧催化剂的使用量及使用时限会造成差别。有效控制两侧反应器的平衡，是对脱硝系统有效的诊断，达到自愈控制的目的。

10.4.6.2 经济技术指标

(1) 回路长期可靠的全自动运行，长期自控率大于90%。

(2) 二氧化硫、氮氧化物每小时均值的控制指标在±5 mg/m^3，期望指标在±3 mg/m^3。

(3) 二氧化硫、氮氧化物平均消耗降低3%，期望值5%以上。

(4) 单位负荷除尘电耗降低20%以上。

10.4.7 除氧器群智能产品

10.4.7.1 控制方案介绍

A 除氧器群液位调节回路

除氧器群液位调节回路的控制方案框图如图10-39所示。

在锅炉的给水系统中，除氧是非常关键的环节。由于除氧器结构的特殊性，存在容积滞后等问题，传统的控制方式难以实现对水位的稳定调节。

除氧器群液位调节回路采用先进的预测控制、超前控制预测水位的变化趋势，来实现对水位的精确调节。通过控制水位调节阀来保证除氧器水位的稳定。

除氧器群液位调节回路的主调节控制除氧器液位，主要通过一组多个除氧器的平均液位进行控制，副调节主要通过物料平衡原理进行有效地补水。

除氧器群液位调节回路主要通过单台液位的偏差率与实际平均液位的偏差率控制除氧器的补水阀门动作，保证除氧器间液位的均衡。

B 除氧器温度调节回路

除氧器温度调节回路的控制方案框图如图10-40所示。该回路依据除氧器的上水量和出水量的变化情况，通过控制蒸汽调节阀来保证除氧器温度的稳定。

该回路采用先进的预测控制、超前控制预测压力的变化趋势，来实现对除氧器温度的精确调节。

10.4.7.2 经济技术指标

(1) 实现单台除氧器温度、液位的稳定控制；

(2) 实现多台除氧器之间的协调控制；

(3) 杜绝除氧器之间的水位不均衡现象；

(4) 除氧器温度控制精度在±3 ℃；

(5) 除氧器液位控制满足各种负荷要求。

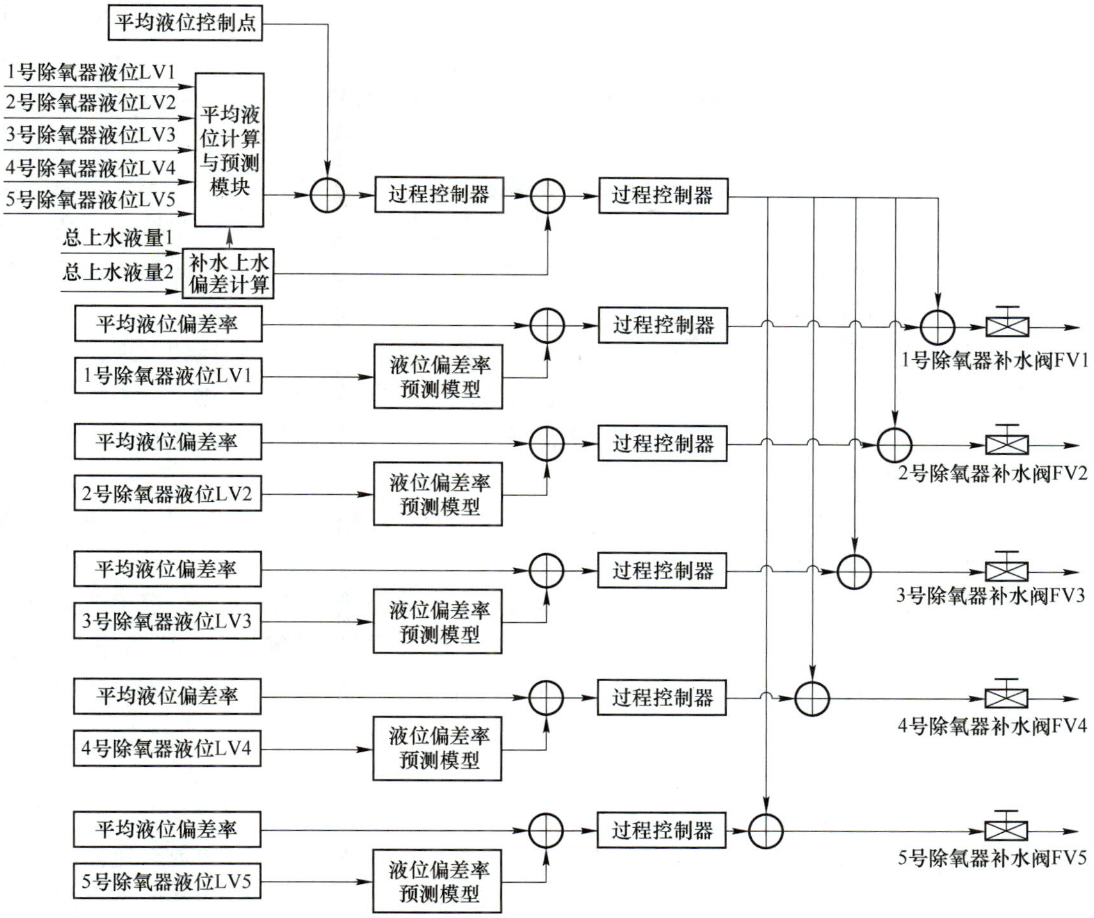

图 10-39 除氧器群液位控制框图

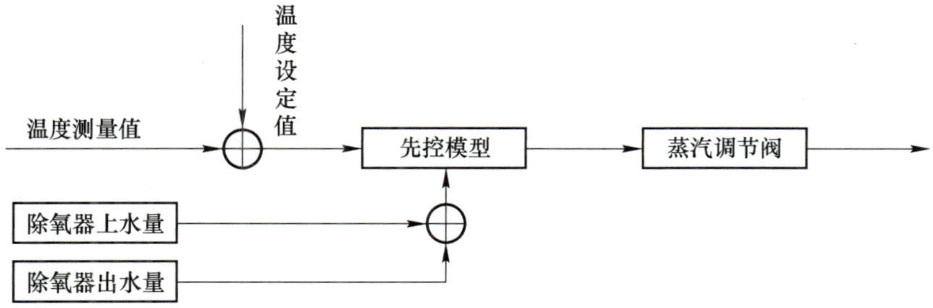

图 10-40 除氧器温度控制框图

10.5 应用案例分析

10.5.1 某农化合成车间反应釜优化控制项目

10.5.1.1 项目背景

某农化作为典型的精细化工行业的代表，其生产装置以间歇式反应釜为主，涉及物料混合、反应、脱溶、结晶等多种反应类型。生产过程整体平稳可控，但仍存在需要持续改进的地方：(1) 硬件方面。各个反应釜的循环水调节阀都是手动就地操作，部分加料、排水等阀门也只能就地控制；部分测点信号缺失，需要外操人员采用观察、触摸等方式对温度等参数进行判断，对实现自动化、智能化操作是一个硬件障碍，同时也存在一定的安全隐患。(2) 软件方面。所有的反应釜操作均是以就地操作加手动远程控制为主，受操作人员技能、状态影响明显，无法使整个生产过程保持一致性，关键参数的控制精度不高，波动太大；各个工序间的生产调配目前凭借经验摸索，无法量化，整个生产周期时间严重不一致，存在优化的空间。

从当前生产状况来看，企业的产能具备较大的挖掘潜力，质量平稳性和合理性的提升会给下游客户提供更佳的体验。同时，企业负责人对生产自动化和智能化十分重视，接受以先进的技术来降低人工劳动强度、提升产品产能和质量、降低原料和能源消耗。

10.5.1.2 技术原理

优化控制改造的核心在于将反应釜的温度、压力等指标控制在理想范围内，使产品质量及单位时间内产量达到最佳状态。

针对反应釜装置中存在的大滞后、多变量耦合、重要干扰因素不可测量等因素导致的调节不及时、控制精度低等的问题，睿首系统（RASO）可针对装置特点，应用先进控制、在线优化、人工智能加边缘计算等技术，实现反应釜装置的准无人化操作，同时使装置运行更加稳定，同时降低能源消耗。

10.5.1.3 项目效益

(1) 应用效果：进行优化控制后，生产平稳性和控制精度得到了显著提升。极大地降低了操作人员的劳动强度，增强了生产的安全性。图 10-41 是现场运行参数对比曲线。图中横轴为时间，跨度是 18 h；纵轴是反应釜温度和开阀指令，图中上面相邻两条是温度设定值和实际测量值，温度单位为 ℃；下面是开阀指令。

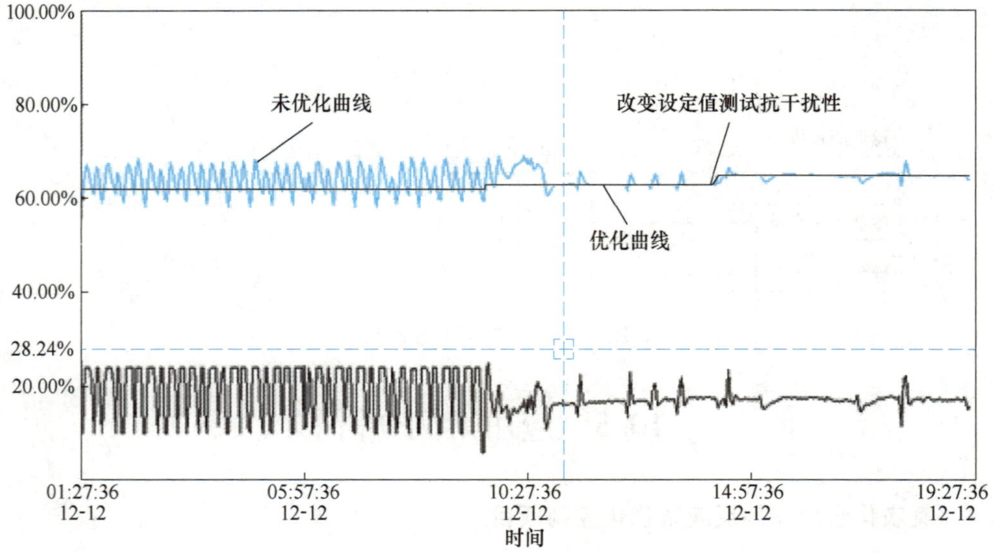

图 10-41 运行参数对比曲线

(2) 经济效益：因本项目中由于产品信息保密，故质量提升所带来的经济效益由业主方自行评估。以下验收报告中体现出的生产周期平均缩短10%，意味产量提升10%以上，在高附加值的精细化工产品中经济效益明显。

10.5.1.4 经验总结

RASO通用先控模块既保留了PID算法响应及时、参数适应性好的优点，更针对此类非线性时变系统设计了软伺服、扰动观测器和预测控制模型，能够克服各类外扰，使釜温和釜压都能够稳定下来，是项目效果得以体现的关键。

10.5.2 某树脂有限公司70 m^3聚合釜优化控制项目

10.5.2.1 项目背景

聚合工序作为PVC生产过程中的核心工序，一直以来就是PVC生产企业提升质量、产能的关键环节。四川省某树脂有限公司有一期、二期两条聚合釜生产线，一期为5×70 m^3聚合釜生产线；二期为6×70 m^3 聚合釜生产线。经过技术创新、持续改进，现场控制全过程均由顺序控制程序和PID程序进行控制，除部分顺控程序步骤间需操作人员确认外，聚合工序已经实现了长期安全、平稳生产，自动化投运率好，操作人员工作效率高。但在操作一致性、提升产量、节能运行方面仍存在持续改进空间。

10.5.2.2 项目概况

当前聚合自动化水平较高，人员配置少。为了最大程度提升人员效率，以往对控制回路的设计与整定以自动投运率为主要目标，不可避免地影响到了控制过程的最优化，造成了部分控制结果的不合理。具体体现在聚合过程中，釜温控制虽然实现了自动化且精度也较高，但夹套水与挡板水匹配不合理、在部分区间内调整幅度过大。由此带来了循环水用量大，釜内温度分布均匀性不好等问题。如进行优化控制策略的改进与实施，设备潜力仍有较大的发挥空间。

10.5.2.3 实施效果

实现优化控制后，在同等工况且冷却水冷量足够情况下：

（1）具备通过调整引发剂配方，最大限度发挥聚合釜冷却水能力，缩短平均反应时间2%，提升装置生产能力。

（2）在同等工况下，相同的反应时间下有效减少循环水用量。

（3）具备优化协调夹套水与内冷管水配比，两路冷却水协调性和同步性得到改善。

（4）实现语音报警和智能预警功能，提升生产安全性。

投用优化过程中，对夹套水和挡板水进行了优化协调控制处理，使两路冷却水协调性和同步性得到改善。

一期3号聚合釜一个反应周期控制效果如图10-42为DCS系统控制效果，图10-43为RASO优化控制效果。图10-42和图10-43中曲线1是聚合釜釜温、曲线2冷却水流量、曲线3是冷却水阀反馈、曲线4是内冷水流量、曲线5是内冷水阀反馈、曲线6是RASO系统投用标志（1为投用RASO）、曲线7是冷却水出口温度、曲线8是内冷水出口温度；横轴是时间跨度近2 h，纵轴曲线单位分别是℃、%、L/h等对应不同的信号类型。图中横轴为时间，跨度是8 h；曲线单位分别是℃、%、L/h等对应不同的信号类型。从图10-42可以看出开阀指令波动大、从而冷却水流量波动大，运行参数波动大；图10-43明显看出所有信号的波动得到明显改善。

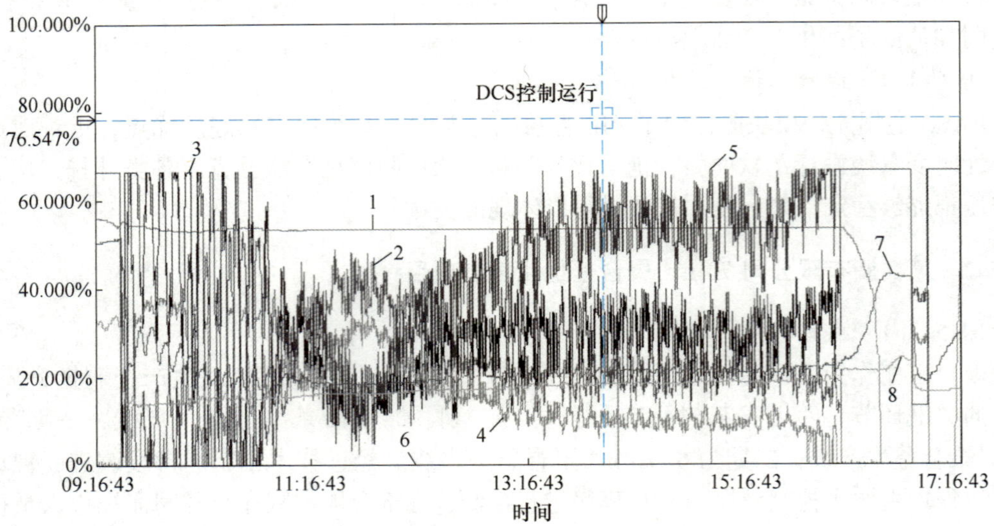

图 10-42 一期 3 号聚合釜 DCS 运行曲线

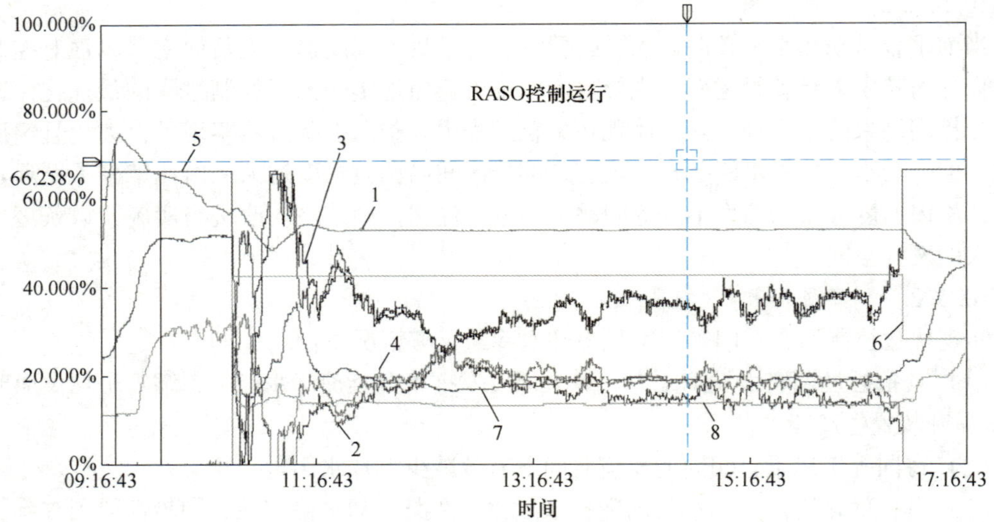

图 10-43 一期 3 号聚合釜 RASO 运行曲线

图 10-44 为二期 4 号聚合釜一个反应周期中部分运行曲线，曲线 6 为 1 时表示 RASO 投用（曲线高），曲线 6 为 0 时（曲线低）DCS 控制。从图中曲线对比可以看出，RASO 控制运行比 DCS 控制运行，两路水阀门图中曲线 3 和曲线 5 协调性和同步性更好，两路水流量图中曲线 2 和曲线 4 更平稳，冷却水的热交换效率亦能更高，在一定程度上节省了冷却水用量，具备冷却水冷量有足够余量的情况下，通过调整引发剂配方，最大限度发挥聚合釜冷却水能力，以此来缩短平均反应时间，提升装置生产能力。

从图 10-44 中曲线对比可以看出，RASO 控制运行比 DCS 控制运行，两路水阀门协调性和同步性更好，两路水流量更平稳，冷却水的热交换效率亦能更高，在一定程度上节省了冷却水用量，具备冷却水冷量有足够余量的情况下，通过调整引发剂配方，最大限度发

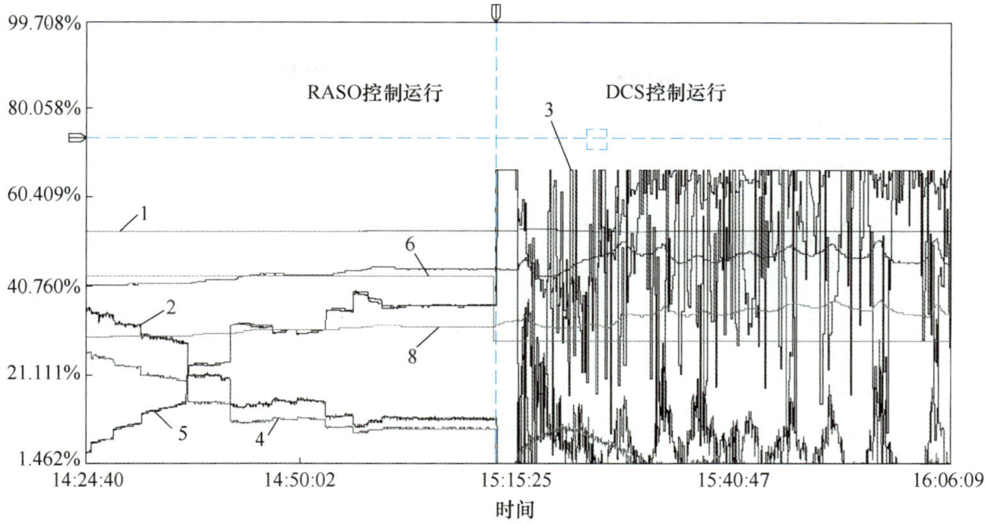

图 10-44　二期 4 号聚合釜运行对比曲线

挥聚合釜冷却水能力，以此来缩短平均反应时间，提升装置生产能力。

10.5.3　某化工企业 VCM 精馏智能优化控制项目

某化工企业一期 VCM 精馏智能优化控制项目涉及现场一期 VCM 精馏装置，设计能力为 36 万吨/年，当前为超负荷运行状态，产能达到 39 万吨/年。工艺采用低沸塔-高沸塔精馏方式，设计有三塔处理高沸塔底排出的二氯乙烷。优化涉及高低塔所有回路及全凝器、尾气冷凝器回路，经过调试后，回路均可投入自动优化运行，取得的实施成果如下：

（1）针对精馏塔负荷多变性，在保证整个系统稳定的前提下，实现了常规负荷波动的自动升降（即可以在正常负荷范围和波动情况下，根据液位自动调整进料量）。

（2）对所有精馏塔温度控制回路应用了专家观测器智能控制模型，绝大部分回路控制精度达到了±0.5 ℃，比手动操作提高控制精度 100%以上。

（3）对所有精馏塔液位控制回路应用了软伺服智能控制模型，绝大部分回路控制精度达到了±1%，比手动操作提高控制精度 100%以上（塔釜过滤器未发生堵塞情况下）。

（4）投入优化后可以保证精馏塔指标精准控制在合适稳定的工作状态下，同时大幅度减轻操作人员劳动强度。

（5）投入优化后，近一段时间产品品质均达标，没有出现优化投运前出现的指标超标现象。

图 10-45 与图 10-46 分别是两种控制模式下的尾排压力曲线，图的横轴 1 天时间；上面的曲线是阀门开度，单位是%；下面曲线是尾排压力，单位是 kPa；经过扰动观测器将尾气压力严格精确到±3 kPa。

图 10-47 和图 10-48 分别是手动和优化模式下高塔液位控制效果曲线，优化后塔釜液位在高沸物排出时波动大幅度收窄。图的横轴 1 天时间；曲线显示的是高塔液位，单位是%。

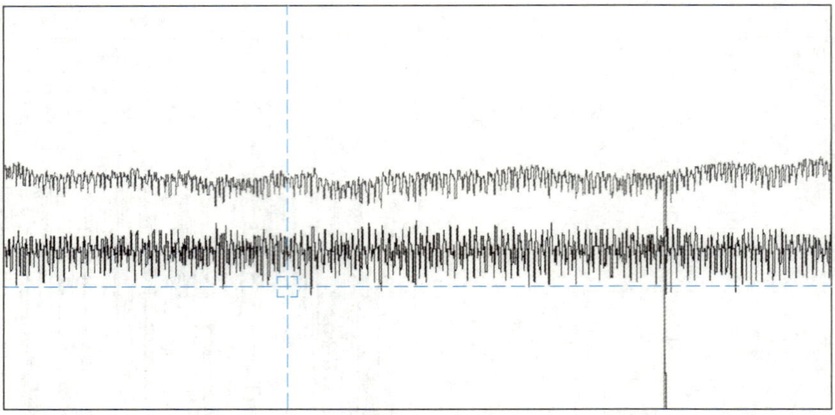

图 10-45 尾排压力投入优化前

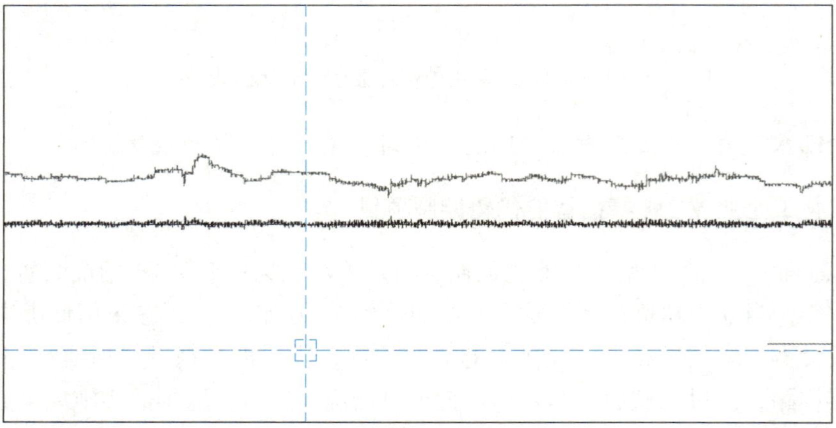

图 10-46 尾排压力投入优化后

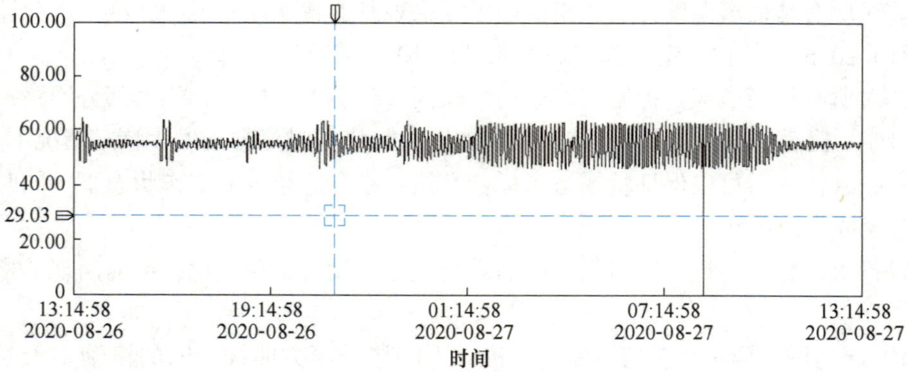

图 10-47 高塔塔釜液位投入优化前

10.5.4 某企业乙二醇精馏优化控制项目

10.5.4.1 项目背景

某新材料企业主产能 60 万吨/年乙二醇，采用草酸酯加氢两步合成工艺。有 A、B 两

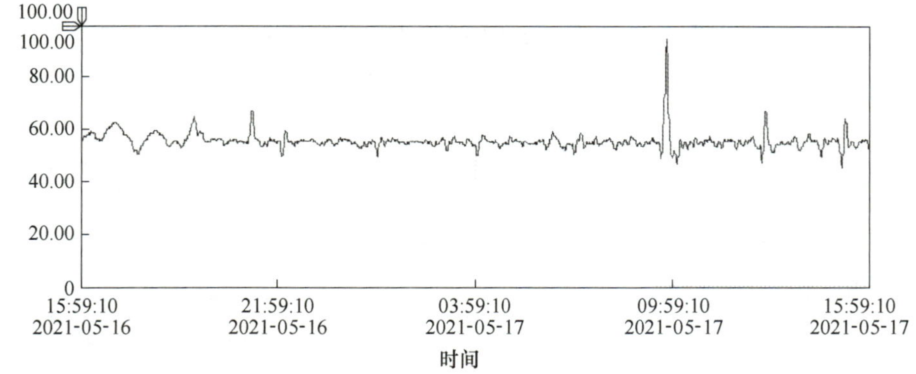

图 10-48 高塔塔釜液位投入优化后

套加氢合成后的乙二醇及甲醇精馏装置，现场为 5 塔串联方式，分别为甲醇回收塔、脱水塔、脱醇塔、产品塔、回收及尾气洗涤塔。很多回路都处于手动操作状态，操作人员的劳动强度大。

10.5.4.2 项目概况

经过现场考察，选择 B 线为开展优化对象。在运用 RASO 优化控制技术对乙二醇精馏装置进行智能化控制后，装置运行稳定性和主要参数控制精度大幅度提升，起到了减轻操作强度、减少对个人操作经验的依赖、减少蒸汽消耗的良好效果，实现了装置的稳定、高效、经济运行。

10.5.4.3 改造后效果

优化控制投用后，工艺被控参数平稳性有了相当程度的提高。图 10-49 和图 10-50 分别是精馏温度和液位在两种控制模式下的运行曲线对比。

曲线显示 24 h 的两种操作模式下精馏塔的温度，上部分是 DCS 控制模式，下部分是 RASO 控制模式，温度单位是 ℃。

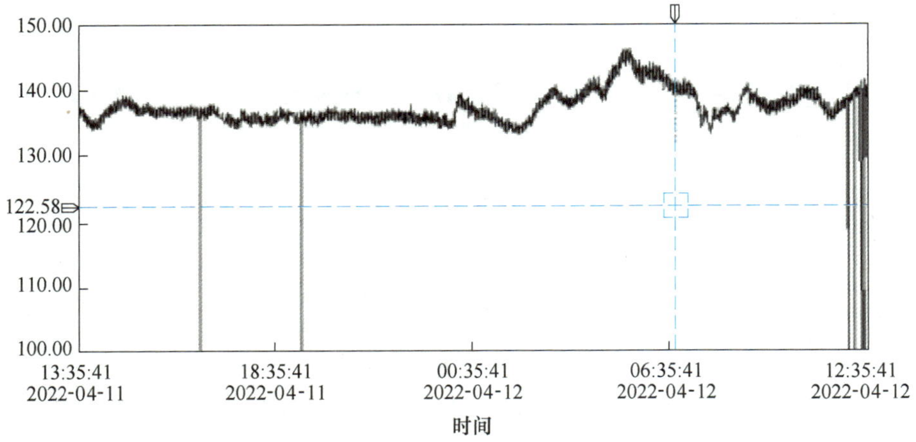

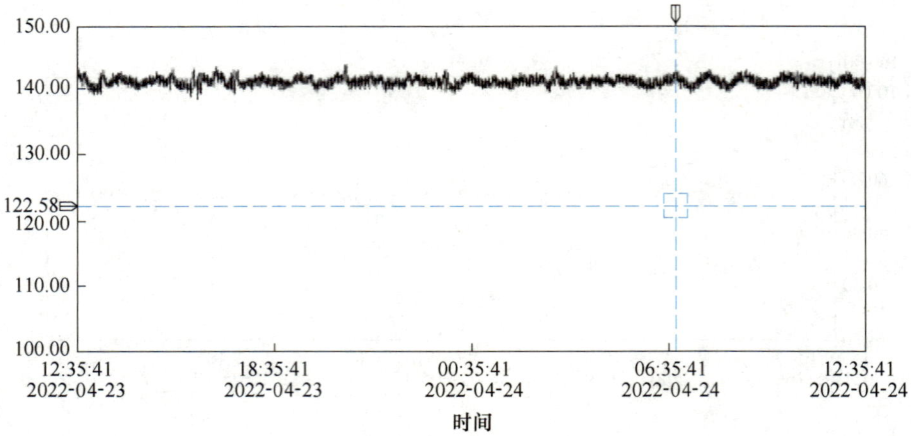

图 10-49 甲醇回收塔塔釜温度曲线对比

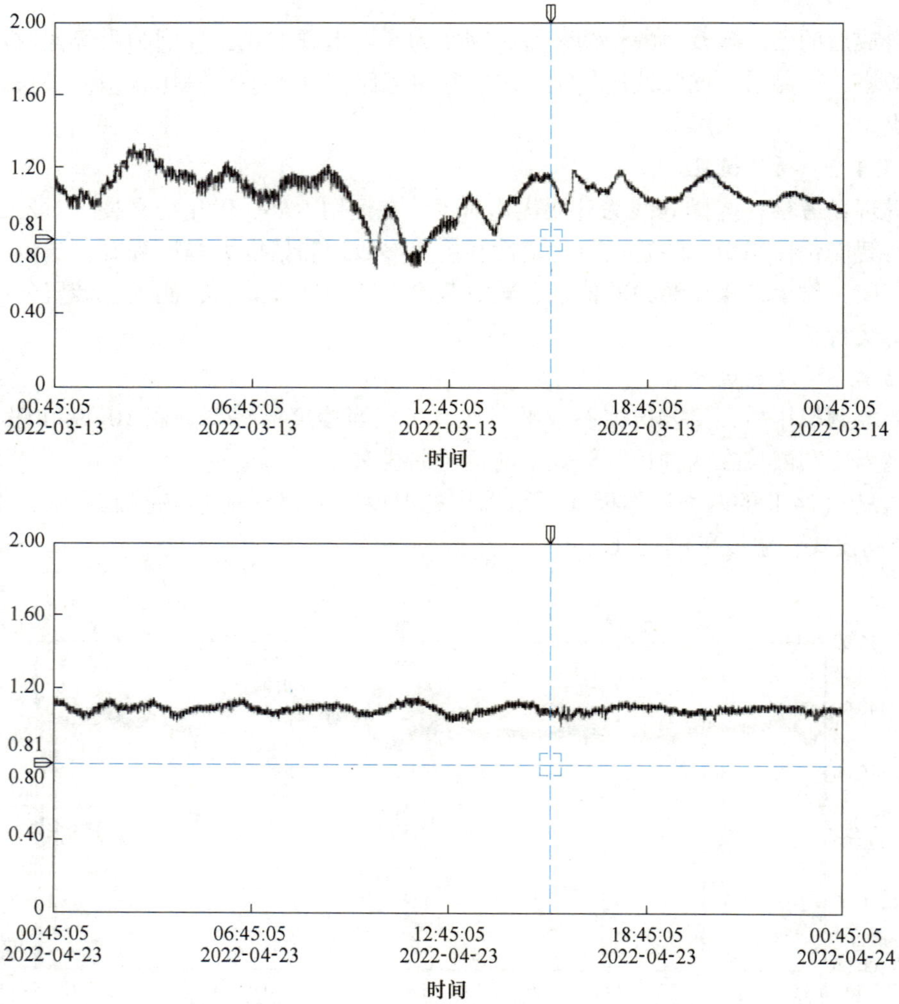

图 10-50 甲醇回收塔塔釜液位对比

曲线显示 24 h 的两种操作模式下精馏塔塔釜的液位，上部分是 DCS 控制模式，下部分是 RASO 控制模式，单位是 m。

10.5.5 某化工企业 PVC 干燥优化控制项目

PVC 干燥工段投运前后运行参数对比如表 10-2 所示，投入优化后 PVS 含水平均值由 0.189 提升至 0.27，含水分区间在 0.25%~0.35%的占比从原有的 16.9%提升到了 61.4%，水分区间在 0.20%~0.35%的占比从原有的 33.1%提升到了 80.7%，水分分布集中性大幅提升。避免产品过干，稳定产品含水，增加产品产量，便于产品包装。

表 10-2 优化投运前后含水数据

投入优化前					投入优化后				
平均值	0.189		占比	16.90%	平均值	0.27		占比	61.40%
水分范围/%	成品分析		0.25~0.35		水分范围/%	成品分析		0.25~0.35	
	批	占比/%	批	占比/%		批	占比/%	批	占比/%
>0.40	1	0.70	—	—	>0.40	0	0	—	—
0.35~0.40	3	2.20	—	—	0.35~0.40	6	10.50	—	—
0.30~0.35	7	5.10	7	5.10	0.30~0.35	12	21	12	21
0.25~0.30	16	11.80	16	11.80	0.25~0.30	28	49.20	23	40.40
0.20~0.25	22	16.20	—	—	0.20~0.25	11	19.30	—	—
0.10~0.20	81	59.60	—	—	0.10~0.20	5	8.80	—	—
≤0.10	6	4.40	—	—	≤0.10	0	0	—	—

从图 10-51 可以看出，PVC 水分控制整体稳定性良好，同时，投运后 28 h 均保持 100%的自控率，实现准无人化操作。

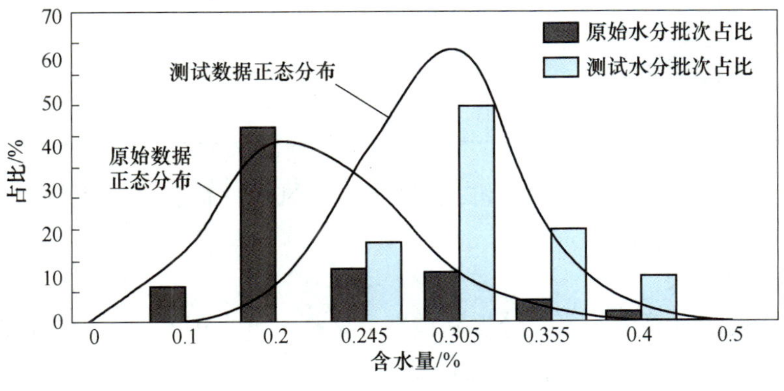

图 10-51 含水正态分布图

10.5.6 某企业 20 万吨/年智索流化床干燥智能优化控制系统项目

10.5.6.1 项目背景

某化工有限公司有一期、二期两条 20 万吨/年 PVC 干燥生产线，现场所有回路以手动操作为主，操作人员的劳动强度大，产品质量很不稳定，水分波动大、过干过湿的现象时有发生。

10.5.6.2 项目概况

经过现场考察选择现场，选择二期干燥线开展优化。在运用 RASO 优化控制技术对干燥装置进行智能化控制后，装置运行稳定性和主要参数控制精度大幅度提升，起到了减轻操作强度、减少对个人操作经验的依赖、提升 PVC 水分均一性、减少蒸汽消耗的良好效果，实现了装置的稳定、高效、经济运行，达到了项目预定的目标。

10.5.6.3 实施效果

（1）自控率控制效果。

利用自控率统计算法，班自控率统计采用所有回路投用时间总和与（班总时长×回路数）的百分比。统计了 4 天干燥和汽提两个装置的自控率，自控率达到了 99.9%，有效降低了操作人员的劳动强度。

具体自控率分析情况表 10-3。

表 10-3 自控率统计表 （%）

日期	夜班	早班	中班	日自控率均值
干燥自控率时间占比汇总表				
12.08	100	100	100	100
12.09	100	换风机滤棉	100	100
12.10	100	100	100	100
12.11	100			100
汽提自控率时间占比汇总表				
12.08	100	99.8	99.7	99.8
12.09	99.6	换风机滤棉	100	99.8
12.10	100	100	100	100
12.11	100			
系统均值	99.9	99.99	99.9	99.9

本次优化过程中，由于 12 月 9 日白班停床更换风机滤棉，因此不计入考核时间内并顺延至 12 月 11 日大夜班。

（2）控制精度效果。

根据水分精度统计算法，班水分控制精度合格率统计采用本班水分控制精度合格时间与班总时长的百分比，具体水分控制精度数据及分析见表 10-4。

表 10-4 水分控制精度（±0.05%）占比汇总表 （%）

日期	夜班	早班	中班	日合格率均值
12.08	92.0	79.4	83.4	84.9
12.09	84.3	换风机滤棉	94.2	89.3
12.10	86.2	84.8	84.8	85.3

续表 10-4

日期	夜班	早班	中班	日合格率均值
12.11	92.7			92.7
系统均值	88.8	82.1	87.5	86.9

产品水分控制精度良好，优化系统控制水分波动范围±0.05%的合格率为 86.9%，达到预期目标；

优化系统能够根据汽提进料流量、浆料槽液位的变化等因素判断目前汽提干燥系统的最佳负荷，协调兼顾好整体生产的负荷要求与平稳性；

故障诊断与报警系统工作正常，语音能够精确指向报警点，缩短操作人员的判断时间，提升处理与维护的及时性。

10.5.7 某企业 4×130 t/h CFB 锅炉+除氧器优化项目

10.5.7.1 项目背景

该厂有 4 台 130 t/h CFB 锅炉，母管制运行，热电联产，主要为下游化工生产提供蒸汽并发电。

项目实施前，现场控制回路均为手动操作，无法及时应对各种工况扰动，在煤质、负荷变动情况下，给煤、送风、引风的调节主要依靠操作人员的经验和责任心，具有不确定性和滞后性，难以长期保持锅炉的最佳运行工况，整体煤耗偏高。

10.5.7.2 项目概况

2017 年和 2019 年分两期采用和隆优化 BCS 技术对现场的 4 台锅炉、除氧器群进行了燃烧优化改造，取得了明显效果。用户最关心的主蒸汽压力波动情况得到了明显改善。

10.5.7.3 实施效果

（1）锅炉负荷控制回路、主汽温度控制回路、汽包水位控制回路、炉膛负压控制回路、二次风控制回路均实现全自动运行，自控率大于 90%。

（2）锅炉节煤率 1.39%。

（3）蒸汽母管压力控制精度达到±0.1 MPa。

运行效果如图 10-52 所示。

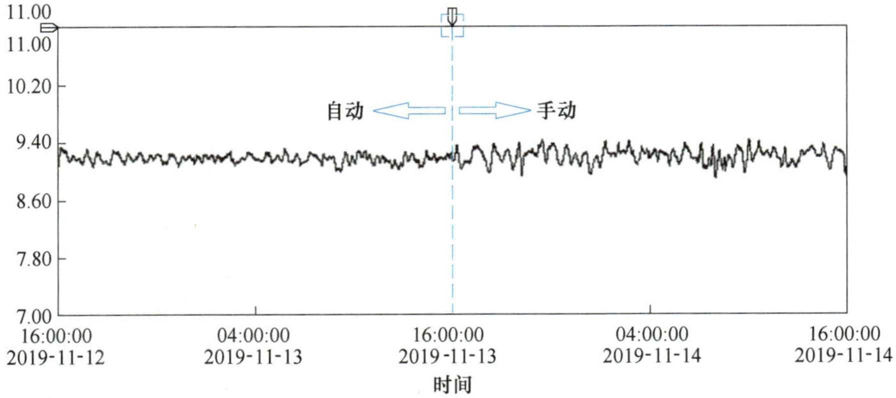

图 10-52 优化-手动主汽压力对比曲线（48 h）

10.5.8 某企业 640 t/h 煤粉炉+脱硫脱硝+蒸汽管网优化控制项目

10.5.8.1 项目背景

该企业共有 10 台煤粉炉、8 台发电机组和多达 9 个压力等级的蒸汽管网，其中 1~4 号锅炉为带再热系统的 600 t/h 锅炉，其余 5~10 号 6 台为不带再热的 640 t/h 锅炉，都是上海锅炉厂产品，母管制运行，锅炉、汽机、管网操作相互影响，母管压力温度波动大且频繁（压力波动范围 11.3~11.9 MPa，温度波动范围 524~534 ℃）；蒸汽管网系统压力等级多，常用的压力等级至少有 8 种，系统中还混入了余热回收蒸汽，减温减压操作非常复杂，各主要生产用汽压力、温度皆不稳定，给后续化工生产装置的“安、稳、长、满、优”运行带来一定影响。另外，各炉虽均配有脱硫脱硝系统，但大部分均为手动操作，自动控制也只是简单的单回路控制，无法适应复杂的工况变化，导致 NO_x 浓度及 SO_2 浓度的控制效果不佳。

控制系统采用某国产 DCS，除了少数阀门性能差或处于故障状态外，锅炉及管网主要测控仪表完好，这为进行智能与优化技术改造提供了必要的有利条件。

10.5.8.2 项目概况

对 10 台煤粉炉+10 套脱硫装置+10 套脱硝装置+1 套 6 台高压除氧器群+2 个九级压力等级的复杂蒸汽管网大系统的先进控制与优化控制改造。

10.5.8.3 实施效果

通过测试，完全满足合同规定的一切指标，项目取得了预期的效果。

（1）锅炉负荷控制回路、主汽温度控制回路、汽包水位控制回路、炉膛负压控制回路、一次风控制回路、烟气含氧量控制回路、制粉系统控制回路、脱硫控制回路、脱硝控制回路均实现全自动运行，自控率 100%。

（2）锅炉节煤率在 1.5%~2.33%之间。

（3）NO_x 小时均值达到±3 mg/m^3，SO_2 小时均值达到±5 mg/m^3。

（4）蒸汽母管压力控制精度达到±0.15 MPa。

（5）管网蒸汽温度控制精度达到±1.8 ℃。

（6）正常生产期间，连续黑屏时间大于 4 h。

效果如图 10-53~图 10-56 所示。

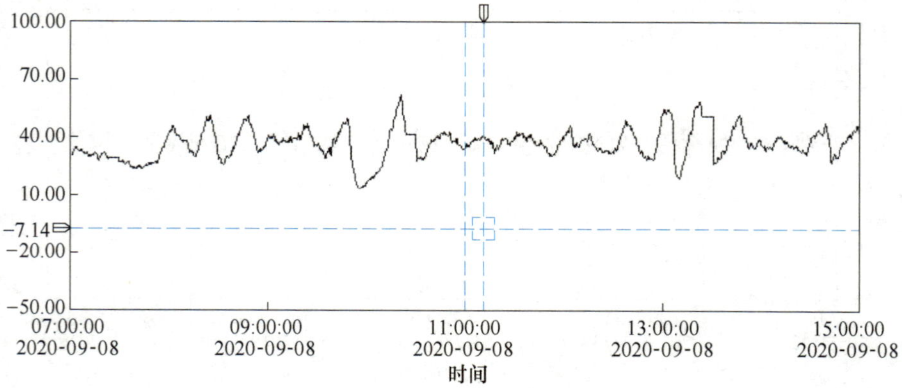

图 10-53 手动 NO_x 波动情况

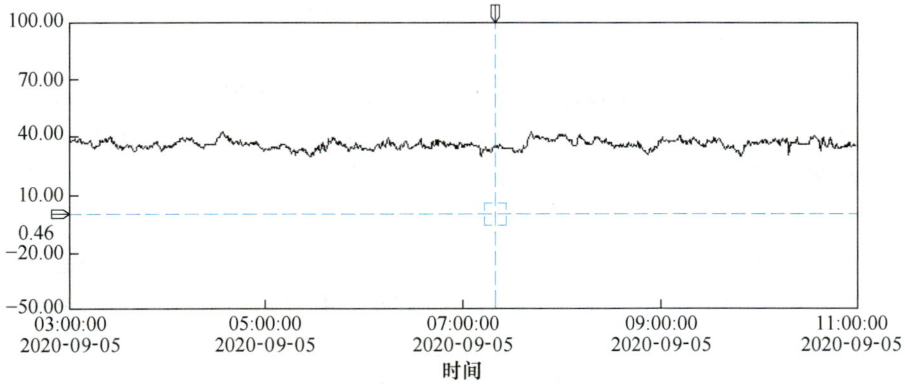

图 10-54 优化 NO_x 波动情况

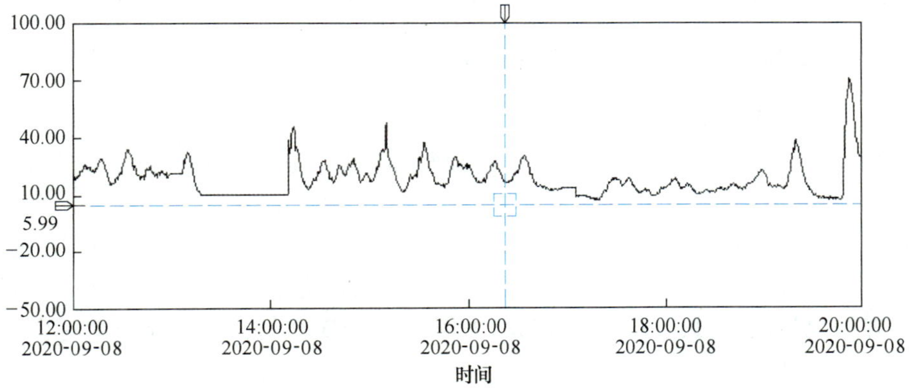

图 10-55 手动 SO_2 波动情况

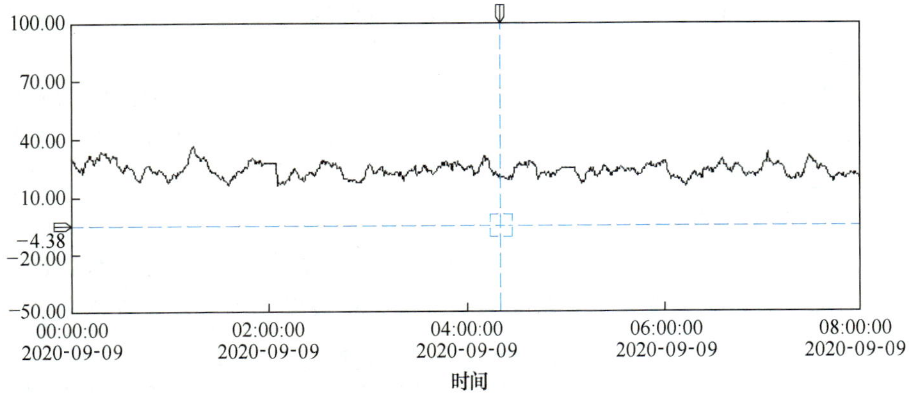

图 10-56 优化 SO_2 波动情况

10.5.9 某企业 6×480 t/h 锅炉燃烧优化+脱硫优化项目

10.5.9.1 项目背景

某电力（集团）有限责任公司电力二公司为孤网运行，主要为化工园区化肥、PVC 及其他装置提供蒸汽和电能。有 4 台 480 t/h CFB 锅炉为单元制，每台锅炉配一台 13.5 万千瓦凝汽式空冷汽轮发电机组。2 台 440 t/h 锅炉配 3 台 5 万千瓦汽轮发电机组，母管制运行。DCS 系统均为某国产控制系统。

现场所有回路均以手动操作为主，无法及时应对发生的工况扰动，在煤质、负荷变动情况下，给煤、送风、引风的调节主要依靠操作人员的经验和责任心，具有不确定性和滞后性，难以长期保持锅炉的最佳运行工况，整体煤耗较高。

10.5.9.2 改造效果

各主要控制回路实现了自动控制，测试时自控率达到 90%以上；节煤率达到合同要求（1.3%以上），其中 3 号、2 号节煤率达到 2.0%以上；4 号、5 号、6 号、1 号整体节煤率达到 1.5%以上。

以 3 号 480 t/h CFB 锅炉为例，吨汽标煤耗降低 2.0%，年耗标煤 36.5 万吨，年节标煤 7300 吨；创造年节能效益为 269 万元（折标煤价 368 元/吨）。

10.5.10 某企业 300 MW 发电锅炉优化控制项目

10.5.10.1 项目背景

（1）现场大部分回路已经投入了自动控制，但还需要人工进行干预，控制精度有待提高。

（2）主汽压力控制回路已经投入了 AGC，实现自动根据外界负荷变化调整负荷的功能，但调整快速响应上偏慢，持续时间超过 20 min，控制上有待改进和优化的空间。

（3）在给煤控制、汽包水位控制上均采用常规 PID 控制，当工况波动时出现较大振荡，仍有优化空间。

（4）冷渣机控制为手动操作，料层的厚度控制不佳影响锅炉的经济性，需要对冷渣机进行自动控制。

（5）氧量控制范围波动在 2%~5%，主要是二次风控制回路不能及时根据锅炉负荷变化和煤量变化而调整，需要对二次风、氧量进行优化。

（6）现场目前主汽温度控制精度波动 10 ℃内，但一级减温和二级减温的温度控制点是固定的，或者在需要改变时要人工操作，不能完全实现全自动的操作方式，该控制回路尚有改进和优化的空间。

10.5.10.2 改造效果

（1）运行参数效果。表 10-5 为锅炉主要运行参数在优化改造前与改造后比较表，从表中可以看出每个参数稳定性都有非常明显的提高，都可以达到提升 30%以上。

表 10-5 锅炉主要运行参数对比

控制参数	改 造 前	改 造 后
汽包水位/mm	-15~15	-10~10
主汽压力/MPa	13.6~17，压力偏离控制点持续时间超过 20 min	控制精度在±0.2，响应时间 10 min
主汽温度/℃	530~540	532~538
含氧量/%	2~5	控制精度：±0.5
炉膛负压/Pa	-200~200	控制精度：±40
冷渣机自动控制/kPa	未投入自动	控制精度：±0.4

（2）经济效益。直接经济效益：1025 t/h 循环流化床锅炉发电标煤耗降低 1.5 g/(kW·h)。年发电量 15 亿千瓦时，年节省标煤 2250 t，节能效益 180 万元。

（3）其他成果。锅炉运行的稳定性和安全性得到极大提高；项目通过了中国煤炭工业协会组织的技术成果鉴定，鉴定结果为国际先进水平，并获得中国煤炭工业协会科学技术奖三等奖。

习题与思考题

1. 简述反应釜优化控制要实现的技术指标。
2. 化工行业智能化需求来源于哪些方面？
3. 旋风干燥器的被控变量、操控变量及扰动变量分别是什么？

参考文献

[1] 李国勇，何小刚，杨丽娟．过程控制系统［M］.3版．北京：电子工业出版社，2017.
[2] 叶小岭，叶彦斐，林屹．过程控制工程［M］．北京：机械工业出版社，2017.
[3] 胡寿松．自动控制原理［M］.7版．北京：科学出版社，2019.
[4] 刘晓玉．过程控制及其MATLAB实现［M］.3版．北京：电子工业出版社，2021.
[5] 刘金琨．先进PID控制MATLAB仿真［M］.2版．北京：电子工业出版社，2004.
[6] 李俊方．高炉炼铁过程数据驱动建模及智能优化［D］．杭州：浙江大学，2022.
[7] 厉玉明．化工仪表及自动化［M］.6版．北京：化学工业出版社，2022.
[8] 张勇．制药过程自动化仪表［M］．北京：人民卫生出版社，2023.
[9] 陶飞，刘蔚然，张萌，等．数字孪生五维模型及十大领域应用［J］．计算机集成制造系统，2019，25（1）：1-18.
[10] 王常力，罗安．分布式控制系统设计与应用实例［M］．2版．北京：电子工业出版社，2010.
[11] 孙巍伟，卓奕君，唐凯．面向工业4.0的智能制造技术与应用［M］．北京：化学工业出版社，2022.
[12] 曹卫华，吴敏．流程工业智能制造技术理论及应用［M］．北京：机械工业出版社，2024.
[13] 丁志平．精细化工概论［M］.3版．北京：化学工业出版社，2015.
[14] 崔英德．实用化工工艺［M］．北京：化学工业出版社，2002.
[15] 张娜，王强，时维振．现代化工导论［M］．北京：中国石化出版社，2012.
[16] 胡瑞生，李玉林，白雅琴．现代煤化工基础［M］.2版．北京：化学工业出版社，2012.